Nachhaltige und digitale Baukonzepte 2

Thomas Kölzer
Hrsg.

Nachhaltige und digitale Baukonzepte 2

Innovative Ansätze für umweltgerechte Entwicklungen im Bauwesen

Hrsg.
Thomas Kölzer
Berliner Hochschule für Technik
Berlin, Deutschland

ISBN 978-3-658-47572-7   ISBN 978-3-658-47573-4 (eBook)
https://doi.org/10.1007/978-3-658-47573-4

Die Deutsche Nationalbibliothek verzeichnet diese Publikation in der Deutschen Nationalbibliografie; detaillierte bibliografische Daten sind im Internet über https://portal.dnb.de abrufbar.

© Der/die Herausgeber bzw. der/die Autor(en), exklusiv lizenziert an Springer Fachmedien Wiesbaden GmbH, ein Teil von Springer Nature 2025

Das Werk einschließlich aller seiner Teile ist urheberrechtlich geschützt. Jede Verwertung, die nicht ausdrücklich vom Urheberrechtsgesetz zugelassen ist, bedarf der vorherigen Zustimmung des Verlags. Das gilt insbesondere für Vervielfältigungen, Bearbeitungen, Übersetzungen, Mikroverfilmungen und die Einspeicherung und Verarbeitung in elektronischen Systemen.
Die Wiedergabe von allgemein beschreibenden Bezeichnungen, Marken, Unternehmensnamen etc. in diesem Werk bedeutet nicht, dass diese frei durch jede Person benutzt werden dürfen. Die Berechtigung zur Benutzung unterliegt, auch ohne gesonderten Hinweis hierzu, den Regeln des Markenrechts. Die Rechte des/der jeweiligen Zeicheninhaber*in sind zu beachten.
Der Verlag, die Autor*innen und die Herausgeber*innen gehen davon aus, dass die Angaben und Informationen in diesem Werk zum Zeitpunkt der Veröffentlichung vollständig und korrekt sind. Weder der Verlag noch die Autor*innen oder die Herausgeber*innen übernehmen, ausdrücklich oder implizit, Gewähr für den Inhalt des Werkes, etwaige Fehler oder Äußerungen. Der Verlag bleibt im Hinblick auf geografische Zuordnungen und Gebietsbezeichnungen in veröffentlichten Karten und Institutionsadressen neutral.

Planung/Lektorat: Ralf Harms
Springer Vieweg ist ein Imprint der eingetragenen Gesellschaft Springer Fachmedien Wiesbaden GmbH und ist ein Teil von Springer Nature.
Die Anschrift der Gesellschaft ist: Abraham-Lincoln-Str. 46, 65189 Wiesbaden, Germany

Wenn Sie dieses Produkt entsorgen, geben Sie das Papier bitte zum Recycling.

Inhaltsverzeichnis

Technifizierung und Umweltbewusstsein im Bauwesen –
Gegensätze, Konsens und Ziele einer disparaten Branche 1
Thomas Kölzer
1 Klimakrise und Technifizierung – Treibende Phänomene im Bauwesen 3
2 Aktuelle nachhaltige und digitale Beispiele aus dem Bauwesen 14
3 Bildung im Bauwesen infolge Nachhaltigkeit und Digitalisierung 23
4 Nachhaltige Ziele im Bauwesen – Informieren, Austauschen, Umsetzen 31
Literatur. 35

Ressourcenschonung durch Wiederverwendung tragender Bauteile –
Umsetzung kreislauffähiger Konzepte 43
Clea Kummert
1 Ressourcenschonung im Bauwesen 44
2 Ansätze zur Wiederverwendung von Materialien im Bauwesen 45
3 Praktische Beispiele und Potenziale des *Pre-Use*-Ansatzes 47
4 Umsetzung des *Pre-Use*-Ansatzes in der Tragwerksplanung 52
5 Optimierung der Planung mit wiedergewonnenen Bauteilen
  durch Einsatz von Software und Maschinenintelligenz 60
6 Fazit und Ausblick 63
Literatur 65

Umnutzungspotenziale bestehender Gebäude auf Basis digitaler Methoden 69
Julia Thiel
1 Gebäudeumnutzungen – Politische Forderungen und ökologische Ansätze 70
2 Umnutzungen von Gebäuden als Alternative zu Neubauten 74
3 Digitalbasierte Planungen und Durchführungen von Umnutzungsprojekten 77
4 Vor- und Nachteile bei Gebäudeumnutzungen mithilfe digitaler Methoden 84
5 Aktuelle Praxisbeispiele von umgenutzten Gebäuden 87
6 Fazit und Ausblick 89
Literatur 91

**Nachhaltige Kapazitätsanpassungen von Straßenverkehrsräumen –
Priorisierung emissionsarmer Mobilität mithilfe digitaler Konzepte** 95
Miriam Sonnak
1   Mobilität und Infrastruktur im Kontext der Klimakrise 96
2   Optimierung von Verkehrsplanungsprozessen durch
    agentenbasierte Simulationen 100
3   Anwendungsbeispiel *E-Bike-City*, Zürich 105
4   Fazit 113
Literatur 114

**Aerosolpartikel in urbanen Räumen – Luftreinhaltung durch
nachhaltige Stadtentwicklung und digitale Mess- bzw. Warnsysteme** 117
Elisa Bieber
1   Atmosphärisches Aerosol – Hintergründe und städtebauliche Kontexte 118
2   Luftreinhaltung in Großstädten – Bestehende Regelungen 127
3   Digitalisierte Mess- und Warnsysteme für eine gute Luftqualität
    in Großstädten 129
4   Stadtgrün und Mobilitätswende als Möglichkeiten zur Luftreinhaltung 132
5   Fazit und Ausblick zum Umgang mit atmosphärischen Aerosolpartikeln in
    Großstädten 134
Literatur 136

**Nachhaltige Qualitätssicherung im ökologischen Wasserkreislauf –
Ein Softwaresystem zum Monitoring von Antibiotikakonzentrationen
in Abwässern** 139
Yousuf Al-Hakim
1   Einführung und Hintergründe zum Abwassermonitoring 140
2   Entwurf des Softwaresystems zum Monitoring von
    Antibiotikakonzentrationen 142
3   Implementierung des Softwaresystems zum Monitoring von
    Antibiotikakonzentrationen 144
4   Zusammenfassung und Schlussfolgerung 151
Literatur 152

TUHH-Twin* – Ein digitaler Zwilling für einen nachhaltigen *Smart Campus 155
Carlos Chillón Geck
1   Nachhaltigkeit und Digitalisierung bei Bewertungen von Universitäten ... 156
2   Status quo zu vorhandenen Smart-Campus-Konzepten 158
3   Entwicklung eines praxisnahen Smart-Campus-Konzepts: der *TUHH-Twin* ... 161
4   Fazit und Ausblick 169
Literatur 170

Optimierung von Windenergienutzung – Innovative Ansätze durch Maschinenintelligenz 175
Lara Schmidt
1 Windenergie im Kontext von Klimakrise und Digitalisierung 176
2 Grundlagen zum Lebenszyklus von Windparks 177
3 Anwendungspotenziale von Maschinenintelligenz im Lebenszyklus von Windparks 185
4 Anwendungen von Maschinenintelligenz – Aktuelle Hürden und Herausforderungen 194
5 Fazit und Ausblick 196
Literatur 196

Generative Design für baukonstruktive Planungsentscheidungen – Nutzung wissensbasierter Systeme für digitale und nachhaltige Entwurfsprozesse 201
Paula Strempel
1 Grundlagen und Herausforderungen bei baukonstruktiven Planungsentscheidungen 202
2 Generative Design für baukonstruktive Planungsentscheidungen 204
3 Wissensbasierte Systeme: Überblick und Potenziale für die Baubranche 209
4 Fazit und Ausblick 215
Literatur 216

Generative Design im Stahlbetonbau – Bemessung von Diskontinuitätsbereichen mit intelligenten Algorithmen 219
Lennart Woock
1 Klassische Vorgehensweise bei der Bemessung von Diskontinuitätsbereichen 220
2 Nutzung von genetischen Algorithmen zur Konstruktion von Tragwerken – Status quo und Grundlagen 225
3 Generative Design als Optimierungsalgorithmus für die Bemessung von Bauteilen 228
4 Potenziale und Herausforderungen bei der Verwendung generativer und kategorisierender Algorithmen 234
5 Fazit und Ausblick 236
Literatur 238

Bausteine der Zukunft – Nachhaltige Qualifizierungskonzepte im zunehmend digitalisierten Bauwesen 239
Ines Heidsieck
1 Bildungsrelevante Herausforderungen im Bauwesen 240
2 Bausteine der Zukunft: Attraktive handwerkliche Ausbildungsberufe und flexible Qualifizierungsangebote 248
3 Fazit und Ausblick 254
Literatur 255

Stichwortverzeichnis 257

Technifizierung und Umweltbewusstsein im Bauwesen – Gegensätze, Konsens und Ziele einer disparaten Branche

Thomas Kölzer

Im ersten Sammelband *Nachhaltige und digitale Baukonzepte* aus dem Jahr 2022 endete der Einführungsbeitrag mit einem Zitat der *Europäischen Kommission* (KOM, 2020, S. 31):

> „In 10 Jahren werden die Gebäude in Europa ganz anders aussehen als heute. Sie werden ein Mikrokosmos einer resilienteren, umweltverträglicheren und digitalisierten Gesellschaft sein und einen Teil eines kreislauforientierten Systems bilden, in dem der Energiebedarf, die Entstehung von Abfällen und die Emissionen an allen Punkten minimiert werden und der Bedarf so weit wie möglich durch Weiterverwendung gedeckt wird. Die Dächer und Wände dieser Gebäude werden die Grünflächen unserer Städte vergrößern, das Klima in den Städten verbessern und die Biodiversität fördern. Innerhalb dieser Gebäude werden intelligente, digitale Geräte Echtzeitdaten über Art, Zeitpunkt und Ort des Energieverbrauchs liefern."

Die von der *Europäischen Kommission* beschriebene Zukunftsvision aus dem Jahr 2020 zeigt sich fünf Jahre später – also zur Halbzeit des angestrebten Zustands – leider nur bedingt als erfüllt. Dies macht sich – obwohl an vielen Stellen verschiedene Projekte bereits erfolgreich umgesetzt wurden – insbesondere in Städten bemerkbar: Von großflächigen bzw. quantitativ hochwertigen intelligenten und insbesondere nachhaltigen Lebensumfeldern sind wir noch weit entfernt. Auch wenn einige Bauwerke bereits mithilfe innovativer Technologien versehen oder mit neuen Methoden errichtet wurden, so handelt es sich in vielen Fällen eben noch *nicht* um ökologisch ausgereifte bzw. weitverbreitete umweltgerechte Systeme. Obwohl inzwischen vermehrt Gebäude mit Dach- und Fassadenbegrünungen zu erblicken sind oder Fahrradwege in Innenstädten mehr Raum einnehmen, lassen die mit der Vision der *Europäischen Kommission* einhergehenden gewünschten Ef-

---

T. Kölzer (✉)
Berliner Hochschule für Technik, Berlin, Deutschland
E-Mail: thomas.koelzer@bht-berlin.de

© Der/die Autor(en), exklusiv lizenziert an Springer Fachmedien Wiesbaden GmbH, ein Teil von Springer Nature 2025
T. Kölzer (Hrsg.), *Nachhaltige und digitale Baukonzepte 2*,
https://doi.org/10.1007/978-3-658-47573-4_1

fekte bis heute auf sich warten. Und auch die beschriebenen intelligenten und digitalen Systeme sind – wenn überhaupt – nur vereinzelt in oder an Gebäuden zu finden. Die anvisierten und in verschiedenen Medien dargestellten *Smart Cities* – die insbesondere im Hinblick auf eine optimierte Energieversorgung eine wichtige Rolle spielen – scheinen im Jahr 2025 weiterhin noch eine Fiktion zu bleiben.

Bei einem Vergleich zwischen Status quo und Zukunftsvision stellt sich grundlegend nicht nur die Frage nach der verbleibenden Zeit zur Umsetzung möglicher Ansätze und Konzepte, auch ist im Kontext einer übergeordneten Informatisierung die Datenlage aufgrund rasanter Weiterentwicklungen – insbesondere für die beiden zentralen Phänomene *Nachhaltigkeit* und *Digitalisierung* – nicht immer klar. Dies betrifft nicht nur wissenschaftliche Fakten zur Klimakrise, sondern auch die immer schneller voranschreitenden technologischen Innovationen. Hier stechen aus den letzten Jahren insbesondere die Erkenntnisse zur Maschinenintelligenz hervor. Die Tatsache einer rasanten Fortentwicklung bzw. einer unübersichtlichen Informations- bzw. Datenlage sollte aber eigentlich nicht dazu führen, dass die Visionen, die wir mit verschiedenen Maßnahmen verfolgen, weiter auf sich warten lassen. Insgesamt fallen jedoch viele der gesteckten Ziele häufig hinter den positiven Erwartungshaltungen oder sogar Hoffnungen zurück. Dies ist insofern nicht verwunderlich, wenn man aktuelle globale, politische und systemische Prozesse betrachtet. Insbesondere das Bauwesen bleibt aufgrund interdisziplinärer Abläufe und den stets wechselnden Kooperationspartner*innen davon nicht unberührt. Da Beteiligte der Branche in einem vielfach unüberschaubaren Konstrukt aus Richtlinien, Verträgen, Wünschen und Entscheidungen jedoch gemeinsam analysieren, diskutieren und nach Lösungen suchen müssen, ist es wichtig, den Überblick nicht zu verlieren – auch wenn der Wettlauf mit der Zeit neuen Ansätzen und Konzepten kontraproduktiv entgegensteht.

Obwohl die Zukunftsaussichten aufgrund der hier angedeuteten diversen Faktoren und Rahmenbedingungen nicht wirklich optimistisch stimmen, gab es im Bauwesen in den vergangenen Jahren dennoch verschiedene positive Lösungsansätze. Einige davon werden im vorliegenden Beitrag – und anschließend auch durch die weiteren zehn Konzepte im Sammelband – thematisiert. Nachhaltige und digitale Beispiele sind innerhalb einer bereits stark vernetzten Welt nie losgelöst voneinander zu betrachten. Auch ist eine gegenläufige Betrachtung der beiden treibenden gesellschaftlichen Phänomene per se nicht sinnvoll, da die beiden Megatrends *Klimaneutralität* und *Digitalisierung* (BBSR, 2024, S. 5) viele Überschneidungsbereiche aufweisen. Die mit verschiedenen Kombinationen einhergehenden möglichen Lösungsfindungen können am besten durch praxisnahe Beispiele dargestellt, verstanden, analysiert und weiterentwickelt werden. Der vorliegende Einführungsbeitrag liefert diesbezüglich nicht nur einen Überblick über den aktuellen Stand im Bauwesen, er zeigt zudem auf, welche zentralen Herausforderungen bestehen. Um jedoch für die Relevanz verschiedener Konzepte zu argumentieren, ist es notwendig den aktuellen Stand zur Klimakrise, aber insbesondere auch zur Digitalisierung darzustellen.

1 Klimakrise und Technifizierung – Treibende Phänomene im Bauwesen

Im Zuge der weiter voranschreitenden Klimakrise sind die Auswirkungen des Bauwesens weitläufig bekannt. Um nachfolgend spezifische Einflüsse der Branche zu benennen, wird vorab ein kurzer Überblick über anthropogen-induzierte Effekte dargestellt. Die mit den negativen Implikationen zusammenhängende Digitalisierung spielt im weiteren Verlauf des Kapitels eine zentrale Rolle, insbesondere im Kontext einer weiter voranschreitenden Technifizierung und den sich daraus ergebenden *offenen Baustellen*.

Die Klimakrise als globales Problem

Die Klimakrise – so wie wir sie aktuell in verschiedenen Medien wahrnehmen und in vielen Bereichen unseres Lebens reflektieren und diskutieren – stellt uns weiterhin vor massive Herausforderungen – sowohl kognitiv als auch physisch. Die *Assessment Reports* des *Intergovernmental Panel on Climate Change (IPCC)*, die seit 1990 bereits sechsmal veröffentlicht wurden, dienen hier neben weiteren wissenschaftlichen Aufsätzen, einschlägigen Büchern, kritischen Kolumnen oder beunruhigenden Dokumentationen weiterhin als Nachweis für die Notwendigkeit unseres Handelns (IPCC, 2024). Die empirischen Belege, dass wir als Bewohner*innen unseres Planeten die missliche Lage hervorgerufen haben, ist nicht nur zu 99,9 % belegt (Wessel, 2022, S. 17), auch obliegt uns aufgrund dieser Tatsache die Verantwortung, dass wir uns unseren eigenen Lebensraum – bzw. auch den anderer Lebewesen und Organismen – nicht noch weiter zerstören. Die Feststellung, dass wir selbst die Ursache für die aktuelle Lage sind, sollte eigentlich dazu führen, alle Hebel in Bewegung zu setzen, damit die von den verschiedenen Organisationen bzw. Bewegungen, z. B. *IPCC*, *UN*, *Greenpeace* oder *Architects for future*, geforderten Maßnahmen so schnell wie möglich umgesetzt werden.

Dass ein Handeln immer dringender wird, zeigen auch die aktuellen empirischen Befunde. So war bspw. das Jahr 2023 mit einer Mitteltemperatur von 10,6 °C in Deutschland das bisher wärmste Jahr seit 1881 (UBA, 2024). Insgesamt liegen die neun wärmsten Jahre seit 1881 alle im 21. Jahrhundert. Dieser Trend nimmt weiter zu, denn Klimamodellierungen zeigen, dass zukünftig in Deutschland mit einer steigenden Anzahl heißer Tage im Sommer und länger anhaltenden Hitzeperioden zu rechnen ist (UBA, 2024). Dies führt bei verschiedenen Personengruppen zu erhöhten gesundheitlichen Risiken, wie der *Lancet-Countdown* aus dem Jahr 2024 belegt (Lancet, 2024, S. 1). Nach Angaben in diesem Bericht, der 2021 ins Leben gerufen wurde, um gesundheitliche Auswirkungen des Klimawandels zu bewerten, werden sich die klimabedingten Gesundheitsauswirkungen ohne weitere Schutzmaßnahmen voraussichtlich weltweit verschlimmern und Milliarden von Menschen betreffen. Da sich die Temperaturen in Europa doppelt so schnell erwärmen wie der globale Durchschnitt, ist die Gesundheit der Bevölkerung auf dem gesamten Kontinent bedroht (Lancet, 2024, S. 1).

Mit den zunehmenden Temperaturen geht das nächste Problem einher, dass im Zuge der Klimakrise zu starken Veränderungen führen wird: der Umgang mit unserem Wasser. Auch wenn es bspw. im Jahr 2024 wieder überdurchschnittliche Niederschläge gegeben hat, sind die prognostizierten Trockenheitsprobleme bei Weitem nicht gelöst (BUND, 2024). Klimaprognosen für das Bundesland Brandenburg sagen bspw. in den kommenden Jahrzehnten deutlich weniger Regen voraus. Hinzu kommt, dass die bereits häufiger auftretenden Extremwetterereignisse sich noch verstärken werden. So begünstigt die Klimakrise mehr und intensivere Starkregenereignisse als in der Vergangenheit. Als Beispiel für entsprechende Szenarien seien die im Oktober 2024 in Spanien aufgetretenen Regenfälle genannt, bei denen über 200 Menschen ums Leben gekommen sind (SRF, 2024). Trotz zunehmender Niederschläge werden die Wasserressourcen auf der Erde immer knapper. Der Kampf um sauberes Wasser ist von Südafrika bis Pakistan bereits entbrannt (Görlach, 2023, S. 84). Und bei einer Erderwärmung von ca. 2 °C steigt das Risiko der Wasserknappheiten weiter an, was wiederum zu Lebensmittelknappheiten führen wird (Grossarth, 2024, S. 22). Das Sparen von Wasser wird vermutlich in vielen Gegenden zur alltäglichen Praxis gehören (Greenpeace, 2024). In anderen Bereichen kommen auf Bewohnerinnen und Bewohner weitere Herausforderungen zu. So zeigen Studien, dass der globale mittlere Meeresspiegel im 21. Jahrhundert weiter ansteigen wird (Meinke & Weisse, 2024, S. 31). Selbst bei optimistischen Berechnungen ist bis Ende des Jahrhunderts ein globaler mittlerer Meeresspiegelanstieg von 30 cm bis 60 cm zu erwarten. Diese Entwicklung beziehen sich auch auf die deutsche Nordseeküste (Meinke & Weisse, 2024, S. 31).

Mit zunehmenden Temperaturen ändern sich noch weitere Umgebungsbedingungen, nicht nur für uns Menschen. Denn auch, wenn durch die Klimakrise das Sterben von Insekten zunimmt (Heidenreich, 2023, S. 19), werden vor allem viele Mücken aufgrund der höheren Temperaturen ihren Lebensraum ausweiten. Bereits 2007 wurden erste Spuren der asiatischen Tigermücke in Deutschland entdeckt (Pluskota et al., 2008). Die Zunahme von krankheitsübertragenden Insekten führt darüber hinaus auch in Mitteleuropa zukünftig zu bisher meist in südlichen Ländern bekannten Infektionen, wie dem Dengue-Fieber (Liu-Helmersson et al., 2016).

Zuletzt seien noch die Effekte auf Landflächen erwähnt. Im Zuge der Klimakrise werden auf der ganzen Welt verschiedene Gegenden unbewohnbar sein (Görlach, 2023, S. 84). Das hat nicht nur weitere Migrationsbewegungen zur Folge, auch ist davon auszugehen, dass Dürren zunehmen, was wiederum nicht nur die bereits angesprochene Lebensmittellage betrifft. Denn mit zunehmenden trockenen Gebieten bzw. Perioden geht zusätzlich eine verschärfte Waldbrandgefahr einher.

Wie bereits aufgrund der hier angedeuteten negativen Auswirkungen zu erahnen ist, sind die Aussichten für die kommenden Jahre nicht sehr vielversprechend. Das Ziel, die 2 °C Erderwärmung bis ins Jahr 2100 zu beschränken, wird vermutlich nicht erreicht (Grossarth, 2024, S. 20). Die an vielen Stellen vielfach als Basis herangezogenen pessimistischen Klimakalkulationen rechnen bis zum Jahr 2100 sogar mit einem Anstieg der globalen mittleren Temperatur um 4 °C. Treten entsprechende Szenarien ein, wird nicht nur die weitere Zerstörung von Ökosystemen voranschreiten, auch taut der Permafrost, was wiederum zur Folge hat, dass weiteres CO_2 aus den Böden freigesetzt wird (Grossarth, 2024, S. 20). Neben dem damit ebenfalls zusammenhängenden Meeresspiegelanstieg findet zudem ein beschleunigtes Artensterben statt. Selbst wenn die Klimaschutzpläne tatsächlich umgesetzt würden, wäre im Jahr 2100 trotzdem ein Temperaturanstieg von 2,8 °C zu verzeichnen und damit erhebliche ökologische und soziale Auswirkungen zu erwarten (Barth, 2023, S. 226). Aktuellen Schätzungen des IPCC zufolge wird eine Erwärmung um 1,5 °C sehr wahrscheinlich schon bis zum Jahr 2040 erreicht (Barth, 2023, S. 226). Darüber hinaus argumentieren Hansen et al. in ihrem Artikel *Global warming in the pipeline*, dass der größere Teil der Erderwärmung nicht zeitnah durch die Emissionen verursacht wird, sondern aufgrund langsamer Feedbacks und weiterer Effekte erst zeitverzögert auftritt (Hansen et al., 2023). Ob man eine Verzögerung nun positiv oder negativ bewerten möchte, ist im Gesamtkontext der Gefahr nur relevant, wenn man darauf spekulieren möchte, welche der nachfolgenden Generationen die Auswirkungen am stärksten zu spüren bekommt. Unter diesen Gesichtspunkten wird wieder der zuvor angedeutete Zeitaspekt deutlich: Wenn wir nicht mehr tun, rücken die zuvor beschriebenen Szenarien immer näher. Die Folgen der Klimakrise zwingen uns also letztendlich nicht nur zu einem Umdenken, sondern insbesondere auch zu einem Handeln hin zu einer veränderten, resilienteren und ressourcensparenden Welt und damit auch zu einer durchdachten Planung räumlicher Prozesse, Systeme und Orte (Häusler, 2024, S. 169). Diese Aspekte gelten dabei insbesondere für das Bauwesen, dessen Rolle im Kontext der Klimakrise auf keinen Fall unterschätzt werden darf.

Die Rolle des Bauwesens im Kontext der Klimakrise

Prinzipiell handelt es sich bei der Klimakrise und der damit einhergehenden globalen Erderwärmung nicht nur um rein ökologische oder voneinander losgelöste wissenschaftliche Fragen. Vielmehr geht es um wirtschaftliche, politische, kulturelle, aber vor allem auch ethische Lösungsansätze, die in einer immer stärker miteinander vernetzten und teils unüberschaubar komplexen Welt leider viel zu oft ausgebremst, vertagt, übergangen oder vielleicht auch einfach nicht früh genug erkannt werden. Neben den Effekten der Klimakrise ergeben sich auch durch die Folgen der Globalisierung weitere Herausforderungen hinsichtlich der zuvor angedeuteten Umweltkatastrophen – nicht nur in Bezug auf Umweltverschmutzungen oder höheren Sterblichkeitsraten, sondern insbesondere auch durch marode bzw. in die Jahre gekommene Infrastrukturen (Steger, 2023, S. 106). Dass das Bauwesen hier auf dem Prüfstand steht, macht sich im Kontext der Klimakrise insbesondere dadurch bemerkbar, dass viele brancheninterne Prozesse negative Umweltauswirkungen hervorrufen.

Generell stellt sich in Zeiten starker Materialverbräuche die Frage nach der Sinnhaftigkeit des Bauens bzw. nach der Relevanz verschiedener und häufig auch fragwürdiger Projekte. Dass Akteurinnen und Akteure im Bauwesen im Kontext von Entscheidungsprozessen hier eine wesentliche Rolle spielen, muss nicht explizit hervorgehoben werden. Was aber im Sinne einer nachhaltigen Ausrichtung der Branche überaus wichtig ist, sind übergeordnete Beweggründe bzw. kritische Entscheidungen für oder gegen fragwürdige Bauvorhaben. Bereits ein Einwand gegen umweltzerstörerische Projekte kann einen maßgebenden Unterschied machen. Darüber hinaus sind Entscheidungen für ökologisch ausgerichtete Bauvorhaben in vielen Fällen wünschenswert, insbesondere wenn es um die Gestaltung einer gesunden Lebenswelt geht. Oft entscheidet jedoch nicht der eigentliche Nutzen eines Objekts über einen Spatenstich, sondern vielmehr monetäre Gründe, die vor den häufig intransparenten Hintergründen für Außenstehende nicht zu erkennen sind. Mit entsprechenden kapitalistisch basierten Beweggründen kommen auch Phänomene wie Prestige oder Statussymbole ins Spiel. Ein weiterer wichtiger Punkt sind Vorhaben, die aufgrund ihrer Komplexität und einer damit vielfach einhergehenden Unüberschaubarkeit, aus wirtschaftlichen Gründen schon vor Baubeginn fragwürdig sind. So kommen auf Grundlage vorschneller oder undurchdachter Maßnahmen Großprojekte nicht nur ins Stocken, sie geraten sogar in länger anhaltende Baustopps. Von einem profunden oder gesunden Bauen kann diesbezüglich nicht mehr die Rede sein.

Dass diese Prozesse ein generelles Problem darstellen, ist nicht erst seit der Errichtung von Megaprojekten bekannt. So haben bereits Karl Marx und Hannah Arendt darauf aufmerksam gemacht, dass das menschliche Bauen vielfach ausufert bzw. nicht zu bremsen sei. So schrieb Karl Marx 1844 in einem Manuskript über die entfremdete Arbeit, dass ein Tier nur nach den unmittelbaren physischen Bedürfnissen baut, während der Mensch sich selbst davon frei macht und nicht nur sich selbst produziert, sondern gleich die ganze Natur reproduziert (Marx, 1844, S. 37). Und Hannah Arendt schrieb 1960 in *Vita activa*, dass „das Machen, Herstellen, Fabrizieren und Weltbilden" (Arendt, 1967, S. 458) immer weiter geht. Das hier angedeutete fehlende Reflektieren über Zusammenhänge von Bauen und Umwelt wird am Ende des Beitrags noch einmal aufgegriffen.

Betrachtet man die aktuelle Situation, so ist nicht nur eine Zunahme an Bauvorhaben erkennbar, auch wird bereits von einem *Abrisswahn* gesprochen (DUH, 2023). Verschiedene Verbände und Organisationen fordern daher eine Genehmigungspflicht für Rückbaumaßnahmen von Bestandsgebäuden, basierend auf einer Prüfung aktueller Umwelt- und Klimawirkungen. Neben entsprechender Maßnahmen wird zudem darauf gedrängt, dass Förderungen von Altbausanierungen bzw. das Bauen im Bestand weiter in den Fokus rücken sollten (DUH, 2023). Aktuell macht das Bauen im Bestand zwar schon 69 % des Investitionsvolumens im Wohnungsbausektor aus (Schönfelder et al., 2024, S. 137), jedoch sollte die Langlebigkeit von Bauwerken stärker berücksichtigt werden. Dies ist v. a. dann von großem Interesse, wenn es um Rohstoffgewinnung, Baustoffherstellungen, Transporte oder aber auch die eigentlichen Bauprozesse geht (Grossarth, 2024, S. 23).

Unabhängig davon, dass Abwicklungen von Bauwerken immer länger auf sich warten lassen oder Bauprojekte gar nicht erst fertiggestellt werden, die mit diesen Prozessen einhergehenden Umweltauswirkungen – die sich in diesem Kontext fast ausschließlich negativ darstellen – sind bei Verzögerungen oder Baustopps schon eingetreten, sodass sich ein

Abwägen zwischen den ursprünglich angesetzten Kosten und eigentlichen Nutzen im Nachhinein vielfach erübrigt – insbesondere bei großen Bauvorhaben. Diesbezüglich wurden nach einer Studie aus dem Jahr 2015 77 % aller Megaprojekte mit mindestens 40 % Überschreitung im Vergleich zur angesetzten Dauer übergeben (Lauble et al., 2024, S. 159). Eine andere Studie zeigt ähnliche Werte: Für Straßenbauprojekte wurde eine Abweichung von 38 % zwischen der geplanten und tatsächlichen Dauer festgehalten (Lauble et al., 2024, S. 159).

Es stimmt zwar, dass die Komplexität im Bauwesen im Vergleich zu anderen Branchen höher ist (Pan & Zhang, 2021, S. 6), dies darf jedoch nicht dazu führen, dass neue Wege – die vielfach ebenfalls komplex sind – von vorne herein ad acta gelegt werden. Aufgrund umfangreicher Bauaufgaben in den vielfältig miteinander verknüpften Prozessen kommt es insbesondere während der Ausführung von Bauvorhaben nicht selten vor, dass Unstimmigkeiten oder gar Konflikte in der zuvor angedachten Terminplanungen entstehen. Darüber hinaus führen insbesondere auch Informationsverluste zwischen Planung und Ausführung nicht selten zu Terminverzögerungen, Baumängeln und Kostensteigerungen (Brell-Cokcan et al., 2024, S. 7).

Dass hier nicht von nachhaltigen Prozessen gesprochen werden kann, erübrigt sich aufgrund unwirtschaftlicher Abläufe von selbst. Aber es gibt noch weitere negative ökologischen Aspekte, die im Bauwesen zum Tragen kommen. So entstehen nicht nur per se große Mengen an Bauschutt, auch werden giftige Chemikalien in verschiedenen Materialien eingesetzt, die wiederum viele Wohn-, Arbeits- und Umweltbereiche kontaminieren (Braungart, 2024, S. VI). Selbst wenn einige Materialien, wie z. B. Stahl, Ziegel oder auch Asphalt hohe Recyclingquoten aufweisen, so handelt es sich bei nachgelagerten Aufbereitungsprozessen vielfach um ein sehr energieaufwendiges Downcycling.

Angesichts der beschriebenen Situation wurden im Bauwesen jedoch bereits viele neue bzw. innovative Ansätze zur Lösung aktueller Probleme entwickelt. Übergeordnet kann hier auch die Digitalisierung genannt werden. Dass diese allerdings nicht automatisch zum Allheilmittel erklärt werden kann, wird ersichtlich, wenn man bedenkt, dass fortschrittliche Technologien neben dem eigentlichen Lösungsansatz auch zu einem höheren Grad an Komplexität beitragen (Pan & Zhang, 2021, S. 6). Da insbesondere im Bauwesen Personen mit unterschiedlichen Hintergründen, kognitiven Fähigkeiten und diversen Geschäftsinteressen zu finden sind, stellt die Verfolgung eines übergeordneten gemeinsames Ziels – i. d. R. der erfolgreichen Abwicklung eines Bauvorhabens – schon eine große Leistung dar. Vielfach führt die multidisziplinäre Zusammenarbeit aber auch zu komplizierten Wechselwirkungen zwischen Personen, Disziplinen und Technologien. Als neues bzw. dazugestossenes Phänomen können hier die immer komplexer werdenden Mensch-Maschine-Interaktionen genannt werden, die sich u. a. durch die rasante Verbreitung bzw. Nutzung von Chatbots bemerkbar macht. Aufgrund intransparenter und nur schwer nachprüfbarer Angaben entstehen Informationen, die schnell als Fakten hingenommen bzw. als richtig akzeptiert werden. Die mit entsprechenden und noch in den Kinderschuhen steckenden intelligenten sozi-technischen Interaktionen einhergehende Komplexität ist aber nicht nur auf die eigentlichen Planungs-, Ausführungs- oder Betriebsprozesse beschränkt, sondern vielmehr auch auf die damit verbundenen Energieaufwendungen.

Bertachtet man den Energieverbrauch im Bauwesen etwas genauer, so kann festgehalten werden, dass dieser ca. 30 bis 40 % des gesamten Energieverbrauchs unserer Gesellschaft ausmacht (Chew et al., 2024, S. 1; Grossarth, 2024, S. 20). Als größte Emissionsquellen können hier Wohngebäude bzw. deren Tragwerke, Fassaden und insbesondere die Gebäudetechnik genannt werden (Grossarth, 2024, S. 20). Aktuell beziehen sich damit einhergehende Umweltbewertungen insbesondere auf Treibhausgasemissionen. Sinnvoll ist es jedoch, dass Kalkulationen im Sinne nachhaltiger Ansätze weiter ausgebaut werden, z. B. für Wasserverbräuche, Toxizitäten, aber insbesondere auch auf Ressourcenverbräuche (Technopolis & IÖW, 2024, S. 77). Hinsichtlich Materialverschwendungen sind v. a. konventionelle Praktiken im Bauwesen zu hinterfragen, da der Einfluss auf den Verbrauch mineralischer und metallischer Ressourcen, aber auch auf den Bedarf an Holz sehr groß ist (Grossarth, 2024, S. 20). Hier sticht insbesondere Beton als Baumaterial hervor. Da dieser Baustoff zusammen mit Wasser und Sand sehr häufig eingesetzt wird (Janson, 2018; Dunant et al., 2024, S. 1055), ist es nur folgerichtig, bei diesem Material anzusetzen. Auch wenn Beton zu 80 % aus Kies und Sand besteht (Janson, 2018), so ist es insbesondere das Bindemittel Zement, dass aufgrund des Herstellungsprozesses mit einem Anteil von 7,5 % weltweit die meiste CO_2-Emissionen verursacht (Dunant et al., 2024, S. 1055). Hier sticht in erster Linie der Portlandzement hervor. Dieser ist aufgrund seines großen Vorkommens auf der Erde aktuell nur schwer zu ersetzen, auch weil er durch die zur Verfügung stehenden Mengen deutlich günstiger als andere Materialien ist (Dunant et al., 2024, S. 1059). Ein Großteil des Zements wird zwar in China produziert, aber Deutschland ist mit etwa 465 Mio. t Kies und Sand eine der wichtigsten Produzenten in Europa (Loesche, 2018).

Neben dem immensen Materialeinsatz kommen zusätzlich Bauschutt, Versiegelungen und Wasserverbräuche hinzu. Alleine bei Bauarbeiten werden zwischen 17,8 und 40,1 kg/m^2 Abfall produziert (Ghosh & Karmakar, 2024, S. 4). Darüber hinaus hat das Bauwesen auch einen sehr großen Einfluss auf den Flächen- und Wasserverbrauch (Grossarth, 2024, S. 20). So werden in Deutschland bspw. täglich rund 55 ha zersiedelt, zerschnitten oder asphaltiert. Allein die Gesamtverkehrsfläche macht schon 5 % der Bodenfläche Deutschlands aus (APS, 2020). Mit dieser hohen Versiegelungsfläche geht einher, dass weniger Wasser versickern kann. Neben dem hohen Verbrauch zur Errichtung von Bauwerken kommt also noch das bereits zuvor angesprochene Problem der Wassermengen bei hohen Niederschlägen hinzu. Es wird also nicht nur mehr Wasser zum Herstellen von Gebäuden verbraucht, auch müssen vermehrt Schutzmaßnahmen vor Flutkatastrophen oder Stürmen getroffen werden – dies meist mithilfe von Ingenieurbauwerken, z. B. Deichen, Wehren oder Dämmen. Darüber hinaus deuten aktuelle Prognosen hinsichtlich Baustoffeinsätzen nicht auf eine reduzierte Nutzung von Ressourcen hin (Janson, 2018; DRESO, 2024, S. 3; BR, 2024). So ist davon auszugehen, dass der Materialverbrauch im Bausektor weiter ansteigt. Einer Berechnung zufolge wird der Ressourcenverbrauch bis ins Jahr 2060 noch etwa 500-mal die Stadt New York einnehmen, um der Menschheit urbanen Wohnraum zu geben (Grossarth, 2024, S. 18).

Durch die hier skizzierten bzw. kurz dargestellten Beispiele ist ersichtlich geworden, dass das Bauwesen im Kontext der Klimakrise eine zentrale Schlüsselrolle einnimmt. Dass die Digitalisierung zwar in vielen Fällen bei der Lösung allgemeiner oder branchenspezifischer Probleme behilflich sein kann, führt allerdings nicht nur zu positiven Auswirkungen.

Technifizierung im Bauwesen – Fluch oder Segen?

Wie bereits zuvor aufgegriffen, stellt sich die Frage nach der Notwendigkeit digitaler Lösungen im Kontext der Klimakrise nicht mehr. In einer Welt, in der die Nutzung ständig neuer Technologien nicht mehr wegzudenken ist und der tägliche Einsatz von Computern und Smartphones eine Selbstverständlichkeit darstellt, müssten enorme Kraftanstrengungen unternommen werden, damit digitale Prozesse in großem Maße reduziert würden. Um sich der Diktatur der Digitalisierung aber nicht ganz ausliefern zu müssen, ist es nicht nur wichtig, positive Aspekte weiter in den Fokus zu rücken, auch sollten übergeordnete oder vorangestellte Reflektionen dabei helfen, die zeitgeistigen Phänomene besser greifen und bewerten zu können. Um dies im Hinblick auf die Beiträge im vorliegenden Buch zu erläutern, wird nachfolgend anhand einer diskursiven Betrachtung dargestellt, welche Trends infolge Digitalisierung im Bauwesen zu erwarten sind. Dass eine präzise Technikfolgenabschätzung aufgrund der vielen neuen und schnellen Entwicklungen nur bedingt möglich ist (Häusler, 2024, S. 174), erscheint dabei als unausweichliche Prämisse. Nichtsdestotrotz sollte man sich vergegenwärtigen, dass die verstärkte Nutzung digitaler Geräte nicht per se positiv zu betrachten ist. Als berühmtes Beispiel sei hier auf Goethes *Zauberlehrling* zurückgegriffen: Mit der Heraufbeschwörung autonomer Prozesse, also der Befreiung von lästiger bzw. unerwünschter Arbeit, geht ein Fluch einher, der – wenn die Vorgänge mal in Gang gekommen sind – nicht mehr oder nur schwer zu stoppen ist (Kähler, 2020, S. 31; Waldenfels, 2022, S. 109). Neben dem *Zauberlehrling* soll als weiteres prominentes Beispiel die Maschinenintelligenz *Skynet* aus der *Terminator*-Filmreihe genannt werden: Der Kampf gegen Maschinen ist im Science-Fiction-Genre zumindest als Gedankenexperiment hinsichtlich der Auswirkungen technologischer Innovationen interessant.

Dass solche Szenarien auch schon früh auf wissenschaftlicher Seite thematisiert wurden, zeigt das Beispiel des Wirtschaftsnobelpreisträgers Herbert Simon. Dieser sagte im Zuge einer Welle der Euphorie Mitte der 1960er-Jahre voraus, dass Maschinen innerhalb der folgenden zwanzig Jahre jede Arbeit erledigen könnten, die ein Mensch erledigen kann (Rosengrün, 2021, S. 15). Da dies auch nach 70 Jahren so noch nicht eingetreten ist, relativiert viele Aspekte einer totalen Übernahme durch Maschinen. Ebenfalls aus den 1960er-Jahren stammt die berühmte *Bodies Upon the Gears*-Rede von Mario Savio, der im Kontext der zunehmenden Industrialisierung vehement darauf hingewiesen hat, dass man seinen Körper auf die Zahnräder, auf die Hebel und auf alle Geräte legen muss, um diese zum Stillstand zu bringen (Savio, 1964). Die Sklaverei durch Maschinen, die hier angedeutet und durch den vermehrten Einsatz von Robotern in unserer Gesellschaft immer präsenter wird, spielt in einer vornehmlich technischen Branche auf den ersten Blick zwar nur eine eher untergeordnete Rolle, die Zunahme der ebenfalls bereits erwähnten Mensch-Maschine-Interaktionen sollte aber im Kontext von Automatisierungsprozessen stets berücksichtigt werden – auch infolge *zauberlehrlingshafter* bzw. ungewollter Abhängigkeitsrisiken (OECD, 2024, S. 13). Denn je erfolgreicher Technik als Lebenserleichterung wirkt – so schrieb der Philosoph und Essayist Odo Marquard bereits 1984 –, desto ungehemmter wird sie zur Lebenserschwerung umerfahren (Marquard, 1984, S. 26). Dass dies gerade in der heutigen Zeit ein massives Problem darstellt, zeigen Studien, die sich mit der Abhängigkeit von sozialen Medien beschäftigen (Haidt, 2024).

Aber auch im Kontext der Klimakrise gibt es verschiedene Phänomene, die in Betracht gezogen werden müssen. Denn aktuell deutet einiges darauf hin, dass der technologische Trend insgesamt in eine nicht-nachhaltige Richtung führt (Barth, 2023, S. 234). Der ungebrochene Zuwachs an digitalen Endgeräten, die mit diesen Geräten stattfindenden Prozesse und die im Hintergrund arbeitenden Serverfarmen erfordern eine enorme Infrastruktur mit einem rasant steigenden Energiebedarf (Brynjolfsson & McAfee, 2019, S. 14; OECD, 2024, S. 22). So kann konstatiert werden, dass die Digitalisierung für eine fruchtbare Nachhaltigkeitstransformation aktuell noch keine Lösung darstellt, sie verschärft die bestehenden Probleme eher noch (Barth, 2023, S. 234). Wenn in einer technischen Branche – zu der klar auch das Bauwesen gehört – immer mehr digitale Geräte implementiert werden, so ist die damit einhergehende Technifizierung insbesondere im Hinblick auf die Klimakrise zu hinterfragen, auch weil die Digitalisierung keine reine *Versprechensmaschine* darstellen darf (Beckert, 2024, S. 164). Es sind also vielmehr übergeordnete bzw. gesellschaftliche und nicht nur rein technologische bzw. branchenspezifische Konzepte zur Nutzung digitaler Geräte und Methoden erforderlich. Die philosophischen Ansätze zur Reflektion über die Auswirkungen von Technologie sind dabei nicht neu. Bereits ab dem 18. Jahrhundert wurde der Wissenschafts- und Technikfortschritt von verschiedenen Denkern, darunter Rousseau, Nietzsche und Heidegger, als gegenläufig zur Natur zu betrachtet (Marquard, 1984, S. 10–11). In Zeiten einer stetig voranschreitenden Digitalisierung bzw. Informatisierung sind durch die interdependente Vernetzungen jedoch viele neue Effekte hinzugekommen, die es zu berücksichtigen gilt, u. a. hinsichtlich Datenschutz, Manipulation, Sicherheit, Systemredundanz, Intransparenz, Fehlinterpretationen und übergeordneten Verantwortlichkeiten (Cisterna & Haghsheno, 2024, S. 66–67, 75; Hadavi & Alizadehsalehi, 2024, S. 12, 15; OECD, 2024, S. 13; Pan & Zhang, 2021, S. 14; Zheng et al., 2024, S. 1).

In erster Linie sind hier wieder Auswirkungen infolge Maschinenintelligenz zu nennen. Aktuelle Trends zur voranschreitenden Einbindung intelligenter Algorithmen im Bauwesen werden bereits an mehreren Stellen erwähnt (Kraus & Obergießer, 2023, S. 281; Brozovsky et al., 2024, S. 13; Chen et al., 2024, S. 1; Clark & Perrault, 2024). Vielfach wird diese Implementierung auch als selbstverständlich angesehen, indem darauf verwiesen wird, dass es sich nur noch um eine Frage der Zeit handelt, bis intelligente Prozesse flächendeckend eingesetzt werden (Rosengrün, 2021, S. 127; King, 2023, S. 39). Im Bauwesen kann hier insbesondere das *Generative Design* aufgeführt werden, dass im vorliegenden Sammelband in den Beiträgen von Paula Strempel und Lennart Woock zentral thematisiert wird. Die Zunahme von Algorithmen, die in der Lage sind, architektur- bzw. ingenieurspezifische Aufgaben zu übernehmen, wird ebenfalls an verschiedenen Stellen in der Fachliteratur als selbstverständlich angesehen bzw. als vielversprechend hervorgehoben (King, 2023, S. 34; Kraus & Obergießer, 2023, S. 304; Chew et al., 2024, S. 1, 2; Clark & Perrault, 2024; Liao et al., 2024, S. 1). Insbesondere in Kombination mit Building Information Modeling verspricht das *Generative Design* hinsichtlich Arbeitseffizienz und Konstruktionslösungen enorme Vorteile (Chew et al., 2024, S. 10, 12). So haben maschinenintelligente Prozesse bspw. Auswirkungen auf die Art und Weise, wie Entwürfe und Planungen aktuell zwischen verschiedenen Beteiligten eines Projekts ablaufen können (Kraus & Obergießer, 2023, S. 294). Aber auch die Gestaltung von Bauwerken spielt hier eine wesentliche Rolle. Bereits heute können Chatbots mithilfe von Prompts verschiedene Entwürfe für Bauwerke bereitstellen. Neben dem übergeordneten Trend zur stetigen Implementierung des *Generative Designs* hat der *AI-Index-Report* der *Universität Stanford* aus dem Jahr 2024 auch die Robotik als zentrales zeitgeistiges Phänomen hervorgehoben (Clark & Perrault, 2024). Obwohl in der Bauindustrie bisher noch wenig Roboter auf Baustellen zu finden sind (Emig et al., 2024, S. 413), wird vielfach schon von einem großen Potenzial bzw. einer stetigen Zunahme hinsichtlich Automatisierungsprozessen durch Maschinen gesprochen (Emig et al., 2024, S. 413; Jäkel & Klemt-Albert, 2024, S. 392; Wang et al., 2024, S. 1; Zheng et al., 2024, S. 2). So benennen Perrier et al. (2024) die 2030er-Jahre als Dekade für Roboter und autonome Systeme. Ab 2040 soll dann mithilfe der Maschinenintelligenz die nächste Stufe anstehen (Perrier et al., 2024, S. 32). Neben der ebenfalls im Bauwesen voranschreitenden *Computer Vision* und dem zunehmenden Einsatz von computergenerierten Realitäten bzw. der Einbindung von Prozessen in das *Metaverse* (Ploennigs & Berger, 2023; Chen et al., 2024, S. 1, 4; Zheng et al., 2024, S. 2), sind es zudem die Potenziale der Blockchain-Technologie, die vermehrt in Publikationen hervorgehoben werden (Brozovsky et al., 2024, S. 13; Chen et al., 2024, S. 1; Kim & Kim, 2024, S. 2). Vielfach wird aufbauend auf der Implementierung technischer bzw. innovativer Geräte generell von den Vorteilen gesprochen, die mit der Digitalisierung einhergehen. Dies betrifft neben der Energie- und Ressourceneffizienz insbesondere auch die Wirtschaftlichkeit der Branche und den ihr immanenten Fachkräftemangel sowie auch die zuvor angedeutete Tatsache, dass Technikinnovationen zu mehr Nachhaltigkeit führen können (Akinosho et al., 2020; Grossarth, 2024, S. 44).

Leider steht den hier skizzierten Potenzialen die ebenfalls bereits erwähnte Tatsache entgegen, dass für die zunehmenden digitalen Prozesse immer mehr Energie benötigt wird (Zhang, 2023, S. 302). So stieg bspw. der Energieverbrauch von Servern und Rechenzentren seit 2010 stetig an (OECD, 2024, S. 157). Im Jahr 2021 wurde eine Steigerung von 6,5 % gegenüber 2020 und 14 % gegenüber 2019 geschätzt. Dies entspricht einem Anteil von rund 3,3 % der deutschen Stromversorgung im Jahr 2021. Auch wenn es in diesem Bereich noch Forschungsbedarf gibt, so muss aktuell von einer weiteren Zunahme des Energieverbrauchs ausgegangen werden (OECD, 2024, S. 157). Neben der Nutzung von

Energie und Wasser ist insbesondere auch zu berücksichtigen, dass digitale Geräte dem aktuellen Stand angepasst sein müssen (Rifai, 2024, S. X). Hierfür werden zukünftig ebenfalls Ressourcen verbraucht, die bereits schon heute an ihre Grenzen gekommen sind (OECD, 2024, S. 155; Technopolis & IÖW, 2024, S. II). Auch wenn der Digitalisierungsgrad der Baubranche im Vergleich mit anderen Wirtschaftszweigen hinterherhinkt – und sich an diesem Zustand wohl auch so schnell nichts ändern wird (Wolber et al., 2024, S. 255) –, ist davon auszugehen, dass innovative Technologien nach und nach in die bestehenden Prozesse eingebunden werden. Dass diesbezüglich noch viele offene Punkte im Raum stehen, wird im nächsten Abschnitt anhand *fehlender Bausteine* aufgegriffen.

Fehlende Bausteine und *offene Baustellen*

Es gibt keinen Zeitpunkt, an dem die Digitalisierung abgeschlossen sein wird. Die meisten der heute bereits existierenden Technologien werden stets weiterentwickelt. Ein mögliches Ende der sich immer noch am Anfang befindlichen Prozesse kann daher nicht – und vermutlich auch nie – vorhergesagt werden. Dennoch können Teilziele bzw. Herausforderungen genannt werden, damit weitere notwendige Schritte festgehalten, diskutiert, analysiert und dann bestenfalls auch umgesetzt werden. Im Zuge der Digitalisierung innerhalb des Bauwesens macht sich dies an mehreren Faktoren bzw. Stellen bemerkbar.

In erster Linie können Quantität und Qualität von Daten genannt werden. Die Tatsache, dass digitale Prozesse auf Daten angewiesen sind, wirft nicht erst seit Kurzem die Frage nach der Menge und der Art von Informationen auf. Dass das Sammeln und Sortieren von Daten von großer Relevanz ist, wird nicht nur an mehreren Stellen in aktuellen Fachpublikationen hervorgehoben (Brynjolfsson & McAfee, 2019, S. 14; King, 2023, S. 26, 39; IAO, 2023, S. 21; Aziz et al., 2024, S. 194; Bach et al., 2024, S. 27, 31; Chew et al., 2024, S. 5, 16–17; Çelik & König, 2024, S. 333; Jungmann & Hartmann, 2024, S. 303; Schönfelder et al., 2024, S. 139), auch ist insbesondere das damit einhergehende Problem strukturierter Datenbanken zu berücksichtigen. Dies gilt wiederum insbesondere für das Bauwesen, wenn man sich vor Augen führt, dass die in der Branche vorhandene und sehr umfangreiche Expertise und Erfahrung erst mal in digitale Systeme überführt bzw. maschinenlesbar gemacht werden muss (Wildemann et al., 2024, S. 283).

In der gesamten Branche findet sich an vielen unterschiedlichen Stellen bzw. in vielen Disziplinen und Gewerken spezifisches Fachwissen – nicht nur in den Köpfen der Akteurinnen und Akteure, sondern auch in Softwares, Datenbanken, Plänen oder Ordnern. Dieses interdependente und oft projektspezifische Wissen ist meist nicht nur unstrukturiert, auch kann es nicht einfach zentral zur Verfügung gestellt, geschweige denn vollumfänglich interpretiert werden (Wildemann et al., 2024, S. 281). Nimmt man die hier skizzierte komplexe Situation als Ausgangslage, so stellen sich Fragen nach strukturierten bzw. konzeptualisierten Lösungen, insbesondere mithilfe maschinenintelligenter Ansätze. Dass es diese bereits gibt, wird in der Fachliteratur ebenso hervorgehoben wie die mit einer Sammlung von Daten einhergehende Forderung nach einheitlichen bzw. interoperablen Schnittstellen oder klaren Strukturen (Simbeck & Bühler, 2018, S. 187; Akbari et al., 2024, S. 12; Bach et al. 2024, S. 26, 27; Chew et al., 2024, S. 16–17; Brell-Cokcan et al., 2024, S. 3; Edelman & Abraham, 2024, S. 5; Emig et al., 2024, S. 414; Hadavi & Alizadehsalehi, 2024, S. 15; Häusler, 2024, S. 173; Kuhnke et al., 2024, S. 239; Schimanski et al., 2024, S. 43, 55). Eine datenzentrierte KI-Entwicklung wird im Bauwesen perspektivisch für ein funktionierendes bzw. effektives Informationsmanagement somit von hoher Bedeutung sein – und zwar nicht nur, um robuste Systeme zu erhalten, sondern auch um nachhaltige Konzepte zu entwickeln (Bach et al., 2024, S. 27). Mit der Forderung nach einer hohen Qualität der verschiedenen Prozesse in der Branche geht auch eine allgemeine Verfügbarkeit bzw. Bereitstellung von Daten einher (Jungmann & Hartmann, 2024, S. 303; Schönfelder et al., 2024, S. 139; Zoghian et al., 2024, S. 362, 368). Neben einheitlichen Plattformen und interdependenten Verwaltungsprogrammen betrifft dies insbesondere neue Algorithmen, die auf die verschiedenen Planungs- und Ausführungsprozesse im Bauwesen abgestimmt sein sollten (King, 2023, S. 26; Chew et al., 2024, S. 5; Zheng et al., 2024, S. 18). Denn auch wenn Softwares zum Sortieren bzw. Verwalten von Daten heutzutage bereits sehr benutzerfreundlich sind (Kelleher & Tierney, 2018, S. 36), so ist es dennoch wichtig, dass vorhandene Informationen nicht nur sinnvoll kategorisiert, sondern auch spezifisch interpretiert werden können – dies betrifft sowohl Menschen als auch Maschinen. Dass hier vereinzelt noch kuriose Fehler passieren, zeigt das Beispiel eines Algorithmus, der eine Bowlingbahn mit einer Rolltreppe verwechselt hat, weil beide Strukturen ähnliche Eigenschaften bzw. Geometrien aufweisen (Candela & Berinato, 2019, S. 47). Dass neben funktionierender Software, insbesondere auch Hardware-Lücken vorhanden sind, ist in der Fachliteratur ebenfalls des Öfteren zu lesen (Simbeck & Bühler, 2018, S. 187; Chew et al., 2024, S. 12–13; Cisterna & Haghsheno, 2024, S. 66, 75). Mit den Aspekten zur Hardware geht wiederum die Frage nach ausreichenden Rechenleistungen und stabilen Internetverbindungen einher, die u. a. für echtzeitnahe Berechnungen erforderlich sind – sowohl in Planungsbüros als auch auf Baustellen (Cisterna & Haghsheno, 2024, S. 65; Hadavi & Alizadehsalehi, 2024, S. 15; Jungmann & Hartmann, 2024, S. 303, 304; Simbeck & Bühler, 2018, S. 185).

Selbst wenn die hier angerissenen Bedingungen für eine problemlose Datenbereitstellung bzw. eine damit einhergehende und vollumfänglich funktionierende Informatisierung gegeben sein sollten, stellt sich über die rein technischen Aspekte hinaus insbesondere für kleine und mittelständische Unternehmen die Frage nach Anschaffungs- und Investitionskosten für digitale Geräte bzw. Software (Cisterna & Haghsheno, 2024, S. 66–67; Hadavi & Alizadehsalehi, 2024, S. 12; Jäkel & Klemt-Albert, 2024, S. 389–390). Gerade in inflationären Zeiten ist dies bereits ein sehr großes Problem. Allerdings wird die Situation noch durch ein weiteres gesellschaftliches Phänomen verschärft, den Mangel an Fachkräften bzw. einer fehlenden Kompetenz hinsichtlich digitaler Technologien und Prozesse. Denn neben den fehlenden Fachkräften und Expert*innen bzw. einem Personal, dass sowohl technische als auch planungsbezogene Kompetenzen besitzt, fehlen insbesondere auch Kenntnisse zu maschinenintelligenten Ansätzen (Chew et al., 2024, S. 16–17; Cisterna & Haghsheno, 2024, S. 66–67, 75; Häusler, 2024, S. 182; Jäkel & Klemt-Albert,

2024, S. 389–390; OECD, 2024, S. 19, 93). Die Schnittstelle zwischen intelligenten Konzepten und ökologischer Nachhaltigkeit erfordert demnach nicht nur technisches, sondern v. a. auch ökologisches Fachwissen (OECD, 2024, S. 157–158). Über das physische Fehlen an geeignetem Personal hinaus wird vielfach auch bemängelt, dass zu wenig Ausbildungs- bzw. Schulungsmöglichkeiten vorhanden sind, die das Problem der Fach- bzw. Kompetenzlücke zumindest angehen könnten (Brozovsky et al., 2024, S. 14; Chew et al., 2024, S. 16–17; Jäkel & Klemt-Albert, 2024, S. 389–390). Hinzu kommt die Kluft zwischen Industrie und akademischer Welt (Brozovsky et al., 2024, S. 14), eine mangelnde Akzeptanz bzw. Widerstände bei Mitarbeiter*innen (Jäkel & Klemt-Albert, 2024, S. 390) oder auch, dass für neue Prozesse und Methoden notwendige Denkweisen in den jeweiligen Unternehmen diesbezüglich eine große Rolle spielen (King, 2023, S. 25).

Betrachtet man im Hinblick auf die Akzeptanz explizit die Baurobotik, so handelt es sich neben den rein technischen Aspekten, vielfach auch um wirtschaftliche und soziale Gründe, warum Implementierungen eher langsam stattfinden (Emig et al., 2024, S. 414; Jäkel & Klemt-Albert, 2024, S. 384, 389). Hier kommen noch weitere Hürden ins Spiel, denn für eine flächendeckende Einbindung neuer bzw. innovativer Lösungen sind Standardisierungen, Richtlinien und Normen von großer Bedeutung. Durch fehlende politische und damit einheitliche Vorgaben und Strukturen können viele Prozesse nicht so schnell vorangetrieben werden, wie dies vielfach gewünscht wird (Aziz et al., 2024, S. 196; BBSR, 2024, S. 41; Chew et al., 2024, S. 16–17; Cisterna & Haghsheno, 2024, S. 66, 76; Jäkel & Klemt-Albert, 2024, S. 384, 389). Als Beispiel seien hier Digitaldienste in öffentlichen Ausschreibungs- und Bauvergabeverordnungen genannt, die vielfach noch nicht fest definiert sind (Häusler, 2024, S. 173). Eine unzureichende System- und Datensicherheit wurde zuvor zwar schon angesprochen, sie soll hier aber im Sinne einer übergeordneten Datenschutzrichtlinie noch einmal erwähnt werden (Schönfelder et al., 2024, S. 139). Auch wenn, wie hier dargestellt, noch viele *offene Baustellen* existieren und auch weiterer Forschungsbedarf erforderlich ist bzw. Datenerhebungen notwendig sind (Hadavi & Alizadehsalehi, 2024, S. 15; OECD, 2024, S. 148), so gibt es aktuell dennoch viele Beispiele, die zeigen, dass sich insbesondere in den letzten Jahren im Bauwesen hinsichtlich Digitalisierung und Nachhaltigkeit einiges getan hat.

2 Aktuelle nachhaltige und digitale Beispiele aus dem Bauwesen

Im vorangegangenen Abschnitt über *offene Baustellen* konnte anhand einiger Beispiele gezeigt werden, dass noch viel Handlungsbedarf besteht. Allerdings wurden in den vergangenen Jahren im Hinblick auf Nachhaltigkeit und Digitalisierung bereits viele innovative Projekte umgesetzt, die überaus nennenswert sind. Dies wird nachfolgend anhand übergeordneter Beispiele vorgenommen. Die Übersicht betrifft nicht nur reine Bauvorhaben, sondern auch Regelwerke, Normen, Fachpublikationen und übergeordnete Methoden, die wiederum mit neuen Sichtweisen bzw. Materialeinsätzen zusammenhängen. Die aufgeführten Konzepte sind im Bauwesen vielfach schon thematisiert bzw. diskutiert worden. Da deren Relevanz jedoch von vorrangiger Wichtigkeit ist, werden grundlegende Ansätze und Ideen erneut aufgegriffen. Durch die sich wiederholende Thematisierung soll ein Bewusstsein für die vielen neuen Möglichkeiten geschaffen werden, die das Bauwesen heutzutage schon bietet. *Priming-* und *Anker-Effekte*[1] spielen hier im Kontext von kognitiven Verzerrungen eine wesentliche Rolle (Kahneman, 2012, S. 122–123) – auch um innovative Ansätze für zukünftige Generationen im Bauwesen im Sinne von *Shifting Baselines*[2] als selbstverständlich bereitzustellen (Jackson et al., 2011). Viele der in diesem Kapitel aufgeführten Beispiele beziehen sich auf nachhaltige Konzepte. Die Inhalte können als Überleitung zu den eigentlichen Beiträgen des vorliegenden Sammelwerks angesehen werden.

Neue Gesetze, Normen und Regelwerke im Bauwesen

Die Veröffentlichung des *Gebäudeenergiegesetzes (GEG)* im Jahr 2020 – sowie dessen Novelle im Jahr 2024 – war ein wichtiger Schritt in Richtung Nachhaltigkeit, da das Gesetz die grundlegenden Anforderungen an die energetische Qualität von Gebäuden, an Energieausweise und an den Einsatz erneuerbarer Energien zur Wärmeversorgung regelt (BMWSB, 2024a). Ein weiteres Gesetz, das bundesweite *Klimaanpassungsgesetz*, liefert über die Anforderungen des GEG hinaus zusätzlich einen übergeordneten Rahmen für künftige Klimaanpassungen in Deutschland (BMUV, 2024b). Mit den ebenfalls aus dem Jahr 2024 stammenden Vorgaben verpflichtet sich die Bundesregierung, eine vorsorgende Klimaanpassungsstrategie mit messbaren Zielen vorzulegen. Aufbauend auf dem etwas älteren *Klimaschutzgesetz (KSG)*, mit dem bereits im Jahr 2019 die Klimaschutzziele in Deutschland erstmals verbindlich festgelegt wurden (BMWK, 2021), existieren nun übergeordnete politische Vorgaben, die insbesondere auch für das Bauwesen relevant sind. Ein wesentliches Ziel ist es, dass Deutschland mithilfe des Klimaschutzgesetzes bis 2045 klimaneutral werden soll und dass bis 2030 die Emissionen um 65 % gegenüber 1990 gesenkt werden (LUBW, 2024, S. 103). Weiterhin existiert seit dem Jahr 2024 das Förderprogramm der *Klimaschutzverträge* (BMWK, 2024). Mit dieser Maßnahme unterstützt die Bundesregierung Industrieunternehmen dabei, große, klimafreundliche Produktionsanlagen zu errichten bzw. diese nachhaltig zu betreiben. Auch das *Bundesgesetzblatt Nr. 225* aus dem gleichen Jahr dient als Gesetz zur Verbesserung des Klimaschutzes, u. a. zur Beschleunigung immissionsschutzrechtlicher Genehmigungsverfahren (BGBl, 2024).

---

[1] Beim *Ankereffekt* handelt es sich um ein Phänomen aus der Kognitionsforschung. Der Effekt beschreibt, dass Menschen bei Entscheidungen von Umgebungsinformationen beeinflusst werden, ohne dass ihnen dieser Einfluss bewusst wird.

[2] Das Phänomen *Shifting Baselines* stammt aus der Umweltforschung. Es beschreibt eine Veränderung der menschlichen Wahrnehmung. So definiert bspw. jede Generation neu, was *normal* oder *natürlich* ist.

Weiterhin liefert die *Nationale Wasserstrategie* des Bundes einen Handlungsrahmen für ein modernes Wassermanagement in Deutschland (BMUV, 2023). Mit dem nachhaltigen Ansatz soll systematisch ein bewussterer Umgang mit der Ressource Wasser erzielt werden. Durch ein weiteres Dokument, die Strategie-Roadmap *Baustelle 2045*, wurden ebenfalls Rahmenbedingungen bereitgestellt, die insbesondere im Kontext des Bauwesens dabei helfen sollen, erforderliche Maßnahmen in Politik, Wirtschaft, Bildung, Technik oder Marktdesign zu bewerten (IAO, 2023, S. 2) Als branchenspezifische Diskussionsgrundlage dient die Roadmap nicht nur zur Ableitung von Handlungsempfehlungen über die gesamte Wertschöpfungskette *Bau*, auch wird im Kontext einer zirkulären Baustelle die Frage nach einer hundertprozentigen Kreislaufführung aller Bauteile und Baustoffe adressiert (IAO, 2023, S. 2, 9). In der Roadmap heißt es, dass bis zum Jahr 2030 eine Pflicht zur Dokumentation von verbauten Materialien für jeden Neubau eingeführt werden soll (IAO, 2023, S. 32). Dann sei noch der *Gebäuderessourcenpass* erwähnt. Das mit dieser Idee einhergehende Konzept lehnt sich an die Nutzung von Energieausweisen an. In einem Ressourcenpass sollen für jedes Gebäude die wesentlichen Informationen rund um die Ressourcennutzung, die Klimawirkung und die Kreislauffähigkeit angegeben werden (DGNB, 2023).

Auch hinsichtlich Normen hat sich im Bauwesen etwas getan: In ihrem Beitrag aus dem ersten Band *Nachhaltige und digitale Baukonzepte* hat Jessica Lohmann mit Bezug auf die Nutzung von Lehm im Bauwesen bereits darauf hingewiesen, dass neue bzw. angepasste Produkt- und Anwendungsnormen für nachhaltige Nutzungen unumgänglich sind (Lohmann, 2022, S. 158). Bereits ein Jahr später, im Juni 2023, wurde die DIN 18940 für Mauerwerksbauten aus Lehm veröffentlicht (DIBt, 2023). Zusammen mit weiteren überarbeiteten Produktnormen ergibt sich für den nachhaltigen Baustoff ein schlüssiges Normenpaket, welches die Herstellung, die Planung, Bemessung und Ausführung von Lehmmauerwerk umfasst.

Im Hinblick auf neue Regelwerke zur Förderung digitaler Projekte sind in den vergangenen Jahren ebenfalls einige neue Regelwerke erschienen. Hier sei zuerst der *OECD-Bericht zu Künstlicher Intelligenz* in Deutschland genannt (OECD, 2024). Die *Organisation für wirtschaftliche Zusammenarbeit und Entwicklung (Organisation for Economic Co-operation and Development, OECD)* wurde damit beauftragt, eine Analyse zur künstlichen Intelligenz durchzuführen (OECD, 2024, S. 16). In dem Bericht, der vom *Bundesministerium für Arbeit und Soziales (BMAS)* finanziert wurde, finden sich verschiedene Ansätze zur Kombination von künstlicher Intelligenz mit Nachhaltigkeit. So hat bspw. das *Umweltbundesamt (UBA)* ein Anwendungslabor für Künstliche Intelligenz und Big Data eröffnet (OECD, 2024, S. 148). Das Labor konzentriert sich darauf, KI- und datenbasierte Anwendungen zu entwickeln, die das Umweltressort in seinen vielfältigen Forschungs- und Vollzugsaufgaben unterstützen soll. Die gewonnen datenbasierten Erkenntnisse können somit als Grundlage für politische Entscheidungen herangezogen werden. Darüber hinaus sollen die Ergebnisse für ein vertieftes Verständnis komplexer Umweltprozesse in der Öffentlichkeit förderlich sein. Auch das *Bundesministerium für Umwelt, Naturschutz, nukleare Sicherheit und Verbraucherschutz (BMUV)* wird im OECD-Bericht genannt. So möchte das Ministerium mehrere KI-Leuchtturm-Projekte für Klimainnovationen und ressourceneffiziente KI fördern (OECD, 2024, S. 148).

Abschließend sei noch auf Neuerungen im Kontext der Kreislaufwirtschaft eingegangen. Auch wenn das *Kreislaufwirtschaftsgesetz (KrWG)* bereits im Jahr 2012 in Kraft getreten ist, stellen die Vorgaben eine wichtige Quelle für nachhaltige Ausrichtungen im Bauwesen dar (BMUV, 2024c). Der Zweck des Gesetzes ist es, eine Wirtschaft zur Schonung der natürlichen Ressourcen zu fördern und den Schutz von Mensch und Umwelt sicherzustellen. Es dient somit auch als verbindlicher Rechtsrahmen zur Umsetzung der EU-Abfallrichtlinie. Um die Kreislaufwirtschaft aktiv zu fördern, werden im KrWG u. a. Anforderungen zur Abfallvermeidung und -verwertung sowie der Getrenntsammlung von Abfällen definiert (LUBW, 2024, S. 104). Im Jahr 2020 wurde das Gesetz zur Umsetzung der Abfallrahmenrichtlinie beschlossen (BMUV, 2024c). Im Kontext eines damit zusammenhängenden zirkulären Systems hat die *Landesanstalt für Umwelt aus Baden-Württemberg* 2024 einen 115-seitigen Leitfaden zum zirkulären Bauen herausgegeben (LUBW, 2024). Er enthält einzelne Schritte zur Umsetzung eines kreislauffähigen Systems und erläutert die Integration des Konzepts in öffentliche Ausschreibungen. Bevor die Kreislaufwirtschaft im nachfolgenden Abschnitt noch genauer betrachtet wird, sei noch eine Vision der *Kommission Nachhaltiges Bauen (KNBau)* genannt: Im Kontext der *Kreislaufwirtschaftsstrategie*[3] empfiehlt sie ausdifferenzierte Definitionen für Verwertungswege, um u. a. auch einem *Greenwashing*[4] entgegenzuwirken. Darüber hinaus zeigt sie Möglichkeiten, wie die Zirkularität von Bauprodukten mithilfe von Label ausgewiesen werden kann (Hillebrandt et al., 2024).

Aktuelle nachhaltige und digitale Konzepte im Bauwesen

Das zuvor erwähnte Konzept der Kreislaufwirtschaft, das ebenfalls bereits in der ersten Auflage des Sammelwerks *Nachhaltige und digitale Baukonzepte* in mehreren Beiträgen thematisiert wurde, ist im Jahr 2025 weiterhin von übergeordneter Bedeutung. Um die Relevanz dieses zentralen Ansatzes im Bauwesen erneut zu thematisieren, werden gleich zu Beginn dieses Abschnitts grundlegende Aspekte abermals benannt.

Die mit einer Kreislaufwirtschaft einhergehenden Potenziale für eine nachhaltig ausgerichtete Baubranche gehen in erster Linie auf die systematische bzw. integrale Betrachtung eines bestehenden *urbanen Rohstofflagers* einher (DRESO, 2024, S. 4). Ziel der zir-

---

[3] Die *Nationale Kreislaufwirtschaftsstrategie (NKWS)* soll Ziele und Maßnahmen zum zirkulären Wirtschaften und zur Ressourcenschonung aus allen relevanten Strategien zusammenführen. Die NKWS dient damit als Rahmenstrategie, in der die Bundesregierung Ziele, grundlegende Prinzipien und strategische Maßnahmen festlegt, die alle rohstoffpolitisch relevanten Strategien unterstützen (BMUV, 2024a).

[4] Beim *Greenwashing* handelt es sich um unehrliche Umweltbemühungen, bei denen unternehmensinterne Prozesse hinsichtlich ökologisch-positiver Auswirkungen übertrieben dargestellt werden, um den Eindruck zu erwecken, sie seien nachhaltig (Kumar et al., 2023, S. 1).

kulären Methode ist es, möglichst viele Sekundärrohstoffe, also Stoffe, die bereits verbaut wurden, zu gewinnen bzw. erneut zu nutzen. In diesem Kontext wird häufig vom sog. *Urban Mining* gesprochen, dass von Kim Gülck als *Stadtschürfung* bezeichnet wurde (Gülck, 2022, S. 45). Der Ansatz beinhaltet die Idee, eine Stadt als *Mine* zu betrachten, aus der Rohstoffe aus industriellen Waren gewonnen bzw. abgebaut werden können, um sie als Sekundärmaterialien wiederzuverwenden. Bestenfalls ersetzen diese Sekundärrohstoffe in Zukunft die aktuell noch in großer Menge verwendeten Primärrohstoffe, indem Baumaterialien in hochwertigen Kreisläufen geführt und Gebäude zu Rohstoffdepots werden (DRESO, 2024, S. 4). Mithilfe digitaler Technologien können diesbezüglich Produkte und Bauelemente über die gesamte Wertschöpfungskette verfolgt werden. Auch der Datenaustausch zwischen den beteiligten Akteurinnen und Akteuren spielt im Sinne einer nachhaltig ausgerichteten Wiederverwendung und Wiederaufbereitung und damit einhergehenden Reparatur- und Recyclingprozessen eine wesentliche Rolle (Technopolis & IÖW, 2024, S. VI). Betrachtet man bereits verbaute Materialen als sog. *Re-Use*-Produkte, bei denen ein selektiver Rückbau mit anschließenden Aufbereitungsprozessen stattfindet, so wären die hier beschriebenen Kreislaufprozesse auch auf einem hohen qualitativen und quantitativen Niveau im Sinne einer *Smart City* nutzbar. An dieser Stelle sei auf den Beitrag von Clea Kummert verwiesen, bei dem es um die Wiederverwendung tragender Bauteile geht.

Eng verbunden mit der Idee der Kreislaufwirtschaft ist das Konzept von *Cradle to Cradle*. Hier wird in Anlehnung an den Ansatz der Wiederverwendung die Betrachtung eines geschlossenen Produktlebenszyklus anvisiert, von der Rohstoffgewinnung bis zur Abfallaufbereitung (EPEA, 2024; Grossarth, 2024, S. 315; Hillebrandt et al., 2024, S. 43). Materialausweise spielen hier eine zentrale Rolle, insbesondere weil es um Daten und Informationen von Baustoffen geht. Entsprechende Ausweise liefern nicht nur eine sinnvolle Unterstützung hin zum kreislauforientierten Denken, sie können auf zentralen Plattformen, z. B. *Madaster*, auch als Basis für die Realisierung von Gebäuden als Materialdepots herangezogen werden (Gülck, 2022, S. 53–55). Bei *Madaster* handelt es sich um eine Online-Plattform, die den zirkulären Einsatz von Produkten und Materialien in der Bauwirtschaft ermöglicht, um Daten von Bauwerken zu speichern, diese zu anzureichern, zu verwalten und auszutauschen (DRESO, 2024, S. 6). Mithilfe solcher Datenbanken können Berechnungen gebäudespezifischer CO_2-Emissionen durchgeführt werden, die sich nicht nur aus der Herstellung, sondern auch aus dem Transport und dem Einbau der Materialien ergeben. Zudem kann eine Aussage über die Zirkularität der verwendeten Baustoffe getroffen werden (DRESO, 2024, S. 6). Auch die größte deutsche Ökobilanzdatenbank *Ökobaudat* sammelt mehrere Tausend Datensätze zu Baustoffen bzw. den damit einhergehenden Ökobilanzen (Grossarth, 2024, S. 252; Hillebrandt et al., 2024, S. 44). Hier beruhen die kostenfrei zur Verfügung gestellten Informationen häufig auf den sog. *Umweltproduktdeklarationen (Environmental Product Declaration, EPD)*, die im Zusammenspiel mit Ökobilanzen als standardisierte Informationen angesehen werden können (Hillebrandt et al., 2024, S. 43). Damit liefern sie eine gute Datengrundlage für nachhaltige Bauprojekte. Um die EPDs sinnvoll in Ökobilanzen integrieren zu können, bieten sich nicht nur reine BIM-Modelle bzw. digitale Zwillinge an, sondern insbesondere auch die bereits erwähnten Smart Cities. Per se sind Ökobilanzierungen wichtig, um Umweltschäden durch wirtschaftliches Handeln zu beziffern, u. a. um den Einfluss von Bauwerken auf die Umwelt bewerten zu können. Damit gehen wiederum Zertifizierungen von Gebäuden einher, da Ökobilanzen einen zentralen Bestandteil nachhaltiger Bewertungen ausmachen (Grossarth, 2024, S. 244). Verschiedene Konzepte, die auf Ökobilanzierungen beruhen, können unter anderem in Hasselbring (2022) oder in Hillebrandt et al. (2024) nachgelesen werden (Hasselbring, 2022, S. 128–133; Hillebrandt et al., 2024, S. 26–28).

Aber nicht nur übergeordnete Konzepte wie die Kreislaufwirtschaft, auch eher technische Ansätze haben sich in den vergangenen Jahren im Bauwesen bemerkbar gemacht. Neben verschiedenen nachhaltigen Gebäudekonzepten, die ebenfalls in Hasselbring (2022) zu finden sind, soll an dieser Stelle der *Gebäudetyp E* genannt werden. Mit dieser branchenweiten Idee wurde ein Spielraum für innovative Planungskonzepte ohne prozessbehindernde Bindungen an Regelwerke oder Normen geschaffen (BMWSB, 2024b). So sollen ohne große Hürden neue Ansätze und individuelle Lösungen für das klima- und ressourcenschonende, bedarfsgerechte und kostengünstige Bauen ermöglicht werden. Der Gebäudetyp E kann sowohl bei Neubauvorhaben als auch im Bestand Anwendung finden (BMWSB, 2024b). Ein weiteres gebäudebezogenes Konzept sind die sog. *Living Places* (Detail, 2023). Hier handelt es sich um eine Kombination aus einem theoretischen Ansatz, der in konkrete Bauprojekte umgesetzt werden soll. Auf Basis von fünf Grundprinzipien, der *Gesundheit*, der *Einfachheit*, der *Anpassungsfähigkeit*, der *Skalierbarkeit* und der *Nutzbarkeit* lässt sich das Konzept auf einzelne Gebäude oder ganze Städte anwenden. Mit dem Bau von *Living Places Copenhagen* wurde das Konzept im Jahr 2023 getestet. Weitere Ideen lassen sich, wie bereits im ersten Band von *Nachhaltige und digitale Baukonzepte* von Julius Oldehaver am Beispiel der Bauweise *Holz100* gezeigt, im Holzbau finden (Oldehaver, 2022, S. 229–237). So können Häuser bspw. ohne verleimte Bauelemente und damit ohne chemische bzw. toxische Zusätze errichtet werden. Diesen Ansatz hat auch das Stuttgarter Start-up-Unternehmen *Triqbriq* gewählt (Hochwarth, 2024), denn auch hier werden Holzbausteine ohne Leim miteinander verbunden, sodass sie sich sortenrein rückbauen und sogar wiederverwenden lassen. Im Vergleich zum klassischen Massivbau müssen keine Trockenzeiten eingehalten werden, sodass der weitere Ausbau zudem direkt im Anschluss erfolgen kann. Die Holzbausteine selbst sind vorab mithilfe von Robotern CO_2-negativ hergestellt. Auf Baustellen werden die sogenannten *Briqs* dann aufeinander gesteckt und mithilfe von Holzdübeln untereinander verbunden. So entstehen starre Mauerverbände ohne künstliche Verbindungsmittel. Über die Verwendung des nachwachsenden Baustoffs selbst, sind zudem digitale Informationen über die Bauelemente vorhanden, sodass Integrationen in BIM-Modelle möglich sind. Ein weiterer Vorteil ist, dass durch die einfache Montage nicht so viele Fachkräfte notwendig sind (Hochwarth, 2024). Ohne den direkten Einsatz von Robotern seien ebenfalls noch die Konzepte zu Gründächern und Schwammstädten genannt. So sieht bspw. das Schwammstad-Prinzip vor, Regenwasser lokal zu nutzen, statt es zu kanalisieren und abzuführen. Der Ausbau von Grünflächen in stark versiegelten Gebieten soll im Sinne einer lokalen Wasserspeicherung dafür sorgen, dass der vor Ort auftretende Niederschlag wie von einem Schwamm aufgesaugt wird, um die Versickerung, z. B. in Städten, zu fördern (Kummert, 2022, S. 74; Hackenberg, 2023).

Schaut man explizit nach nachhaltigen Konzepten im Bauwesen, so könnten noch mehr positive Beispiele aufgeführt werden. Da dies jedoch für den vorliegenden Einführungsbeitrag zu umfangreich ist, soll abschließend noch auf ein paar digitale Konzepte hingewiesen werden, die ebenfalls vielfach schon bekannt, aber im Kontext einer nachhaltigen Ausrichtung des Bauwesens von großer Relevanz sind. Neben den vorherrschenden digitalen Ansätzen wie Building Information Modeling (BIM), den damit einhergehenden digitalen Zwillingen, der Blockchain-Technologie oder auch cyberphysischen Systemen (Akbari et al., 2024, S. 2), sind in Kombination mit der zuvor bereits erwähnten Maschinenintelligenz v. a. *Smart Cities* zu nennen, die wiederum im Kontext ökologischer Ansätze bzw. mithilfe von *Smart Grids* Energiesysteme nachhaltig überwachen bzw. diese intelligent steuern können (Barth, 2023, S. 231; King, 2023, S. 16; OECD, 2024, S. 147). Ergänzend zu den hier aufgeführten übergeordneten Konzepten werden im nachfolgenden Abschnitt explizite Beispiele von Projekten aufgeführt, die im Bauwesen in den vergangenen Jahren umgesetzt wurden.

Beispiele spezifischer Projekte im Bauwesen

Als erstes Beispiel sei die Gemeinde Hebertshausen genannt. Der im Norden von München gelegene Ort hat den gesamten Bestand seiner Gebäude digitalisiert (Madaster, 2024a). So entstanden die bereits zuvor erwähnten Gebäuderessourcenpässe, die im Sinne der ebenfalls zuvor genannten zirkulären Kreislaufwirtschaft bzw. durch das Dokumentieren von Informationen zu Baumaterialien und -elementen einen wichtigen Schritt in Richtung Nachhaltigkeit darstellen. Auch in der Bundeshauptstadt ist ein ökologisches Projekt umgesetzt worden. In Berlin-Neukölln wurde der Teil einer alten Brauerei zu einem gemischt-genutzten Gebäude aufgestockt (Schöningh et al., 2022). Beim sog. *CRCLR-Haus* stand eine nachhaltige Agenda im Fokus, bei der so viel der vorhandenen Substanz wie möglich erhalten werden sollte. Über die Änderungen am Bestandsbauwerk hinaus, orientierte man sich bei den Ein- und Aufbauten des Objekts nach den Prinzipien des zirkulären Bauens. Ein weiteres nachhaltiges Projekt, ein Parkhaus in Luxemburg, wurde ebenfalls nach zirkulären Grundsätzen geplant. Beim Neubau des sog. *Loopparks* konnten alle Informationen zum Gebäude in die Madaster-Plattform eingepflegt werden, sodass bei einer Wiederverwendung der Materialien, z. B. hinsichtlich der Stahlstützen oder der Betonplatten, nun spezifische Angaben zu den Baustoffen vorliegen (Madaster, 2024b). Weitere Beispiele zu nachhaltigen Wiederverwendungen bzw. Umnutzungen finden sich in den Beiträgen von Clea Kummert und Julia Thiel.

Auch im Neubaubereich hat sich einiges getan. Es seien auch hier nur ein paar Projekte herausgegriffen. Das im Düsseldorfer Medienhafen errichtete Holzhybrid-Bürogebäude *The Cradle* wurde ebenfalls unter ökologischen Gesichtspunkten geplant (Braungart,

2024, S. VII). Wie der Name schon vermuten lässt, standen auch bei diesem Bauwerk die Grundsätze von *Cradle to Cradle* im Fokus. Ebenfalls in Düsseldorf steht der mit grünen Fassaden versehene Kö-Bogen. Hier handelt es sich um einen Gebäudekomplex, bei welchem die Außenfassade mit 30.000 Pflanzen versehen ist (Kaltenbach, 2023). Weiter süd-östlich in Europa, in Bratislava, entsteht ein neues Zentrum, das mit Parks und öffentlichen Plätzen und Wohneinheiten ausgestattet ist (Florian, 2024). Das Projekt trägt, da auch hier sehr viele Grünflächen vorhanden sind, den Titel *Urbane Oase*. Im italienischen Mailand steht ein ähnliches Bauwerk, der sog. *Bosco Verticale*, der vertikale Wald (Eigel, 2023). Die zwei grünen Hochhäuser sind ein schönes Beispiel, wie ökologische Aspekte wieder zurück in Großstädte geholt werden können. Neben insgesamt 800 Bäumen wachsen am *Bosco Verticale* ca. 15.000 Bodendecker und 5000 Sträucher. Die gepflanzte Vegetation entspricht einem Äquivalent von etwa 30.000 m^2 Wald, konzentriert auf ca. 3000 m^2 Stadtfläche. Mithilfe der Pflanzen kann die Umgebungsluft besser gereinigt, feucht gehalten und angenehm temperiert werden. Das Blattwerk der Gewächse produziert zudem Sauerstoff, absorbiert CO_2 und bindet Feinstaub aus der Luft (Eigel, 2023). Neben der zunehmenden Begrünung von Bauwerken erhalten weitere Materialien Einzug in das Bauwesen. So kann u. a. Stroh, das bspw. beim Bau einer im Jahr 2020 fertiggestellten Siedlung im schweizerischen Nänikon Verwendung fand, erwähnt werden (BNW, 2024). Auch das Material Hanf gewinnt immer mehr an Bedeutung im Bauwesen (Grossarth, 2024, S. 19). So stehen in Cazis – ebenfalls in der Schweiz – zwei aus Hanfkalk hergestellte Häuser (SRF, 2023). Auch in Deutschland wurde ein in Oldenburg stehendes und mit Holzschalung versehenes Gebäude bereits als Hanfsteinhaus errichtet (Grossarth, 2024, S. 143). Für die Anwendung von Hanf im Bauwesen ist das *Hanfbaukollektiv* ins Leben gerufen worden (HBK, 2024). Das Team hat sich auf die Fahne geschrieben, das nachhaltige Material weiter zu untersuchen bzw. dessen Nutzung weiter voranzutreiben. Ende 2024 wurden bereits 23 Projekte mit Hanf realisiert.

Der Holzhybridbau wurde mit *The Cradle* bereits erwähnt. Aber auch der reine Holzbau ist weiter auf dem Vormarsch. In seinem Beitrag *Deutschland auf dem Holzweg* führt Peter Wenig (2023) mehrere Großprojekte von Holbauvorhaben auf (Wenig, 2023). Als Beispiele können unter anderem das *Carl* in Pforzheim, das *Skaio* in Heilbronn, die *Arche Noah* in Düsseldorf, das *Spinelli* in Mannheim, das *WoHo* in Berlin-Kreuzberg oder das Hochhaus *Roots* in Hamburg genannt werden. In einem größeren Maßstab entsteht in Stockholm die sog. *Wood City* (Fakharany, 2023). Es handelt sich um das weltweit größte städtische Bauprojekt aus Holz. Der Baubeginn für das Vorhaben, dass eine Fläche von 250.000 m^2 mit 2000 Häusern und 7000 Geschäftsräumen aufweist, ist für das Jahr 2025 geplant. Auch der zuvor angesprochene und meist negativ assoziierte Baustoff Beton wurde bereits nachhaltig eingesetzt. Bei einem Erweiterungsbau einer Hamburger Schule ist anstelle herkömmlicher Bestandteile ein Recyclingbeton zur Anwendung gekommen (KFB, 2024).

Betrachtet man Projekte, die insbesondere Digitalisierungsaspekte im Fokus haben, so kann u. a. der Ansatz des *DigitalHouse* der Hochschule München genannt werden (HM, 2024). Ziel des Forschungsvorhabens ist es, einen Prototypen für Minimalhäuser zu entwickeln. Bei dem Projekt wurden digitale Produktionsmethoden eingesetzt, um ein variables und reduziertes Leichtbausystem zu realisieren, das durch Nutzerinnen und Nutzer per App konfiguriert werden kann. Ein weiteres, auf technischen Ansätzen basierendes Konzept findet sich in Österreich. So wurde in Wien im Zuge der Errichtung einer neuen Bahnsteigüberdachung am Westbahnhof die größte innerstädtische Photovoltaikanlage auf einer Fläche von ca. 25.000 m^2 aufgebracht (Krutzler, 2024). In Berlin kann anhand der Teilsanierung des Huthmacher-Hauses erwähnt werden, dass ebenfalls grundlegende Informationen zum Gebäude in die Datenbank Madaster eingepflegt wurden (DRESO, 2024, S. 2). Als Übergang zu neuen innovativen Ansätzen für die Verwendung von Baustoffen soll abschließend noch auf ein 3D-gedrucktes Projekt hingewiesen werden. Nach den weltweit ersten Häusern, die additiv gefertigt wurden, konnte 2024 Europas größtes gedrucktes Gebäude in Heidelberg errichtet werden (SWR, 2024). Das mit einem speziellen Beton gebaute Industriegebäude hat eine Länge von ca. 50 m, eine Breite von ca. 11 m und eine Höhe von ca. 9 m.

Neue und innovative Materialien im Bauwesen

Der voranschreitende Einsatz des Materials Lehm wurde bereits zuvor im Kontext der neu eingeführten DIN 18940 erwähnt (DIN 18940, 2023). Mit zunehmender Verwendung des in großen Mengen vorhandenen Baustoffs für tragende Bauteile ergeben sich zukünftig immer mehr Einsatzgebiete. Neben der neuen Norm für Mauerwerkskonstruktionen kann Lehm auch als Stampf-, Weller-, Leicht- und Strohlehm, aber auch als Ausbaumaterial, z. B. als Lehmplatten oder Lehmputz Anwendung finden (Lohmann, 2022, S. 144). Ein anderes Beispiel eines zirkulären Materials stellt Gips dar (Braungart, 2024, S. VI). Dieses Material kann bei gleichbleibender Qualität öfters eingesetzt werden. Der Baustoff ist somit als sehr gutes Cradle-to-Cradle-Material nutzbar. Da Gips im Bauwesen jedoch vielfach Rückstände aus Rauchgasreinigungen oder Altpapier, z. B. durch Gipskartonplatten, enthält, ist hier noch viel Forschung und Entwicklung notwendig (Braungart, 2024, S. VI). Neben den bereits zuvor erwähnten agrarischen Baustoffen Stroh und Hanf bieten insbesondere auch Biomaterialien neue Optionen zur Verwendung in der Bauindustrie, wie z. B. Pilze, Schilf oder Bambus (Bauwende, 2023; Fritz & Kraus, 2024; Uni Siegen, 2024). Weiter finden Untersuchungen an natürlichen Zusatzstoffen, z. B. als Additive für Beton, statt. Hier können neben Algenöl, Enzymen, Bakterien und Pflanzenkohle auch Zementersatzprodukte wie Reishülsen- oder Pflanzenasche genannt werden (TUM, 2019; BB, 2024; Braungart, 2024, S. VI–VII; Gebäudeforum, 2024). Ein großer Vorteil von biobasierten Rohstoffen ist, dass sie recyclingfähig und biologisch abbaubar sind. Das gilt auch für innovative Ansätze hinsichtlich Dämmungen. Hier haben Materialforschungen in den vergangenen Jahren gezeigt, dass u. a. Holzschaum, Stroh, Gräser, Pappelzellulose, Schilf, Flachs, Hanf, Jute, Baumwolle, Bambus, Algen, Seegras oder geschäumtes Glas im Bauwesen zum Einsatz kommen können (Braungart, 2024, S. V; Grossarth, 2024, S. 132; WKI, 2024). Als Ersatz für das immer knapper werdende Baumaterial Sand haben sich ebenfalls Alternativen aufgezeigt. So hat eine Ziegelei in Oberfranken Haselnussschalen für die Herstellung von Steinen herangezogen (BR, 2024). Aber nicht nur die reine Betrachtung von Baustoffen hinsichtlich Produktion und Einsatz gewinnt immer mehr an Bedeutung. So zeigt die Wiederverwendung von Baustoffen im Sinne der zuvor angerissenen Kreislauffähigkeit erste Auswirkungen. Beispielsweise wird nicht nur untersucht, ob Portlandzement mithilfe elektrischer Prozesse in industriellem Maßstab recycelt werden kann (Dunant et al., 2024, S. 1060), auch finden sich Ansätze, bei dem eine Wiederverwendung von Bauschutt zur Herstellung von Mauerwerkssteinen genutzt wird (Wienerberger, 2024). Zum Abschluss sei noch einmal auf den Beton hingewiesen, der u. a. in einer in Soltau eröffneten Fabrik klimapositiv hergestellt wird (Seib, 2024), indem bei diesem Verfahren weniger CO_2 freigesetzt wird.

Mit den hier skizzierten Möglichkeiten von nachhaltigen Baustoffen, die maßgebend für die Verringerung der negativen Auswirkungen auf unsere Umwelt sind (Hasselbring, 2022, S. 115), befindet sich die Baubrache erst am Anfang des ökologischen Paradigmenwechsels. Um diesen weiter voranzutreiben, braucht es neben den zuvor dargestellten Innovationen einen weiteren wichtigen gesellschaftlichen Bereich: die Bildung.

3   Bildung im Bauwesen infolge Nachhaltigkeit und Digitalisierung

Wie bereits im ersten Band des vorliegenden Sammelwerks aus dem Jahr 2022 thematisiert, spielt Bildung eine zentrale Rolle, wenn es darum geht, auf gesellschaftliche Veränderungen zu reagieren. Implementierungen moderner bzw. innovativer Inhalte in Stunden-, Lehr- oder Ausbildungspläne erweisen sich hier jedoch nicht zuletzt wegen den rasanten Änderungen hinsichtlich Klimakrise und Digitalisierung als ungewisse Lösungsansätze. Um einerseits die im Bauwesen beteiligten Akteurinnen und Akteure auf einem aktuellen Stand zu halten, sondern auch, um nachfolgende Generationen von Menschen in der Branche zeitgemäß fit zu machen, müssen verschiedene Bedingungen bzw. Faktoren berücksichtigt werden. Übergeordnet stellt sich hier im Kontext des vorliegenden Sammelbandes die Frage, wie Aspekte der Nachhaltigkeit mithilfe digitaler Technologien in Bildungskonzepte implementiert werden können. Die erste augenscheinliche und sofort nachvollziehbare Option einer Einbindung von spezifischem Wissen in Curricula – egal ob an Fachschulen, Universitäten, Weiterbildungseinrichtungen oder in Ausbildungsstätten – erweist sich nur bedingt als erfolgsversprechend, da sich die komplexen und sich immer wieder ändernden Anforderungen nur zu einem gewissen Maße konstituierend festhalten lassen. Über diese sektorübergreifende Tatsache hinaus kommen die spezifischen Probleme der Baubranche hinzu, z. B. die zyklischen Preis- und Kostenexplosionen, der Fachkräftemangel, die Materialknappheit, die Unattraktivität des Berufsfeldes, das Unfallrisiko auf Baustellen sowie die häufig auftretenden Baumängel und die ebenfalls zuvor thematisierten Terminverzögerungen (Brell-Cokcan & Schmitt, 2024, S. V). Angesichts der hier skizzierten, aber durchaus komplexen Ausgangslage ist es überaus wichtig, aktuelle

Rahmenbedingungen aufzuzeigen, um darauf aufbauend an verschiedenen Stellen Lösungen auszuarbeiten. Dafür werden nachfolgend grundlegende Aspekte bzw. Ansätze benannt. Auch der Beitrag von Ines Heidsieck greift diesbezüglich verschiedene Aspekte zur Bildung im Bauwesen auf.

Bildungsrelevante Herausforderungen im Bauwesen

Vielfach wird von den verschiedenen Akteurinnen und Akteuren aus den diversen Disziplinen der Baubranche erwartet, dass sie die gesamte Wertschöpfungskette *Bau* kennen (IAO, 2023, S. 17). Dass dies für ein Individuum innerhalb des Bauwesens nicht zu leisten ist, wird schnell ersichtlich, wenn man bedenkt, wie viele Parteien bereits bei kleineren Bauvorhaben – die wiederum von Projekt zu Projekt variieren – involviert sind. Nichtsdestotrotz orientiert sich das übergeordnete Ziel der Bildung im Bauwesen an durchgängigen, lückenlosen Prozessen – sowohl in den Bereichen *Planung* und *Ausführung* als auch während der *Betriebsphasen* von Bauobjekten. Die Frage nach zukünftig notwendigen Fachkompetenzen richtet sich auf Grundlage der breitgefächerten Inhalte demnach ebenfalls an übergeordneten Phänomenen aus. Nimmt man hier die Klimakrise und die Digitalisierung, so wären die beiden treibenden Phänomene schnell ausgemacht. Jedoch kommen diese neuen Themen zu den bereits sehr umfangreichen vorhandenen Inhalten im Bauwesen hinzu. Dass sich – wie zuvor gezeigt – nun viele Veränderungen hinsichtlich Digitalisierung ergeben, führt dazu, notwendige Lehrinhalte dem bestehenden Lehr- und Lernsystem hinzuzufügen. Dass die bereits existierenden Kompetenzen und Fachkenntnisse durch Implementierungen neuer Inhalte in die existierenden Qualifizierungs- und Ausbildungskonzepte nicht automatisch obsolet werden, stellt dabei ein zentrales und immer wieder aufgeschobenes Problem dar. Die Forderung nach innovativ ausgerichteten Bildungsmöglichkeiten und den damit verknüpften Ausbildungen und Schulungen – um v. a. auch dem akuten Fachkräftemangel begegnen zu können – sollten aber aufgrund der Dringlichkeit nicht einfach ignoriert werden (BBSR, 2024, S. 31; Brell-Cokcan et al., 2024, S. 12; Emig et al., 2024, S. 419; Ghosh & Karmakar, 2024, S. 7; Grossarth, 2024, S. 21). Dass dies kein Selbstläufer ist, wurde zuvor im Kontext der nachhaltigen und digitalen Modifikationen hervorgehoben. Insbesondere die Auswirkungen der Maschinenintelligenz erschweren Lösungsansätze für die Bildung; nicht nur, weil bestehende Prozesse komplexer und undurchsichtiger werden, sondern auch, weil sich viele traditionelle Disziplinen und Berufsbilder stark verändern werden (King, 2023, S. 33). Neben der reinen Anpassung zur Nutzung neuer Technologien, sind es v. a. auch adaptive Veränderungen in bereits existierenden Prozessen, die im Fokus stehen – sowohl in Büros als auch auf Baustellen (Kraus & Obergießer, 2023, S. 304).

Übergeordnete Kompetenzen und allgemeines Orientierungswissen

Die aktuelle Ausgangslage scheint so vertrackt, dass man geneigt ist, die Flinte ins Korn zu schmeißen. Schaut man sich jedoch spezifische Herausforderungen an, die bereits im Jahr 1979 für angehende Bauingenieur*innen diskutiert wurden, so stellt man schnell fest, dass die Aufgaben zur Anpassung von Bildung schon immer recht komplex waren (BWI, 1979). So heißt es in einer Untersuchung der *Westdeutschen Bauindustrie*, dass Fortentwicklungen in Technik und Organisation *besondere Anforderungen* an den Praxisbezug der Ingenieurausbildung im Bauwesen stellen (BWI, 1979, S. VII). Bereits diese Aussage lässt erahnen, dass sich Sichtweisen auf zeitgeistige Anpassungen nur bedingt geändert haben. Weiter heißt es, dass in einem Bauingenieurstudium die Lehrinhalte und Lernziele mit den Fächern Statik, Stabilitätslehre, Massivbau, Bodenmechanik und Grundbau sowie Baubetrieb abzudecken sind (BWI, 1979, S. VIII). Betrachtet man heutige Lehr- bzw. Moduleinheiten, so stellt man schnell fest, dass alle der 1979 genannten Inhalte auch heute noch Teil der Ingenieursausbildung im Bauwesen sind. Das Hinzufügen neuer Themen stellt demnach nicht erst seit der Klimakrise und der Technifizierung eine große Herausforderung dar. Dass die zuvor aufgeführten Schwerpunkte nicht aus den Lehrplänen entfernt werden können, versteht sich in einer technisch ausgerichteten Branche von selbst, da ohne natur- bzw. ingenieurwissenschaftliche Grundlagen nicht flächendeckend ausgebildet werden kann. Würde man lediglich fachliche Vertiefungen in Lehrpläne von Universitäten bzw. Hochschulen einbauen, so wären die jeweiligen Institutionen hinsichtlich Verortungen in Stundenplänen zwar sehr flexibel, aber bereits ohne Klimakrise und ohne die Einbindung neuer technischer Innovationen müssen Bauingenieurinnen und Bauingenieure grundsätzlich den aktuellen technischen bzw. gesellschaftlichen Rahmenbedingungen gerecht werden. Auch diese Forderung findet sich bereits in den Empfehlungen der *Westdeutschen Bauindustrie* (BWI, 1979, S. X). Angesichts der zuvor thematisierten Herausforderungen sind die Anforderungen jedoch nicht nur per se hoch, sie sind darüber hinaus auch schwer zu greifen. In dem Dokument von 1979 heißt es diesbezüglich, dass junge Ingenieurgenerationen nach der Vermittlung fundamentalen Wissens in ihr Berufsfeld hereinwachsen müssen. Allerdings – so wird weiter ausgeführt – haben Studienreformen bzw. neu hinzugekommene Lehrgebiete die traditionalen Studienordnungen gesprengt (BWI, 1979, S. X). Diese Sprengung wird aktuell schon angesichts der Klimakrise und den damit zusammenhängenden Auswirkungen hervorgerufen. Sprachkenntnisse, Menschenführung, Teamarbeit, Problemlösungsverhalten, Verantwortungsbereitschaft und Entschlussfähigkeit sind dann noch nicht berücksichtigt worden. Aber auch diese Fähigkeiten, die ebenfalls bereits 1979 genannt wurden (BWI, 1979, S. XII), erhalten aufgrund von vollen Stundenplänen per se schon wenig Raum für die Kompetenzentwicklung angehender Bauingenieurinnen und Bauingenieure, auch wenn sie didaktisch bereits vielfach integriert werden. Am Beispiel der Leitung von Baustellen fassen Lung & Wang (2023) die hier angedeuteten Kenntnisse zusammen, wenn sie schreiben, dass der Beruf als Baumanager*in mehr ist als die Summe der während eines Studiums erlernten Inhalte (Lung & Wang, 2023, S. 1).

Mit den vielen zu berücksichtigenden Aspekten in Lehr- und Ausbildungskonzepte geht nun noch ein weiterer Faktor einher: die Orientierung. Betrachtet man die umfangreichen Aufgaben, die uns als Gesellschaft bevorstehen, so ist eine reine Fachvermittlung nicht zielführend. Vielmehr sollten zeitgeistige Phänomene soweit verstanden werden, dass Entscheidungen für nachhaltig ausgerichtete Lösungen vermehrt Einzug in die Lehre und damit in die Praxis erhalten. Das vielfach von den Nachhaltigkeits- und Transformationswissenschaften geforderte Orientierungswissen darf jedoch nicht dazu führen, dass spezifische Kenntnisse verloren gehen (Heidenreich, 2023, S. 233). Darüber hinaus ist es wichtig, dass Aspekte der bereits zuvor thematisierten Informatisierung berücksichtigt werden. Für ein fundiertes Orientierungswissen braucht es für eine breite humanistisch ausgerichtete Bildung im digitalen Zeitalter zudem nicht nur kritische Urteilskraft und moralische Urteilsfähigkeit, (Rosengrün, 2021, S. 163), sondern auch technisch ausgerichtete Konzepte, z. B. hinsichtlich Informatisierung oder Systemtheorie.

Übergeordnete Informatisierungskonzepte

Die in diesem Beitrag bereits erwähnten zentralen Technologien, die im Bauwesen nach und nach ihren Weg in die verschiedenen Prozesse finden, stehen – wie an den verschiedenen anderen Beiträgen des vorliegenden Sammelbands noch deutlich wird – nie losgelöst voneinander. So führen Vernetzungen von Systemen zwangsläufig zu Durchmischungen von Technologien (Technopolis & IÖW, 2024, S. 76). Um solche interdependenten Phänomene bewältigen zu können, bieten sich Informationsfusionen an, die u. a. relevante Daten aus verschiedenen Quellen für bessere Kommunikations- bzw. Austauschszenarien zusammenführen (Pan & Zhang, 2021, S. 8). Eine übergeordnete Informatisierung scheint damit auf Grund der voranschreitenden Digitalisierung auch im Bauwesen obligatorisch – insbesondere im Hinblick auf zunehmende Mensch-Maschine-Interaktionen. Da der Faktor Mensch weiterhin eine wichtige Position in digitalen Systemen einnimmt, betreffen die Modifikationen nicht nur architektonische oder ingenieurtechnische Bereiche, sondern insbesondere auch Fachkräfte auf Baustellen (Jäkel et al., 2024, S. 406).

Aus wissenschaftlicher Sicht ist es überaus sinnvoll, neue Definitionen und Kategorien zu finden, die dabei helfen, eine Übersicht zu schaffen, um einerseits relevante Bereiche ausfindig zu machen, aber auch, um darauf aufbauend nachhaltige Ziele präzise zu verfolgen (Brozovsky et al., 2024, S. 15). Insbesondere im Kontext der weiter zunehmenden Maschinenintelligenz müssen die Auswirkungen auf unsere Umwelt mithilfe übergeordneter nachhaltiger Konzepte weiterverfolgt werden (Zhang, 2023, S. 302; Chew et al., 2024, S. 8). Als weitere spezifische Kompetenzen infolge Digitalisierung seien an dieser Stelle nur allgemeine Inhalte erwähnt, z. B. hinsichtlich Datenanalysen, Drohneneinsätzen, digitalen Zwillingen oder zum 3D-Druck (Srnicek, 2023, S. 197; OECD, 2024, S. 12–21). Auch wenn im Jahr 2022 bereits 50 KI-Studiengänge an deutschen Hochschulen angeboten wurden (OECD, 2024, S. 30), müssen Bildungseinrichtungen innovative Technologien noch stärker in den Mittelpunkt stellen (Brozovsky et al., 2024, S. 1), um weitere notwendige bzw. praxisnahe Anpassungen vorzunehmen (Kraus & Obergießer, 2023, S. 304; OECD, 2024, S. 12).

Über die Lehrmodifikationen an Universitäten, Hochschulen, Berufsschulen und Ausbildungsstätten hinaus, ist es wichtig, dass qualifizierte Personen für das Bauwesen gewonnen werden. Hier gibt es verschiedene Ansatzpunkte. So ist es in erster Linie wichtig, junge Talente anzusprechen, diese zu fördern und im Nachhaltigkeitskontext frühzeitig einzubinden – ggf. mit neuen Berufen. Diesbezüglich schlagen Wilson & Daugherty (2019) sog. *Sustainers* vor. Diese sollen dafür sorgen, dass intelligente Systeme nicht nur in verschiedene Vorgänge implementiert werden oder dass diese am Laufen bleiben, sie sollen auch sicherstellen, dass Abläufe im Sinne einer nachhaltig ausgerichteten Agenda ordnungsgemäß bzw. verlässlich erfolgen (Wilson & Daugherty, 2019, S. 114). Darüber hinaus ist es sinnvoll, neben dem Anwerben qualifizierter KI-Fachkräfte aus anderen Ländern, auch das direkte Ansprechen von Frauen für Berufe im Bereich der Maschinenintelligenz zu fördern (OECD, 2024, S. 12). Aber nicht nur neues Personal ist zu gewinnen, auch ist es überaus wichtig, die Ausbildung und Schulung von Mitarbeiterinnen und Mitarbeitern zu berücksichtigen, die bereits im Bauwesen tätig sind. Dies kann u. a. durch spezielle Programme und Weiterbildungsmaßnahmen erreicht werden (Emig et al., 2024, S. 419). Ines Heidsieck greift in ihrem Beitrag einen innovativen Ansatz auf, indem sie flexible Teilqualifizierungskonzepte beleuchtet.

Um eine interdisziplinäre Zusammenarbeit im Bauwesen zu fördern und das Verständnis von Nachhaltigkeit über Energie- und Ressourceneffizienz weiter zu vermitteln (OECD, 2024, S. 13–14), kann über die rein inhaltliche Vermittlung von Wissen die Digitalisierung auch mithilfe von Virtual-Reality-Technologien unterstützen. So ist es beispielsweise denkbar, frühzeitig VR- und AR-Konzepte in Aus- und Weiterbildungen zu implementieren, um die zu erlernenden Prozesse spannender und damit auch attraktiver zu machen (Brozovsky et al., 2024, S. 12). Insbesondere im Zusammenhang mit Gamification-Ansätzen für Schulungs- und Ausbildungszwecke kann VR als ein zentrales Element innerhalb von Bildungskonzepten angesehen werden.

Mit der Verwendung leistungsfähiger Geräte geht jedoch stets auch einher, dass alle Parteien bzw. Beteiligten mit ins Boot geholt werden müssen. So ist es überaus relevant, kleine und mittelständische Bauunternehmen und -betriebe zeitgemäß abzuholen, damit die Digitalisierung und das Handwerk nicht noch weiter auseinanderdriften. Mehrwerte und Erleichterungen sind dabei stets so transparent und niederschwellig zu vermitteln (Haghsheno et al., 2024, S. XII), dass wirtschaftliche bzw. nachhaltige Bauprozesse erkannt und fokussiert werden.

Neuausrichtung durch Paradigmenwechsel und Mentalitätswandel

Vielfach wird davon gesprochen, dass es sich bei der Digitalisierung – die gerne auch als vierte industrielle Revolution bezeichnet wird – nicht alleinig um ein rein technisches Phänomen handelt. Dass gerade im Kontext des zuvor angesprochenen Orientierungswissens bzw. im Hinblick auf eine neue Bildungsausrichtung im Bauwesen sehr viel Potenzial für die zukünftige Konzepte liegt, soll nachfolgend anhand zentraler bzw. philosophisch-übergeordneter Beispiele kurz erläutert werden.

Prinzipiell handelt es sich bei einer Technisierung um ein Phänomen, bei dem Innovationen irgendwann lebensweltlich genutzt werden (Heidenreich, 2023, S. 68). Die mit einer stetigen Implementierung einhergehenden Veränderungen in unserer Lebenswelt sind – wie zuvor schon thematisiert – nicht nur positiv zu werten. Betrachtet man alleine die Menge an Elektroschrott, die infolge Digitalisierung bzw. Technifizierung anfällt, kann schnell die Frage zur Ausrichtung unserer Gesellschaft gestellt werden. So liefern technische Innovationen nicht nur direkte Mehrwerte für Individuen, sie rufen auch einen gesamtgesellschaftlichen kulturellen Wandel und eine Transformation der Lebenswelt hervor (Heidenreich, 2023, S. 18). In der Dokumentation *Creating Freedom* aus dem Jahr 2012 greift der Physiker und Schriftsteller Jeff Schmidt diesbezüglich ein interessantes Beispiel auf (Martinez & van Praag, 2012: 28 Min.). Er berichtet von zwei Entwicklern, die an einem Programm für Atomwaffen arbeiten. Sie werden gefragt, was sie am meisten an ihrer Arbeit stören würde. Beide überlegten kurz und sagen: *Es sind unsere Computer, weil deren Rechenkapazitäten vielfach nicht ausreichen und die Geräte auch öfters abstürzen*. Die Antwort im Sinne einer Berücksichtigung aller möglichen Optionen ist natürlich legitim. Worüber die beiden jedoch nicht nachgedacht haben, ist die Tatsache, dass sie mit ihrer Arbeit an Atomwaffen Menschenleben bzw. die Umwelt zerstören könnten. Die Moral von der Geschichte ist sehr einfach: Tätigt man seine Arbeit, ohne darüber zu reflektieren, warum oder wofür man sie macht, kann das schnell – für einen selbst, aber auch für andere – gefährlich werden. Sinnloses Befolgen von Regeln oder Befehlen führt demnach nicht nur zu vielfach unhinterfragten Aufgaben und Projekten, sondern ebenfalls zu einer gefahrvolleren Welt. Daher ist es wichtig, Menschen frühzeitig über die Probleme und Herausforderungen in einer immer komplexer werdenden Welt aufzuklären. Hierzu berichtet Theodor W. Adorno – der mit seinem Radiovortrag über die *Erziehung nach Auschwitz* im Jahr 1966 ebenfalls übergeordnete Ansätze für eine reflektierte Bildung geliefert hat – in einem Aufsatz über *Technik und Humanismus* von Naturwissenschaftlern, Ingenieuren und industriellen Organisationen, die sich besser über Ort, Sinn und Zweck dessen, was sie tun und nicht tun, Sorgen hätten machen sollen (Lenk & Ropohl, 1987, S. 27–28). Neben Jeff Schmidt und Theodor W. Adorno sei noch Ludwig Wittgenstein genannt, der in seinem *Tractatus* immer wieder betont, dass wir über uns und unsere Stellung in der Welt nachdenken können bzw. darüber nachdenken müssen (Tetens, 2009, S. 23–24). Diesbezüglich sollten wir als Menschen begreifen, wer wir sind, wie wir in der Welt stehen, wie wir uns auf die Welt beziehen und wie wir richtig mit der Welt umgehen, um letztendlich gut in ihr zu leben. Im Hinblick auf die Klimakrise und die Digitalisierung stehen – wie gezeigt – viele Herausforderungen an. Nimmt man hier die Thematik zu vermehrt automatisierten Prozessen infolge Maschinenintelligenz, so sollten wesentliche Fragen stets gesellschaftlich diskutiert werden. Im Kontext eines sinnvollen Einsatzes von Technik betonte bereits frühzeitig der Philosoph und Mathematiker Edmund Husserl (1859–1938), dass rein technische bzw. anonyme Prozesse nur dann unserem Erkennen und Tun förderlich sind, wenn wir uns ihrer Genese bewusst bleiben, sodass wir nicht am Ende selbst blindlings nach Regeln funktionieren und die Macht der Computer und Roboter in eine Ohnmacht der Vernunft umschlägt (Waldenfels, 2022, S. 37).

Die hier herangezogenen philosophischen Beispiele zeigen sehr schön, dass es sich bei der Technifizierung der Welt nicht nur um geräte- bzw. datenbezogene Probleme handelt, sondern vielmehr um übergeordnete gesellschaftliche Phänomene. Ein Mentalitätswandel hin zur digitalen Arbeitsweise ist daher stets gepaart mit einem allgemeinen Verständnis für das Potenzial der digitalen Transformation und seiner Methoden (Kraus & Obergießer, 2023, S. 304). Innerhalb der Veränderungsprozesse sollte zudem das Streben nach langfristiger Nachhaltigkeit von Projekten stets zentral verankert werden (Pan & Zhang, 2021, S. 12). Dass dies bereits in vielen Bereichen der Baubranche getan wird, zeigen die Beiträge des vorliegenden Sammelbands. Im Sinne einer disziplin- bzw. bereichsübergreifenden Informatisierung anhand von nachhaltigen und digitalen Baukonzepten liefern die Autorinnen und Autoren nicht nur interessante Einblicke in verschiedene ökologische bzw. innovative Thematiken, sie belegen durch ihre Beteiligung an der Veröffentlichung aktueller Forschungen und Projekte, dass es ein Interesse daran gibt, neue Wege zu gehen. Die Beiträge können in diesem Kontext daher als informatorische Wissensaneignungen, aber insbesondere auch als Anregung gesehen werden, um bestehende Prozesse zu hinterfragen.

Die Beiträge des Sammelbands als informatorische Wissensvermittlungen

Um die in Kap. 2 aufgezeigten Möglichkeiten konstruktiv zu erweitern, werden nachfolgend die spezifischen Inhalte des vorliegenden Buches vorgestellt. Anders als im ersten Band aus dem Jahr 2022 finden sich in den Beiträgen des Sammelbands vermehrt Aspekte zur Maschinenintelligenz wieder. Allein drei Texte legen einen expliziten Fokus auf dieses Phänomen. Aber auch alle anderen Autorinnen und Autoren greifen diese Thematik an verschiedenen Stellen immer wieder auf.

Übergeordnet können die Beiträge in vier Themenbereiche eingeteilt werden. So handelt es sich bei den zwei nachfolgenden Texten um grundlegende, aber bereits bekannte Ansätze: Zirkuläres Bauen und Umnutzungen. Diesbezüglich greift der Beitrag von Clea Kummert das bereits im ersten Band stark vertretene Konzept der Kreislaufwirtschaft erneut auf. Die Autorin hinterfragt nicht nur einzelne Aspekte zur Wiederverwendung von Bauteilen, sie legt den Fokus insbesondere auf tragende Bauteile. Eng verbunden mit dem Konzept einer Wiederverwendung von Bauteilen sind Umnutzungen. Dieser Ansatz – so augenscheinlich banal er aufgrund seines wenig komplexen Prinzips oder auch aufgrund der nicht wirklich neuen Herangehensweise erscheinen mag – liefert im Kontext einer nachhaltigen Umgestaltung des Bauwesens eine zentrale Methode zur Reduzierung menschlicher Auswirkungen auf die Umwelt. Die bereits zuvor thematisierte Devise *we-*

niger ist mehr steht daher im Beitrag von Julia Thiel im Zentrum. Sie geht in ihrem Text nicht nur auf allgemeine Mehrwerte durch Umnutzungen ein, sie zeigt auch, wie praxisnah und einfach verschiedene Ideen zu ökologischen Verbesserungen führen können. So ist es in bereits sehr verbauten Umgebungen wie Städten fast schon obligatorisch, sich Gedanken über Leerstände und Umnutzungen zu machen, bevor Projekte komplett neu geplant bzw. gebaut werden.

An den ersten Themenblock knüpfen vier Beiträge zu digital-basierten Umgebungen im urbanen Kontext an, die sog. *Smart Environments*. In ihrer Forschung zu Anpassungen von urbanen Gebieten beschäftigt sich Miriam Sonnak mit nachhaltigen Kapazitätsberechnungen von Straßenverkehrsräumen. Da Städte vielfach Strukturen aufweisen, die in erster Linie dem Individualverkehr dienen, wird anhand des *E-Bike-City*-Projektes gezeigt, wie mit einfachen Ansätzen und Simulationen ganze Bereiche angepasst werden können. Auch der nächste Beitrag beschäftigt sich mit Phänomenen in Großstädten: Da in urbanen Gebieten die Belastung aus Partikeln in der Luft sehr hoch ist, zeigt die Forschung von Elisa Bieber, wie digitale Messsysteme für Luftreinhaltungsmaßnahmen herangezogen werden können. Entsprechende Monitoringsysteme sind auch für Abwasser denkbar. So widmet sich der nächste Beitrag im Themenkomplex von *Smart Environments* dem Problem von Antibiotika im Abwasser. Dass Rückstände von Medikamenten nicht nur in Kanalnetze, sondern auch in unsere Umwelt gelangen, stellt Yousuf Al-Hakim am Beispiel eines Softwaresystems dar. Um den Stadtkontext abzurunden, beinhaltet der Beitrag von Carlos Chillón-Geck das Konzept eines smarten Campus. Am Beispiel eines digitalen Zwillings, der an der Technischen Universität Hamburg entwickelt wurde, zeigt er auf, welche Mehrwerte für verschiedene Beteiligte im Hochschulkontext zu erwarten sind. Die Wichtigkeit entsprechender Forschung ist insbesondere im Hinblick auf Smart Cities von übergeordneter Relevanz. Die Themen aus dem Bereich der *Smart Environments* liefern einen guten Übergang zur Thematik der Maschinenintelligenz. Im Beitrag von Lara Schmidt spielen intelligente Algorithmen bspw. für verschiedene Lebenszyklusphasen von Windkraftanlagen eine zentrale Rolle. Lara Schmidt zeigt mithilfe grundlegender, aber insbesondere auch praxisnaher Erläuterungen, wie zukünftig nachhaltig ausgerichtete Windparks entstehen und genutzt werden können. Auch im Beitrag von Paula Strempel geht es um Maschinenintelligenz, genauer gesagt um das bereits zuvor erwähnte *Generative Design*, bei dem intelligente Algorithmen Lösungsvorschläge für verschiedene baukonstruktive Anwendungsfälle vorgeben. Wissensbasierte Systeme und Datenbanken spielen diesbezüglich eine große Rolle. Der vorletzte Beitrag beinhaltet ebenfalls zentrale Aspekte des *Generative Designs*. Lennart Woock zeigt am Beispiel von Diskontinuitätsbereichen, wie Stahlbetonbauteile zukünftig mithilfe intelligenter Algorithmen zur Bemessung herangezogen werden können. Dafür stellt er nicht nur grundlegende Potenziale heraus, er beschreibt auch sehr ingenieurspezifisch, welche Mechanismen hinter den Prozessen von Algorithmen liegen. Durch iterative Optimierungen ermöglicht das *Generative Design* Entwicklungen umweltverträglicher Lösungen, die ein Gleichgewicht zwischen Leistung, Kosten und Umweltaspekten herstellen und so nachhaltige Konzepte fördern (Chew et al., 2024, S. 1–2). Last but not least kommt am Ende des Sammelbands ein Beitrag über die Auswirkungen der Digitalisierung im Bereich der Bildung. Ines Heidsieck zeigt, wie flexible Teilqualifizierungskonzepte für die zukünftige Vermittlung von Inhalten herangezogen werden können.

4 Nachhaltige Ziele im Bauwesen – Informieren, Austauschen, Umsetzen

Damit die in der Einleitung des Beitrags zitierte Vision der *Europäischen Kommission* nicht zu einer reinen Illusion verkommt, ist es wichtig, dass übergeordnete Vorsätze zur Einhaltung der Klimaziele nicht aus den Augen verloren werden. Um die gesteckten Ziele im vorliegenden Kapitel zu reflektieren, werden nachfolgend verschiedene Aspekte im Kontext positiver Zukunftsaussichten erneut aufgegriffen. Mit dieser schlichten Zusammenstellung sollen nicht nur die zuvor angedeuteten Herausforderungen in ein positiveres Licht gerückt werden, auch ist es wichtig, dass Beteiligte aus diversen Bereichen und Disziplinen zusammenarbeiten, um die beiden treibenden gesellschaftlichen Phänomene *Nachhaltigkeit* und *Digitalisierung* im Kontext zukunftsfähiger Konzepte zu analysieren bzw. zu diskutieren.

Selbst wenn die zuvor aufgeführten negativen Effekte hinsichtlich einer weiteren Einbindung digitaler Konzepte eine abschreckende Wirkung haben können, so sollten positive Potenziale stets vergegenwärtigt werden. Im Kontext übergeordneter Aspekte wird diesbezüglich in der Literatur an verschiedenen Stellen hervorgehoben, dass innovative Technologien Vorteile für nachhaltige Ansätze mitbringen (Barth, 2023, S. 224, 228–229, 231; Carrasco, 2023, S. 1; Akbari et al., 2024, S. 1; Häusler, 2024, S. 183; OECD, 2024, S. 147; Technopolis & IÖW, 2024, S. VI, V). Vereinzelt wird bei den beiden Phänomenen sogar von Paradigmenwechseln, von Meilensteinen oder sogar von Megatrends gesprochen (Barth, 2023, S. 228–229; Carrasco, 2023, S. 3, 8; Akbari et al., 2024, S. 1). Zusätzlich werden auch die Maschinenintelligenz und die damit weiter zunehmenden automatisierten Prozesse im Kontext von ökologischer Nachhaltigkeit explizit hervorgehoben (Tafazzoli, 2022, S. 76; King, 2023, S. 21; OECD, 2024, S. 147, 157–158).

Etwas direkter auf das Bauwesen bezogen können ebenfalls bereits vielversprechende Konzepte anvisiert werden. So ergeben sich bspw. infolge maschinenintelligenter Prozesse nicht nur Mehrwerte für angepasste bzw. verbesserte Energieeffizienzen bzw. die damit einhergehenden Verringerungen von Kohlestoffemissionen (King, 2023, S. 31; Chew et al., 2024, S. 14–15; Technopolis & IÖW, 2024, S. III), auch helfen innovative Steuerungssysteme dabei, große Datenmengen in Kreislaufwirtschaftsmodelle zu implementieren, um damit Ressourcen zu schonen oder Bauabfälle zu reduzieren (King, 2023, S. 31; Chew et al., 2024, S. 14–15; OECD, 2024, S. 158; Technopolis & IÖW, 2024, S. III). Zudem hilft die Nutzung digitaler Modelle dabei, nachhaltigere Prozesse zu unterstützen, insbesondere hinsichtlich verbesserter Ökobilanzierungen und Lebenszyklusanalysen, z. B. auf Basis von BIM-Modellen (BBSR, 2024, S. 5–6; Chew et al., 2024, S. 15, 18–19; Technopolis & IÖW, 2024, S. 77). Abschließend sei noch die Blockchain-Technologie erwähnt: Mithilfe digital abgesicherter Prozesse kann diese beispielsweise als dezentrale, transparente und umfassende Datenbank für die Verbesserung der Nachhaltigkeit von Gebäuden dienen (Pan & Zhang, 2021, S. 14; Technopolis & IÖW, 2024, S. III).

Geht man von der Planung in die Ausführung, so sind auch hier diverse Potenziale feststellbar. Dies betrifft nicht nur die zunehmende Implementierung digitaler Geräte in bestehende Prozesse, sondern auch die damit einhergehende und immer relevanter werdenden Mensch-Maschine-Interaktionen. Betrachtet man insbesondere Innovationen im Bereich der Baurobotik, so hat sich hier in den vergangenen Jahren viel getan. Dass Maschinen für nachhaltige Prozesse herangezogen werden, mag auf den ersten Blick zwar nicht einleuchtend sein, die Potenziale, die mit zunehmenden Automatisierungsvorgängen einhergehen, sind jedoch infolge immer besser funktionierender Roboter durchaus vorhanden. Insbesondere, wenn Baumaschinen in Zukunft vermehrt mit erneuerbaren Energien betrieben werden, sind weitere ökologische Aspekte im Bauwesen denk- bzw. umsetzbar (Carrasco, 2023, S. 105; Emig et al., 2024, S. 426; Liu et al., 2024). Dies betrifft nicht nur wirtschaftliche Sichtweisen, sondern v. a. auch Aspekte hinsichtlich Qualität und Sicherheit, aber v. a. auch hinsichtlich des Fachkräftemangels. Als weiteres Beispiel seien additive Fertigungsmethoden genannt. Hier laufen Prozesse nicht nur automatisiert ab, es werden vermehrt auch ökologische Materialien eingesetzt bzw. erforscht. Somit bietet der 3D-Druck ebenfalls ein großes Potenzial hinsichtlich Nachhaltigkeit. Nicht nur, weil für Holzschalungen im Rahmen von Schalarbeiten weniger Bäume gefällt werden müssen, sondern auch, weil weniger Abfall aus gebrauchten und unbenutzten Schalungsformen anfällt (Ghosh & Karmakar, 2024, S. 5). Ein weiteres Anwendungsgebiet von KI-basierten Methoden, z. B. durch den Einsatz der Computer Vision, ist die Planung von Photovoltaik-Anlagen. Mithilfe von Drohnen und Bildverarbeitungsalgorithmen können bspw. hochauflösende 3D-Modelle von Dächern und Fassaden erstellt werden. Diese Daten sind u. a. nutzbar, um die Planung von Photovoltaik-Anlagen zu optimieren oder die Leistungsfähigkeit von Solaranlagen zu maximieren (Bücheler, 2024, S. 437).

Auf den aktuellen Beispielen aufbauend ist es wichtig, dass bereits mithilfe kleinerer Modifikationen das bestehende System und die in ihm vorherrschenden Sichtweisen nach und nach verändert werden. Dass dies in der Geschichte schon mehrfach passiert ist, soll hier kurz erwähnt werden. Als bereits umgesetzte Beispiele sei neben der Gurtpflicht in Autos oder den Geschwindigkeitsbeschränkungen in Ortschaften auch das Rauchen in Flugzeugen oder Restaurants genannt. Die im Vergleich zur Klimakrise zwar eher banal wirkenden Beispiele verdeutlichen jedoch, dass Lebenswelten immer auch gestaltbar sind, bestenfalls in Richtung einer nachhaltigeren Zukunft (Heidenreich, 2023, S. 193). Die Wissenschaftler und Psychologen Daniel Goleman und Richard J. Davidson beschreiben das Phänomen der Anpassung mit dem Satz „The after is the before for the next during" (Goleman & Davidson, 2017, S. 45). Die Annahme, dass zukünftige Zustände zwar noch nicht existieren, aber mithilfe von Modifikationen anvisiert werden können, basiert wiederum auf den bereits erwähnten *Shifting Baselines*, deren Kern es ist, dass Systeme oder Normen sich (positiv) ändern können, auch wenn der Status quo dies aktuell vielleicht (noch) nicht widerspiegelt (Jackson et al., 2011).

Um nicht nur Prozesse, sondern auch Sichtweisen anzupassen, hilft es, wenn übergeordnete Strategien eingeführt werden (OECD, 2024, S. 12). Politische und gesellschaftliche Rahmenbedingungen können diesbezüglich einen entscheidenden Einfluss auf die Akzeptanz und Nutzung digitaler Technologien und damit auch auf die Realisierung von Klimaschutzpotenzialen haben (Technopolis & IÖW, 2024, S. V). Damit *Baselines* also nach und nach verschoben werden können, müssen neben allgemeinen Strategien und ganzheitlichen Betrachtungen zur Nachhaltigkeit und Digitalisierung auch explizite Schritte gegangen werden (Technopolis & IÖW, 2024, S. 79). Dies betrifft nicht nur Festlegungen von Schwerpunktbereichen, sondern auch das Aufbrechen vorhandener bzw. isolierter Strukturen in verschiedenen Sektoren wie Energie, Verkehr, Industrie oder Landwirtschaft (OECD, 2024, S. 147). Hier ist branchenintern insbesondere auch das Bauwesen gefragt, da für Planungs-, Ausführungs- und Betriebsprozesse kleingliedrige Strukturen vorliegen und viele Beteiligte involviert sind. Um alle in ein Boot zu holen, können u. a. behördenübergreifende und interdisziplinäre Zusammenarbeiten nützlich sein, damit der Transfer und die Synergien zwischen Disziplinen und Initiativen gefördert werden (Hackenberg, 2023; OECD, 2024, S. 147). Auch ein regelmäßiger Wissensaustausch und die damit verbundene Stärkung von Schnittstellen stellt hier ein wichtiges Mittel zur Verbesserung von Prozessen dar (OECD, 2024, S. 148, 158; Technopolis & IÖW, 2024, S. 78). Zudem sollte die Förderung von Start-ups sowie kleiner und mittelständischer Unternehmen genauso in den Fokus gerückt werden, wie die Rolle von Forschung und Bildung (OECD, 2024, S. 148, 158; Technopolis & IÖW, 2024, S. 78). Während übergeordnet Schwerpunkte auf Themen wie Nachhaltigkeit, Kreislaufwirtschaft, Biodiversität, Ethik und planetare Grenzen zu legen sind (Chew et al., 2024, S. 18; OECD, 2024, S. 148; Technopolis & IÖW, 2024, S. 75), ist es vor allem die Forschung, in der weitere Experimente neue Erkenntnisse bringen können – auch, um herauszufinden, was im Sinne eines modernen Systems am besten funktioniert (Srnicek, 2023, S. 200). Zudem sollte die Zusammenarbeit von Hochschulen mit der Industrie gestärkt werden (Brozovsky et al., 2024, S. 1).

Doch selbst, wenn eine Transformation hin zu einer Kreislaufwirtschaft durch den Einsatz digitaler Technologien sinnvoll ist (Technopolis & IÖW, 2024, S. VI), erzeugen – wie zuvor bereits thematisiert – Normen und digitale Hilfsmittel allein noch keine positiven Effekte (Technopolis & IÖW, 2024, S. VI). Um also nachhaltige Veränderungen auf Basis innovativer Ansätze weiter voranzutreiben, ist ein aktives Umdenken erforderlich (Görlach, 2023, S. 83). Dass dies nicht von heute auf morgen passiert, versteht sich von selbst. Allerdings können im Kontext von *Shifting Baselines* vielfach neue Wege eingeschlagen werden.

Häufig geht es dabei noch nicht mal nur um Neuentwicklungen, auch die Reduzierung schädlicher Aktionen bzw. Unternehmungen kann bereits hilfreich sein – insbesondere zur Verringerung der weiter anhaltenden Umweltzerstörungen. Dieser Ansatz geht wiederum mit der Forderung oder dem Wunsch einher, mehr im harmonischen Einklang mit der Natur zu leben. Bereits 1835 schrieb Wilhelm von Humboldt, dass der Mensch versucht, die Natur von der Idee aus zu beherrschen (Humboldt, 1835, S. 101). Und auch der Philosoph und Mathematiker René Descartes schrieb den Menschen die Aufgabe zu, sich zu *Herren der Natur* aufzuschwingen (Waldenfels, 2022, S. 110). Selbst Henry David Thoreau hat in seinem Buch *Walden* eine ähnliche Aussage getätigt: „Nature is hard to be overcome, but she must be overcome." (Thoreau, 1854, S. 177–178). Diese Aussagen – die man von allen drei Autoren vorab nicht vermuten würde – sind im Kontext einer vorkapitalistischen Zeit zwar durchaus nachvollziehbar, aber aufgrund der Klimakrise hinsichtlich ihrer Auswirkungen in wachstumsorientierten Systemen stark zu hinterfragen (Görlach, 2023, S. 83). Hannah Arendt hat mit Blick auf das *tätige Leben* geschrieben, dass Menschen sogar das „zerstören können, was sie nie machten – die Erde und das Leben auf ihr." (Arendt, 1967, S. 331).

Indigene Völker haben im Vergleich zu kapitalistischen bzw. auf Profit ausgerichteten Systemen meist ein gesünderes bzw. harmonischeres Verhältnis zu ihrer Umwelt. So leben naturnahe Gruppen vielfach nachhaltig, indem sie ohne Ausbeutungen in ihrer Umgebung ausschließlich auf natürliche Ressourcen zurückgreifen (Ghazoul, 2015, S. 92). Unsere zunehmend urbanisierte moderne Gesellschaft hat sich sowohl geografisch als auch kulturell von genau solchen Lebensräumen distanziert. Das individuelle und eigennützige Weltbild unserer Zeit führt im Kontext einer Entfremdung mit der Natur zu einem weiteren Problem, der zunehmenden Ego-Gesellschaft, in der niemand mehr wahrnimmt, was nebenan passiert. Mit Bezug zu indigenem Wissen hat es Gerd Scobel in seiner Online-Sendung diesbezüglich auf den Punkt gebracht: Nachhaltigkeit kommt nicht von Einzelpersonen, sie ist ein Gemeinschaftsprojekt und kann nicht gegen die Wirkung der Natur selbst geschehen (Scobel, 2022, 16 Min.). Mit Bezug zu Gedankengängen von Immanuel Kant bedeutet dies, dass wir das Reich der Natur und das Reich der Moral miteinander verbunden denken müssen, indem wir uns die Natur so vorstellen, dass ihr eigener letzter Zweck gleichzeitig ein moralischer Zweck ist (Blöser, 2024, S. 76). Genau dieser Zweck ist der Mensch: Der Mensch als freies, moralisches Wesen. Er steht damit nicht außerhalb der Natur, sondern wird als ihr eigenes Produkt verstanden. Und innerhalb der Natur haben Menschen aktuell noch einen größeren Handlungsspielraum, was wiederum mit Entscheidungen zusammenhängt. Diese können nicht nur Richtungen einschlagen, sie können zudem auch Hoffnung geben. Wenn wir die Hoffnung aufrechterhalten wollen, das gute Leben zukünftiger Generationen zu befördern, dann müssen wir etwas dafür tun – und auf die Kooperation von anderen vertrauen. Die politische Hoffnung, die hier wiederum auf Kant beruht, ist mit der Hoffnung auf Solidarität eng verbunden (Blöser, 2024, S. 88–89).

Auch wenn die wissenschaftlich bestätigten Auswirkungen infolge der Klimakrise nicht mehr von der Hand zu weisen sind, so ist der weitere Verlauf der Ereignisse dennoch unbestimmt (Sennett, 2018, S. 269). Dies sollte mutig stimmen, die weiteren notwendigen Schritte gemeinsam zu gehen. Dass hier auch wieder Hoffnung ins Spiel kommt, hat viel mit positiven Ansätzen zu tun, die sich auch in dystopischer Weltliteratur wiederfinden: Auch wenn George Orwell entkräftigt hatte, dass er mit seinem Roman *1984* nicht die Zukunft voraussagen wollte, so schrieb er als eine Art Warnung, dass es an uns Menschen liegt, eine Dystopie nicht wahr werden zu lassen (Orwell, 1949, S. 401). Mit Bezug zum

Philosophen und Mathematiker Bertrand Russell schrieb Noam Chomsky im Jahr 2003, dass wir selbst in der Lage sind, der Welt ein gewisses Maß an Frieden, Gerechtigkeit und Hoffnung zu bringen (Chomsky, 2003, S. 237). Und der Soziologe und Aktivist Stanley Aronowitz beschreibt in der bereits zuvor erwähnten Dokumentation *Creating Freedom* sehr schön, wie die noch nicht eingetretene Zukunft in unseren Händen liegt: Das Besondere an der menschlichen Natur ist die Fähigkeit zur Selbstveränderung und zur Schaffung einer Welt, die wir wirklich wollen. Wir können uns selbst durch Interaktion mit unserer gebauten sowie unserer sozialen Umgebung verändern (Martinez & van Praag, 2012, 67 Min.). Bezieht man in diesem Kontext den Begriff der Intelligenz nicht auf Maschinen oder Algorithmen, so sind wir mithilfe unserer Vernunft und unseres Wissens aufgefordert, die Welt nicht weiter auszubeuten.

Um diesbezüglich die nächsten Schritte zu gehen, kann auf bestehenden nachhaltigen Konzepten aufgebaut werden. So finden sich in der Vergangenheit bereits explizite Ansätze und Vorbilder für ökologische, soziale, aber auch baubranchenspezifische Ideen. Genannt werden können hier u. a. die *Gaia-Hypothese* von Lynn Margulis und James Lovelock, die *Deep Ecology* von Arne Naess, das Projekt *Drawdown* von Paul Hawken, das *Emergence Network* von Báyò Akómoláfé, die Städteforschungen von Jane Jacobs oder auch die Aktionen von *Fridays for Future*.

Veränderungen müssen aber nicht nur über Konzepte hervorgerufen werden. Auch in kleinen Bereichen und alltäglichen Situationen können nachhaltige Entscheidungen getroffen werden, die dann vielleicht irgendwann sogar im Großen ihre Wirkung zeigen – ggf. um weitere positive Veränderungen hervorzurufen. Hier erscheint es als Gedankenexperiment sinnvoll, das kapitalistisch verortete Schneeballprinzip einfach mal herumzudrehen: Nur gemeinsam können wir die Aufgaben, die uns hinsichtlich Klimakrise, Wohnungsnot, Technifizierung und Fachkräftemangel gegenüberstehen, bewältigen, sodass das vorangestellte Zitat der *Europäischen Kommission* – wenn auch nicht in fünf Jahren – Wirklichkeit wird. Die Themen und Konzepte des Sammelbands liefern hier einen Beitrag, indem sie nicht nur Informationen aus verschiedenen Bereichen des Bauwesens teilen, sondern insbesondere auch, weil damit weitere nachhaltige Ansätze vorgenommen werden können. Sich zusammenzuschließen, um große Herausforderungen zu meistern, erscheint hier als Credo angebracht: *Informieren, Austauschen, Umsetzen*!

Literatur

Akbari, S., Sheikhkhoshkar, M., Rahimian, F. P., Haouzi, H. B. E., Najafi, M., & Talebi, S. (2024). *Sustainability and building information modelling: Integration, research gaps, and future directions.* In Automation on Construction 163. https://doi.org/10.1016/j.autcon.2024.105420

Akinosho, T. D., Oyedele, L. O., Bilal, M., Ajayi, A. O., Delgado, M. D., Akinade, O. O., & Ahmed, A. A. (2020). Deep learning in the construction industry: A review of present status and future innovations. *Journal of Building Engineering, 32.* https://doi.org/10.1016/j.jobe.2020.101827

APS. (2020). *Flächenverbrauch: Platzsparend mobil auf der Schiene.* https://www.allianz-pro-schiene.de/themen/umwelt/flaechenverbrauch/. Zugegriffen am 23.08.2024.

Arendt, H. (1967). *Vita activa oder vom tätigen Leben*. Piper. ISBN: 978-3-492-31691-0.
Aziz, A., Gard, N., Eisert, P., König, M., & Hilsmann, A. (2024). *Verwendung von Deep Learning-Methoden zur Erkennung und Verfolgung von Objekten bei Inspektions- und Montageaufgaben*. In: Künstliche Intelligenz im Bauwesen (Hrsg. Hagsheno et al.). https://doi.org/10.1007/978-3-658-42796-2_11
Bach, A., Al-Wesabi, T., & Stanka, I. (2024). *Datenzentrierte KI als Basis für ein zukünftiges Informationsmanagement*. https://doi.org/10.1007/978-3-658-42796-2_2
Barth, T. (2023). Nachhaltigkeit im digitalen Kapitalismus? In T. Carstensen et al. (Hrsg.), *Theorien des digitalen Kapitalismus*. Suhrkamp. ISBN: 978-3-518-30015-2.
Bauwende. (2023). *Nachhaltig Bauen mit Pilzen*. https://www.bauwende-news.de/nachhaltig-bauen-mit-pilzen/. Zugegriffen am 12.12.2024.
BB. (2024). *Reishülsenasche als Zementersatz*. https://biooekonomie.de/nachrichten/neues-aus-der-biooekonomie/reishuelsenasche-als-zementersatz. Zugegriffen am 01.12.2024.
BBSR. (2024). *Digital Twin Footprint*. ISSN: 1868–0097. https://www.bbsr.bund.de/BBSR/DE/forschung/programme/zb/Auftragsforschung/2NachhaltigesBauenBauqualitaet/2021/digitaltwin-footprint/01_start.html. Zugegriffen am 10.05.2025
Beckert, J. (2024). *Verkaufte Zukunft*. Suhrkamp. ISBN: 978-3-518-58809-3.
BGBl. (2024). *Gesetz zur Verbesserung des Klimaschutzes beim Immissionsschutz, zur Beschleunigung immissionsschutzrechtlicher Genehmigungsverfahren und zur Umsetzung von EU-Recht*. https://www.recht.bund.de/bgbl/1/2024/225/VO.html. Zugegriffen am 23.11.2024.
Blöser, C. (2024). *Immanuel Kant. 100 Seiten*. Reclam. ISBN: 978-3-15-020704-8.
BMUV. (2023). *Nationale Wasserstrategie*. https://www.bmuv.de/download/nationale-wasserstrategie-2023. Zugegriffen am 08.12.2024.
BMUV. (2024a). *Nationale Kreislaufwirtschaftsstrategie (NKWS)*. https://www.bmuv.de/themen/kreislaufwirtschaft/kreislaufwirtschaftsstrategie. Zugegriffen am 22.11.2024.
BMUV. (2024b). *Klimaanpassungsgesetz*. https://www.bmuv.de/themen/klimaanpassung/das-klimaanpassungsgesetz-kang. Zugegriffen am 21.10.2024.
BMUV. (2024c). *Kreislaufwirtschaftsgesetz*. https://www.bmuv.de/gesetz/kreislaufwirtschaftsgesetz. Zugegriffen am 24.11.2024.
BMWK. (2021). *Neues Klimaschutzgesetz*. https://www.bmwk.de/Redaktion/DE/Schlaglichter-der-Wirtschaftspolitik/2021/10/14-neues-klimaschutzgesetz.html. Zugegriffen am 23.11.2024.
BMWK. (2024). *Klimaschutzverträge – Ein neues Förderinstrument*. https://www.klimaschutzvertraege.info/. Zugegriffen am 23.11.2024.
BMWSB. (2024a). *Das Gebäudeenergiegesetz*. https://www.bmwsb.bund.de/Webs/BMWSB/DE/themen/bauen/energieeffizientes-bauen-sanieren/gebaeudeenergiegesetz/gebaeudeenergiegesetz-node.html. Zugegriffen am 21.10.2024.
BMWSB. (2024b). *Der Gebäudetyp E: Einfach, experimentell und effizient bauen*. https://www.bmwsb.bund.de/SharedDocs/kurzmeldungen/Webs/BMWSB/DE/2024/07/gebaeudetyp-e.html. Zugegriffen am 08.12.2024.
BNW. (2024). *Reihenhäuser in Nänikon*. https://www.baunetzwissen.de/nachhaltig-bauen/objekte/wohnen/reihenhaeuser-in-naenikon-8128353?wt_mc=nlbw.Plus-Newsletter.2023-12.Nachhaltig+Bauen.cid-8128353&context=3200. Zugegriffen am 22.08.2024.
BR. (2024). *Teurer Bau-Sand: Nachhaltige Alternative aus Haselnussschalen*. https://www.br.de/nachrichten/bayern/teurer-bau-sand-nachhaltige-alternative-aus-haselnussschalen,U12REy0. Zugegriffen am 22.08.2024.
Braungart, M. (2024). *Geleitwort in Bioökonomie und Zirkularität im Bauwesen* (Hrsg., J. Grossarth). Springer. https://doi.org/10.1007/978-3-658-40198-6. ISBN: 978-3-658-40197-9.
Brell-Cokcan, S., & Schmitt, R. H. (2024). *IoC – Internet of Construction*. Springer. https://doi.org/10.1007/978-3-658-42544-9. ISBN: 978-3-658-42543-2.

Brell-Cokcan, S., Schmitt, R. H., Adams, T., Hupfer, G., & Münker, S. (2024). *Einleitung Internet of Construction. In: Internet of Construction (Hrsg. Brell-Cokcan & Schmitt).* https://doi.org/10.1007/978-3-658-42544-9_1

Brozovsky, J., Labonnote, N., & Vigren, O. (2024). *Digital technologies in architecture, engineering, and construction. In: Automation in Construction.* https://doi.org/10.1016/j.autcon.2023.105212

Brynjolfsson, E., & McAfee, A. (2019). The business of artificial intelligence. In *Artificial intelligence: The insights you need from Harvard Business Review*. HBR Press. ISBN: 978-1-63369-789-8.

Bücheler, T. (2024). Drohnen und Künstliche Intelligenz in der Bauindustrie. In Haghsheno et al. (Hrsg.), *Künstliche Intelligenz im Bauwesen*. Springer Vieweg. https://doi.org/10.1007/978-3-658-42796-2_25

BUND. (2024). *Die bequemen Jahre sind vorbei.* https://www.bund-berlin.de/service/meldungen/detail/news/die-bequemen-jahre-sind-vorbei/. Zugegriffen am 17.11.2024.

BWI. (1979). *Empfehlungen '79 für praxisnahe Fachkenntnisse junger Bauingenieure in der Bauindustrie*. Liegt nur als Druckexemplar vor.

Candela, J., & Berinato, S. (2019). Inside facebooks AI workshop. In *Artificial intelligence: The insights you need from Harvard Business Review*. HBR Press. ISBN: 978-1-63369-789-8.

Carrasco, P. A. (2023). *Artificial intelligence and sustainability – Buildings of tomorrow.* Amazon. ISBN:979-8-858-87396-9.

Çelik, F., & König, M. (2024). *Automatisierte Erfassung von Schäden in der Brückenprüfung mithilfe maschineller Lernverfahren. In: Künstliche Intelligenz im Bauwesen (Hrsg. Hagsheno et al.).* https://doi.org/10.1007/978-3-658-42796-2_19

Chen, Z.-S., Chen, J.-Y., Chen, Y.-H., & Pedrycz, W. (2024). Construction metaverse: Application framework and adoption barriers. *Automation in Construction, 163*, 105422. https://doi.org/10.1016/j.autcon.2024.105422

Chew, Z. X., Wong, J. Y., Tang, Y. H., Yip, C. C., & Maul, T. (2024). Generative design in the built environment. *Automation in Construction, 166*. https://doi.org/10.1016/j.autcon.2024.105638

Chomsky, N. (2003). *Hegemony or survival – Americas quest for global dominance.* Penguin. ISBN:978-0-14-101505-7.

Cisterna, D., & Haghsheno, S. (2024). Akzeptanz und Marktdurchdringung von KI in der Bauwirtschaft. In S. Haghsheno et al. (Hrsg.), *Künstliche Intelligenz im Bauwesen*. https://doi.org/10.1007/978-3-658-42796-2_4

Clark, J., & Perrault, R. (2024). *Artificial intelligence index report 2024.* https://aiindex.stanford.edu/report/. Zugegriffen am 19.11.2024.

Detail. (2023). *Living Places – ein experimenteller Lebensraum.* https://www.detail.de/de_de/living-places-ein-experimenteller-lebensraum. Zugegriffen am 26.11.2024.

DGNB. (2023). *Der Gebäuderessourcenpass des DGNB.* https://www.dgnb.de/de/nachhaltiges-bauen/zirkulaeres-bauen/gebaeuderessourcenpass. Zugegriffen am 23.11.2024.

DIBt. (2023). *Bauen mit Lehm.* https://www.dibt.de/de/aktuelles/meldungen/nachricht-detail/meldung/bauen-mit-lehm. Zugegriffen am 23.11.2024.

DIN 18940. (2023). *Tragendes Lehmsteinmauerwerk – Konstruktion, Bemessung und Ausführung.* https://www.dinmedia.de/de/norm/din-18940/366675039. Zugegriffen am 01.12.2024.

DRESO. (2024). *Kreislaufwirtschaft und Urban Mining im Bestand: Blueprint Huthmacher-Haus in Berlin.* https://www.dreso.com/de/lp/kreislaufwirtschaft-urban-mining-im-bestand. Zugegriffen am 08.12.2024.

DUH. (2023). *Allianz gegen willkürliche Abrisse: Breites Bündnis fordert Genehmigungspflicht für Gebäudeabrisse von der Bauministerkonferenz.* https://www.duh.de/presse/pressemitteilungen/pressemitteilung/allianz-gegen-willkuerliche-abrisse-breites-buendnis-fordert-genehmigungspflicht-fuer-gebaeudeabrisse-v/. Zugegriffen am 19.11.2024.

Dunant, C. F., Joseph, S., Prajapati, R., & Allwood, J. M. (2024). *Electric recycling of Portland cement at scale.* https://doi.org/10.1038/s41586-024-07338-8

Edelman, D. C., & Abraham, M. (2024). Generative AI will change your business. Here's how to adapt. In *Harvard Business Review: Generative AI*. HBR Press. ISBN:978-1-64782-639-0.

Eigel, A. (2023). *Bosco Verticale: Mailands grünste Hochhäuser*. https://www.awmagazin.de/interior/bosco-verticale-in-mailand. Zugegriffen am 08.12.2024.

Emig, J., Siegele, D., & Terzer, M. (2024). *Digitalisierung und KI in der Baurobotik: Eine Analyse der aktuellen Entwicklungen und zukünftigen Potenziale. In: Künstliche Intelligenz im Bauwesen (Hrsg. Hagsheno et al.)*. https://doi.org/10.1007/978-3-658-42796-2_24

EPEA. (2024). *Cradle to Cradle Mindset*. https://www.epea.com/en/about-us/cradle-to-cradle. Zugegriffen am 26.11.2024.

Fakharany, N. (2023). *Stockholm Wood City*. https://www.archdaily.com/1002823/stockholm-wood-city-construction-of-the-worlds-largest-urban-construction-project-in-wood-to-begin-in-2025. Zugegriffen am 22.08.2024.

Florian, M.-C. (2024). *Stefano Boeri Architetti Wins Competition for Green Neighborhood Development in Bratislava, Slovakia*. https://www.archdaily.com/1017500/stefano-boeri-architetti-wins-competition-for-green-neighborhood-development-in-bratislava-slovakia. Zugegriffen am 27.11.2024.

Fritz, H., & Kraus, M. (2024). Natural geometrical variations of Italian Phyllostachys edulis bamboo culms for construction purposes. *Advances in Bamboo Science, 9*, 100116.

Gebäudeforum. (2024). *Bio-Beton und alternative Betonrezepturen*. https://www.gebaeudeforum.de/realisieren/baustoffe/beton/bio-beton/. Zugegriffen am 01.12.2024.

Ghazoul, J. (2015). *Forests. A very short introduction*. University Press. ISBN:978-0-19-870617-5.

Ghosh, B., & Karmakar, S. (2024). *3D printing technology and future of construction: A review*. https://doi.org/10.1088/1755-1315/1326/1/012001

Goleman, D., & Davidson, R. J. (2017). *The science of meditation: How to change your brain, mind and body*. Penguin. ISBN:978-0-241-97569-5.

Görlach, A. (2023). *Demokratie*. Reclam. ISBN:978-3-15-0202580-8.

Greenpeace. (2024). *Über 470 Gemeinden zukünftig von Wasserknappheit bedroht*. https://greenpeace.at/presse/greenpeace-analyse-ueber-470-gemeinden-zukuenftig-von-wasserknappheit-bedroht-grafik/. Zugegriffen am 17.11.2024.

Grossarth, J. (2024). *Bioökonomie und Zirkulärwirtschaft im Bauwesen*. Springer. https://doi.org/10.1007/978-3-658-40198-6. ISBN:978-3-658-40197-9.

Gülck, K. H. (2022). *Kreislauffähige Konzepte im Bauwesen – Gebäude als Materialdepots*. Springer. https://doi.org/10.1007/978-3-658-36776-3_2. ISBN:978-3-658-36775-6.

Hackenberg, A. (2023). *Schwammstädte: Die Herausforderung liegt im Bestand*. https://www.bauwende-news.de/schwammstaedte-die-herausforderung-liegt-im-bestand-cloned/. Zugegriffen am 08.12.2024.

Hadavi, A., & Alizadehsalehi, S. (2024). *From BIM to metaverse for AEC industry. In: Automation in Construction 160*. https://doi.org/10.1016/j.autcon.2023.105248

Haghsheno et al. (2024). *Künstliche Intelligenz im Bauwesen*. Springer Vieweg. ISBN: 978-3-658-42795-5.

Haidt, J. (2024). *The anxious generation*. Penguin. ISBN:978-0-593-65503-0.

Hansen, et al. (2023). *Global warming in the pipeline*. https://doi.org/10.1093/oxfclm/kgad008

Hasselbring, V. (2022). *Nachhaltig ausgerichteter Hausbau in Deutschland – Partielle und holistische Gebäudeinnovationen. In: Nachhaltige und digitale Baukonzepte (Hrsg. Th. Kölzer)*. Springer. ISBN: 978-3-658-36775-6. https://doi.org/10.1007/978-3-658-36776-3_5

Häusler, A. (2024). *KI in der Stadtplanung: Wie finden technologische Innovationen die passenden Probleme? In: Künstliche Intelligenz im Bauwesen (Hrsg. Hagsheno et al.)*. https://doi.org/10.1007/978-3-658-42796-2_10

HBK. (2024). *Hanfbaukollektiv*. https://hanfbaukollektiv.com/. Zugegriffen am 30.11.2024.

Heidenreich, F. (2023). *Nachhaltigkeit und Demokratie: Eine politische Theorie* (1. Aufl., Originalausgabe). Suhrkamp. ISBN:978-3-518-29988-3.

Hillebrandt, A., Schwede, D., & Steretzeder, J. (2024). *Transformation zu einer zirkulären Bauwirtschaft als Beitrag zu einer nachhaltigen Entwicklung.* https://www.umweltbundesamt.de/publikationen/transformation-zu-einer-zirkulaeren-bauwirtschaft. Zugegriffen am 08.12.2024.

HM. (2024). *Digital house.* https://ar.hm.edu/forschung_entwicklung/gestaltung/digitalhouse.de.html. Zugegriffen am 22.08.2024.

Hochwarth, D. (2024). *Nachhaltiger Hausbau: Triqbriq fertigt Bausteine aus Altholz.* https://www.ingenieur.de/technik/fachbereiche/bau/noch-einmal-kind-sein-aus-holzkloetzchen-werden-mehrstoeckige-wohnhaeuser/. Zugegriffen am 08.12.2024.

Humboldt, W. von. (1835). *Schriften zur Sprache* (M. Böhler, Hrsg.). Reclam. ISBN:978-3-15-006922-6.

IAO. (2023). *Strategie-Roadmap „Baustelle 2045" – Auf dem Weg zur Klimaneutralen Baustelle 2045 (Fraunhofer IAO).* https://www.bauindustrie.de/fileadmin/bauindustrie.de/Media/Veroeffentlichungen/Roadmap_Baustelle_2045_Juni23_FhG_IAO.pdf. Zugegriffen am 08.12.2024.

IPCC. (2024). *Assessment reports.* https://www.ipcc.ch/reports/. Zugegriffen am 07.12.2024.

Jackson, J. B. C., Alexander, K., & Sala, E. (Hrsg.). (2011). *Shifting baselines: The past and the future of ocean fisheries.* Island Press. ISBN:978-1-61091-000-2.

Jäkel, J.-I., & Klemt-Albert, K. (2024). Barrieren und Treiber von Robotik im Bauwesen. In S. Hagsheno et al. (Hrsg.), *Künstliche Intelligenz im Bauwesen.* Springer Vieweg. https://doi.org/10.1007/978-3-658-42796-2_22

Jäkel, J.-I., Zoghian, P. M., Klemt-Albert, K. (2024). Anwendungsfelder und Implementierungsmodelle von Robotik im Bauwesen. In Haghsheno et al. (Hrsg.), *Künstliche Intelligenz im Bauwesen.* https://doi.org/10.1007/978-3-658-42796-2_23

Janson, M. (2018). *Sand wird immer teurer.* https://de.statista.com/infografik/12844/sand-erzeugerpreisindex/. Zugegriffen am 19.11.2024.

Jungmann, M., & Hartmann, T. (2024). Integration von Digitalen Zwillingen im Baumanagement durch Echtzeitdatenverarbeitung. In S. Hagsheno et al. (Hrsg.), *Künstliche Intelligenz im Bauwesen.* Springer Vieweg. https://doi.org/10.1007/978-3-658-42796-2_17

Kähler, J. (2020). *Maschinenmenschen: Von Golems, Robotern und Cyborgs: für die Sekundarstufe II.* Reclam. ISBN:978-3-15-015080-1.

Kahneman, D. (2012). *Thinking, fast and slow.* Penguin. ISBN:978-0-14-103357-0.

Kaltenbach, F. (2023). *Kö-Bogen II in Düsseldorf – Gebäudehülle aus 30000 Pflanzen.* https://www.detail.de/de_de/autos-zu-hainbuchen-ingenhoven-fk?srsltid=AfmBOopTqJJf6JjIsNwmcLVwokfTD-QP6JvDdfsxGsf_7TaiybyVnirh. Zugegriffen am 30.11.2024.

Kelleher, J. D., & Tierney, B. (2018). *Data science.* MIT Press. ISBN:978-0-262-53543-4.

KFB. (2024). *Nachhaltiges Wachstum: Hamburger Grundschule erhält Erweiterungsbau aus Recycling-Beton.* https://klimaforum-bau.de/news/nachhaltiges-wachstum-hamburger-grundschule-erhaelt-erweiterungsbau-aus-recycling-beton/. Zugegriffen am 08.12.2024.

Kim, M., & Kim, Y.-W. (2024). *Applications of blockchain for construction project procurement. In: Automation in Construction 165.* https://doi.org/10.1016/j.autcon.2024.105550

King, P. (2023). *AI in the construction industry – Modern methods for smart buildings.* Amazon. ISBN:979-8-856-36703-3.

KOM. (2020). *Mitteilung der Kommission an das Europäische Parlament, den Rat, den Europäischen Wirtschafts- und Sozialausschuss und den Ausschuss der Regionen: Eine Renovierungswelle für Europa – umweltfreundlichere Gebäude, mehr Arbeitsplätze und bessere Lebensbedingungen.* https://www.bundesrat.de/SharedDocs/beratungsvorgaenge/2020/0601-0700/0628-20.html

Kraus, M. A., & Obergießer, M. (2023). *Digitale Transformation im Bauwesen – Grundlagen zur künstlichen Intelligenz und deren Anwendung im Wohnungsbau. In: Mauerwerkskalender 2023 (Hrsg. Schermer & Brehm).* Ernst & Sohn. ISBN: 978-3-433-03373-9.

Krutzler, J. (2024). *ÖBB: Wiener Westbahnhof wird zum Solarkraftwerk.* https://presse-oebb.at/news-oebb-wiener-westbahnhof-wird-zum-solarkraftwerk?id=202875&menueid=27025&l=deutsch. Zugegriffen am 14.08.2024.

Kuhnke, J. D., Kwiatkowski, M., & Hellwich, O. (2024). *Bildbasierte Erkennung von Kiesnestern in Beton während der Bauphase. In: Künstliche Intelligenz im Bauwesen (Hrsg. Hagsheno et al.).* https://doi.org/10.1007/978-3-658-42796-2_13

Kumar, R., Arora, S., & Agarwal, G. (2023). Assessment Of greenwashing in the building industry. *Journal for Re Attach Therapy and Developmental Diversities.* issn:2589-7799.

Kummert, C. (2022). Bauwerksbegrünungen – Allgemeine Potenziale, grundlegende Konstruktionsvarianten und digital ausgerichtete Anwendungsmöglichkeiten. In T. Kölzer (Hrsg.), *Nachhaltige und digitale Baukonzepte.* Springer Vieweg. https://doi.org/10.1007/978-3-658-36776-3_3. ISBN:978-3-658-36775-6.

Lancet. (2024). *The 2024 Europe report of the Lancet Countdown on health and climate change.* https://doi.org/10.1016/S2468-2667(24)00055-0

Lauble, S., Chen, H., & Hagsheno, S. (2024). Maschinelle Lernmodelle in der Terminplanung von Bauprojekten. In S. Haghsheno et al. (Hrsg.), *Künstliche Intelligenz im Bauwesen.* Springer. https://doi.org/10.1007/978-3-658-42796-2_9

Lenk, H., & Ropohl, G. (1987). *Technik und Ethik.* Reclam. ISBN:978-3-15-008395-6.

Liao, W., Lu, X., Fei, Y., Gu, Y., & Huang, Y. (2024). *Generative AI design for building structures.* https://doi.org/10.1016/j.autcon.2023.105187

Liu, Y., Belousov, B., Schneider, T., Harsono, K., Cheng, T.-W., Shih, S.-G., Tessmann, O., & Peters, J. (2024). Advancing sustainable construction: Discrete modular systems & robotic assembly. In *Sustainability.* https://doi.org/10.3390/su16156678

Liu-Helmersson, J., Quam, M., Wilder-Smith, A., Stenlund, H., Ebi, K., Massad, E., & Rocklöv, J. (2016). Climate change and Aedes vectors: 21st century projections for dengue transmission in Europe. In *EBioMedicine.* https://doi.org/10.1016/j.ebiom.2016.03.046

Loesche, D. (2018). *China baut auf Zement.* https://de.statista.com/infografik/12772/wichtigste-laender-fuer-die-produktion-von-zement-weltweit/. Zugegriffen am 19.11.2024.

Lohmann, J. (2022). *Potenziale der Digitalisierung im traditionellen Lehmbau. In: Nachhaltige und digitale Baukonzepte (Hrsg. Th. Kölzer).* Springer Vieweg. ISBN: 978-3-658-36775-6. https://doi.org/10.1007/978-3-658-36776-3_6.

LUBW. (2024). *Zirkuläres Bauen erfolgreich umsetzen.* https://pudi.lubw.de/detailseite/-/publication/10662. Zugegriffen am 11.12.2024.

Lung, L.-W., & Wang, Y.-R. (2023). Applying deep learning and single shot detection in construction site image recognition. *Buildings, 13.* https://doi.org/10.3390/buildings13041074

Madaster. (2024a). *Jede Kommune muss einen Beitrag zum Klimaschutz leisten.* https://madaster.de/neuigkeiten/jede-kommune-muss-einen-beitrag-zum-klimaschutz-leisten/. Zugegriffen am 14.08.2024.

Madaster. (2024b). *Der Looppark-Luxemburg: Ein Vorbild für zirkuläres Bauen.* https://madaster.de/neuigkeiten/das-looppark-projekt-luxemburg-ein-vorbild-fuer-zirkulaeres-bauen/. Zugegriffen am 27.11.2024.

Marquard, O. (1984). *Zeitalter der Weltfremdheit? Drei Essays.* Reclam. ISBN:978-3-15-014277-6.

Martinez, R., & van Praag, J. (2012). *Creating freedom – The lottery of birth.* https://creatingfreedom.info/film.html. Zugegriffen am 01.12.2024.

Marx, K. (1844). *Philosophische und ökonomische Schriften* (J. Rohbeck & P. H. Breitenstein, Hrsg.; 6., bibliographisch erg. Aufl.). Reclam. ISBN:978-3-15-018554-4.

Meinke, I., & Weisse, R. (2024). *Nordseesturmfluten im Klimawandel – Perspektiven der Küstenentwicklung.* https://www.hereon.de//imperia/md/assets/main/transfer/communication_media/infomaterial/nordseesturmfluten_klimawandel.pdf. Zugegriffen am 17.11.2024.

OECD. (2024). *OECD-Bericht zu Künstlicher Intelligenz in Deutschland.* OECD Publishing. https://doi.org/10.1787/8fd1bd9d-de

Oldehaver, J. (2022). Wege zu einer ganzheitlichen Planung – Energieeffizientes Bauen iim Kontext holistischer Konzepte. In T. Kölzer (Hrsg.), *Nachhaltige und digitale Baukonzepte*. Springer Vieweg. ISBN:978-3-658-36775-6.

Orwell, G. (1949). *Nineteen eighty-four*. Reclam. ISBN:978-3-15-019992-3.

Pan, Y., & Zhang, L. (2021). Roles of artificial intelligence in construction engineering and management: A critical review and future trends. *Automation in Construction, 122*. https://doi.org/10.1016/j.autcon.2020.103517

Perrier, N., Bled, A., Bourgalt, M., Cousin, N., Danjou, C., Pellerin, R., & Roland, T. (2024). Construction 4.0: A comparative analysis of research and practice. *Journal of Information Technology in Construction*. https://doi.org/10.36680/j.itcon.2024.002. issn:1874-4753.

Ploennigs, J., & Berger, M. (2023). *AI in architecture*. https://doi.org/10.1007/s43503-023-00018-y

Pluskota, B., Storch, V., Braunbeck, T., Beck, M., & Becker, N. (2008). First record of Stegomyia albopicta. *Journal of the European Mosquito Control Association*. issn:1460-6127.

Rifai, H. (2024). Förderung von Digitalisierungsprojekten in der Bauwirtschaft. In S. Haghsheno et al. (Hrsg.), *Künstliche Intelligenz im Bauwesen*. Springer Vieweg. ISBN:978-3-658-42795-5.

Rosengrün, S. (2021). *Künstliche Intelligenz zur Einführung*. Junius. ISBN:978-3-96060-323-8.

Savio, M. (1964). *Speech before the FSM sit-in*. https://www.fsm-a.org/stacks/mario/mario_speech.html. Zugegriffen am 05.12.2024.

Schimanski, C. P., Sandau, M., Zinke, T., & Schumann, R. (2024). *Digitale Zwillinge und Datenvernetzung als Grundlage für KI-Anwendungen im Bauwesen*. https://doi.org/10.1007/978-3-658-42796-2_3

Schönfelder, P., Fröml, H., Freiny, J., Barreiro, A. C., Hilsmann, A., Eisert, P., & König, M. (2024). Automatische Extraktion von geometrischer uns semantischer Information aus gescannten Grundriss-Zeichnungen. In S. Haghsheno et al. (Hrsg.), *Künstliche Intelligenz im Bauwesen*. https://doi.org/10.1007/978-3-658-42796-2_8

Schöningh, C., Lorenz, M., Baier, J., Flock, A., Tiemeier, J., & Le Roux, K. (2022). *Transformation bauen – das CRCLR-Haus in Berlin*. https://www.nbau.org/2022/12/08/transformation-bauen-das-crclr-haus-in-berlin/. Zugegriffen am 22.10.2024.

Scobel, G. (2022). *So hilft uns indigenes Wissen*. https://www.youtube.com/watch?v=4UaMpvfs-OOY. Zugegriffen am 04.12.2024.

Seib, M. (2024). *Erste Fabrik für klimapositiven Beton wird in Soltau eröffnet*. https://www.ndr.de/nachrichten/niedersachsen/lueneburg_heide_unterelbe/Erste-Fabrik-fuer-klimapositiven-Beton-wird-in-Soltau-eroeffnet,beton128.html. Zugegriffen am 14.08.2024.

Sennett, R. (2018). *Building and dwelling – Ethics for the city*. Penguin. ISBN:978-0-14-102211-6.

Simbeck, K., & Bühler, M. (2018). Digitalisierung in der Baulogistik. In A. Khare et al. (Hrsg.), *Marktorientiertes Produkt- und Produktionsmanagement in digitalen Umwelten*. https://doi.org/10.1007/978-3-658-21637-5_14

SRF. (2024). *Extreme Niederschläge sind zu einer Konstanten geworden*. https://www.srf.ch/news/dialog/ueberschwemmungen-in-spanien-extreme-niederschlaege-sind-zu-einer-konstanten-geworden. Zugegriffen am 17.11.2024.

SRF. (2023). *Hanfkalk – Häuser bauen und CO2 speichern*. https://www.srf.ch/news/schweiz/oekologischer-baustoff-hanfkalk-haeuser-bauen-und-co2-speichern. Zugegriffen am 22.08.2024.

Srnicek, N. (2023). *Daten, Datenverarbeitung, Arbeit*. Suhrkamp. ISBN:978-3-518-30015-2.

Steger, M. B. (2023). *Globalization: A very short introduction* (7. Aufl.). University Press. ISBN:978-0-19-198129-6.

SWR. (2024). *Revolutionäre Schlüsselübergabe: Europas größtes 3D-gedrucktes Gebäude steht in Heidelberg*. https://www.swr.de/swrkultur/leben-und-gesellschaft/revolutionaere-schluesseluebergabe-europas-groesstes-3d-gedrucktes-gebaeude-steht-in-heidelberg-100.html. Zugegriffen am 22.08.2024.

Taffazoli, M. (2022). Construction automation and sustainable development. In H. Jebelli et al. (Hrsg.), *Automation and robotics in the architecture, engineering, and construction industry*. Springer. ISBN:978-3-030-77165-2.

Technopolis & IÖW. (2024). *Metastudie Nachhaltigkeitseffekte der Digitalisierung*. https://www.ioew.de/publikation/metastudie_nachhaltigkeitseffekte_der_digitalisierung. Zugegriffen am 12.08.2024.

Tetens, H. (2009). *Wittgensteins „Tractatus": Ein Kommentar*. Reclam. ISBN:978-3-15-018624-4.

Thoreau, H. D. (1854). *Walden; and, civil disobedience*. Penguin. ISBN:978-0-14-039044-5.

TUM. (2019). *Innovative Materialien mit Carbonfasern aus Algen*. https://www.tum.de/aktuelles/alle-meldungen/pressemitteilungen/details/35546. Zugegriffen am 01.12.2024.

UBA. (2024). *Trends der Lufttemperatur*. https://www.umweltbundesamt.de/daten/klima/trends-der-lufttemperatur. Zugegriffen am 17.11.2024.

Uni Siegen. (2024). *Schilf-Balken stabiler als Konstruktionsvollholz*. https://www.bauwende-news.de/schilf-balken-stabiler-als-konstruktionsvollholz/. Zugegriffen am 23.08.2024.

Waldenfels, B. (2022). *Globalität, Lokalität, Digitalität*. Suhrkamp. ISBN:978-3-518-29991-3.

Wang, T., Mao, C., Sun, B., & Li, Z. (2024). Genealogy of construction robotics. *Automation in Construction, 166*. https://doi.org/10.1016/j.autcon.2024.105607

Wienerberger. (2024). *Terca ReviBrick*. https://www.wienerberger.de/produkte/fassade/wienerberger-re/revi-brick.html. Zugegriffen am 10.05.2025.

Wenig, P. (2023). *Deutschland auf dem Holzweg. In: Die Wohnungswirtschaft 06/2023*. https://www.haufe.de/download/die-wohnungswirtschaft-ausgabe-062023-wohnungswirtschaft-595120.pdf. Zugegriffen am 14.10.2024.

Wessel, G. (2022). *Klimakrise*. Reclam. ISBN:978-3-15-020587-7.

Wildemann, P. R., Kirner, L., & Brell-Cokcan, S. (2024). Eine Domänen-Ontologie für die Transportbeton-Lieferkette. In S. Haghsheno et al. (Hrsg.), *Künstliche Intelligenz im Bauwesen*. https://doi.org/10.1007/978-3-658-42796-2_16

Wilson, H. J., & Daugherty, P. (2019). Collaborative intelligence. In *Harvard Business Review artificial intelligence*. HBR Press. ISBN:978-1-63369-789-8.

WKI. (2024). *Holzschaum – Vom Baum zum Schaum*. https://www.materials.fraunhofer.de/de/Geschaeftsfelder/Bauen-und-Wohnen/holzschaum.html. Zugegriffen am 01.12.2024.

Wolber, J., Steinbrenner, S., Sievering, C., & Hagsheno, S. (2024). Einsatz der OCR-Technologie in Kombination mit NLP-Algorithmen in der Bauindustrie. In S. Haghsheno et al. (Hrsg.), *Künstliche Intelligenz im Bauwesen*. https://doi.org/10.1007/978-3-658-42796-2_15

Zhang, L. (2023). *Artificial intelligence: 70 years down the road*. https://arxiv.org/abs/2303.02819. Zugegriffen am 08.12.2024.

Zheng, C., Tao, X., Dong, L., Zukaig, U., Tang, J., Zhou, H., Cheng, J. C. P., Ciu, X., & Shen, Z. (2024). Decentralized artificial intelligence in construction using blockchain. *Automation in Construction, 166*. https://doi.org/10.1016/j.autcon.2024.105669

Zoghian, P. M., Oberhoff, T., Gölzhäuser, P., Großner, M., Jäkel, J.-I., & Klemt-Albert, K. (2024). Künstliche Intelligenz zur semantischen Extraktion von Bestandsdokumenten der Bauwirtschaft. In S. Haghsheno et al. (Hrsg.), *Künstliche Intelligenz im Bauwesen*. https://doi.org/10.1007/978-3-658-42796-2_21

Ressourcenschonung durch Wiederverwendung tragender Bauteile – Umsetzung kreislauffähiger Konzepte

Clea Kummert

Die allgegenwärtige Klimakrise und die steigende Ressourcenknappheit erfordern zunehmend ein Handeln in verschiedenen Bereichen unserer Gesellschaft. Im Bauwesen sind diesbezüglich bereits viele neue Ideen und innovative Konzepte entwickelt bzw. aufgegriffen worden. Insbesondere die Berücksichtigung kreislauffähiger Ansätze liefert im Kontext nachhaltiger Praktiken einen zukunftsorientierten Lösungsansatz. Hier stellt vor allem die Wiederverwendung gebrauchter tragender Bauteile einen erheblichen Beitrag dar – sowohl zur Einsparung von Treibhausgasemissionen als auch zur Schonung von Ressourcen. Das Planen mit gebrauchten Bauteilen unterscheidet sich allerdings von der etablierten konventionellen bzw. linearen Planung mit neu hergestellten Bauprodukten.

Um gebrauchte tragende Bauteile im grundlegenden Planungsprozess berücksichtigen zu können, müssen neben der Integration zusätzlicher Planungsleistungen auch Anpassungen zu planerischen Entwurfsaufgaben erfolgen. Die damit einhergehenden komplexen Anforderungen entstehen vor allem hinsichtlich der interdisziplinären Zusammenarbeit in Planungsteams, aber auch im Kontext einer grundlegenden Konzipierung von Objektentwürfen. Darüber hinaus muss insbesondere die Rechtslage zum Umgang mit gebrauchten tragenden Bauteilen betrachtet werden.

Auch die Implementierung intelligenter Algorithmen in digitale Entwurfsprozesse verspricht Planungen mit gebrauchten tragenden Bauteilen effizienter und nachhaltiger zu gestalten. So erweist sich bspw. die Maschinenintelligenz als innovativer Ansatz, um effektive Daten- bzw. Informationsflüsse zu erzeugen, die für eine qualitativ hochwertige Kreislauffähigkeit obligatorisch sind.

C. Kummert (✉)
knippershelbig GmbH, Stuttgart, Deutschland
E-Mail: c.kummert@knippershelbig.com

© Der/die Autor(en), exklusiv lizenziert an Springer Fachmedien Wiesbaden GmbH, ein Teil von Springer Nature 2025
T. Kölzer (Hrsg.), *Nachhaltige und digitale Baukonzepte 2*,
https://doi.org/10.1007/978-3-658-47573-4_2

1 Ressourcenschonung im Bauwesen

Im Zuge der immer präsenter werdenden Klimakrise und der damit zusammenhängenden Ressourcenknappheit gewinnt die Anwendung kreislauffähiger Konzepte im Bauwesen vermehrt an Relevanz.[1] Grund dafür ist unter anderem, dass der Bausektor für den Verbrauch von einem Drittel der globalen Ressourcen verantwortlich ist (IEA, 2019, S. 12). So beläuft sich Hochschätzungen zufolge die im deutschen Gebäudebestand verbaute Materialmenge insgesamt auf ca. 18,5 Mrd. t (Kummert, 2024, S. 35). Zeitgleich machen Bau- und Abbruchabfälle ca. 55 % des gesamten Abfallaufkommens in Deutschland aus (Destatis, 2024). Ein großer Anteil des Ressourcenverbrauchs ist dabei auf Tragkonstruktionen von Bauwerken zurückzuführen, die aufgrund ihrer Masse bzw. ihres Volumens eine beachtliche Menge an Materialien eines Gebäudes aufweisen (LETI, 2020, S. 26–30).

Um sowohl den Herausforderungen der Ressourcenknappheit als auch der Abfallentstehung begegnen zu können, ist es zielführend, Baustoffe durch Anwendung kreislauffähiger Konzepte langfristig zu nutzen. Die allgemeine Effektivität entsprechender Maßnahmen kann anhand der im Kreislaufwirtschaftsgesetz (KrWG) definierten Abfallhierarchie (Abb. 1) veranschaulicht werden (§ 6 KrWG, 2012).[2] Das nachhaltig ausgerichtete Konzept stellt in fünf Stufen die Reihenfolge von Maßnahmen zur Abfallvermeidung und -bewirtschaftung mit dem Ziel des Schutzes von Menschen und Umwelt dar. Als Abfall gelten dabei „alle Stoffe oder Gegenstände, derer sich ihr Besitzer entledigt, entledigen will oder entledigen muss" (§ 3 (1) KrWG, 2012).

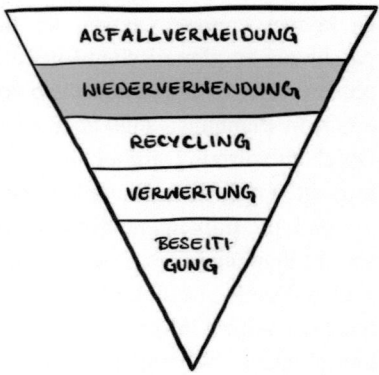

Abb. 1 Die Abfallhierarchie des Kreislaufwirtschaftsgesetzes. (Eigene Darstellung in Anlehnung an das KrWG, 2012)

---

[1] Kreislauffähige Konzepte im Bauwesen wurden in der ersten Auflage des vorliegenden Sammelwerks im Beitrag von Kim Gülck aufgegriffen (Gülck, 2022, S. 40–45).
[2] Auch diese Thematik wurde bereits im ersten Sammelwerk aus dem Jahr 2022 aufgegriffen. Im Beitrag von Christina Berg geht es um Abfallvermeidung im Bauwesen (Berg, 2022, S. 188–193).

Die *Abfallvermeidung* steht im KrWG an oberster Stelle der Hierarchie. Mit dieser Maßnahme werden Ressourcen sowohl qualitativ als auch quantitativ am besten erhalten. An zweiter Stelle der Abfallhierarchie wird die *Wiederverwendung* genannt, die als zweithochwertigste Maßnahme der Ressourcenschonung im Kontext der Abfallbewirtschaftung zu verstehen ist. Als Wiederverwendung (engl. *Re-Use*) wird nach dem Kreislaufwirtschaftsgesetz jedes Verfahren bezeichnet „bei dem Erzeugnisse oder Bestandteile, die keine Abfälle sind, wieder für denselben Zweck verwendet werden, für den sie ursprünglich bestimmt waren" (§ 3 Abs. 21 KrWG). Das heißt, Materialien und Produkte bleiben in ihrer ursprünglichen Form und Funktion erhalten.

Das KrWG sieht in Bezug auf den Umgang mit gebrauchten Materialien und Produkten vor, zunächst eine Wiederverwendung anzustreben, sofern eine Abfallvermeidung nicht möglich ist. Denn im Vergleich zu den nachstehenden Maßnahmen *Recycling*, *Verwertung* und *Beseitigung* geht eine erneute Nutzung mit geringeren negativen Auswirkungen auf Mensch und Umwelt einher. Dies gilt für alle Bereiche der Produktionswirtschaft, einschließlich des Bauwesens. Um der Frage nachzugehen, inwiefern Maßnahmen zur *Wiederverwendung* in die Baupraxis implementiert werden können, muss der Begriff und seine Bedeutung zunächst genauer definiert bzw. erläutert werden.

Diesbezüglich sei an dieser Stelle darauf hingewiesen, dass Bauteile, für die eine Wiederverwendung vorgesehen ist, im vorliegenden Beitrag als *gebrauchte* oder *wiedergewonnene Bauteile* bezeichnet werden. Da sich die Begriffe in ihrer Bedeutung geringfügig voneinander unterscheiden, werden diese im Kontext dieser Thematik kurz erläutert und voneinander differenziert. So umfasst die Bezeichnung *gebrauchte Bauteile* sämtliche Bauelemente, die bereits in einem Bauwerk eingesetzt wurden. Dabei ist es nicht relevant, ob diese noch verbaut sind oder bereits ausgebaut wurden. Der Begriff *wiedergewonnen* impliziert ebenfalls eine vorangegangene Nutzung, setzt jedoch voraus, dass entsprechende Bauteile schon aus einem Gebäude *gewonnen* bzw. entnommen wurden. Sofern also von wiedergewonnenen Bauteilen gesprochen wird, muss der Ausbau dieser bereits erfolgt sein. Demzufolge können sowohl gebrauchte als auch wiedergewonnene Bauteile in Planungen berücksichtigt werden, ein Ausbau kann jedoch nur für gebrauchte Bauteile erfolgen.

2   Ansätze zur Wiederverwendung von Materialien im Bauwesen

Die praktische Umsetzung von *Wiederverwendungen* kann auf unterschiedliche Weise erfolgen und zwar mithilfe zweier Ansätze, die von der *Deutschen Gesellschaft für Nachhaltiges Bauen (DGNB)*[3] geprägt wurden: dem *Pre-Use-* und dem *Post-Use*-Ansatz (Abb. 2).

---

[3] Bei der *DGNB* handelt es sich um eine Non-Profit-Organisation, die Lösungen für nachhaltiges Planen, Bauen und Nutzen von Bauwerken entwickelt und fördert und ein Planungs- und Optimierungstool zur Bewertung nachhaltiger Gebäude zur Verfügung stellt. Verschiedene Zertifizierungskonzepte, darunter auch das der DGNB, wurden im ersten Sammelwerk *Nachhaltige und digitale Baukonzepte* im Beitrag von Thomas Kölzer aufgegriffen (Kölzer, 2022, S. 12–13).

Abb. 2 Darstellung des Prinzips der zwei Ansätze zur Wiederverwendung im Bauwesen: Pre-Use und Post-Use. (Eigene Darstellung)

Der sogenannte *Pre-Use*-Ansatz wird von der DGNB als „heutiger Beitrag zur umgesetzten Kreislaufführung" (DGNB, 2024, S. 2) beschrieben. Er umfasst Maßnahmen die unmittelbar zur Ressourcenschonung beitragen und somit Materialverbräuchen wirksam entgegenwirken. Durch Verwendung von bereits im Materialkreislauf vorhandenen Ressourcen kann eine solche Ressourcenschonung unmittelbar erfolgen; statt neuen, primären Rohstoffen, werden gebrauchte Materialien, Produkte und Bauteile wiedergewonnen und erneut eingesetzt. Ziel des Ansatzes ist es also, durch Schließung von Materialkreisläufen einen direkten Beitrag zur Ressourcenschonung zu leisten. Der *Pre-Use*-Ansatz wird auch als *Urban Mining* bezeichnet, da Ressourcen aus urbanen Rohstofflagern gewonnen werden.[4]

Für Planungen mit gebrauchten Bauteilen ergeben sich bei Anwendung des *Pre-Use*-Ansatzes jedoch Einschränkungen von Gestaltungsmöglichkeiten, da ein Entwurf mit gebrauchten Bauteilen unmittelbar abhängig von der Verfügbarkeit der Materialien ist. Dies stellt einen wesentlichen Unterschied zu konventionellen Planungen dar. Denn für grundlegende Entwurfsprozesse mit Primärressourcen gilt stets die trügerische Annahme einer vermeintlich unendlichen Verfügbarkeit von standardisierten tragendenden Bauteilen. Einem Entwurf werden also – mit Ausnahme der Einhaltung statischer und normativer Anforderungen – keine Grenzen gesetzt. Unter Anwendung des *Pre-Use*-Ansatzes, kann eine derart freie Entwurfsplanung nur bedingt erfolgen. Sie unterliegt dem Prinzip *form follows availability* (Form folgt Verfügbarkeit), mit dem das Entwerfen auf Grundlage verfügbarer Bauteile beschrieben wird. Ähnlich wie beim Bauen im Bestand – auf das detailliert im nachfolgenden Beitrag von Julia Thiel eingegangen wird – sind Entwurfsgrenzen also vorrangig durch Merkmale verfügbarer, gebrauchter Bauteile definiert. Das Entwerfen von Objekten muss also stets unter Berücksichtigung der Dimensionen und Eigenschaften der einzusetzenden Bauteile erfolgen.

Mit dem zweiten Ansatz, dem *Post-Use*-Ansatz wird nicht der heutige, sondern der „zukünftige Beitrag zur potenziellen Kreislauffähigkeit" (DGNB, 2024, S. 2) bezeichnet.

---

[4] Aspekte zur Thematik des *Urban Minings* können ebenfalls in den Beiträgen von Kim Gülck und Christina Berg nachgelesen werden (Gülck, 2022, S. 45; Berg, 2022, S. 200).

Anders als beim Pre-Use-Ansatz ist das Ziel dieses Konzeptes, Maßnahmen beim Planen und Bauen zu ergreifen, mit denen Ressourcen in der Zukunft geschont werden können. Der Ansatz beschreibt also die Planung, bei der eine zukünftige Wiederverwendung im Vordergrund steht, indem ein potenzieller Rückbau berücksichtigt wird. Ein Bauwerk wird demnach so geplant, dass die eingesetzten Materialien, Produkte und Bauteile im Anschluss an die Nutzung zerstörungsfrei rückgebaut und erneut verwendet werden können. Dabei ist anzumerken, dass der *Post-Use*-Ansatz die Nutzung von Sekundärressourcen nicht prinzipiell ausschließt. Derzeit wird dieser Ansatz jedoch i. d. R. im Kontext der Planung mit Primärressourcen nach dem *Cradle-to-Cradle-Prinzip* (C2C) angewandt.[5]

Es lässt sich festhalten, dass sowohl der *Pre-Use*-, als auch der *Post-Use*-Ansatz Möglichkeiten darstellen, die Abfallvermeidungsmaßnahme *Wiederverwendung* nach KrWG im Bausektor umzusetzen. Allerdings zeigt sich auch, dass den jeweiligen Ansätzen unterschiedliche Prinzipien zugrunde liegen, die dazu führen, dass sich die daraus resultierenden Rahmenbedingungen und Handlungsmaßnahmen voneinander unterscheiden und eine Differenzierung in Bezug auf die Entwicklung von Strategien, Konzepten und Prozessen erfordern.

Für die Implementierung des *Post-Use*-Ansatzes im Bauwesen existieren bereits vielversprechende Strategien und Maßnahmen, wie das bereits erwähnte C2C-Prinzip. Das *Pre-Use*-Konzept hingegen stellt ein Prinzip dar, das in der Praxis bislang wenig bis keine Anwendung findet. Insbesondere in der Tragwerksplanung stellt die Wiederverwendung von Bauteilen eine Ausnahme dar. Konkrete Anwendungsstrategien und etablierte Planungspraktiken existieren hier bislang noch nicht. Betont wird dies durch die wenigen praktischen Beispiele, auf die in Kap. 3 noch ausführlicher eingegangen wird.

Aufgrund der hier kurz skizzierten Ausgangslage ist es umso wichtiger auch dem *Pre-Use*-Ansatz angemessene Beachtung zu schenken. Im vorliegenden Beitrag liegt der thematische Fokus daher auf der Wiederverwendung von tragenden Bauteilen nach dem *Pre-Use*-Ansatz und den Möglichkeiten, die Tragwerksplaner*innen bei der Umsetzung dieser Abfallvermeidungsmaßnahme haben.

3   Praktische Beispiele und Potenziale des *Pre-Use*-Ansatzes

Die grundlegende Relevanz, die der beschriebene *Pre-Use*-Ansatz konkret für die Umsetzung einer Kreislaufwirtschaft im Bauwesen hat, ist Bestandteil der nachfolgenden Betrachtungen. Um einen aktuellen Stand bezüglich der Anwendung dieses Ansatzes aufzuzeigen, wird zunächst die Wiederverwendung gebrauchter tragender Bauteile mithilfe praktischer Beispiele aufgegriffen. Daran anknüpfend erfolgt eine Betrachtung der ökologischen Potenziale, die mit einer Anwendung des *Pre-Use*-Ansatzes einhergehen.

---

[5] Für Informationen zum Konzept *Cradle to Cradle* kann ebenfalls auf den Beitrag von Kim Gülck in der ersten Auflage des Sammelwerks zurückgegriffen werden (Gülck, 2022, S. 41–42).

Realisierte Beispiele des *Pre-Use*Ansatzes – Status quo zu Anwendungsmöglichkeiten im Bauwesen

Während der *Post-Use*-Ansatz in der Praxis vermehrt Anwendung findet – indem bspw. immer häufiger reversible Verbindungen nach dem C2C-Prinzip geplant werden –, beschränkt sich die praktische Umsetzung des *Pre-Use*-Ansatzes mit tragenden Bauteilen bislang eher auf historische Bauten oder auf seltene Pilotprojekte. So ist der Einsatz gebrauchter Baustoffe und Bauteile vor allem im Bereich der Denkmalpflege eine übliche Praxis (Dechantsreiter et al., 2015, S. 17; Trinkert, 2023). Es werden gewonnene Bauteile i. d. R. mit dem selben Verwendungszweck erneut eingesetzt (Trinkert, 2023).

Doch auch im Bereich des Neubaus belegen einige Pionierprojekte bereits die technische und wirtschaftliche Machbarkeit des erneuten Einsatzes gebrauchter tragender Bauteile. Ein im Jahr 2021 realisiertes Bauvorhaben, bei dem die Wiederverwendung tragender Bauteile im Vordergrund stand, ist das Projekt *K.118 – Kopfbau Halle 118* in der Schweiz. Das Tragsystem einer Aufstockung in Winterthur besteht aus wiederverwendeten Stahlträgern einer ehemaligen Verteilzentrale in Basel; die Stahlaußentreppe stammt aus einem Bürogebäude in Zürich und die Fassade aus gebrauchten Aluminiumfenstern sowie wiedergewonnenen Fassadenblechen aus Winterthur und Zürich (Stricker et al., 2021, S. 33).

Doch nicht nur Stahlbauteile eignen sich für einen erneuten lastabtragenden Einsatz; auch wiedergewonnene Bauteile aus Stahlbeton lassen sich erneut verwenden. In größerem Maßstab wurden Stahlbeton-Fertigteile erstmals im Zeitraum von 1967 bis 1998 wiederverwendet. So erfolgte 1984 in den schwedischen Städten Göteborg, Lerum und Kungälv der Einsatz tragender Elemente als Fassaden und Decken in bis zu siebenstöckigen Wohngebäuden. Insgesamt entstanden im Rahmen dieser Projekte 320 neue Wohnhäuser (Fischer et al., 2012, S. 30; Huuhka et al., 2019, S. 143–145; Irion & Sieverts, 1984, S. 178–182). Die Wiederverwendung von herausgesägten Ortbetonelementen fand erstmals im Rahmen des schwedischen *Udden-Projekts* im Jahr 1997 statt. Dabei wurden insgesamt 1850 t Beton in Form von Wandelementen, Trägern und Fundamenten aus zwei Quellgebäuden entnommen und in einem Wohngebäude in Linköping wiederverwendet (Addis, 2006, S. 25; Eklund, 2003, S. 248; Roth & Eklund, 2000, S. 234–243; Roth, 2005, S. 42). Weitere exemplarische Praxisbeispiele bzgl. der Wiederverwendung von Stahlbetonfertigteilen lassen sich insbesondere den Forschungsarbeiten von Angelika Mettke (1995; Mettke et al., 2008; Mettke, 2010; Mettke & Teuffel, 2023) entnehmen.

Die geringe Anzahl moderner Re-Use-Projekte zeigt, dass es sich bei der Anwendung des *Pre-Use*-Ansatzes keineswegs um eine gängige Planungspraxis handelt. Vielmehr stellt der Einsatz gebrauchter tragender Bauteile einen Seltenheitswert dar; entsprechende Maßnahmen werden i. d. R. nur als Pilotprojekte realisiert. Im Kontext der zuvor angesprochenen Ressourcenknappheit, sollten Wiederverwendungen aber verstärkt in den Fokus innerhalb des Bauwesens gerückt werden. Wie die Anwendung des *Pre-Use*-Ansatzes gelingen kann, wird in Kap. 4 näher aufgegriffen.

Ökologische Potenziale des Pre-Use-Ansatzes

Die Bedeutung des *Pre-Use*-Ansatzes für die Transformation der Bauwirtschaft begründet sich vor allem in den ökologischen Potenzialen, die mit der Wiederverwendung von Baustoffen bzw. Bauelementen einhergehen. In diesem Zusammenhang sind vor allem die Möglichkeiten zur Reduktion von Umwelteinwirkungen, insbesondere die Einsparung von *Treibhausgasemissionen (THG-Emissionen)*[6] zu nennen. Das Treibhauspotenzial, das aus den THG-Emissionen resultiert, stellt ein Maß zur Bewertung der relativen Auswirkungen von Treibhausgasemissionen auf die globale Erwärmung dar (IPCC, 2021, S. 14). Zum Vergleich verschiedener Produkte und Strukturen hinsichtlich ihrer Umweltauswirkungen werden die jeweiligen Treibhauspotenziale i. d. R. mithilfe der standardisierten Methode der Ökobilanzierung erfasst. Im Bausektor stellen Ökobilanzen die primäre Quelle für die Bewertung der Nachhaltigkeit von Projekten dar.

Bei Ökobilanzierungen von Produkten, Bauteilen und Gebäuden sind nach DIN EN 15978 sämtliche Emissionen, die aus der Herstellung, Errichtung, Betrieb und Nutzung, Rückbau und Abfallbehandlung sowie dem Recyclingpotenzial entstehen, in Nachhaltigkeitsbetrachtungen von Gebäudelebenszyklen zu berücksichtigen (DIN EN 15978:2012–10, 2012). Dazu erfolgt gemäß DIN EN 15978 zunächst eine Unterteilung der Lebenszyklen in sogenannte Lebenszyklusphasen und weiter in Lebenszyklusmodule (Tab. 1).

Alle in den jeweiligen Lebenszyklusmodulen entstehenden THG-Emissionen werden in einer Bilanz addiert. Sie ergeben in Summe das Treibhauspotenzial, das aus der Errichtung, der Nutzung und dem Rückbau eines Gebäudes resultiert.

Tab. 1 Einteilung des Lebenszyklus eines Gebäudes in einzelne Lebenszyklusphasen und -module und Kennzeichnung der nach DGNB relevanten Module. (Eigene Darstellung nach DIN EN 15978:2012-10, 2012)

Lebenszyklus-Module	Herstellung			Errichtung		Betrieb und Nutzung							Rückbau und Abfallbehandlung				Belastungen außerhalb der Systemgrenze
Modulgruppe	A1-3			A4-5		B1-7							C1-4				D
Modulbezeichnung	Rohstoffbeschaffung	Transport	Produktion	Transport	Errichtung/Einbau	Nutzung	Instandhaltung	Instandhaltung/Reparatur	Austausch	Modernisierung	Energieverbrauch im Betrieb	Wasserverbrauch im Betrieb	Rückbau/Abriss	Transport	Abfallbehandlung	Entsorgung	Recyclingpotential
Module DIN EN 15978	A1	A2	A3	A4	A5	B1	B2	B3	B4	B5	B6	B7	C1	C2	C3	C4	D1
DGNB	X	X	X						X*		X				X	X	X

*Beinhaltet nur die Herstellung (Module A1-A3), Entsorgung (Module C3, C4) und Recyclingpotenziale (Modul 0) des ausgetauschten Produkts, nicht den Austauschprozess selbst (analog Bauprozess).

---

[6] THG-Emissionen sind verantwortlich für das *Treibhauspotenzial (eng. Global Warming Potential, GWP)*, das maßgeblich für die Erderwärmung verantwortlich ist und daher nach DIN EN ISO 14001 eine der relevanten Umwelteinwirkungen darstellt (DIN EN ISO 14001: 2015, 2015).

Tab. 2 Einteilung des Lebenszyklus eines Gebäudes in einzelne Lebenszyklusphasen und -module unter Berücksichtigung der geltenden Bilanzierungsregeln für Reuse-Produkte. (Eigene Darstellung nach DIN EN 15978:2012-10 und IBU, 2023)

Lebenszyklus-Module	Herstellung			Errichtung		Betrieb und Nutzung							Rückbau und Abfallbehandlung				Vorteile und Belastungen außerhalb der
Modulgruppe	A1-3			A4-5		B1-7							C1-4				D
Modulbezeichnung	Beschaffung	Transport	Aufbereitung	Transport	Errichtung/Einbau	Nutzung	Instandhaltung	Instandhaltung/Reparatur	Austausch	Modernisierung	Energieverbrauch im Betrieb	Wasserverbrauch im Betrieb	Rückbau/Abriss	Transport	Abfallbehandlung	Entsorgung	Recyclingpotential
Module DIN EN 15978	A1-R	A2-R	A3-R	A4	A5	B1	B2	B3	B4	B5	B6	B7	C1	C2	C3	C4	D1
DGNB	x	x	x						x*		x		x	x	x	x	x

*Beinhaltet nur die Herstellung (Module A1-A3), Entsorgung (Module C3, C4) und Recyclingpotenziale (Modul 0) des ausgetauschten Produkts, nicht den Austauschprozess selbst (analog Bauprozess).

Die Wiederverwendung gebrauchter Bauteile birgt in diesem Kontext einen entscheidenden Vorteil: Bei dem Einsatz wiedergewonnener Elemente entstehen keine weiteren Herstellungsemissionen, da sämtliche Ausstöße, die bei herkömmlichen Produktionsprozessen entstehen nicht erneut anfallen. Auch bei der Bilanzierung von Umweltauswirkungen über den Lebenszyklus eines Gebäudes wird diese Tatsache berücksichtigt. Gemäß des *Instituts Bauen und Umwelt e. V.* gelten beim Einsatz von Re-Use-Produkten neue Bilanzierungsregeln für die Lebenszyklusmodule A1–A3 (Herstellungsphase) (IBU, 2023), die in Tab. 2 dunkelgrün gekennzeichnet und mit *-R* beschrieben sind. Gebrauchte Produkte und Bauteile werden also zunächst ohne Herstellungsemissionen im Bilanzierungssystem berücksichtigt. Lediglich neu entstehende Umweltauswirkungen, wie bspw. der Aufwand eines selektiven Rückbaus, Transporte oder erforderliche Aufbereitungsprozesse, sind bei einer Wiederverwendung hinzuzurechnen (Tab. 2).

Werden die konstruktionsbedingten THG-Emissionen eines Gebäudes – also jene Emissionen, die aus den verbauten Produkten resultieren – bilanziert, lässt sich feststellen, dass der größte Anteil i. d. R. auf die Herstellung (A1–A3) zurückzuführen ist. Dieser Anteil variiert in Abhängigkeit der Bauweise sowie der verwendeten Materialien und Bauteile. Eine Ausnahme stellt die Verwendung von Holzbauteilen dar, weil diese aufgrund der *CO_2-Sequestrierung*[7] negative Herstellungsemissionen aufweisen. Diesbezüglich ist jedoch anzumerken, dass sich die Kohlenstoffbindung nur so lange positiv auswirkt, wie das Material verbaut ist. Im Zuge der Entsorgung (C1–C4) entsprechender Bauteile gehen

---

[7] *CO_2-Sequestrierung* bezeichnet den Prozess der Speicherung von atmosphärischem Kohlenstoffdioxid (CO_2). Aufgrund von Photosynthese-Prozessen während der Wachstumsphase eines Baumes wird CO_2 aus der Umgebung gebunden, u. a. in Sauerstoff umgewandelt und wieder abgegeben (Rüter, 2013). Dabei wird der Umwelt weit mehr CO_2 entzogen, als für die Herstellung von Bauprodukten aus Holz (z. B. Transport, Maschineneinsatz, etc.) benötigt wird, sodass entsprechende Produkte in einer Bilanzierung des Treibhauspotenzials negative Werte für die Herstellungsphase aufweisen.

nahezu identisch hohe Emissionen in die Bilanz ein. Wird also die gesamte Bilanzierung betrachtet, kann in Bezug auf den Einsatz des Materials Holz nicht von negativen, sondern lediglich von sehr niedrigen Emissionen gesprochen werden.

Somit lässt sich auch für Holzbauteile festhalten, dass das größte Einsparungspotenzial von THG-Emissionen mit der Wiederverwendung von Bauteilen einhergeht. Berücksichtigt man darüber hinaus, dass das Tragwerk eines Gebäudes für durchschnittlich 57 % bis 67 % der gesamten auftretenden konstruktionsbedingten Emissionen verantwortlich ist, zeigt sich das enorme ökologische Potenzial in der Anwendung des *Pre-Use*-Ansatzes (LETI, 2020, S. 26–30).

Im Rahmen der Betrachtung ökologischer Potenziale ist neben der Emissionseinsparung von gebrauchten tragenden Bauteilen auch deren Verfügbarkeit zu berücksichtigen. Da die materiellen Zusammensetzungen der meist sehr diversen Gebäude von einer Vielzahl von Faktoren wie der Gebäudetypologie, der Bauweise, des Baujahres sowie regionaler und historischer Besonderheiten abhängt, können mit aktuell verfügbaren Daten keine genauen Berechnungen bzw. konkrete Aussagen bzgl. vorhandener Potenziale vorgenommen werden. Die im deutschen Gebäudebestand verbaute Materialmenge lässt sich lediglich anhand von Hochrechnungen ermitteln. Wie zu Beginn dieses Beitrags bereits erwähnt beträgt diese eigenen Betrachtungen zufolge ca. 18,5 Mrd. t (Kummert, 2024, S. 35). Im Rahmen der Berechnungen wurde angenommen, dass vor allem bei Wohngebäuden von einer Mindestlebensdauer auszugehen ist. Um das aktuelle Wiederverwendungspotenzial abzubilden, wurden daher nur Wohngebäude bis zum Baujahr 1990 berücksichtigt. In ihnen ist eine Materialmenge von 8,45 Mrd. t verbaut. Dabei nehmen mineralische Materialien (*Beton*, *Ziegel* und *Sonstige*) sowohl bei Wohn- als auch bei Nichtwohngebäuden mit knapp 94 % bzw. ca. 93 % den größten Anteil ein (Abb. 3).

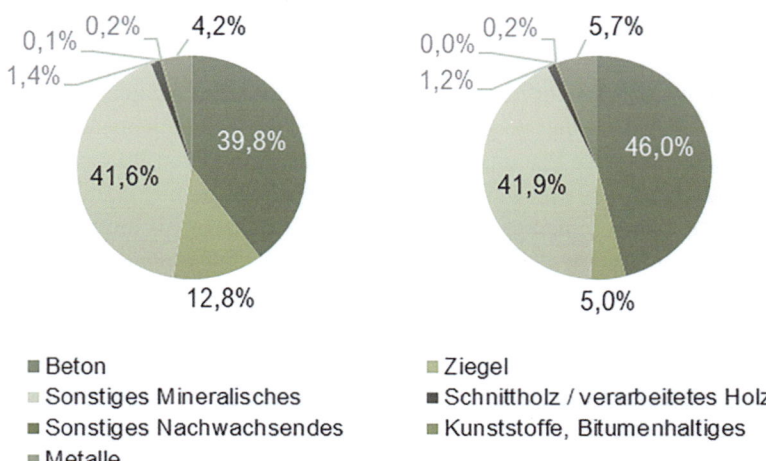

Abb. 3 Materialverteilung in Wohngebäuden bis Baujahr 1990 (links) und Nichtwohngebäuden (rechts) für sieben Materialgruppen. (Kummert, 2024, S. 36, 38)

Bei der vorliegenden Betrachtung von Materialanteilen ist zu beachten, dass die jeweiligen Zuordnungen mit der spezifischen Wichte des Materials korrelieren. Würden statt des Gewichts die Volumina der verbauten Materialien berücksichtigt werden, hätten Baustoffe mit geringeren Wichten, wie z. B. Holz, einen größeren Anteil an der Gesamtbilanz. Somit sind Bauteile mit geringen Massenanteilen im Zuge einer Potenzialabschätzung nicht zu vernachlässigen.

Auch wenn von der Materialmenge nicht unmittelbar auf die Masse der in Gebäuden verbauten, tragenden Bauteile geschlossen werden kann, lassen sich anhand der ermittelten Materialmassen begründete Annahmen treffen. So lässt sich bspw. festhalten, dass Beton fast ausschließlich für lastabtragende Zwecke eingesetzt wird und demnach zum Großteil dem Tragwerk zuzuordnen ist. Aufgrund der Anforderung einer Mindestbewehrung in biegebeanspruchten Betonbauteilen, die auf die erforderliche Rissbreitenbeschränkung zurückzuführen ist (DIN EN 1992-1-1/NA:2013-04, 2013), kann zudem davon ausgegangen werden, dass Betonbauteile i. d. R. bewehrt sind und demnach im Rahmen dieser Betrachtung mit Stahlbetonbauteilen gleichgesetzt werden können. In der Gesamtbilanz der verbauten Materialien nimmt *Beton* mit ca. 7,38 Mrd. t. einen Anteil an der Gesamtmasse von etwa 43 % ein (Kummert, 2024, S. 35–39). Demnach stellt die Wiederverwendung gebrauchter Stahlbetonbauteile massenmäßig ein sehr hohes, unausgeschöpftes Potenzial dar.

Das größte Potenzial nützt allerdings nichts, wenn grundlegende Prozesse und Strukturen fehlen, um es auszuschöpfen. Es stellt sich daher die Frage, unter welchen Voraussetzungen die Umsetzung des *Pre-Use*-Ansatzes erfolgen kann und wie gebrauchte tragende Bauteile konkret im Tragwerksentwurf berücksichtigt werden können. Dazu werden im Folgenden die planerischen Rahmenbedingungen der Umsetzung beleuchtet.

4 Umsetzung des *Pre-Use*-Ansatzes in der Tragwerksplanung

Auch wenn nicht sofort ersichtlich, so ändern sich mit dem Einsatz gebrauchter tragender Bauteile die – der Ausführung vorgelagerten – planerischen Rahmenbedingungen grundlegend. Denn die derzeitige Planungspraxis ist auf den Einsatz von Primärressourcen ausgelegt: sämtliche Prozesse und Rahmenbedingungen liegen dem Prinzip der Linearwirtschaft zugrunde. Damit dementgegen Strategien und Konzepte zur Implementierung von wiedergewonnenen Bauteilen in Projekten entwickelt werden können, muss zunächst ein allgemeines Verständnis darüber geschaffen werden, welche Auswirkungen die Umsetzung des vorgestellten *Pre-Use*-Ansatzes auf die Planungspraxis überhaupt hat. Es gilt also zu klären, welche Rahmenbedingungen bei der Wiederverwendung berücksichtigt werden müssen und inwieweit sich die erforderliche Herangehensweise an Planungen von Re-Use-Projekten verändert.

Dazu wird nachfolgend zunächst die veränderte Rechtslage der Wiederverwendung tragender Bauteile thematisiert und die Konsequenz für die Umsetzung des *Pre-Use*-Ansatzes erläutert. Doch nicht nur die rechtlichen Aspekte unterscheiden sich vom Planen und Bauen mit neu hergestellten Produkten. Auch im Umfang von Planungsleistungen sind Veränderungen zu verzeichnen. So ergeben sich aus der Anwendung des *Pre-Use*-Ansatzes neue Aufgaben und zusätzliche Leistungen, die bei der Planung und Ausführung von Re-Use-Projekten berücksichtigt werden müssen. Darüber hinaus erfordert der Einsatz von wiedergewonnenen Bauteilen schließlich eine Umstrukturierung der herkömmlichen linearen Planungsprozesse. Die Notwendigkeit ergibt sich dabei sowohl aus der in Kap. 2 thematisierten neuen Entwurfsaufgabe als auch aus den zusätzlichen Planungsleistungen.

Rechtslage zur Wiederverwendung tragender Bauteile

Soll ein Bauprodukt oder ein Bauteil wiederverwendet werden, stellt vor allem die geltende Rechtslage eine Herausforderung dar. Denn anders als bei der Verwendung neu hergestellter Produkte ist der Einsatz von gebrauchten Bauelementen nicht explizit geregelt und die Rechtslage dadurch uneindeutig. Inwiefern sich dahingehend der Umgang mit gebrauchten Bauteilen von neu hergestellten unterscheidet, lässt sich am besten anhand einer Betrachtung des *Lebenswegs* von Bauprodukten darstellen (Abb. 4).

Im Zuge seiner Herstellung erhält ein Bauprodukt eine erste Zweckbestimmung (s. Abb. 4 oben links). Die Verwendbarkeit des Produkts für den vorgesehenen Einsatzzweck wird dabei durch einen *baurechtlichen Nachweis*[8] bestätigt. Mit dem Nutzungsende und Abbruch eines Gebäudes erreichen Bauprodukte formal das Ende ihrer Verwendung und verlieren dabei i. d. R. ihren *Produktstatus*, sodass sie als Abfall eingestuft werden und somit dem Abfallrecht unterliegen. Wie bereits zu Beginn dieses Beitrags erwähnt, gelten nach § 3 KrWG Stoffe oder Gegenstände, „deren sich ihr Besitzer entledigt, entledigen will oder entledigen muss" (§ 3 Abs. 1 Satz 1 KrWG) als Abfall.

Für eine Wiederverwendung müssen gebrauchte Bauprodukte nun zunächst das Ende der *Abfalleigenschaft* erreichen, damit diese anschließend wieder in den Bereich des Produktrechts überführt werden können (§ 5 KrWG). Hierfür muss ein Produkt ein Ver-

---

[8] Bauprodukte unterliegen nach *Musterbauordnung (MBO)* einem *Verwendungsverbot mit Erlaubnisvorbehalt*; für den Einsatz eines Bauproduktes ist daher stets ein baurechtlicher Nachweis erforderlich, der die Verwendbarkeit bestätigt. Auf europäischer Ebene zugelassene Bauprodukte sind dabei nach § 16c MBO grundsätzlich verwendbar, wenn die erklärten Leistungen (durch eine CE-Kennzeichnung belegt) den Anforderungen an das Bauvorhaben entsprechen (§ 16c MBO; DiBt, 2021, S. 3–5; EU-BauPVO). Bauprodukte ohne CE-Kennzeichnung dürfen verwendet werden, sofern sie einer *Technischen Baubestimmung (MVV TB* oder *VV TB)* oder einer allgemein anerkannten Regel der Technik entsprechen. Treffen die oben genannten Nachweise auf ein Bauprodukt nicht zu, ist ein Verwendbarkeitsnachweis in Form einer *Allgemeinen bauaufsichtlichen Zulassung (abZ)*, einem *Allgemeinen bauaufsichtlichen Prüfzeugnis (abP)* oder einer *Zustimmung im Einzelfall (ZiE)* bzw. *vorhabenbezogene Bauartgenehmigung (vBG)* zu erbringen (§ 16a, § 18, § 20 MBO; DiBt, 2019, S. 1).

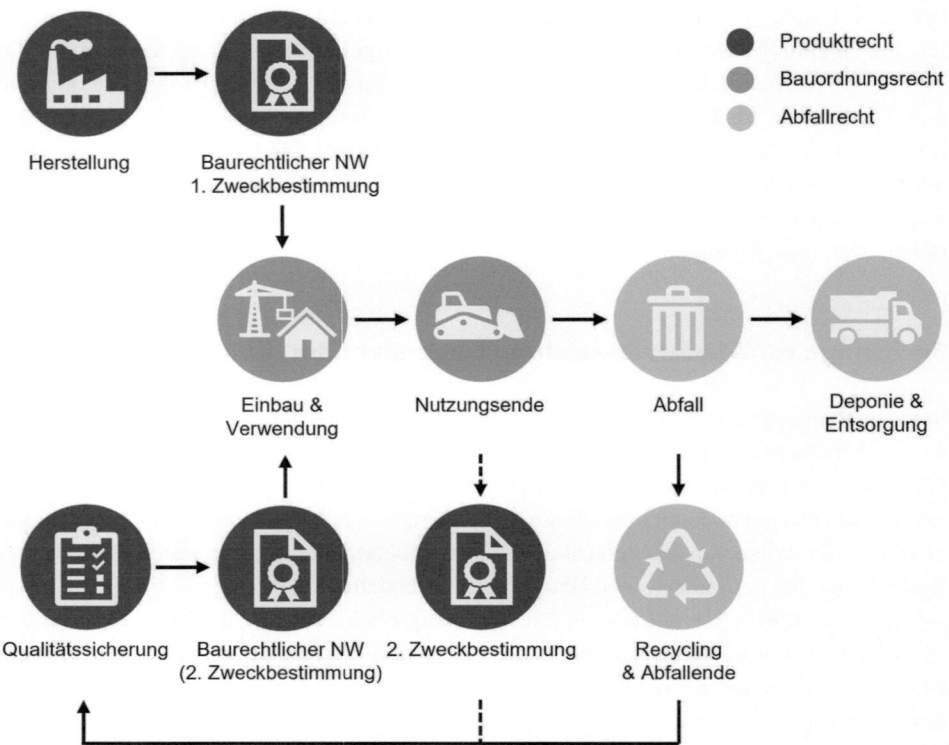

Abb. 4 Prozess zur Wiederverwendung von gebrauchten Bauprodukten unter Berücksichtigung rechtlicher Vorschriften. (Eigene Darstellung in Anlehnung an Halstenberg & Franßen, 2022, S. 20)

wertungsverfahren durchlaufen und alle technischen Anforderungen, Rechtsvorschriften und anwendbaren Normen für Erzeugnisse erfüllen. Wie in Abb. 4 zu erkennen, kann das Abfallrecht aber auch umgangen werden: Damit ein Bauprodukt erst gar nicht als Abfall eingestuft wird, ist der Erhalt des Produktstatus durch Zuweisung einer zweiten Zweckbestimmung vor oder unmittelbar nach Ausbau des Bauprodukts erforderlich.

Unabhängig davon, ob ein Produkt einmal dem Abfallrecht zugeordnet wurde oder nicht, verlieren Bauprodukte im Zuge eines Rückbaus i. d. R. ihre bauaufsichtliche Zulassung. Ohne baurechtlichen Nachweis der Eignung eines Bauprodukts ist eine Verwendung nach MBO aber nicht möglich. Damit ein gebrauchtes Bauprodukt wiederverwendet werden kann, ist nach § 20 MBO ein Verwendbarkeitsnachweis in Form einer *Zustimmung im Einzelfall (ZiE)* erforderlich (§ 20 MBO). Dazu sind die Eigenschaften eines Bauprodukts im Rahmen einer Qualitätssicherung festzustellen und i. d. R. gutachterlich zu belegen. Somit ist die Erlangung einer ZiE oftmals mit einem hohen zeitlichen und finanziellen Aufwand verbunden (DIBt, 2024, S. 2).

Es zeigt sich, dass eine rechtssichere Wiederverwendung von Bauteilen zwar möglich ist, die komplexen Zusammenhänge verschiedener Rechtsbereiche aber stets beachtet werden müssen. Weiterhin wird der erneute Einsatz eines Bauprodukts durch die Vielzahl zu erfüllender Anforderungen erschwert. Doch nicht nur die Regulatorik, die sich aus der Rechtslage für die Verwendung gebrauchter Bauprodukte ergibt, stellt einen neuen Prozess dar, auch verändern sich Entwurfsaufgaben.

Integration von zusätzlichen Leistungen in den Planungsprozess

Neben der Beachtung der veränderten Rechtslage sowie der erforderlichen Anpassung der grundlegenden Entwurfsaufgabe ist für die Umsetzung des *Pre-Use*-Ansatzes die Integration von zusätzlichen Leistungen in Planungsprozesse notwendig. Denn im Vergleich zum Planen und Bauen mit neu hergestellten Bauprodukten bzw. Bauteilen entstehen im Zuge der Wiederverwendung Aufgaben, die bislang nicht berücksichtigt werden mussten.

Da im Bauwesen zu erbringende Leistungen i. d. R. nach *Leistungsphasen (LP)* gemäß des Regelwerks *Honorarordnung für Architekten und Ingenieure (HOAI)* strukturiert und abgerechnet werden, sind Modifikationen in einigen der insgesamt neun Phasen vorzunehmen, um die zusätzlich entstehenden Aufgaben berücksichtigen und vergüten zu können. Dafür müssen die Leistungsbilder der jeweiligen Phasen um neue Aspekte ergänzt und teilweise hinsichtlich bestehender Leistungen modifiziert werden. Eine Auflistung und Zuordnung der zusätzlich anfallenden, übergeordneten Aufgabenfeldern zu den jeweiligen LP kann Abb. 5 entnommen werden. Dargestellt sind sowohl Leistungen, die der Planung zuzuordnen sind als auch Aufgaben, die physisch ausgeführt werden müssen. In welchen Zuständigkeits- bzw. Verantwortungsbereich der Fachplaner*innen die jeweiligen zusätzlichen Leistungen fallen, ist teilweise noch offen und bestenfalls im Zuge einer praktischen Umsetzung konkret zu definieren. Denkbar ist auch, dass Leistungen bisher unberücksichtigten Disziplinen, wie bspw. Rückbauunternehmen, zugeschrieben werden.

Ergänzend zu den zusätzlichen Leistungen (dunkelgrün gekennzeichnet), sind in hellgrün gegenüber der HOAI veränderte Planungsleistungen dargestellt. In Abb. 5 wird ersichtlich, dass vorrangig in den frühen LPs nach HOAI (LP1 bis LP5) zusätzliche Leistungen anfallen. Dabei fällt auf, dass diese nicht einer bestimmten Leistungsphase zuzuordnen sind, sondern über mehrere Phasen hinweg erbracht werden können. Die Schraffuren stellen diesbezüglich mögliche Verlängerungen einzelner Aufgaben dar, die je nach Projektkontext wahrgenommen werden können.

Als wesentliche neue Aufgaben bei Planungen mit gebrauchten tragenden Bauteilen sind zunächst die Suche und Identifikation sowie der damit einhergehende Erwerb von verfügbaren und für eine Wiederverwendung geeigneten[9] Bauteilen zu nennen.

---

[9] Zur Feststellung der Eignung eines gebrauchten Bauteils für einen erneuten Einsatz müssen mehrere Aspekte untersucht und verschiedene Kriterien erfüllt werden. Diesbezüglich sind insbesondere der Bauteilzustand, die Demontierbarkeit von Bauteilen im Quellgebäude, die mechanischen und bauphysikalischen Eigenschaften sowie die chemischen Belastungen zu überprüfen.

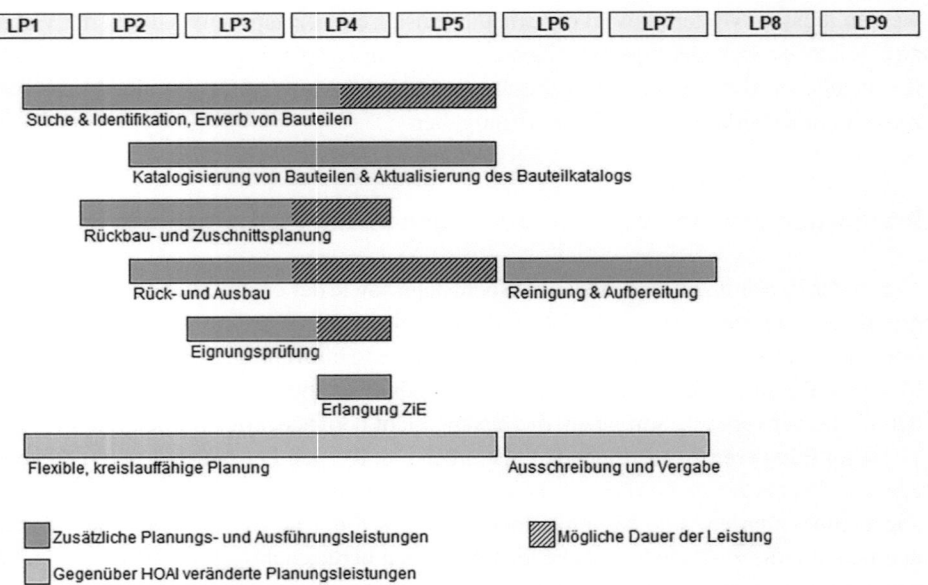

Abb. 5 Für eine Wiederverwendung notwendige zusätzliche Planungs- und Ausführungsleistungen im Kontext der HOAI-Leistungsphasen sowie gegenüber der HOAI veränderte Planungsleistungen. (Eigene Darstellung)

Eine solche Suche umfasst sowohl ganze *Quellgebäude*,[10] als auch einzelne Bauprodukte und Bauteile, die im Zuge von Rückbauvorhaben oder über öffentliche, digitale Bauteilbörsen und -kataloge angeboten werden. Das Angebot gebrauchter Elemente bedingt dabei sowohl die Auswahl an unterschiedlichen Bauteilen als auch den erforderlichen Zeitaufwand der Suche. Dementsprechend muss die Leistung der Bauteilsuche bereits zu Beginn der Projektentwicklung erfolgen und phasenübergreifend während der gesamten Planung erbracht werden. Dabei ist es denkbar, dass die Leistungserbringung mitunter bis zum Ende der tatsächlichen Objektplanung, also bis zur LP 5, andauert.

Einhergehend mit der Suche müssen die gefundenen Bauteile katalogisiert und der damit entstehende Bauteilkatalog kontinuierlich gepflegt werden. Dabei kann bestenfalls eine digitale Katalogisierung des Material- und Bauteilbestands – sowohl mithilfe von 3D-Modellierungen unter Anwendung der BIM-Methode als auch anhand von 3D-Scans[11] erfolgen. Denkbar wäre es, grafische Benutzeroberflächen von Bauteilkatalogen, ähnlich wie bei BIM – wo Beschreibungen bzw. Attribuierungen von Bauelementen anhand der Zuordnung von Parametern vorgenommen werden –, aufzubauen.

Die Pflege eines Katalogs selbst bezieht sich insbesondere auf Ergänzungen um zusätzliche Bauteilinformationen, wie Dimension, Materialität und Eigenschaften. Dabei ist

---

[10] Der Begriff *Quellgebäude* bezeichnet im Kontext der Wiederverwendung im Bausektor ein oder mehrere Bestandsgebäude aus denen Bauteile für eine Wiederverwendung gewonnen werden können.

[11] 3D-Scans werden im Beitrag von Julia Thiel über Umnutzungen von Gebäuden beschrieben.

stets auf eine detaillierte Dokumentation zu achten, da aktualisierte Bauteilkataloge als Grundlage der gesamten Objektplanung dienen. Dies ermöglicht es Tragwerksplaner*innen verfügbare Bauteile ausgehend von den dokumentierten Informationen bestmöglich im Entwurf zu integrieren. Näheres dazu wird im nachfolgenden Abschnitt erläutert.

Sobald gebrauchte Bauteile gefunden wurden, muss im Rahmen einer Rückbauplanung von Quellgebäuden bzw. einer Zuschnittsplanung einzelner Bauteile (in Abb. 5 dunkelgrün hinterlegt) zunächst die Zugänglichkeit und Demontierbarkeit festgestellt werden. Die Rückbaufähigkeit einer Gebäudekonstruktion korreliert dabei vor allem mit der angewandten Bauweise. So ist Expert*innen zufolge ein schadensfreier Rückbau von Bauwerken, die überwiegend nach 1940 errichtet wurden, aus technischer Sicht mit größeren Schwierigkeiten verbunden (Dechantsreiter et al., 2015, S. 75). Denn die heutzutage gängigen Bauweisen zeichnen sich oftmals durch einen starken, irreversiblen Verbund der jeweiligen Bauteile wie z. B. Stahlbetonverbindungen, aus. Neben der Einbausituation eines Bauteils und der Ausführung seiner Verbindungen, sind auch die Dimensionen (Abmessungen, Geometrie, Gewicht) sowie die Möglichkeit der Stabilitätssicherung von Gebäuden während und nach einer Demontage ausschlaggebend dafür, ob sich ein Bauteil für eine Wiederverwendung eignet (Dechantsreiter et al., 2015, S. 82).

Da ein zerstörungsfreier Ausbau gebrauchter Bauteile einen strukturierten Ablauf und technisches Know-how erfordert, ist ein Ausbau- bzw. Rückbaukonzept zu erstellen (Dechantsreiter et al., 2015, S. 103, 165, 178). Darin sind insbesondere die Menge bzw. Anzahl der zu demontierenden Bauelemente einschließlich ihrer Verortung festzuhalten. Weiterhin sollten Informationen bzgl. Demontagereihenfolgen, vorgesehene Rückbaumethoden, weitere Aspekte zu Besonderheiten des Objekts, Kennzeichnungen für wieder-/ weiterzuverwendende Bauteile sowie Schutzmaßnahmen enthalten sein (Dechantsreiter et al., 2015, S. 178; Müller & Moser, 2022, S. 44).

Im Anschluss an den Rückbau von Quellgebäuden bzw. dem Ausbau einzelner Bauteile müssen diese bis zu ihrem Wiedereinsatz im geplanten Bauvorhaben gelagert werden. Transport- und Logistikplanungen sind zwar auch Bestandteil linearer Planungsprozesse, diesen Aufgaben kommt bei Anwendung des *Pre-Use*-Ansatzes allerdings eine größere Bedeutung zu, weil sie in erhöhtem Umfang vorgenommen werden müssen. Transporte begrenzen zudem die maximalen Dimensionen rückgebauter Bauteile, was sich wiederum auf die Einsatzplanung im Objektentwurf auswirkt. Hinsichtlich Lagerungen sind Faktoren wie geografische Lage, Art und Dimensionen der Materialien sowie deren Lagerzeit zu beachten. Gengnagel und Henschel (2023) zufolge sollten dabei auch spätere Einbaureihenfolgen mitgedacht werden (Gengnagel & Henschel, 2023, S. 146), um effiziente Ausführungsprozesse zu ermöglichen.

Damit wiedergewonnene, tragende Bauteile aber überhaupt in Tragwerksentwürfen berücksichtigt werden können, müssen vor allem die mechanischen Eigenschaften der Baustoffe bekannt sein, da Kenntnisse über das spezifische Materialverhalten eine grundlegende Voraussetzung für die Planung und den erneuten Einsatz von gebrauchten tragenden Bauteilen für lastabtragende Zwecke sind (John & Stark, 2021, S. 37). Somit ist die Leistung der Feststellung aller relevanten Materialkennwerte von erheblicher Bedeutung. Die mechanischen Eigenschaften und Kennwerte sind dabei anhand der Durchführung von verschiedenen Bauteilprüfungen zu ermitteln (Devènes et al., 2022, S. 1861–1863; Addis, 2006, S. 87–132; John & Stark, 2021, S. 82). Diesbezüglich sind Prüfschemata als Grundlage für die Durchführung von entsprechenden Bauteiluntersuchungen erforderlich. Auf Grundlage der Ergebnisse von Bauteilprüfungen ist schließlich eine Zustimmung im Einzelfall für die wiedergewonnenen Bauteile zu erwirken (vgl. vorherigen Abschnitt zur Rechtslage).

Letztlich sind vor Einbau wiedergewonnener Bauteile ggf. Reinigungen bzw. Aufbereitungen erforderlich, wobei letztere in nahezu allen Anwendungsfällen auftreten. Denn oftmals werden Beschichtungen, bspw. für den Korrosions- oder Brandschutz, im Zuge von De- bzw. Remontagen zerstört. Auch kann es sein, dass Beschichtungen den geltenden Anforderungen nicht mehr entsprechen und für eine Wiederverwendung erneuert bzw. angepasst werden müssen.

Über die LP2 bis LP5 hinweg ist die Planung mit gebrauchten tragenden Bauteilen als veränderte Leistung dargestellt (Abb. 5). Dies begründet sich in der veränderten Entwurfsaufgabe, die in Kap. 2 thematisiert wurde, sowie den komplexeren Anforderungen an die interdisziplinäre Zusammenarbeit von Fachplaner*innen (siehe nachfolgenden Abschnitt). Nicht zu vernachlässigen ist in diesem Zusammenhang aber auch, dass beim Planen und Bauen mit gebrauchten Bauteilen neu zu entwickelnde Detaillösungen erforderlich sind. Die daraus resultierende Komplexität der Wiederverwendung kann zu einem erhöhten Aufwand führen.

Umstrukturierung des herkömmlichen linearen Planungsprozesses

Im vorangegangenen Abschnitt wurde erläutert, dass aus der Anwendung des *Pre-Use*-Ansatzes verschiedene zusätzlich zu erbringende Planungsleistungen hervorgehen, die in dem derzeitigen, linearen Planungsprozess nach HOAI nicht vorhanden und demzufolge einzugliedern sind. Neben der Berücksichtigung zusätzlicher Leistungen müssen aber auch bestehende Prozesse des Objektentwurfs und insbesondere die Reihenfolge der betroffenen Planungsleistungen angepasst werden.

Die Notwendigkeit einer solchen Umstrukturierung zeigt sich bei genauerer Betrachtung des planerischen Vorgehens. Denn beim derzeit angewandten Planungsprozess wird zunächst ein Entwurfskonzept von Objektplaner*innen erstellt, woraufhin Tragwerksplanende durch Auswahl geeigneter Systeme und Materialien das statisch-konstruktive Konzept des Tragwerks entwickeln. Bei diesem Prozess erfolgt zunächst eine grobe Vordimensionierung eines Tragwerks. Die Materialität und die damit verbundenen Eigenschaften sowie die genauen Materialkennwerte der einzelnen Bauteile stehen zu diesem Zeitpunkt i. d. R. noch nicht fest. Spezifische Eigenschaften werden erst mit zunehmender Planungstiefe im Rahmen der Bemessung des Tragwerks ermittelt und die einzelnen Bauteile anhand dieser Berechnungen dimensioniert.

Für das Planen mit gebrauchten Bauteilen funktioniert dieser Prozess jedoch nicht, da die verfügbaren Bauteile einschließlich ihrer Materialkennwerte bereits existieren. Wie Gorgolewski bereits 2008 in einem Artikel zur Planung mit wiedergewonnenen Bauelementen feststellte, muss die Planungsabfolge *Planung-Bemessung-Dimensionierung* stattdessen umgedreht werden (Gorgolewski, 2008, S. 183–185). Allerdings findet eine Dimensionierung gar nicht statt, weil sich die jeweilige Dimension und Materialgüte aus den gegebenen geometrischen und mechanischen Kennwerten der einzelnen Bauteile ergeben. Weiterhin basiert eine Bemessung auf einem Entwurf und kann daher nicht ohne eine vorangegangene Planung erfolgen. Als Konsequenz müssen Entwurfsplanung und -bemessung in einem iterativen Prozess mit mehreren Schritten erfolgen. Der notwendige Prozess resultiert wiederum darin, dass einige Leistungen phasenübergreifend ausgeführt bzw. teilweise aus späteren LPs vorgezogen oder nachgesteuert werden müssen. So zeichnet sich eine Planung mit wiedergewonnenen tragenden Bauteilen durch ein iteratives Vorgehen der Neubauplanung ab, welches sich von LP3 bis LP5 erstreckt (Abb. 6). Je nach Projekt kann der iterative Prozess bereits in LP2 beginnen.

Für die Entwurfsplanung selbst ergibt sich ebenfalls ein verändertes Vorgehen, das aus dem notwendigen iterativen Prozess resultiert. Zur besseren Veranschaulichung wird dazu ein Szenario betrachtet, bei dem gebrauchte tragende Bauteile über Bauteilbörsen und -kataloge oder im Zuge von Rückbauvorhaben erworben werden. Der Rückbau von Quellgebäuden ist somit nicht Teil der Planungsleistungen.

Die Ausgangslage des Iterationsprozesses stellt ein grobes Entwurfskonzept dar (Abb. 7). Wie beim konventionellen Vorgehen wird dieses im Rahmen der LP1 und LP2 entwickelt. Im ersten Iterationsschritt erfolgen dann durch die Tragwerksplanung erste Einschätzungen bzgl. des statischen Konzepts und der hierfür benötigten gebrauchten Bauteile. Dabei ist die Wahrscheinlichkeit geeignete Bauteile zu finden bei Einplanung von Elementen mit gängigen Längen und Profilen bzw. Querschnitten prinzipiell höher (Kummert, 2024, S. 69). Anhand einer mit dieser Wahl einhergehenden Vordimensionierung sind relevante Planungsparameter festzulegen und ggf. bereits Anpassungen des architektonischen Entwurfs vorzunehmen.

Wie im Rahmen der Ausführungen zur Integration von zusätzlichen Leistungen in den Planungsprozess bereits erläutert, erfolgt die Bauteilsuche und Katalogisierung während des gesamten iterativen Planungsprozesses. Ab dem zweiten Iterationsschritt sollten Anpassungen des Entwurfs unter Berücksichtigung der katalogisierten Bauteile und im Zuge

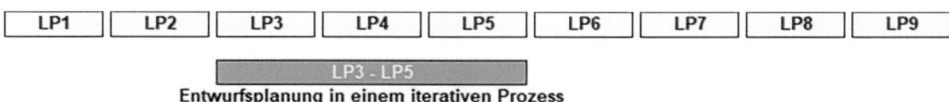

Abb. 6 Anpassung des herkömmlichen, linearen Planungsprozesses zu einem iterativen Prozess. (Eigene Darstellung)

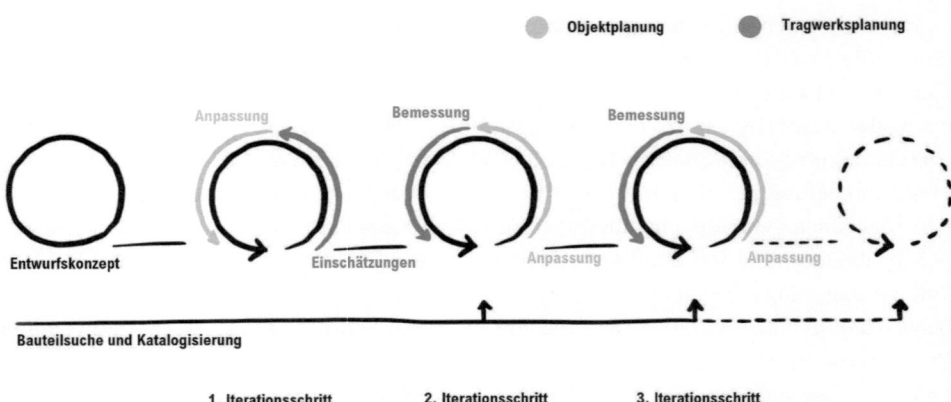

Abb. 7 Iterationsprozess einer Entwurfsplanung mit wiedergewonnenen tragenden Bauteilen. (Eigene Darstellung)

dessen erste Bemessungen des Tragwerks vorgenommen werden. Dazu sind, je nachdem, ob die Prüfung der gebrauchten tragenden Bauteile bereits erfolgt ist, entweder Annahmen der Materialkennwerte oder die tatsächlichen Prüfergebnisse heranzuziehen. Um plausible Annahmen für Materialparameter treffen zu können ist ein tragwerksplanerisches Verständnis der Fachplaner*innen erforderlich.

In jedem weiteren Iterationsschritt werden die angepassten Entwürfe erneut bemessen, sodass das Objektdesign durch stetige Optimierungen sowohl hinsichtlich der Entwurfsplanung als auch der Bemessung des Tragwerks konkretisiert wird. Die Anzahl an erforderlichen Iterationsschritten variiert dabei je nach Projekt und hängt u. a. von den Erfahrungen beteiligter Fachplaner*innen ab. Ein flexibler Entwurf, bei dem auch im fortgeschrittenen Planungsprozess größere Anpassungen, z. B. in Bezug auf Spannweiten, Grundrisse oder Bauteileinsätze, vorgenommen werden können, vereinfacht diesen iterativen Prozess (Kummert, 2024, S. 70).

Die vorangegangenen Betrachtungen zeigen, dass die Wiederverwendung gebrauchter tragender Bauteile gegenüber der konventionellen Planung nicht nur veränderte Prozesse bedingt, sondern generell mit einer erhöhten Komplexität assoziiert werden kann. Daher ist es für eine Etablierung des *Pre-Use*-Ansatzes essenziell, die vorhandenen Prozesse durch Einsatz digitaler Werkzeuge und Maschinenintelligenz zu vereinfachen.

5 Optimierung der Planung mit wiedergewonnenen Bauteilen durch Einsatz von Software und Maschinenintelligenz

Der im vorangegangenen Kapitel erläuterte Iterationsprozess einer Entwurfsplanung kann durch Einsatz von Software und Maschinenintelligenz unterstützt und optimiert werden. Um die Planung mit dem Inventar oftmals vieler verschiedener, gebrauchter Bauteile zu erleichtern, eignet sich vor allem die Implementierung automatisierter Prozesse. Konkret empfehlen hier Hauke et al. (2022) den Einsatz von Algorithmen, die eine effiziente Zuordnung verfügbarer Bauteile in neue Strukturen und Tragwerke ermöglichen können (Hauke et al., 2022, S. 159).

Die oftmals im Rahmen von Forschungsarbeiten entwickelten Algorithmen beschränken sich nach dem aktuellen Stand der Wissenschaft vorrangig auf die Betrachtung von stabförmigen Bauteilen, also z. B. Stützen oder Träger aus Stahl oder Holz. Dabei variieren die Algorithmen insbesondere hinsichtlich der Einsatzmöglichkeiten sowie ihrer Funktionsweise und Komplexität. Dies lässt sich nicht zuletzt mit den sehr spezifischen Anwendungsfällen, für die sie generiert werden, begründen.

Während bei einigen der bereits entwickelten Algorithmen lediglich eine eins-zu-eins-Zuordnung – d. h. eine Einplanung von Bauteilen anhand ihrer Dimensionen – erfolgt (Huang et al., 2021, S. 459), wird bei anderen zusätzlich eine Zuschnittsoptimierung der Elemente vorgenommen (Bukauskas et al., 2017, S. 2–5; Haakonsen et al., 2024, S. 13). Vor dem Hintergrund tragwerksspezifischer und geometrischer Anforderungen bewerten entsprechende Algorithmen demnach, wie die verfügbaren Bauteile am besten in neue Tragkonstruktionen integriert werden können (Huang et al., 2021, S. 461–462).

Es existieren diverse Arten von Algorithmen, die zwar alle ähnliche Zuordnungsprobleme adressieren, allerdings unterschiedlich komplex und damit auch unterschiedlich gut für verschiedene Aufgaben geeignet sind. Hinsichtlich der Arten lässt sich grob zwischen einer schrittweisen und einer gesamtheitlichen Zuordnung differenzieren. Unabhängig von der Art eines verwendeten Algorithmus, stellt oftmals ein katalogisiertes Inventar der verfügbaren gebrauchten Bauteile die Eingabe in eine Software, den sog. *Input*, dar. Weiterhin ist die Vorgabe der Tragwerksgeometrie einer neuen Konstruktion erforderlich, damit automatisierte Zuordnungen von Bauteilen zu einer entworfenen bzw. geplanten Gebäudegeometrie erfolgen können (Bukauskas et al., 2017, S. 7–9; Huang et al., 2021, S. 460–463).

Algorithmen, die eine schrittweise Zuordnung wiedergewonnener Bauteile generieren, ermitteln in jedem Zuordnungsschritt das lokale Optimum. Das heißt, es wird zuerst eine optimale Zuordnung anhand vorhandener geometrischer Elementparameter vorgenommen. In einem zweiten Schritt erfolgt dann die Untersuchung und Zuordnung mithilfe von Materialparametern, die für Bemessungen des Tragwerks relevant sind. Entsprechende Algorithmen sind aufgrund der schrittweisen Lösung des Zuordnungsproblems zwar weniger komplex – und daher einfacher zu implementieren –, sie führen aber nicht zwangsläufig zur optimalen Lösung (Huang et al., 2021, S. 465). Bspw. könnte ein Bauteil – wenn neben den einzelnen Kriterien auch das Zusammenspiel dieser berücksichtigt wird – einer anderen Position im Tragwerk zugeordnet werden als bei schrittweisen Algorithmen. Um für spezifische Designanforderungen nun global optimale Zuordnungen verfügbarer Bauteile generieren zu können, bedarf es stattdessen Algorithmen, die komplexe Zuordnungsprobleme gesamtheitlich lösen können.

Mithilfe sogenannter Matching- oder Anpassungsalgorithmen kann eine global optimierte Zuordnung von gebrauchten Bauteilen eines digitalen Bauteilinventars zu den Positionen eines Tragwerksentwurfs erfolgen (Bukauskas et al., 2017, S. 9; Huang et al., 2021,

S. 465). Dazu wird eine Matrix generiert, die alle möglichen Zuordnungskombinationen der verfügbaren Bauteile und Positionen im Neubau enthält. Bestenfalls sollten hierfür neben der Geometrie der Bauteile auch ihre mechanischen Eigenschaften berücksichtigt werden. Die Matrix dient als Grundlage für den Algorithmus und liefert die global optimale Übereinstimmung. Dazu ist eine spezifische Zielsetzung, wie bspw. die Minimierung von Kosten oder die Maximierung der Ausnutzung, notwendig, damit das Optimum definiert werden kann (Huang et al., 2021, S. 465).

Manche Anpassungsalgorithmen können sogar während des gesamten Entwurfsprozesses statisch analysierbare Tragwerke generieren. Damit erfolgt die Zuordnung basierend auf dem erforderlichen Traglastvermögen an den entsprechenden Positionen (Bukauskas et al., 2017, S. 2). Ist ein Algorithmus nicht dahingehend programmiert, muss die Durchführung statischer Analysen mit *Finite-Elemente Methoden (FEM)*[12] zur Überprüfung der Tragfähigkeit und Sicherheit der neu generierten Konstruktion in einem zweiten Schritt erfolgen.

Eine zusätzliche Optimierung einer Entwurfsgeometrie konnten Brütting et al. (2019) durch Entwicklung eines Algorithmus zum Entwurf von Fachwerktragwerken mit dem *Mixed Interger Linear Programming (MILP),* erreichen (Brütting et al., 2019, S. 6). Bei dieser Methode erfolgen die Zuordnungsoptimierung und Analyse des Tragwerks simultan. Dazu wird das bereits beschriebene Zuordnungsproblem in die Formulierung der Tragwerksoptimierung integriert und Design- und Bemessungsvariablen werden zeitgleich betrachtet (Brütting et al., 2020, S. 12–14). Als Ausgangslage dient ebenfalls ein Inventar an verfügbaren Bauteilen sowie eine Grundstruktur, die verschiedene Anordnungen zulässt. In einem zweiten Schritt werden die Positionen aller Knoten anhand eines iterativen Prozesses variiert bis jeweils ein lokales Optimum der geometrischen Struktur erreicht ist (Brütting et al., 2020, S. 6).

Damit die hier skizzierten Algorithmen als Entwurfswerkzeuge eingesetzt werden können, müssen diese oftmals in bestehende Planungs- bzw. Entwurfstools wie bspw. das *Grashopper-Plug-In* der Software *Rhino*, implementiert werden. Solche Anwendungen ermöglichen es, Strukturen zu modellieren, die direkt auf die definierten Parameter der gebrauchten Bauteile reagieren können (Huang et al., 2021, S. 462–463; Haakonsen et al., 2024, S. 26–29). Dadurch lassen sich komplexe geometrische Operationen durch parametrische Skripts automatisieren sowie schnelle Iterationen und Anpassungen von Designs ermöglichen (Huang et al., 2021, S. 463–465).

Algorithmen und Softwareanwendungen, die der Optimierung von Planungen mit gebrauchten tragenden Bauteilen dienen, werden vorrangig im Rahmen von Forschungsarbeiten entwickelt. Diese Tatsache korreliert mit der begrenzten Anzahl an bereits realisierten praktischen Beispielen. Dennoch deutet die steigende Zahl von Forschungsprojekten und Entwicklungen in diesem Bereich auf die Aktualität und das Potenzial der

---

[12] Unter der *Finiten Elemente Methode* ist ein numerisches Verfahren zu verstehen, bei dem Bereiche in eine endliche Anzahl von Elementen unterteilt werden, um mithilfe von Algorithmen das Verhalten der einzelnen Teilbereiche berechnen zu können (AGT Akademie, 2024).

Anwendung parametrischer Entwurfsprogramme bzw. computergestützter Optimierungsansätze hin. Durch Einsatz von Maschinenintelligenz bei der Entwicklung und Implementierung entsprechender Algorithmen und Softwares können Planungen mit wiedergewonnenen tragenden Bauteilen zukünftig weiter optimiert werden.

6 Fazit und Ausblick

Vor dem Hintergrund der immer präsenter werdenden Klimakrise und der zunehmenden Ressourcenknappheit gewinnt die Anwendung zirkulärer Konzepte vermehrt an Relevanz. Speziell im Bauwesen, das als einer der größten globalen Ressourcenverbraucher gilt, verschärft sich die Notwendigkeit kreislauffähige Praktiken in die Planungs- und Baupraxis zu implementieren. Eine Maßnahme, mit der sowohl Emissionen als auch Ressourcen eingespart werden können, stellt die Wiederverwendung von Bauprodukten und Bauteilen dar. Insbesondere mit dem Einsatz gebrauchter tragender Bauteile kann eine hohe Ressourcen- und Emissionseffizienz erreicht werden. Doch das Planen und Bauen mit wiedergewonnenen tragenden Bauteilen unterscheidet sich aufgrund von veränderten Rahmenbedingungen und zusätzlichen Leistungen vom konventionellen Planungsprozess mit neu hergestellten Bauteilen stark.

Daher wurde im vorliegenden Beitrag die praxisnahe Umsetzung des sog. *Pre-Use*-Ansatzes der Wiederverwendung beleuchtet und das grundlegende planerische Vorgehen, in den Fokus gerückt. So konnte aufgezeigt werden, dass die Anwendung des Ansatzes eine Umstrukturierung des bestehenden Planungsprozesses nach HOAI erfordert. Statt einer freien Entwurfsplanung geben die Dimensionen und mechanischen Kennwerte der verfügbaren Bauteile die Grenzen eines Entwurfs vor. Somit muss die Entwurfsplanung und -bemessung in einem iterativen Prozess erfolgen, der die Anpassung eines ersten Entwurfskonzepts an die verfügbaren Bauteile ermöglicht. Die größte erforderliche Veränderung gegenüber dem Planungsprozess nach HOAI stellt dabei wohl die phasenübergreifende Ausführung bzw. die Vor- oder Nachlagerung bestimmter Leistungen dar.

Den aufgezeigten Potenzialen und Umsetzungsmöglichkeiten stehen jedoch nach wie vor vielschichtige Herausforderungen gegenüber, die beim Einsatz wiedergewonnener Bauteile berücksichtigt werden müssen. So sind neben den thematisierten rechtlichen und prozessbedingten Veränderungen verschiedene planerische, technische, und gesellschaftliche Herausforderungen zu bewältigen. Eine planerische Hürde stellt bspw. ein potenziell höherer zeitlicher und finanzieller Aufwand dar. Dieser kann unter anderem aufgrund der notwendigen Betrachtung des Rückbaus eines Quellgebäudes und einem damit einhergehenden erhöhten planerischen Aufwand, der wiederum aus einer fehlenden etablierten Planungspraxis mit gebrauchten Bauteilen hervorgeht, resultieren. Neben einem Rückbau trägt insbesondere die Durchführung von Bauteilprüfungen zu höheren Kosten bei. Eine von Küpfer et al. (2023) durchgeführte Untersuchung bereits umgesetzter Bauvorhaben mit gebrauchten Stahlbetonbauteilen zeigt jedoch, dass eine Wiederverwendung nicht zwangsläufig zu höheren Kosten führen muss (Küpfer et al., 2023, S. 18).

Damit sich das Planen und Bauen mit wiedergewonnenen tragenden Bauteilen unabhängig von der Dauer und den Kosten im Bauwesen etablieren kann, müssen – wie in Kap. 4 beschrieben – verschiedene zusätzliche Leistungen in den bestehenden Planungsprozess nach HOAI implementiert werden. Diese beziehen sich nicht ausschließlich auf die Disziplin der Tragwerksplanung, sondern müssen oftmals interdisziplinär erbracht werden oder sie bedürfen einer Einführung neuer Akteur*innen (Gengnagel & Henschel, 2023, S. 77, 85, 102). In diesem Zusammenhang sind unter anderem Rückbauunternehmen oder Prüfinstitutionen zu nennen.

Weiterhin wäre es zielführend Bauteilbörsen und Plattformen zu entwickeln, die Informationen bzgl. anstehender Rückbauvorhaben zur Verfügung zu stellen, damit der *Pre-Use*-Ansatz über erste Pilotprojekte hinaus weiter angewandt werden kann. Denkbar ist in diesem Zusammenhang die Etablierung intelligenter Prozesse, die z. B. eine automatische Registrierung von Abbruchvorhaben in einem zentralen Kataster, z. B. in Form einer digitalen Datenbank, vornehmen, sobald entsprechende Anträge bei Behörden eingehen. Somit wäre es für Planer*innen möglich, eine Wiederverwendung noch verbauter Elemente in Betracht zu ziehen und erforderliche notwendige Schritte rechtzeitig einzuleiten.

Auch in Bezug auf rechtliche Aspekte besteht noch Entwicklungsbedarf. Im vorliegenden Beitrag konnte zwar aufgezeigt werden, dass gebrauchte tragende Bauteile für eine erneute Verwendung im rechtlichen Kontext als solche einsetzbar sind, konkrete gesetzliche Regelungen für wiedergewonnene Bauteile existieren bislang jedoch nicht. So könnte der erneute Einsatz gebrauchter Bauprodukte zukünftig verstärkt in Gesetzen und Verordnungen wie der europäischen Bauproduktenverordnung (EU-BauPVO) berücksichtigt werden, indem bspw. gebrauchte Produkte in bestimmten Fällen ihren Produktstatus behalten oder technische Dokumentationen von Herstellern weiterverwendet werden können.

Perspektivisch ist die Anwendung intelligenter Algorithmen in Verbindung mit digitalen Entwurfstools, wie sie in diesem Beitrag thematisiert wurden, als vielversprechend für eine effiziente Entwurfsplanung mit gebrauchten Bauteilen zu bewerten. Die automatisierte Zuordnung verfügbarer Elemente birgt vor allem in Bezug auf optimale Ausnutzungen – in Abhängigkeit einer definierten Zielsetzung – großes Potenzial. In diesem Kontext sind digitale Attribuierungen bzw. Dokumentationen, aber auch Zuordnungen bzw. Kategorisierungen gebrauchter Bauteile zentrale Voraussetzungen, um bspw. auch intelligente Algorithmen für die komplexen Prozesse, die sich aus den neuen Rahmenbedingungen des *Pre-Use*-Ansatzes ergeben, zu nutzen. Darüber hinaus können mit zunehmender Erforschung des Themenfeldes rund um digitale Planungsprozesse sowie aufgrund der voranschreitenden Entwicklungen von Maschinenintelligenz, zukünftig neue Möglichkeiten einer effizienten und damit auch nachhaltigen Nutzung erschlossen werden.

Mithilfe der im Beitrag aufgezeigten Potenziale kann festgehalten werden, dass ressourcenschonende bzw. nachhaltige Konzepte in Kombination mit digitalen Ansätzen langfristig und vor allem effektiv in die Planungspraxis implementiert werden können. Damit Akteur*innen im Bauwesen gebrauchte tragende Bauteile in Entwurfsprozessen jedoch zukünftig verstärkt berücksichtigen, wird über die Verknüpfung ökologischer und innovativer Praktiken hinaus empfohlen, etablierte Planungsprozesse nach HOAI zu modifizieren, um mit dieser Maßnahme die im Beitrag beschriebenen Ansätze zu fördern bzw. zukunftsfähige und umweltgerechtere Abläufe im Bauwesen zu implementieren.

Obwohl im Zusammenhang mit der Umsetzung einer Kreislaufwirtschaft im Bausektor das Verfolgen beider Ansätze (*Pre-Use-* und *Post-Use-*Ansatz) von essenzieller Bedeutung und unverzichtbar für eine Transformation der Bauwirtschaft ist, sollte der Wiederverwendung tragender Bauteile eine größere Aufmerksamkeit zugeschrieben werden. Denn sowohl das aufgezeigte Potenzial der Emissionseinsparung als auch der Beitrag zur Ressourcenschonung unterstreichen die Bedeutung des *Pre-Use-*Ansatzes im Kontext der voranschreitenden Klimakrise.

Literatur

Addis, B. (2006). *Building with reclaimed components and materials. A design handbook for reuse and recycling*. Earthscan. ISBN:978-1-84407-271-3.

AGT Akademie. (2024). *Finite-Elemente-Methode (FEM)*. https://agt-akademie.de/glossar/finite-elemente-methode-fem/. Zugegriffen am 22.11.2024.

Berg, C. (2022). Abfallvermeidung im Bauwesen – Status quo, Konzepte und digitale Möglichkeiten. In T. Kölzer (Hrsg.), *Nachhaltige und digitale Baukonzepte*. Springer Vieweg. https://doi.org/10.1007/978-3-658-36776-3_8

Brütting, J., Desruelle, J., Senatore, G., & Fivet, C. (2019). Design of Truss Struc-tures Through Reuse. In *Structures, 18*, 128–137. https://doi.org/10.1016/j.istruc.2018.11.006

Brütting, J., Senatore, G., Schevenels, M., & Fivet, C. (2020). Optimum Design of Frame Structures From a Stock of Reclaimed Elements. In *Front Built Environ, 6*, Artikel 57. https://doi.org/10.3389/fbuil.2020.00057

Dechantsreiter, U., Horst, P., Mettke, A., Asmus, S., Schmidt, S., & Knappe, F. (2015). *Instrumente zur Wiederverwendung von Bauteilen und hochwertigen Verwertung von Baustoffen* (Hrsg. v. Umweltbundesamt). Dessau-Roßlau. In Texte 93/2015. ISSN: 1862-4804.

Devènes, J., Brütting, J., Küpfer, C., Bastien-Masse, M., & Fivet, C. (2022). Re:Crete – Reuse of concrete blocks from cast-in-place building to arch footbridge. *Structures, 43*, 1854–1867. https://doi.org/10.1016/j.is-truc.2022.07.012

Destatis (03.06.2024), Abfallaufkommen im Jahr 2022 um 3,0 % geringer als im Vorjahr. Pressemitteilung Nr. 216, https://www.destatis.de/DE/Presse/Pressemitteilungen/2024/06/PD24_216_321.html. Zugegriffen am 12.10.2024.

DGNB. (2024). *Qualitätsstandard für Zirkularitätsindizes für Bauwerke. Grundlegendes Qualitätsverständnis und DGNB Zirkularitätsindex Version 1.0*. https://www.dgnb.de/de/nachhaltiges-bauen/zirkulaeres-bauen/zirkularitaetsindizes-fuer-bauwerke. Zugegriffen am 06.11.2024.

DIBt. (2019). *Die technischen Nachweise für Bauprodukte und Bauarten des Deutschen Instituts für Bautechnik*. https://www.dibt.de/fileadmin/dibt-web-site/Dokumente/Referat/ZD5/Flyer_TechnischeNachweise.pdf. Zugegriffen am 21.11.2024.

DIBt. (2021). *Fragenkatalog zur Bauproduktenverordnung und zur Markt-überwachung. Länderübergreifender Katalog der Marktüberwachungsbehörden der Länder und DIBt*. Deutsches Institut für Bautechnik. https://www.dibt.de/fileadmin/dibt-website/Dokumente/Referat/P3_P6/Mark-tueberwachung_BauPVO_FAQ.pdf. Zugegriffen am 21.11.2024.

DIBt. (2024). *Merkblatt für Zustimmungen im Einzelfall (ZiE) und vorhabenbezogene Bauartgenehmigungen (vBG) für das Land Berlin*. Deutsches Institut für Bautechnik. https://www.dibt.de/fileadmin/dibt-website/Dokumente/Refe-rat/III/Merkblatt_ZiE_vBG.pdf. Zugegriffen am 21.11.2024.

DIN EN 15978:2012-10. (2012) Nachhaltigkeit von Bauwerken – Bewertung der umweltbezogenen Qualität von Gebäuden – Berechnungsmethode (EN 15978:2011).

DIN EN 1992-1-1/NA | 2013-04. Nationaler Anhang – National festgelegte Parameter – Eurocode 2: Bemessung und Konstruktion von Stahlbeton- und Spannbetontragwerken – Teil 1-1: Allgemeine Bemessungsregeln und Regeln für den Hochbau

DIN EN ISO 14001:2015-11. Umweltmanagementsysteme – Anforderungen mit Anleitung zur Anwendung (ISO 14001:2015); Deutsche und Englische Fassung EN ISO 14001:2015

Eklund, M. (2003). The conditions and constraints for using reused materials in building projects vol. 287. https://www.irbnet.de/daten/iconda/CIB875.pdf. Zugegriffen am 21.11.2024.

EU-BauPVO. (2011). Verordnung (EU) Nr. 305/2011 des Europäischen Parlaments und des Rates vom 9. März 2011 zur Festlegung harmonisierter Bedingungen für die Vermarktung von Bauprodukten und zur Aufhebung der Richtlinie 89/106/EWG des Rates. ABl., L 088, 04.04.2011.

Fischer, A., Huber, R. K., Asa, C., & Winter, P. (2012). *Plattenvereinigung Berlin 2010/2011 Abschlussbericht*. Deutsche Bundesstiftung Umwelt. https://www.plattenvereinigung.de/wp-content/uploads/2023/03/plv_abschlussbericht_web_einzelseiten.pdf. Zugegriffen am 21.11.2024.

Gengnagel, C., & Henschel, C. (2023). *Handbuch zur Wiederverwendung von Stahlbetonelementen aus dem Rückbau von Gebäuden* (Hrsg. v. Universität der Künste Berlin). Department for Structural Design and Engineering. https://abbauaufbau.de/wp-content/uploads/2023/11/231101_AbbauAuf-bau_Handbuch_AP3.pdf. Zugegriffen am 21.11.2024.

Gorgolewski, M. (2008). Designing with reused building components: some challenges. In: *Building Research & Information 36*(2), S. 175–188. https://doi.org/10.1080/09613210701559499

Gülck, K. H. (2022). Kreislauffähige Konzepte im Bauwesen – Gebäude als Materialdepots. In: Kölzer, T. (eds) Nachhaltige und digitale Baukonzepte. Springer Vieweg, Wiesbaden. https://doi.org/10.1007/978-3-658-36776-3_2

Haakonsen, S. M., Tomczak, A., Izumi, B., & Luczkowski, M. (2024). Automation of circular design: A timber building case study. In *International Journal of Architectural Computing*, Artikel 14780771241234447. https://doi.org/10.1177/14780771241234447

Halstenberg, M., & Franßen, G. (2022). *Regelwerke des Normungs- und technischen Zulassungswesens anhand des Themenkomplexes Recyclingverfahren und Weiter/Wiederverwendung von Bauprodukten und Baustoffen*. Studie (Hrsg. v. Franßen & Nusser Rechtsanwälte). im Auftrag des Hauptverbands der Deutschen Bauindustrie e. V. https://www.bauindustrie.de/fileadmin/bauindustrie.de/Media/Veroeffentlichungen/Wiederverwendung_Bauprodukte_Roadmap_Studie.pdf. Zugegriffen am 21.11.2024.

Huang, Y., Alkhayat, L., de Wolf, C., & Mueller, C. (Hrsg.). (2021). Algorithmic circular design with reused structural elements: Method and Tool. Conceptual Design of Structures 2021. Schweiz, 16-18.09.2021.

Hauke, B., Kasal, B., Kloft, H., & Tessmann, O. (2022). Perspektiven zirkulären Bauens – Wiederverwendung von tragenden Bauteilen aus Holz, Stahl und Beton. In *Ingenieurbaukunst*. ISBN: 978-3-433-03359-3.

Huuhka, S., Naber, N., Asam, C., & Caldenby, C. (2019). Architectural potential of deconstruction and reuse in declining mass housing estates. *NJAR,* 31. ISSN: 1893–5281.

IEA. (2019). *2019 Global Status Report for Buildings and Construction. Towards a zero-emissions, efficient and resilient buildings and constructi on sector*. United Nations Environment Programme. [Paris], https://globalabc.org/sites/default/files/2020-03/GSR2019.pdf

Institut Bauen und Umwelt e.V. (IBU). (2023). *Kreislaufwirtschaft wird durch neue Öko-bilanzregeln für Re-Use-Produkte greifbar gemacht.* https://ibu-epd.com/kreislaufwirtschaft-wird-durch-neue-oekobilanzregeln-fuer-re-use-pro-dukte-greifbar-gemacht/. Zugegriffen am 07.10.2024.

International fib Symposium Bukauskas, A., Shepherd, P., Walker, P., Sharma, B., & Bregulla, J. (2017). Form-Fitting Strategies for Diversity-Tolerant Design. Hamburg, Deutschland

IPCC. (2021). *Climate change 2021: The physical science basis. Contribution of Working Group I to the Sixth Assessment Report of the Intergovernmental Panel on Climate Change.* University Press. https://doi.org/10.1017/9781009157896

Irion, I., & Sieverts, T. (1984). Göteborg-Lövgärdet: der kurze Lebenszyklus eines neuen Stadtteils. *Bauwelt Stadtbauwelt, 82*, 178–182.

John, V., & Stark, T. (2021). *Wieder- und Weiterverwendung von Baukomponenten (RE-USE). Potenzial zur systematischen Wieder- und Weiter-verwendung von Baukomponenten im regionalen Kontext und Realisierung eines Pilotprojektes.* ISSN: 1868-0097.

Kölzer, T. (2022). Nachhaltige und digitale Konzepte im Bauwesen – komplex, konträr, kompatibel, konstruktiv. In T. Kölzer (Hrsg.), *Nachhaltige und digitale Baukonzepte.* Springer Vieweg. https://doi.org/10.1007/978-3-658-36776-3_1

Kummert, C. (2024). Wiederverwendung von gebrauchten tragenden Bauteilen. Potenziale, Hürden und die Umsetzbarkeit des pre-use-Ansatzes. Hochschule für Forstwirtschaft Rottenburg, Rottenburg am Neckar.

Küpfer, C., Bastien-Masse, M., & Fivet, C. (2023). Reuse of concrete components in new construction projects: Critical review of 77 circular precedents. In *Journal of Cleaner Production, 383*, 135–235. https://doi.org/10.1016/j.jclepro.2022.135235

KrWG. (2012). *Gesetz zur Förderung der Kreislaufwirtschaft und Sicherung der umweltverträglichen Bewirtschaftung von Abfällen (Kreislaufwirtschaftsgesetz).* BGBI. https://www.gesetze-im-internet.de/krwg/KrWG.pdf. Zugegriffen am 25.11.2024.

LETI. (2020). London energy transformation initiative LETI climate emergency design guide. How new buildings can meet UK climate change targets. Jan 2020 edition. https://www.leti.uk/_files/ugd/252d09_3b0f2acf2bb24c019f5ed9173fc5d9f4.pdf. Zugegriffen am 25.11.2024.

MBO. (2002). Musterbauordnung – MBO – Fassung vom November 2002, zuletzt geändert durch Beschluss der Bauministerkonferenz vom 22./23.09.2022.

Mettke, A. (1995). Wiederverwendung von Bauelementen des Fertigteilbaus. Teilw. zugl.: Cottbus, Techn. Univ., Diss. Taunusstein: Blottner (UmweltWissenschaften, 5). ISBN: 3-89367-054-8.

Mettke, A. (2010). *Material- und Produktrecycling – am Beispiel von Plattenbauten. Zusammenfassende Arbeit von 66 eigenen Veröffentlichungen. Habilitationsschrift.* Brandenburgische Technische Universität Cottbus, Cottbus. Fakultät Umweltwissenschaften und Verfahrenstechnik. https://opus4.kobv.de/opus4-btu/frontdoor/index/index/year/2019/docId/4613. Zugegriffen am 25.11.2024.

Mettke, A., Heyn, S., Thomas, C., Asmus, S., et al. (2008). Rückbau industrieller Bausubstanz – Großformatige Betonelemente im ökologischen Kreislauf. gefördert vom BMBF (AFKZ 0339972). Fachgruppe Bau-Recycling. Lehrstuhl Altlasten. Brandenburgische Technische Universität Cottbus. ISBN: 3-9803983-5-8.

Mettke, A., Teuffel, P. (2023). ReCreate – „Reusing precast concrete for a circular economy". „Wiederverwendung von Betonfertigteilen für eine Kreislaufwirtschaft".

Müller, D., & Moser, D. (2022). *Rückbau und Wiederverwendung von Holzbauten* (Hrsg. v. Primin Jung). Im Auftrag des Bundesamtes für Umwelt (BAFU). https://www.leidorf.com/wp-content/uploads/2022/05/R_ckbau_und_Wiederver-wendung_von_Holzbauten_1651460319.pdf. Zugegriffen am 21.11.2024.

Roth, L. (2005). Reuse of construction materials: Environmental performance and assessment methodology. Doktorarbeit. Linköping University, Linköping. ISBN: 91-85297-51-8.

Roth, L., & Eklund, M. (2000). Environmental analysis of reuse of cast-in-situ con-crete in the building sector. *Towards Sustainability in the Built Environment*, 234–243. https://urn.kb.se/resolve?urn=urn:nbn:se:liu:diva-13592. Zugegriffen am 21.11.2024.

Rüter, S. (2013). Der Umweltbeitrag der Holznutzung. In *Informations-dienst Holz*. ISBN: 978-3-86922-369-8. https://informationsdienst-holz.de/ur-baner-holzbau/kapitel-3-zukunftsfaehiger-baustoff/der-umweltbeitrag-der-holznut-zung. Zugegriffen am 07.10.2024.

Stricker, E., Brandi, G., Sonderegger, A., Angst, M., Buser, B., & Massmünster, M. (2021). *Bauteile wiederverwenden. Ein Kompendium zum zirkulären Bauen* (AG; Zürcher Hochschule für Angewandte Wissenschaften). Park Books. ISBN: 978-3-03860-259-0.

Trinkert, A. (2023). Ressourcenschonend seit Jahrzehnten. *Der Zimmermann, 8*, 30–33. https://www.bauenmitholz.de/ressourcenschonend-seit-jahrzehnten-03042024. Zugegriffen am 06.11.2024.

Umnutzungspotenziale bestehender Gebäude auf Basis digitaler Methoden

Julia Thiel

In einer Zeit, in der Ressourcen zunehmend knapper werden und die Klimakrise weiter voranschreitet, gewinnt das Thema Nachhaltigkeit in allen Lebensbereichen an Bedeutung. Besonders in der Baubranche, die maßgeblich zum globalen CO_2-Ausstoß beiträgt, rücken Forderungen nach umweltfreundlicheren und ressourcenschonenderen Lösungen in den Mittelpunkt des öffentlichen Interesses. Dies zeigt sich nicht nur in politischen Diskussionen, sondern auch in der Praxis, wo vermehrt nach Alternativen zum Neubau gesucht wird. Umnutzungen bestehender Gebäude erweisen sich hier als vielversprechende Optionen, da sich nicht nur ökologische, sondern auch ökonomische Vorteile ergeben. Bei genauerer Betrachtung zeigt sich, dass eine Umnutzung eines bestehenden Gebäudes durch bauliche Maßnahmen die ursprüngliche Nutzung verändert und gleichzeitig die Lebenszyklusdauer verlängert. Dafür notwendige Prozesse beinhalten Instandsetzungs-, Modernisierungs- oder Sanierungsmaßnahmen. Durch verschiedene Vorteile – die im vorliegenden Beitrag aufgegriffen werden – stellen Umnutzungen, die per se zum *Bauen im Bestand* gehören, eine Alternative zum Bauen neuer Objekte dar. Wird die Lebensdauer von Gebäuden verlängert, die Funktion lokalen, gesellschaftlichen und politischen Entwicklungen und Bedürfnissen angepasst, so können Materialienverbräuche und Transportwege in Hinblick auf eine nachhaltigere Baubranche stark reduziert werden.

Der vorliegende Beitrag befasst sich auf Basis der hier skizzierten Ausgangslage mit dem Status quo und dem Potenzial von Umnutzungen von Gebäuden. Um erneut die Dringlichkeit eines Wandels der Baubranche hervorzuheben, wird als Einstieg in die Thematik ein Überblick über politische Forderungen nach einem ökologischerem Bauen als Beitrag zum Klimaschutz gegeben. Daraufhin werden verschiedene Baumaßnahmen bei

J. Thiel (✉)
Ed. Züblin AG, Stuttgart, Deutschland
E-Mail: julia.thiel@zueblin.de

© Der/die Autor(en), exklusiv lizenziert an Springer Fachmedien Wiesbaden GmbH, ein Teil von Springer Nature 2025
T. Kölzer (Hrsg.), *Nachhaltige und digitale Baukonzepte 2*,
https://doi.org/10.1007/978-3-658-47573-4_3

Bestandsgebäuden definiert, um eine klare Abgrenzung von Umnutzungen zu anderen Optionen des Bauens im Bestand darzulegen. Anschließend sind wesentliche Vor- und Nachteile von Umnutzungen zusammengefasst. Es folgt die Erläuterung der Vorgehensweise eines umzunutzenden Projektes anhand einer Beschreibung der Analyse-, als auch der Planungs- und Ausführungsphase. Dabei wird auf verschiedene Möglichkeiten zur digitalen Erfassung von Ist-Zuständen in den drei Projektphasen sowie auf Mehrwerte, die aktuelle technische Arbeits- und Hilfsmittel mit sich bringen, eingegangen. Angesichts der stetig wachsenden Anforderungen an Nachhaltigkeit, Ressourceneffizienz und Flexibilität liefert die Digitalisierung diesbezüglich viele Potenziale, um den Herausforderungen bei Umnutzungen bestehender Bausubstanzen gerecht zu werden. Neben den Methoden der Fotogrammetrie, des 3D-Laserscannings und dem Drohneneinsatz werden auch Aspekte der Maschinenintelligenz aufgegriffen. Zudem sind im Beitrag einige Beispiele aus der Baupraxis aufgeführt, bei denen Umnutzungen bereits erfolgreich durchgeführt wurden. Abschließend folgt neben einem Fazit ein Ausblick zu möglichen Entwicklungen im Bauwesen.

1 Gebäudeumnutzungen – Politische Forderungen und ökologische Ansätze

Der Bau- und Immobiliensektor trägt mit dem Errichten und Betreiben von Gebäuden zu 40 % des weltweiten CO_2-Ausstoßes bei (DIN SPEC 91484, 2023, S. 6). Darüber hinaus ist er für 60 % der globalen Abfallproduktion verantwortlich. Beispielsweise hat die deutsche Baubranche im Jahr 2018 insgesamt 187 Mio. Tonnen CO_2 verursacht (Erbstößer, 2021, S. 2). Zum CO_2-Ausstoß zählen einerseits die Baustoffe, die für einen kompletten Neubau benötigt werden, dessen Herstellung wiederum allein für 20 % der CO_2-Emissionen im Bausektor verantwortlich ist. Hinzu kommt der Müll, der während der Ausführung von Bauprojekten anfällt. Auch sind die Transportwege von Baustofflieferungen zu beachten, da viele Materialien und Bauteile über weite Strecken transportiert werden. Zum anderen fällt eine große Menge an Materialien an, die nach dem Abreißen von Bauwerken am Ende einer Nutzungsdauer entsorgt werden müssen und oftmals nicht recycelt werden können (DIN SPEC 91484, 2023, S. 6). Es ist deshalb von entscheidender Bedeutung, den ökologischen Fußabdruck in diesen Bereichen zu reduzieren. Diesbezüglich bietet sich eine bereits genutzte Praxis an, denn durch Umnutzungen und damit einhergehenden Verlängerungen von Lebenszyklusdauern kann der angesprochene Ressourcen- und Energieverbrauch, der bei Neubauten aufkommen würde, reduziert werden. Durch die bei einer Umnutzung einhergehenden Instandsetzungs- und Modernisierungsmaßnahmen – die genauen Unterschiede werden nachfolgend noch erläutert – können Gebäude während einer verlängerten Gesamtnutzungsdauer außerdem energieeffizienter ertüchtigt und der CO_2-Ausstoß sowohl in der Bau- als auch in der Nutzungsphase minimiert werden (Erbstößer, 2021, S. 6).

Bestehende politische Bestimmungen zur Reduzierung des CO_2-Ausstoßes im Bauen

Um nun also den negativen Einfluss des CO_2-Ausstoßes der Baubranche zu verringern, ist es sinnvoll, dass Regierungen weiterhin konkrete Maßnahmen im Rahmen von Verpflichtungen vorgeben, um insbesondere nachhaltigere Bauprojekte zu fördern. Politische Forderungen mithilfe von Richtlinien oder Gesetzgebungen spielen dabei eine zentrale Rolle, da sie Rahmenbedingungen für Veränderungen im Bausektor schaffen können.

Sowohl die Bundesregierung als auch die Europäische Union äußern diesbezüglich die Dringlichkeit einer *grüneren Bauwelt*, was für die Erwägung von Umnutzungen spricht (BMWSB, 2024; Europäischer Rat, 2024). So schreibt das Land Berlin beispielsweise gesetzlich vor, das Potenzial zur Wiederverwendung sämtlicher öffentlicher Gebäude zu überprüfen. Dazu gehört, den Gebäudezustand zu analysieren, Nutzungsanforderungen zu prüfen und eine Kosten-Nutzen-Analyse durchzuführen (DIN SPEC 91484, 2023, S. 6). Darüber hinaus wurde im Jahr 2019 das *Bundesklimaschutzgesetz (KSG)* verabschiedet, mit dem Ziel die internationalen Klimaschutzbestimmungen zu erreichen und die europäischen Vorgaben zu erfüllen. Das Gesetz legt für verschiedene wirtschaftliche Bereiche, unter anderen auch für den Gebäudesektor, Klimaziele fest, strebt eine CO_2-Klimaneutralität bis zum Jahr 2045 an und führt eine CO_2-Bepreisung in der Bauindustrie auf (BMJ, 2023). Im KSG werden jedoch nicht nur ökologische, sondern auch gesellschaftliche und wirtschaftliche Auswirkungen betrachtet. Die rechtliche Basis bildet die Verpflichtung aus dem verabschiedeten Übereinkommen der Vereinten Nationen von Paris (BMJ, 2023). Die in § 13 des Übereinkommens festgelegte Verpflichtung für öffentliche Beschaffungsstellen integriert zum einen die Klimaschutzabsichten in Planung, Erwerb und Umsetzung, zum anderen berücksichtigt sie den Lebenszyklusbetrag bei der wirtschaftlichen Bewertung von Investitionen. Durch diese Bedingungen ist die Förderung des Bauwesens im Zuge einer angestrebten Klimaneutralität grundlegend gegeben (Bauindustrie, 2022, S. 4). Diesbezüglich möchte die Bundesregierung mit dem Klimaschutzgesetz das Ziel erreichen, den Wärmebedarf von Gebäuden bis zum Jahr 2050 um 80 % zu reduzieren (DEOS, 2023). Um die Verringerung des CO_2-Ausstoßes in der Baubranche jedoch realisieren zu können, hat die Regierung verschiedene Vorschriften und Anforderungen an Wohn- und Nicht-Wohngebäude gestellt, die regelmäßig aktualisiert und angepasst werden. Durch entsprechende Maßnahmen gehen grundlegende Veränderungen für Betreiber:innen von Bestandsgebäuden einher, die auch eine verstärkte Umsetzung von energieeffizienten Technologien und Baumaßnahmen erfordern (DEOS, 2023). Das *Gebäude-Energie-Gesetz (GEG)* legt beispielsweise Anforderungen für technische Gebäudeausrüstungen, für Gebäudedämmungen sowie für Energieeffizienzen fest (DEOS, 2023).

Energieeffizienz von Bestandsgebäuden

Bestandsbauten werden den zuvor beschriebenen gesetzlichen Anforderungen oftmals nicht gerecht, sodass die Nutzungsdauern von Gebäuden häufig frühzeitig als beendet angesehen werden. Vielfach folgen aus diesen linear zu betrachtenden Schlussfolgerungen Entscheidungen für neue Projekte. Umnutzungen werden eher selten in Erwägung gezogen. Es kann sich jedoch für Bauherr:innen lohnen, eine energetische Sanierung im Rahmen einer Umnutzung in Betracht zu ziehen, um zum einen den zuvor skizzierten Forderungen gerecht zu werden und zum anderen möglichst wenig Ressourcen zu verbrauchen (DEOS, 2023). Dies zeigt auch ein genauer Blick auf den Energieverbrauch von Bestandsbauwerken (s. Abb. 1). Gerade Wohngebäude, die vor 1980 errichtet wurden, verursachen einen erhöhten Energieverbrauch von bis zu 210 kWh/m²a. Wohngebäude, die bspw. im Jahr 2010 oder 2011 fertiggestellt wurden, verursachen hingegen mit ca. 50 kWh/m²a nur noch ein Viertel davon (Erbstößer, 2021, S. 3). Besonders ältere Gebäude wirken sich also stärker auf den Energieverbrauch aus.

In der Europäischen Union wurden 50 % der Bestandsgebäude zwischen den Jahren 1945 und 1970 errichtet. Viele dieser Bauten werden aller Voraussicht nach auch im Jahr 2050 noch erhalten sein – während zeitgleich das Ziel der Klimaneutralität vieler Länder erreicht werden soll (dena, 2023). Dies ist mit dem zuvor angedeuteten Energieverbrauch, den ältere Gebäude verursachen, nur schwer umsetzbar. Die erste Wärmeschutzverordnung, die Vorschriften für einen energiesparenden Wärmeschutz von Gebäuden beinhaltete, trat erst 1977 in Kraft (BBSR, 2023, S. 8). Allein die Hälfte der Bestandswohnbauten in Europa stammt also aus einer Zeit, in der politische Forderungen wie bspw. das KSG oder das GEG bei Weitem noch nicht so weit verbreitet waren wie heutzutage. Hinzu kommt, dass gerade diese Gebäude aufgrund der Bausubstanz den höchsten Energieverbrauch in der Nutzungsphase verursachen.

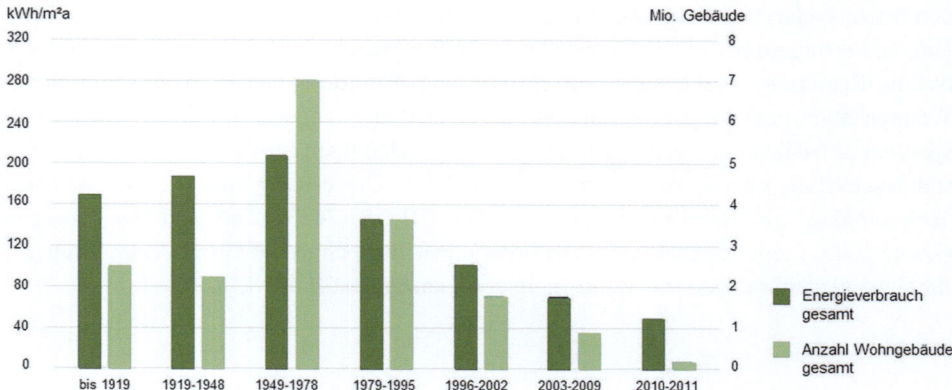

Abb. 1 Energieverbrauch von Wohngebäuden von 1919 bis 2011. (Eigene Darstellung nach Erbstößer, 2021, S. 3)

Herausforderungen ergeben sich für Betreiber:innen von Gebäuden durch zunehmende Energiekosten sowie durch die gleichzeitigen Forderungen, die CO_2-Emissionen zu reduzieren (DEOS, 2023). Die EU-Kommission legt fest, dass die Treibhausgas-Emissionen um mindestens 55 % gesenkt werden müssen (dena, 2023). Dafür sollen 35 Mio. der zwischen 1945 und 1970 errichteten Gebäude bis zum Jahr 2030 energetisch modernisiert werden. Diese energetische Ertüchtigung bildet die Grundlage eines klimaneutralen Europas bis 2050 und kann durchaus im Rahmen von Gebäudeumnutzung realisiert werden (dena, 2023). Eine energetische Sanierung im Hinblick auf Energieeffizienzen erscheint also durchaus sinnvoll, um den Energieverbrauch von Gebäuden, die zwischen den 1940er- und 1970er-Jahren errichtet wurde, zu senken.

Modernisierungen von Gebäuden – auch im Rahmen von Umnutzungen – können also zu erheblichen Einsparungen von Energiekosten führen. In vielen Bestandsanlagen, die die Technische Gebäudeausrüstung (TGA) umfassen, wird noch immer „häufig ineffiziente oder falsch eingestellte Technik verwendet" (DEOS, 2023). Dazu zählen zum Beispiel veraltete Heizungsanlagen. Bei Umnutzungen wird die TGA eines Gebäudes i. d. R. komplett entfernt und erneuert, um den entsprechenden Anforderungen gerecht zu werden. Zum einen wird eine Steigerung der Energieeffizienz durch eine Verbesserung der Wärmedämmung realisiert. Diese reduziert den Wärmeverlust durch die Fassade eines Gebäudes, was wiederum zu einem geringeren Konsum von Heizleistung führt. Zum anderen werden jedoch i. d. R. die größten Energieeinsparungen durch Fassaden-, Dach und Fensterdämmung selbst erzielt. Weiterhin ermöglichen Einbauten moderner technischer Gebäudeausrüstungen wie automatisierter Gebäudemanagementsysteme erhebliche Energieeinsparungen (DEOS, 2023).

Eine weitere Maßnahme zur Energiekostensenkung liefert die Digitalisierung von Gebäuden. Durch die Erhebung von gebäudebezogenen Daten, inklusive des Innenraumklimas der technischen Anlagen, kann ein intelligentes, an den Energiebedarf angepasstes System aufgesetzt und der Ist-Zustand eines Gebäudebetriebes optimiert werden. Entsprechende Maßnahmen können bis zu 40 % Energie einsparen (DEOS, 2023).[1]

Dass sich die zuvor genannten Maßnahmen als sinnvoll erweisen, zeigen zudem Nachhaltigkeitsinitiativen, die von Bauherr:innen- und Investor:innenseite zunehmend gefordert werden. Darüber hinaus sind Produzent:innen von Baumaterialien dazu verpflichtet, ihre Produkte – seien es zum Beispiel Dämmmaterialien oder Bodenbeläge – zu überarbeiten (DIN SPEC 91484, 2023, S. 6). Ein alternatives Konzept im Rahmen einer Umnutzung ist also bereits in der Vergabephase eine interessante Option, um Bauherr:innen durch die Vermeidung von Abriss und Neubau eine Möglichkeit zum CO_2-reduzierten Bauen aufzuzeigen.

Es kann festgehalten werden, dass die Baubranche einem politischen und bauherrenseitigen Einfluss unterliegt, CO_2-Ausstöße zu minimieren und mehr Nachhaltigkeit in diese Branche zu integrieren. Dies betrifft nicht nur Neu-, sondern vor allem auch

---

[1] Zur Thematik intelligenter Sensorsysteme und digitaler Zwillinge sei an dieser Stelle auf den Beitrag von Carlos Chillón Geck im vorliegenden Sammelwerk zu verwiesen.

Bestandsbauten, bei denen die Lebenszyklusdauer verlängert werden kann. Inwiefern nun Umnutzungen eine Alternative zum Errichten neuer Gebäude darstellen, wird im nächsten Kapitel erläutert.

2   Umnutzungen von Gebäuden als Alternative zu Neubauten

Wie in Kap. 1 „Gebäudeumnutzungen – Politische Forderungen und ökologische Ansätze" bereits erwähnt, stellt die Umnutzung von Gebäuden eine geeignete Möglichkeit des Bauens im Bestand dar. Um eine klare Abgrenzung zwischen Umnutzungen und anderen möglichen Maßnahmen bei Bestandsgebäuden vornehmen zu können, werden nachfolgend gängige Begriffe und Definitionen aufgeführt, die für den vorliegenden Beitrag, aber auch für das Verständnis im Kontext von Umnutzungen relevant sind. Da häufig viele Termini synonym oder gar falsch verwendet werden, sind zentrale Begriffe erläutert. Im Anschluss an die Unterscheidung der Begriffe wird auf die Relevanz von Umnutzungen eingegangen.

Begriffsdefinitionen von Baumaßnahmen bei Bestandsgebäuden

Unter einem *Abriss*, der auch als Abbruch bezeichnet werden kann, versteht man die absichtliche und geplante Zerstörung sowie Entsorgung eines Bauwerkes (Häupl, 2017, S. 1). Ein solcher Vorgang wird z. B. durch Sprengung, mithilfe von Baggern oder durch Abrissbirnen vollzogen. Der *Rückbau* eines Gebäudes wird hingegen Schritt für Schritt durchgeführt, meist von innen nach außen bzw. auf Grundlage eines zuvor erstellten Konzeptes (LfU, 2024).

Soll ein Gebäude nicht abgerissen, sondern erhalten bleiben, werden entsprechende Baumaßnahmen bei Bestandsgebäuden als *Bauen im Bestand (BiB)* bezeichnet (Pfeiffer, 2022). Dazu gehören verschiedene Vorgehensweisen, die wie folgt definiert werden: Bei einer *Instandhaltung* stehen vorbeugende Maßnahmen, insbesondere Wartungen technischer Anlagen, im Vordergrund, um den ursprünglichen Zustand beizubehalten (Kurrer et al., 2013, S. 22). Eine *Instandsetzung* hingegen ist gegeben, wenn Reparatur- oder Wiederherstellungsarbeiten notwendig sind, um die ursprüngliche Verfassung und Funktionalität eines Gebäudes wiederherzustellen. Dazu zählt zum Beispiel das neue Eindecken eines Daches nach Unwetterschäden (Pfeiffer, 2019, S. 26). Eine *Sanierung* stellt wiederum eine technisch-bauliche Rekonstruktion eines Bauwerks bzw. einzelner Bauteile dar, während bei einer *Kernsanierung* maßgeblich in die vorliegende Bausubstanz eingegriffen und dabei ein Rückbau bis auf die tragenden Bauteile vorgenommen wird (BNW, 2024). Im Gegensatz dazu werden bei einer *Renovierung* lediglich Veränderungen aus ästhetischen Gründen oder werterhaltende Maßnahmen vorgenommen, aber nicht unbedingt Mängel ausgebessert (Böttcher, 2013, S. 143). Eine *Modernisierung* bezieht sich auf Maßnahmen, die darauf abzielen, ein Gebäude auf den neuesten Stand der Technik zu bringen oder an aktuelle Standards und Anforderungen anzupassen (Friedrichsen, 2018, S. 71).

Zum Bauen im Bestand gehören auch die in diesem Beitrag zentral thematisierten *Umnutzungen*. Darunter versteht man die anderweitige Verwendung eines Bauwerks nach einem vorherigen bzw. gewissen Nutzungszeitraum (RUB, 2024). Umnutzungen stellen eine Alternative zum Abriss und Neubau dar, insbesondere wenn der ursprüngliche Nutzungszweck nicht mehr gewünscht ist und dementsprechend ein Bauwerk einen neuen Nutzen erhalten und gleichzeitig die Lebenszyklusdauer verlängert werden soll (RUB, 2024). Auch der Begriff *Nachnutzung* ist gebräuchlich (Jones, 2022). Bei dieser Methode des BiBs bleiben Primärbauteile, also vornehmlich tragende Elemente, bestehen, während Sekundärkonstruktionen, die i. d. R. keine Lasten aufnehmen, an die jeweiligen Nutzungsbedürfnisse angepasst werden können. Der Bestand an Primärkonstruktionen bestimmt hier also maßgeblich die Flexibilität von Umnutzungen (Tichelmann et al., 2019, S. 34). Um ein Nachnutzungsprojekt zu realisieren, sind verschiedene der zuvor definierten Maßnahmen notwendig. Je nach Projekt können Instandhaltungs-, Instandsetzungs-, Sanierungs-, Renovierungs- oder Modernisierungsmaßnahmen einzelner Bauteile möglich sein, allerdings ist meist eine Kernsanierung von Gebäuden notwendig, um den heutigen Anforderungen gerecht zu werden.

Relevanz von Gebäudeumnutzungen

Wie zuvor skizziert, bieten Umnutzungen bestehender Gebäude im Vergleich zur Errichtung von Neubauten eine Alternative, v. a. weil bereits vorhandene Strukturen effizient an neue Bedürfnisse angepasst werden können. Nach Angaben der *Bundesarchitektenkammer (BAK)* wurden im Jahr 2021 ca. 70 bis 80 % aller Bauprojekte im Bestand realisiert, sodass eine gute Grundlage für flächendeckende Umnutzungen von Gebäuden gegeben ist (BAK, 2021, S. 6). Beispielsweise lassen sich Umnutzungen von Büro-, Wohn- oder Verwaltungsflächen, aber auch von Parkhäusern, Bauernhöfen oder Kirchen realisieren.

In der Baupraxis sind grundprinzipiell verschiedene Nutzungen denkbar: Häufig werden Büros zu Schulen oder Shoppingcenter zu Mischnutzungen aus Wohnraum, Praxen und Einzelhandel umgenutzt (Müntefering & Dziggel, 2024). Auch erfolgen vermehrt Nutzungsänderungen von Büroflächen zu Wohnräumen (Tichelmann et al., 2019, S. 34). Dieser Trend wird dadurch verstärkt, dass sich der Wohn- und Arbeitsstil im stetigen Wandel befindet. Während der durchschnittliche Wohnraumbedarf pro Person in Deutschland steigt, ist zudem ein Home-Office-Trend zu erkennen, der durch die konstant voranschreitende Digitalisierung beeinflusst wird (Tichelmann et al., 2019, S. 55). Auch verstärken Ereignisse wie die COVID-19-Pandemie zwischen 2020 und 2023 diese Entwicklungen. Darüber hinaus werden vermehrt Open-Office-Konzepte und Coworking-Spaces genutzt, wodurch ein geringer Platzanspruch je Mitarbeitenden besteht.

Zudem ergeben sich Nutzungsänderungen von Büro- und Verwaltungsflächen, da viele Gebäude zwischen 1960 und 2000 errichtet worden sind und nicht den heutigen Ansprüchen entsprechen, sodass für dieselbe Nutzung eine Modernisierung notwendig wäre (Tichelmann et al., 2019, S. 55). Zudem stehen durchschnittlich 6,5 % der zwischen den 1960er- und 1980er-Jahren erbauten Bürogebäude in deutschen Städten leer, während der Wohnraumbedarf in Ballungsräumen zunimmt. Die Miet- und Kaufpreise steigen exponentiell, da zeitgleich die Bevölkerung in Deutschland wächst (Jones, 2022). Während der Bedarf an Wohnflächen zunimmt, sinkt hingegen die Nachfrage nach Büroflächen tendenziell. Es bietet sich also an, Umnutzungen von Bürogebäuden zu Wohnraum in Betracht zu ziehen, da Büro- und Wohngebäude zu einem gewissen Anteil sowohl konstruktiv als auch funktionell ähnlich sind (Tichelmann et al., 2019, S. 55). Gebäude des Einzelhandels oder von Discountern hingegen werden für eine kürzere Nutzungsdauer als Büroflächen ausgelegt und mit einer einfacheren Bauweise errichtet, sodass sie im Vergleich zu Büros nicht für eine Umnutzung zu einer anderen Gebäudekategorie geeignet sind (Tichelmann et al., 2019, S. 36).

Eine Studie aus dem Jahr 2019 zeigt, dass 149.000 Büro- und 152.000 Verwaltungsgebäude in Deutschland für eine Umnutzung oder eine Aufstockung, also das Hinzufügen weiterer Stockwerke auf ein Bestandsgebäude, geeignet sind. 62 % dieser Gebäude befinden sich in Gebieten, die einen gesteigerten Wohnraumbedarf aufweisen (Tichelmann et al., 2019, S. 56).

Auch Parkhäuser, die insbesondere in den 1950er- bis 1970er-Jahren errichtet wurden, eignen sich zur Umnutzung (Tichelmann et al., 2019, S. 60). Diese befinden sich oft in Zentren deutscher Innenstädte, was bei vielen Wohnraumsuchenden eine besonders beliebte Lage ist (Wüntsch & Roser, 2013, S. 7). An diesen Standorten sind i. d. R. viele Parkhäuser zu finden, sodass Umnutzungen von Parkflächen zu Wohnungen Potenzial haben. Obere Etagen von Parkhäusern werden außerdem seltener genutzt und stehen teilweise leer. Eine Mischkombination von Parkplätzen und Wohnflächen bietet sich also an, ohne genutzte Parkflächen zu verlieren, wenn die oberen Geschosse umgenutzt werden, während die restlichen Parkplätze unberührt bleiben. In Hannover wurden durch die Umnutzung eines oberen Parkhausgeschosses beispielsweise zwölf Penthouses realisiert. Am Friesenplatz in Köln wurden die oberen Geschosse zu 30 neuen Wohnungen umgenutzt (siehe Abb. 2). In Nürnberg ist auf den obersten zwei Geschossen eines Parkhauses eine Kindertagesstätte entstanden. Auch eine Mischnutzung, wie in Münster in Form eines Wohn- und Geschäftsgebäudes, ist möglich (Tichelmann et al., 2019, S. 61). Durch diese Umnutzungsvariante könnten mindestens 20.000 Wohnungen auf Parkhäusern in Deutschland entstehen (Tichelmann et al., 2019, S. 60). Es sind also weitere Projekte in Deutschland möglich, bei denen Geschosse von Parkhäusern einen neuen Nutzen erhalten und somit an den Bedarf angepasst werden.

Abb. 2 Friesenplatz in Köln: Parkhaus und Wohnungen vereint. (Eigene Aufnahme, 2024)

3 Digitalbasierte Planungen und Durchführungen von Umnutzungsprojekten

Ein Gebäude durchläuft verschiedene Phasen während eines Lebenszyklus. Beginnend mit der Projektierung und Planung erfolgt im Anschluss die Bauphase, bei der ein Projekt realisiert wird. Ist die Erstellung abgeschlossen, tritt die Nutzungsphase ein. Bei Wohngebäuden wird eine Lebenszykluslänge von 80 Jahren angesetzt, wohingegen bei Nichtwohngebäuden 50 Jahre gängig sind (Pfeiffer, 2019, S. 10). Diese meist sehr grob antizipierten Angaben werden durch verschiedene Faktoren beeinflusst. So können bspw. Mängel an Bauteilen einen erheblichen Einfluss auf eine Bauwerksqualität und somit auch auf eine mögliche Nutzungsdauer von Gebäuden haben. Auch gewählte Baumaterialien haben Auswirkungen auf die potenzielle Lebenszyklusdauer. Sie werden in der Planungsphase oft nach Kostenkriterien ausgewählt, sind aber dadurch teils wartungsintensiver oder bieten eine geringe Nutzungslänge. Dies beeinflusst möglicherweise die zu investierenden Summen im Rahmen von *Instandhaltungs-* oder *Instandsetzungsmaßnahmen*, die in der Nutzungsphase von Gebäuden notwendig sein können (Pfeiffer, 2019, S. 5).

Für die Verlängerung eines Lebenszyklus bieten sich verschiedene Optionen an. So besteht die Möglichkeit, dass es zu einer Auflösung, also einem *Abriss* oder einem *Rückbau*, aber alternativ auch zu einer *Instandhaltung* oder *-setzung*, einer *(Kern-)Sanierung* oder einer *Modernisierung* kommt. Im Zuge einer Wirtschaftlichkeitsanalyse kann es aber auch sein, dass eine *Umnutzung* geeignet ist (Pfeiffer, 2019, S. 2). Wird diese Variante gewählt, ist ein komplexer Prozess erforderlich, der eine sorgfältige Planung und Koordination erfordert. Nachdem eine Baugenehmigung für eine Nutzungsänderung erteilt wird, erfolgen üblicherweise Analyse-, Planungs- und Ausführungsphasen, die nachfolgend genauer beschrieben werden.

Analysephase bei Umnutzungen

Ein Umnutzungsprozess beginnt i. d. R. mit einer umfassenden Analyse der Anforderungen und Bedürfnisse für die neue Nutzung eines Gebäudes – auch um die Machbarkeit des Projektes zu prüfen. Durch das Zusammenstellen und Sichten von Plänen und Unterlagen wird nicht nur ein Überblick über den aktuellen Stand des Bauwerks geschaffen, auch kann in diesem Zuge festgestellt werden, welche Dokumente gegebenenfalls fehlen (Moschig, 2014). Die Grundlage von Bestandsdokumenten variiert je nach Projekt. So kann es vorkommen, dass den Planer:innen bzw. den Beteiligten lediglich abfotografierte Zeichnungen oder Pläne zur Verfügung gestellt werden. Sind jedoch Statiken, Gutachten oder informationsreiche Pläne, z. B. in Form von Grundrissen und Schnitten vorhanden, hilft das bei der Einschätzung des Projekts. Erfahrungen aus der Baupraxis zeigen, dass es für Projekte, die heutzutage nach 30 bis 40 Jahren Nutzungsdauer umgenutzt werden sollen, meist eine gute Basis an Bestandsunterlagen gibt (Müntefering & Dziggel, 2024). Entsprechende Dokumente liegen i. d. R. in Papierform vor und werden entweder von Bauherr:innen zur Verfügung gestellt oder können in Archiven eingesehen werden. Je nach Projektvorhaben ist es sinnvoll, die jeweiligen Unterlagen zu digitalisieren, sodass sie im Zuge der Weiterverarbeitung, u. a. in Modellierungssoftware, integriert werden können. Durch die Digitalisierung von Bestandsdokumenten können Grundrisse, Schnitte, Ansichten oder Details in Projektplattformen hochgeladen und für alle Beteiligten zugänglich gemacht werden (Buck, 2024). Bereits durch diese ersten – und für einen Projektablauf relevanten – Schritte ist eine wichtige Basis für eine erfolgreiche bzw. wirtschaftliche Projektabwicklung gegeben.

Um einen Überblick über den Zustand eines umzunutzenden Gebäudes zu erlangen, ist eine umfassende Objektbegehung mit beteiligten Personen wie Ingenieur:innen, Architekt:innen und der Projektleitung der bauausführenden Firma Teil der Analysephase. Bei dieser Maßnahme werden Bestandsbauten häufig mit Fotos dokumentiert sowie wichtige Punkte, z. B. sichtbare Mängel oder explizite Besonderheiten, aufgeschrieben. Eine entsprechende detaillierte Bestandsaufnahme des generellen Zustands bzw. der Geometrie, aber auch zu spezifischen Baukonstruktionen, architektonischen Merkmalen oder verbauten Materialien dient als Dokumentation für weitere Planungs- und Umsetzungsprozesse (BMUB, 2017, S. A2, A10). Oftmals geschieht eine Bestandsaufnahme unter Hinzunahme von Fachgutachter:innen, um bspw. das vorhandene Tragwerk oder die energetische Qualität eines Gebäudes zu bewerten oder aber auch, um mögliche Schadstoffe und Feuchte- oder Salzbelastungen bestenfalls frühzeitig zu erkennen (DIN SPEC 91484, 2023, S. 8).

Durch Änderungen, die an Bestandsgebäuden vorgenommen wurden, können zudem Abweichungen zwischen Plänen und dem aktuell vor Ort stehenden Bauwerk vorhanden sein (Helmus et al., 2020, S. 13). Hinzu kommt, wie bereits erwähnt, eine teils lückenhafte Informationslage des Bestandes, sodass es oftmals schwer realisierbar ist, eine rein modellbasierte bzw. vollständig digitale Arbeitsmethode anzuwenden. Das Modellieren ist bei den meisten Bauvorhaben in der anschließenden Weiterverarbeitung der Unterlagen jedoch üblich. Herkömmliche bzw. analoge Aufmaßmethoden eignen sich in der heutigen Zeit nicht mehr, um den Anforderungen an dreidimensionalen Modellen gerecht zu werden. Die manuelle Bearbeitung der erfassten Informationen nimmt nicht nur viel Zeit in Anspruch, sie ist zudem sehr fehleranfällig, was im Kontext einer qualitativ hochwertigen Informatisierung zu erheblichen Abweichungen zwischen dem Modell und dem tatsächlichen Gebäude führen kann. Sollte die Detailtiefe der Bestandsinformationen nicht ausreichen oder keine bzw. nur ungenügende Unterlagen vorhanden sein, kann der Ist-Zustand eines Gebäudes mithilfe von Scanvorgängen digital erfasst werden. Dafür wird bestenfalls ein digitaler Zwilling des Bestandsgebäudes erstellt.[2] Um die Potenziale digitaler Arbeits- und Hilfsmittel aufzuzeigen, sind nachfolgend einige Optionen für innovative Bauaufnahmen in Analyse- bzw. Planungsphasen aufgeführt: *Fotogrammetrie*, *3D-Laserscanning* und *Drohnenaufnahmen*.

Fotogrammetrie für Bestandsaufnahmen
Eine erste und bereits etablierte Möglichkeit digitaler Bestandserfassungen ist durch die Fotogrammetrie gegeben. Bei dieser Methode werden Gebäude – oder ggf. auch nur einzelne Bauteile oder Räume – aus verschiedenen Blickwinkeln fotografiert. Im Anschluss wird in einer Software ein geometrisches Abbild im Rahmen eines 3D-Modells generiert. Eine sog. Einbildauswertung liefert ein zweidimensionales Abbild. Die Methode der Fotogrammetrie wird daher häufig für Fassaden angewandt. Aufnahmen aus verschiedenen Perspektiven werden hingegen bei sog. Mehrbildauswertungen erzeugt. Durch Verknüpfung der einzelnen Darstellungen entsteht ein dreidimensionales Ergebnis (Helmus et al., 2020, S. 16). Die gleichzeitig mit den Aufnahmen gewonnen Koordinaten werden in eine Modellierungssoftware übertragen, um eine gute Grundlage für die anschließende Planungsphase vorliegen zu haben (Helmus et al., 2020, S. 18). Die digitale Fotogrammetrie bietet den Vorteil, dass es eine verhältnismäßig günstige und wenig aufwändige Methode ist, bei der lediglich eine Digitalkamera verwendet werden muss. Darüber hinaus ist das Verfahren unempfindlich gegenüber verschiedenen Lichtverhältnissen, was bei der

---

[2] Zum Thema digitale Zwillinge sei an dieser Stelle ebenfalls auf den Beitrag von Carlos Chillón Geck im vorliegenden Sammelwerk hingewiesen.

Erfassung von Gebäuden durchaus hilfreich sein kann (Zeiss, 2024). Auch wenn die Fotogrammetrie im Bauwesen bisher nur sporadisch eingesetzt wird (dena, 2023; Müntefering & Dziggel, 2024), sind Potenziale, wie das Verknüpfen mehrere Ansichten, zu erkennen, die auch beim alternativen 3D-Laserscanning Anwendung finden.

3D-Laserscanning für Bestandsaufnahmen
Eine weitere Möglichkeit der digitalen Bestandserfassung stellt die 3D-Laserscanning-Methode dar. Heutzutage ist sie die gängigste Methode, wenn es um die Aufnahme bestehender Gebäude geht (BAK, 2021, S. 22). Die mit einem Laser durchgeführten Scans werden je nach Ressourcenanfrage durch die Bauunternehmen selbst oder durch externe Vermesser:innen vorgenommen (Müntefering & Dziggel, 2024). Bei der Methode erfassen Laserstrahlen rasterförmig die Räume (Helmus et al., 2020, S. 13). Selbst anspruchsvolle Geometrien können mithilfe dieser Methode detailgetreu erfasst und dargestellt werden. Bei der Erfassung eines Bestandsgebäudes mithilfe eines Laserscanners können je nach Nutzungswunsch Bauteile, Flächen, Räume, Etagen, Fassaden, ganze Gebäude oder auch umliegende Geländeverläufe erfasst werden. Je tiefer der Erfassungsgrad ist, desto genauer sind die daraus resultierenden Daten. Allerdings ist somit auch ein größerer Aufwand verbunden, da die Daten kontrolliert und bereinigt werden müssen, wodurch i. d. R. höhere Kosten entstehen. Diese relativieren sich aber bestenfalls wieder im Vergleich zu den Gesamtprojektkosten. Ein Scanvorgang eines gesamtes Bestandsgebäudes kann zwischen 15.000 und 30.000 € kosten, aber der Mehrwert für Firmen in der Baupraxis ist i. d. R. hoch (Müntefering & Dziggel, 2024), da Personalkosten reduziert werden können und ein genaues, zuverlässiges Ergebnis vorliegt, was wiederum als Planungsgrundlage verwendbar ist.

Zudem erfordern viele Scans eine präzise Überlappung erfasster Gebäudebereiche, um mögliche Datenlücken zu umgehen. Auch ist der Rechenaufwand und der damit verbundene Energiebedarf zu bedenken, der mit einer hohen Datengröße einhergeht, was in Hinblick auf Nachhaltigkeit stets berücksichtigt werden muss (Helmus et al., 2020, S. 20, 22). Die Datenmengen befinden sich oftmals im Terabyte-Bereich (Müntefering & Dziggel, 2024). Die zu wählende Auflösung beeinflusst sowohl die Präzision des Endergebnisses als auch die Datengröße und die erforderliche Zeit zum Scannen, was zwischen wenigen Minuten und mehreren Stunden je Scanvorgang variieren kann (Helmus et al., 2020, S. 28). Eine höhere Detailtiefe kann aber auch im Kontext von Projektakquirierungen hilfreich sein. So bieten sich beispielsweise Virtual Reality-Visualisierungen (VR-Visualisierungen) an (Helmus et al., 2020, S. 28), auf die im nächsten Abschnitt noch genauer eingegangen wird.

Für Aufnahmen vor Ort kommen sowohl stationäre als auch mobile 3D-Laserscanner in Frage. Während beim stationären Scanning eine Genauigkeit von bis zu 1 mm erreicht wird, ermöglichen mobile Scanner bei einer Distanz bis zu 100 m eine Präzision von maximal 10 mm (Lindner, 2024). Dank dieser Genauigkeiten können Planer:innen hochpräzise 3D-Modelle von Gebäuden erstellen, was bestenfalls wiederum Fehler minimiert.

Der Scanning-Aufwand hängt stets von der Gebäudestruktur und dem Zweck der digitalen Gebäudeerfassung ab. Bei vielen geometrisch individuellen Räumen ist der Scan eines Referenzraumes oft nicht ausreichend (Helmus et al., 2020, S. 34). Praxiserfahrungen bestätigen auch, dass i. d. R. komplette Gebäude mithilfe der 3D-Laserscanning-Methode erfasst werden, um den kompletten Bestand zu erfassen und somit eine gute Grundlage für Planung und Ausführung zu erlangen (Müntefering & Dziggel, 2024). Betrachtet man die Zeitpunkte, zu denen es sinnvoll ist, einen Scanvorgang vorzunehmen, so bieten sich insbesondere Phasen nach Entkernungen an, da Erfassungen ohne Innen- bzw. Ausbauteile, z. B. durch Mobiliar oder Trennwände, Scans primärer Tragwerke einfacher ermöglichen. Aufnahmen mit Störfaktoren liefern in der Regel keine gut verwendbaren Ergebnisse (Müntefering & Dziggel, 2024). Auch wäre eine manuelle nachträgliche Bereinigung von 3D-Modellen nötig, was aufwendig ist. In der Realität ist dies aber nicht immer umzusetzen, da Gebäude oft noch in Benutzung sind, z. B. durch Büromieter:innen oder Bewohner:innen, während die 3D-Scans durchgeführt werden sollen (Helmus et al., 2020, S. 24).

Drohnenaufnahmen von Bestandsgebäuden

Da sich insbesondere bei hohen Fassaden oder Dächern ein Laserscan aufgrund höherer Distanzen als herausfordernd gestalten kann, kommen zusätzlich zu der zuvor beschriebenen 3D-Laserscanning-Methode Drohnen beim Bauen im Bestand zum Einsatz. Diese sind meist mit Kameras ausgestattet. Sie stellen durch die Kombination aus Flug- und Aufnahmegerät eine sinnvolle Alternative zum einfachen 3D-Scanning dar (Müntefering & Dziggel, 2024). Drohnen werden von einer autorisierten Person meist rasterförmig vor jeder Fassadenoberfläche geflogen. Aufnahmen von Gebäudehüllen werden anschließend – ggf. auch über ein Fotogrammetrie-Programm – zu einer Punktwolke umgewandelt, was nachfolgend im Rahmen der Planungsphase beschrieben wird (Helmus et al., 2020, S. 25). Durch die Zusammenführung mehrerer Aufnahmen entsteht ein Modell, welches den Bestand der Gebäudehülle vollumfassend wiedergibt (siehe Abb. 3). Drohnen eignen sich auch für schwer zugängliche Bereiche, die Menschen nicht betreten oder erreichen können. Größere Bauunternehmen führen diese Aufgabe oft selbst mit eigenen Drohnen aus, andere Firmen beauftragen externe Anbieter:innen. Bei Aufnahmen vor Ort ist stets zu beachten, dass das Verwenden von Drohnen in Deutschland strengen Regeln unterliegt. Es ist zum einen ein Mindestabstand zu sensiblen Gebieten wie Flughäfen oder Naturschutzgebieten einzuhalten bspw. Genehmigungen von Grundstückseigentümer:innen einzuholen. Zum anderen ist je nach Drohnengröße ein Drohnenflugschein nachzuweisen (Helmus et al., 2020, S. 50).

Abb. 3 Punktwolke eines Hochhauses auf Basis von Drohnenaufnahmen. (Screenshot aus PIX4Dcloud)

Planungsphase bei Umnutzungen

Nachdem im vorherigen Abschnitt die Analysephase bei Umnutzungsprojekten beschrieben wurde, wird nachfolgend dargestellt, wie die gewonnenen Daten in Planungsphasen genutzt werden können. Es erfolgt die Verarbeitung und Auswertung der während der Analyse gesammelten Daten, die zunächst in eine geeignete Software eingelesen werden, um diese anschließend zu bereinigen und auszuwerten. Dies kann auch bedeuten, dass einzelne Gebäudescans zusammenzufügen sind. Ein zentrales Element dieser Phase ist i. d. R. das Generieren einer Projektpunktwolke, die aus mehreren Millionen Punkten bestehen kann (Helmus et al., 2020, S. 13–14). Dabei handelt es sich um eine digitale Repräsentation, die alle wesentlichen Oberflächen eines Gebäudes genauso darstellt, wie sie in ihrer Position zueinander liegen. Sie dient somit als Grundlage für die weitere Planung. Es ist stets sinnvoll, eine Plausibilitätskontrolle durchzuführen, um die Genauigkeiten einzelner Überlagerungen zu überprüfen. In manchen Fällen kann es vorkommen, dass Bauherr:innen bereits Scans durchgeführt haben und die gewonnene Punktwolke den Projektbeteiligten zur Verfügung stellen (Müntefering & Dziggel, 2024).

Die aus Punktwolken generierten 3D-Modelle können sowohl in den Planungs- als auch in den Ausführungs- und Nutzungsphasen angewandt werden. Vorhandene Abweichungen zu ggf. vorliegenden Bestandsplänen können eher zum Vorschein treten. Entsprechende Fälle kommen zum Beispiel vor, wenn keine Dokumentationen über die Umbaumaßnahmen, die in der Vergangenheit an Bestandsgebäuden vorgenommen wurden, vorliegt (Helmus et al., 2020, S. 26). Es besteht auch die Möglichkeit, 2D-Pläne aus dem Modell, welches – wie zuvor erwähnt – aus einer Punktwolke entsteht, zu generieren. So ist eine realistische Planungsgrundlage für Ingenieur:innen und Architekt:innen gegeben, die besonders beim Bauen im Bestand oft schwer zu erreichen ist (Lindner, 2024).

Planer:innen entwickeln auf Grundlage der gewonnenen Daten ein Umnutzungskonzept, das die neuen funktionalen Anforderungen erfüllt und gleichzeitig die gewünschten Eigenschaften eines Gebäudes bewahrt (Moschig, 2014). Wie zuvor erwähnt, kann ein umzunutzendes Bauwerk mithilfe von VR dreidimensional dargestellt werden. Bauherr:innen und Investor:innen erhalten mithilfe dieser Option frühzeitig verschiedene Visualisierungen des geplanten Objekts und auf diese Weise ein besseres Verständnis für die vorgesehene Maßnahme (Helmus et al., 2020, S. 28).

In Planungsphasen können die aus digitalen Methoden gewonnen Daten nicht nur für Ingenieur:innen und Architekt:innen hilfreich sein, sie unterstützen auch Projektleitungen, die für die Ausführung des jeweiligen Bauvorhabens verantwortlich sind. Die Daten umfassen bestenfalls alle Bestandsdokumente sowie die neu gewonnen Daten (DIN SPEC 91484, 2023, S. 12). Durch den digital erfassten Ist-Zustand eines umzunutzenden Gebäudes und mögliche Herausforderungen, die während des Baus entstehen könnten, ist eine realistische (Zeit-)Planung für die Ausführungsphase möglich, die im übernächsten Abschnitt genauer betrachtet wird. Zuvor sind jedoch noch Potenziale der Maschinenintelligenz aufgeführt.

Einsatz von Maschinenintelligenz für Umnutzungen
Intelligente Algorithmen im Rahmen von Maschinenintelligenz bieten bei der Umnutzung von Gebäuden eine umfangreiche Auswertung von Bilddaten, die u. a. aus Fotogrammetrie, 3D-Laserscanning oder Drohnenaufnahmen gewonnen wurden. Es können automatische Muster aus den erzeugten Daten erkannt, Verarbeitungen von Punktwolken vorgenommen, aber auch Bereinigungen unerwünschter Elemente generiert werden (BAK, 2021, S. 22; dena, 2023). Mithilfe von Algorithmen besteht weiterhin die Möglichkeit, Bauteile, Mängel oder Besonderheiten eines Bauwerkes auf Fotos zu identifizieren. Bei Betonbauteilen können zum Beispiel Bildverarbeitungssysteme dabei helfen, Risse zu erkennen und auf Grundlage der automatischen Auswertung ein Renovierungs- oder Sanierungskonzept zu erstellen. Um dies in der Praxis nutzen zu können, muss ein Algorithmus mit Beispielsituationen trainiert und dem tatsächlichen Bauwerkszustand gegenübergestellt werden. So kann der erforderliche Umfang einer Umnutzung besser geplant werden, ohne vorab eine zeitintensive Bauwerksanalyse durchführen zu müssen (Helmus et al., 2020, S. 8). Darüber hinaus besteht die Möglichkeit, 3D-Modelle aus den durch Laserscanning gewonnenen Punktwolken oder aus Bestandsplänen, Dokumenten und Bildern zu erstellen, wodurch ein langwieriger, manueller Prozess umgangen wird (Helmus et al., 2020, S. 25). Ein automatisierter Ablauf kann zudem durch die gewonnene Zeitersparnis Kosten in der Planungsphase senken. Obwohl der Einsatz von Maschinenintelligenz im Bauwesen noch am Anfang steht, ist bereits erhebliches Potenzial zu erkennen (Müntefering & Dziggel, 2024).

Ausführungsphase bei Umnutzungen

Die zuvor beschriebenen Analyse- und Planungsphasen sollten vor der eigentlichen Ausführung von Umnutzungsarbeiten bestenfalls vollumfänglich abgeschlossen sein, da ansonsten das Risiko besteht, dass übersehene Details bzw. vergessene Schritte durch ein nachträgliches Aufmaß manuell in die bereits erfassten Daten integriert werden müssen. Problematisch wird dies insbesondere dann, wenn Bauprozesse bereits begonnen und die zu vermessenden Objekte schon zurückgebaut oder abgerissen wurden. Eine vollumfassende Bestandsaufnahme mit technischen Methoden wie Fotogrammetrie, 3D-Laserscanning oder Drohnenaufnahmen ermöglicht – wie zuvor beschrieben – ein genaues Abbild des Gebäudes. Je nach Einsatzgebiet, kann bereits frühzeitig von einem digitalen Zwilling gesprochen werden. Ist dieser bei einem Bestandsgebäude vorhanden, stellen die genutzten technischen Methoden, die zuvor im Rahmen der Analysephase beschrieben wurden, auch im Bauprozess eine Unterstützung dar. Die daraus gewonnenen Daten können zum Monitoring des Baufortschritts genutzt oder zur Angebotsbearbeitung von Nachunternehmerleistungen herangezogen werden. Auch sind vereinzelt neue Scanvorgänge möglich, um stets Baufortschritte zu dokumentieren. Dies kann auch in einem deutlich geringeren Umfang als in der Analysephase geschehen, um Kosten möglichst gering zu halten (dena, 2023). Ein umfangreicher Laserscan bietet zudem die Möglichkeit, eine realitätsgetreue *As-built-Dokumentation*[3] zu erstellen, die eine detaillierte Aufzeichnung des tatsächlich fertiggestellten Bauwerks wiedergibt. Ein solcher digitaler Zwilling bietet u. a. auch eine optimale Grundlage für das Facility Management, z. B. um mögliche bauliche Änderungen bzw. Instandsetzungs- oder Instandhaltungsmaßnahmen vorzunehmen, aber auch um Abrisse oder Rückbauten zu planen (Helmus et al., 2020, S. 13).

4 Vor- und Nachteile bei Gebäudeumnutzungen mithilfe digitaler Methoden

Wie in den vorangegangenen Kapiteln angedeutet, können vielfach auch Gründe vorliegen, warum ein Bauwerk nicht umgenutzt, dafür aber abgerissen oder zurückgebaut werden soll. Ein Abriss ist zum Beispiel bei einer beschränkten Umnutzungsmöglichkeit bspw. durch vorliegende Brandschutzanforderungen bis hin zu unzureichenden Bausubstanzen der Fall. Gerade Materialien, die bei älteren Gebäuden verbaut wurden, mit dem heutigen Wissensstand aber nicht mehr zulässig sind, wie z. B. Asbest, können bei Menschen zu gesundheitlichen Risiken führen, sodass Umnutzungen per se nicht immer in Frage kommen. Ein weiterer Grund für einen Abriss kann vorliegen, wenn die technische Nutzungsdauer eines Gebäudes bereits erreicht ist und die verbauten Elemente ihre eigentlichen Funktionen nicht mehr erfüllen. Anknüpfend an die zuvor erwähnten An-

---

[3] Eine *As-built-Dokumentation* spiegelt im Gegensatz zu der ursprünglichen Planung den tatsächlichen Zustand eines Gebäudes wider (Son et al., 2015).

gaben wird die Lebensdauer von Gebäuden also durch die Qualität von Planungen, von genutzten Baustoffen, aber auch von den Ausführungsprozessen bestimmt. Aber auch die Beanspruchung von Bauwerken während Nutzungsphasen, z. B. durch äußere Einflüsse, durch Wartung und Pflege, durch Schutz einzelner Bauteile und die damit einhergehende Werterhaltung, spielen eine Rolle (Pfeiffer, 2019, S. 11).

Sollten die zuvor genannten Punkte, die eine Nachnutzung ausschließen, nicht gegeben oder im Vorfeld nur schwer vergleichbar sein, sind Vor- und Nachteile von Umnutzungen gegenüberzustellen, die sowohl ökologische und ökonomische als auch gesellschaftliche Aspekte umfassen sollten. Nur durch genaues Abwägen einzelner Punkte kann eine sinnvolle Entscheidung getroffen werden.

Ein zentraler Vorteil von Umnutzungen zeigt sich im Bereich der zuvor bereits thematisierten Nachhaltigkeit: Wird ein Gebäude nach Ende einer Nutzungsdauer abgerissen, weil bspw. ein neues Bauwerk errichtet werden soll, entstehen zum einen durch Abbruch, Abtransport und Entsorgung der verbauten Materialien wiederum CO_2-Emissionen. Zum anderen beeinflussen sowohl Produktion und Transport neuer Materialien sowie die Errichtung mit den dadurch entstehenden Ressourcen ebenfalls negative Umwelteinwirkungen (Jones, 2022). Umnutzungen von Bestandsgebäuden bieten bereits unter diesem Aspekt einen Nachhaltigkeitsfaktor, da weniger CO_2-Produktion im Vergleich zu einem Neubau entsteht und ein geringerer Ressourcenbedarf vorliegt. Zudem ist es möglich, Kosten einzusparen. Bei Weiternutzungen werden tragende Bauteile – wie bereits erwähnt und im Beitrag von Clea Kummert im Kontext von Wiederverwendungen thematisiert – meist weiterhin genutzt, sodass CO_2-Ausstöße, die bei dem Abbau bzw. der Produktion dieser Materialien entstehen, nicht erneut anfallen. Auch muss stets berücksichtigt werden, dass das Recycling von Baumaterialien nach einem Abriss oder einem Rückbau ggf. nur schwer umsetzbar ist (Götz, 2014, S. 12).

Allerdings wird durch eine bestehende bzw. fixe Grundstruktur auch eine gewisse Flexibilität in der Planung genommen, da – wie in Kap. 2 „Umnutzungen von Gebäuden als Alternative zu Neubauten" bereits aufgegriffen – die Primärstrukturen erhalten bleiben müssen. Das Beibehalten der Grundstruktur bringt weiterhin den Vorteil mit sich, dass häufig kürzere Planungs- und vor allem Ausführungszeiten im Vergleich zu Neubauprojekten möglich sind. Die Reduktion von Planungsphasen kann auch hier durch digitale Methoden erreicht werden, da Prozesse bspw. mithilfe von Maschinenintelligenz automatisiert ablaufen können. Durch eine mögliche Zeitersparnis ist teilweise eine schnellere Bereitstellung benötigter Flächen möglich, was wiederum insbesondere für Bauherr:innen und Investor:innen relevant ist (DGNB, 2018, S. 289; Jones, 2022). Die Ausführung von Umnutzungsprojekten kann jedoch herausfordernder sein als dies bei Neubauten der Fall ist, da Bauteile, die bestehen bleiben sollen, nicht immer ganzheitlich erfasst werden können und somit die mögliche Lebensdauer nicht vollends abzuschätzen ist.

Soll ein Gebäude nun umgenutzt und seine Lebenszyklusdauer dementsprechend verlängert werden, muss es so geplant und gebaut werden, dass dies vergleichbar mit den derzeitigen Regelwerken eines Neubaus ist bzw. die heutigen Klimaziele berücksichtigt. Wie in Kap. 1 „Gebäudeumnutzungen – Politische Forderungen und ökologische Ansätze" des

Beitrags gezeigt, haben ältere Gebäude oftmals eine niedrigere Energieeffizienz, wodurch teils umfangreiche Maßnahmen erforderlich sind, um den jeweils geltenden Anforderungen gerecht zu werden und langfristig den CO_2-Fußabdruck älterer Gebäude zu minimieren (Krippner et al., 2016, S. 88; Riethmüller, 2021). In solchen Fällen ist meist eine umfassende energetische Sanierung notwendig. Durch zusätzliche Regularien wie beispielsweise Brandschutzanforderungen kann zudem die Notwendigkeit gegeben sein, weitere Gebäudekerne, also vertikale Verbindungsräume in Massivbauweise, errichten zu müssen, um die ausreichende Anzahl an Flucht- und Rettungswegen zu gewährleisten (Tichelmann et al., 2019, S. 34). Entsprechender zusätzlicher Aufwand ist daher zu beachten, wenn Umnutzungen in Frage kommen. Eine Kosten-Nutzen-Analyse zeigt möglicherweise, dass ein Abriss und Neubau kostengünstiger ist, was ein wesentlicher Faktor in der Entscheidungsfindung von Bauherr:innen sein kann (Pache, 2021).

Bei Umnutzungen ist darüber hinaus stets zu beachten, dass mit den einhergehenden Maßnahmen häufig regulatorische Hürden verbunden sind, da sich Vorschriften und Normen ändern. Durch baurechtliche Themen und stetige Anpassungen, wie beispielsweise der Arbeitsstättenrichtlinie, sind die Anforderungen für Beteiligte oft schwer zu durchblicken, wodurch das Bauen im Bestand in der Planungsphase mit weiteren Herausforderungen verbunden ist (Müntefering & Dziggel, 2024). Auch existieren wirtschaftliche Ansätze, die sich auf die Lebenszyklusbetrachtung und das lineare Wirtschaftssystem beziehen und den Abriss von Gebäuden fordern, sodass eine Sanierung im Rahmen einer Umnutzung ausgeschlossen ist. Ein angestrebtes branchenweites zirkuläres System, wie bereits im ersten Band des Sammelwerks u. a. von Kim Hannah Gülck beschrieben, steckt aktuell noch nicht der Anfangsphase (Gülck, 2022).

Eine schwierige bzw. sich regelmäßig ändernde Gesetzeslage stellt für Bauherr:innen immer wieder eine große Hürde dar, sodass vielfach Abrisse stattfinden bzw. Neubauten errichtet werden (Müntefering & Dziggel, 2024). Zudem erfolgt meistens beim BiB eine Revitalisierung der vorherigen Nutzung, sodass Umnutzungen heutzutage noch Ausnahmen darstellen. Auch ist bei Nachnutzungen eine Tendenz zu Eingriffen in die Konstruktion zu erkennen, was aufwändiger als bei reinen Renovierungs- oder Sanierungsprojekten ist (Müntefering & Dziggel, 2024).

Herausforderungen können darüber hinaus durch nicht vollständige Pläne und Dokumentationen entstehen, die – wie in Kap. 3 Digitalbasierte Planungen und Durchführungen von Umnutzungsprojekten unter dem Abschnitt der Analysephase bei Umnutzungen beschrieben – teilweise auch gar nicht vorhanden sind oder nicht mit dem Ist-Zustand eines Bauwerks übereinstimmen. Dank einer digitalen Bestandserfassung und einem daraus generierten realitätsgetreuen Modell wird eine präzise Planung ermöglicht, Materialverbräuche optimiert geplant und dementsprechend Baustoffverschwendungen minimiert. Die Verwendung von Building Information Modeling (BIM) kann zudem die Produktivität verbessern und Kosten reduzieren, auch wenn dafür noch technische Hindernisse überwunden werden müssen, z. B. hinsichtlich Schnittstellen. Besonders fehlende Kompetenzen und mangelnde Qualifikationen sowie Unsicherheiten vor BIM-Anwendungen bremsen aktuell zusätzlich die Nutzung dreidimensionaler Modelle bei Sanierungs- und Umnutzungsprojekten (Müller, 2017, S. 44). Auch fehlt teilweise notwendiges Fachwissen, das bestenfalls in verschiedenen Aus- und Weiterbildungsmaßnahmen angeboten wird, aber mit weitere Kosten verbunden ist. Daher sollten auch diesbezüglich projektbezogene Kosten-Nutzen-Analysen aufgestellt werden, auch um den nötigen bzw. gewünschten Umfang von Digitalisierungsmaßnahmen zu bestimmen.

Digitale Anwendungen sind zudem mit hohen Anfangsinvestitionen verbunden. Gerade kleinere Unternehmen könnten davor zurückschrecken und sich gegen die Nutzung bzw. Implementierung digitaler Lösungen entscheiden. Inwiefern das Verarbeiten teils sensibler Gebäudedaten durch externe Anbieter Risiken in Hinblick auf Datenschutz bietet, muss von Projekt zu Projekt ebenfalls abgeschätzt werden. So bestätigen Firmen aus der Baupraxis, dass konzerneigene juristische Abteilungen Datenschutzbedenken bezüglich der Nutzung von Maschinenintelligenz haben und deswegen teils noch keine Anwendung zu Stande gekommen ist (Müntefering & Dziggel, 2024).

Ein weiterer Vorteil von Umnutzungen stellt der städtebauliche und soziokulturelle Aspekt dar. Durch verlängerte Lebenszyklusdauern von Bestandsgebäuden können Stadtbilder länger erhalten bleiben. Sinnvolle Umnutzungen vorhandener Bauwerke ermöglichen es demnach, historische und architektonisch wertvolle Gebäude stehen zu lassen und diesen eine neue Funktionen zu geben – was wiederum zur Attraktivität sowie dem Charakter einer Stadt beitragen kann. Dies ist u. a. in Deutschland bezüglich des vorhandenen Wohnraummangels und der Wahl von Wohngegenden stets zu diskutieren. So sind ländliche Regionen teils von Leerstand geprägt, während in Ballungsräumen Miet- und Kaufpreise exponentiell steigen. Umnutzungen können die Verwendung leertehender Gebäude und dadurch die Revitalisierung ganzer Stadtviertel oder ländlicher Regionen, auch für jüngere Menschen, fördern.

Nachnutzungen von Gebäuden auf Basis digitaler Methoden bieten insgesamt erhebliche Vorteile in Bezug auf Effizienz, Präzision und Zusammenarbeit. Allerdings müssen die zuvor angedeuteten Nachteile, insbesondere im Hinblick auf Kosten, Komplexität und Sicherheitsrisiken, stets sorgfältig abgewogen werden.

5   Aktuelle Praxisbeispiele von umgenutzten Gebäuden

Nachfolgend werden einige Umnutzungsbeispiele aus der Praxis aufgezeigt. In Ulm wurde 2010 ein aus den 1960er-Jahren stammendes Industriegebäude bis auf das tragende Stahlbetonskelett entkernt. Im Anschluss daran erfolgte eine umfassende Neugestaltung der Innenräume zu Nutzflächen, z. B. zu Lofts, zu Dienstleistungsflächen, zu einer Praxis und zu Flächen für Kunst und Handwerk (Tichelmann et al., 2019, S. 74). Ein weiteres Beispiel ist die Umnutzung einer unter Denkmalschutz stehenden Kirche in Freiburg. In dem historischen Gebäude entstanden im Jahr 2014 insgesamt 42 Wohneinheiten. Die Herausforderung bei der Nachnutzung lag darin, den Charakter der Kirche zu bewahren und gleichzeitig zeitgemäßen Wohnraum zu schaffen. Ebenfalls das unter Denkmalschutz stehende Reichkriegsgericht in Berlin wurde umfangreich kernsaniert. Es bietet nun insg.

106 Wohnungen. Die Fassade des Gebäudes blieb während der Baumaßnahmen im Originalzustand bestehen, sodass die historische Gebäudehülle erhalten wurde (Tichelmann et al., 2019, S. 77). Auch in Österreich wurde ein Bestandsgebäude umgenutzt. Eine Fabrik aus dem Jahr 1897 in Wien ist entkernt und saniert worden, um ein Wohnquartier mit 92 Wohneinheiten zu schaffen (Tichelmann et al., 2019, S. 89). In Kopenhagen wurden ausgediente Silos zu Wohn- und Bürokomplexen umgebaut (siehe Abb. 4 und 5). Aus einem ehemals industriell geprägten Hafengebiet ist durch ein Stadtentwicklungs-

Abb. 4 *Portland Towers* in Kopenhagen, Dänemark. (Eigene Aufnahme, 2024)

Abb. 5 *The Silo* in Kopenhagen, Dänemark. (Eigene Aufnahme, 2024)

programm der Stadtteil *Nordhavn* der dänischen Hauptstadt entstanden. Die 59 m hohen *Portland Towers* wurden ursprünglich im Jahr 1979 als Zementsilos errichtet. Seit 2014 hat die *Deutsche Botschaft* in diesem Gebäude ihren Sitz. Im Rahmen der Nachnutzung wurden die Betontürme um einen Anbau erweitert, der in einer Höhe von 24 m über Geländeoberfläche beginnt, wie auf Abb. 4 zu erkennen ist (NCC, 2024). In unmittelbarer Nähe in demselben Stadtteil befindet sich das im Jahr 2017 fertiggestellte *The Silo*. Der ehemalige Getreidespeicher beherbergt nach Umbaumaßnahmen auf 17 Etagen nun 38 Wohnungen sowie ein Restaurant. Die Betonwände erhielten neue Fensteröffnungen sowie eine feuerverzinkte Stahlelementfassade (Cobe, 2024), wie Abb. 5 entnommen werden kann.

Ein weiteres Projekt befindet sich in Berlin aktuell noch in der Ausführungsphase. Das Quartiersentwicklungsprojekt *Behrens-Ufer* nutzt ein ehemaliges Industriegelände zur Mietfläche für innovatives Gewerbe sowie Wohnraum um, wobei ein Teil der Gebäude bestehen bleibt und im Rahmen von Sanierungs- und Modernisierungsmaßnahmen umgenutzt wird. Die Fertigstellung ist für 2028 geplant (ZÜBLIN, 2023). Wie hier angedeutet, existieren bereits verschiedene Projekte, die als Vorreiter für zukünftige Umnutzungsmaßnahmen herangezogen werden können.

6 Fazit und Ausblick

Um die im vorliegenden Beitrag thematisierten Inhalte zu Umnutzungen resümierend zusammenzufassen, wird nachfolgend anhand eines Fazits dargestellt, welche zentralen Aspekte relevant sind, wenn es zu übergeordneten Entscheidungen kommt. An die Darstellung von Vor- und Nachteilen anknüpfend folgt ein Ausblick auf Umnutzungen im Bauwesen.

Fazit

Wie im Beitrag gezeigt, stellen Umnutzungen von Bestandsgebäuden nachhaltigere Alternativen zur Errichtung von Neubauten dar. Indem vorhandene Strukturen sinnvoll an neue Bedürfnisse angepasst werden, besteht die Möglichkeit, bereits existierende Immobilien an aktuelle gesellschaftliche bzw. urbane Bedürfnisse anzupassen.

Zeitgemäße Sanierungen oder Renovierungen im Rahmen von Umnutzungen bewahren diesbezüglich in vielen Fällen nicht nur das Stadtbild, sie ermöglichen zeitgleich auch eine längere Lebenszeit der jeweiligen Bauwerke. Leerstand, der vor allem bei Industriegebäuden, aber auch bei Büro- oder Einzelhandelsflächen immer wieder vorkommt, kann so minimiert werden. Im Vergleich zu Neubauten können Nachnutzungsprojekte aufgrund der Weiternutzung primärer Bauteile möglicherweise kostengünstiger und schneller realisiert werden. Durch den Erhalt bestehender Bausubstanz werden Ressourcen geschont, das Abfallaufkommen reduziert, Energie eingespart und somit CO_2-Emissionen reduziert. Dies entspricht nicht nur übergeordnet den gesteckten nachhaltigen Zielen im Bauwesen, auch werden die

Lebenszyklen von Gebäuden verlängert, was – wie gezeigt – städtebauliche und kulturelle Vorteile mit sich bringt. Auch erfolgt teils eine Wiederbelebung von Bauflächenreserven, was zur Revitalisierung von Stadtvierteln beitragen und Leerstände minimieren kann.

Digitale Gebäudeerfassungen spielen eine zunehmend zentrale Rolle, da sie eine umfassende Grundlage zur Analyse und Planung bestehender Gebäude bieten. Sie ermöglichen so eine präzise Erfassung vorhandener Gebäudestrukturen und deren Zustände, wodurch Planungsgenauigkeiten und Effizienzen für Umnutzungen erheblich gesteigert und Prozesse optimiert werden können. Auch für Planungs- und Bauunternehmen ergeben sich durch digitale Arbeits- und Hilfsmittel Mehrwerte, da die Zunahme an Daten im Zusammenhang mit Data Science und bestenfalls mithilfe eines digitalen Zwillings informationsreichere Ausführungsprozesse unterstützen kann. Darüber hinaus findet sich auf Seiten von Bauherr:innen ein zunehmendes Interesse an digitalen Bestandserfassungen und Modellen. Durch die in Verbindung mit digitalen Zwillingen nutzbare Methode BIM sowie technologiegestützten Bestandserfassungen, wie bspw. 3D-Laserscans oder Drohnennutzungen, können die in diesem Beitrag aufgezeigten Potenziale und Herausforderungen von Umnutzungsprojekten frühzeitig und bestenfalls vollumfänglich erkannt werden.

Mithilfe von Algorithmen und intelligenten Systemen besteht darüber hinaus die Möglichkeit, Schäden bzw. Mängel bei Bestandsgebäuden aufzeigen, die mit traditionellen Methoden möglicherweise übersehen werden. Auch können dreidimensionale Modelle, z. B. unter Anwendung des Generative Designs, automatisiert erstellt werden. So ist es denkbar, verschiedene Umsetzungsszenarien durch Algorithmen zu simulieren und die besten Optionen in Bezug auf Kosten, Nachhaltigkeit und Funktionalität zu identifizieren.

Die Digitalisierung von Gebäuden gestaltet sich im Bestand meist herausfordernder als im Vergleich zu Neubauten: Es ist oftmals schwierig, bereits verbaute Materialien zu erfassen oder verbleibende Lebensdauern abzuschätzen. Außerdem liegen bei älteren Bauwerken meist ungenügende Daten zur technischen Gebäudeausrüstung bzw. zu wartungsbedürftigen Bauteilen oder zu Basisinformationen wie Geometrien oder genutzten Baustoffen vor. Digitale Methoden zur Bestandserfassung sind zwar insbesondere zu Beginn einer Maßnahme mit höheren Kosten verbunden, die gewonnenen Daten sind aber nicht nur für die Planungs- und Bauphase, sondern auch für die daran anschließende Lebensdauer von Gebäuden durchaus sinnvoll (Warda, 2023). Eine digitale Erfassung eines Bestandsgebäudes kann gerade für Bauherr:innen und Investor:innen interessant sein, da eine zukünftige Immobilie und das darin steckende Potenzial mithilfe von Virtual Reality realitätsnah visualisiert werden kann. Diesbezüglich ist eine stetige Weiterentwicklung von VR zu erwarten, da v. a. komplexe Umbauprojekte besser visualisiert und interaktiv geplant werden können (Ygitbas et al., 2023).

Ausblick

Die aktuelle Baupraxis zeigt eine deutliche Entwicklung in Richtung Digitalisierung, da zunehmend technologische Methoden und Werkzeuge Anwendung finden. Im Rahmen von Pilotprojekten werden bereits verschiedene Optionen getestet (Müntefering & Dziggel, 2024). Es ist daher sinnvoll, verschiedene Nutzungsmöglichkeiten digitaler Anwendungen weiter zu erforschen (Müller, 2017, S. 9). Eine Zunahme entsprechender Maßnahmen könnte beispielsweise durch politische Förderprogramme oder Subventionen vorangetrieben werden. Dies würde gerade kleinere Bauunternehmen unterstützen. Auch eine Anpassung von Vorschriften oder Normen bzw. das Implementieren verständlicher Regeln wäre hilfreich, um digitale Maßnahmen für Umnutzungen zu fördern. Bei öffentlichen Ausschreibungen von Umnutzungen ist es zudem denkbar, digitale Methoden als bindende Voraussetzung festzulegen.

Um frühzeitig mit potenziellen Technologien bei Umnutzungsprozessen vertraut zu werden, besteht weiterhin die Möglichkeit, unterschiedliche digitale Optionen im Rahmen von Bildungsprogrammen zu vermitteln, z. B. auch als Fort- bzw. Weiterbildungsmaßnahmen. Durch eine Kombination verschiedener Konzepte könnten Nutzung und Akzeptanz digitaler Methoden in Umnutzungsabläufen erheblich gesteigert werden, was wiederum zu effizienteren, nachhaltigeren und wirtschaftlichen Bauprojekten führt.

Da urbane Räume immer knapper werden und der Bedarf an flexiblen, nachhaltigen und technologiegestützten Lösungen zunimmt, kann von einem erhöhten Aufkommen von Umnutzungsprojekten ausgegangen werden. In Zukunft wird auch die Bedeutung digitaler Methoden bei der Umnutzung von Bestandsgebäuden weiter zunehmen und die Erfassung von Bestandsgebäuden durch Laserscanner wird vermehrt Einsatz auf Baustellen finden. Die im Beitrag erwähnte Maschinenintelligenz kann darüber hinaus helfen, detailliertere Analysen und Prognosen zu liefern, was zu einer weiteren Optimierung im Rahmen von Umnutzungen führt. Die Vernetzung von Daten über den gesamten Lebenszyklus eines Gebäudes in einem 3D-Modell fördert zudem Transparenz. Insgesamt liefert die Digitalisierung v. a. auf ökonomischer Seite viele Vorteile. Aber auch unter ökologischen Gesichtspunkten können innovative Prozesse und damit verbundene Entscheidungen zu einer nachhaltig ausgerichteten Baubranche führen.

Literatur

BAK: Bundesarchitektenkammer. (2021). *Digitalisierung und Bauen im Bestand.* https://bak.de/wp-content/uploads/2022/10/BIM_fuer_Architekten_03_Digitalisierung_Bauen_Bestand.pdf. Zugegriffen am 20.11.2023.

Bauindustrie. (2022). *Die EU-Taxonomie – Eine Einführung für Bauunternehmen.* https://www.bauindustrie.de/fileadmin/bauindustrie.de/Media/Veroeffentlichungen/EU-Taxonomie_final.pdf. Zugegriffen am 19.11.2023.

BBSR. (2023). Bundesinstitut für Bau-, Stadt- und Raumforschung. *Das Gebäudeenergiegesetz (GEG). („Erste Wärmeschutzverordnung").* https://www.bbsr.bund.de/BBSR/DE/veroeffentlichungen/sonderveroeffentlichungen/2023/geg-dl.pdf;jsessionid=CF1BC051BE3CC90612DBCA7B1A66F263.live11293?__blob=publicationFile&v=2. Zugegriffen am 18.03.2024.

BMJ. (2023). Bundesministerium der Justiz *Bundes-Klimaschutzgesetz (KSG) – § 1 Zweck des Gesetzes.* https://www.gesetze-im-internet.de/ksg/__1.html. Zugegriffen am 19.12.2023.

BMUB. (2017). Bundesministerium für Umwelt, Naturschutz, Bau und Reaktorsicherheit. *Bewertungssystem Nachhaltiges Bauen (BNB) – Büro- und Verwaltungsgebäude – Modul Komplett-*

modernisierung. https://www.bnb-nachhaltigesbauen.de/fileadmin/steckbriefe/verwaltungsgebaeude/bestand___komplettmassnahme/v_2017/BNB_BK2017_516.pdf. Zugegriffen am 15.10.2023.

BMWSB. (2024). Bundesministerium für Wohnen, Stadtentwicklung und Bauwesen. *Nachhaltiges Bauen*. https://www.bmwsb.bund.de/Webs/BMWSB/DE/themen/bauen/bauwesen/nachhaltiges-bauen/nachhaltiges-bauen-node.html. Zugegriffen am 06.11.2024.

BNW: Baunetz-Wissen. (2024). *Kernsanierung*. https://www.baunetzwissen.de/glossar/k/kernsanierung-2300525. Zugegriffen am 06.04.2024.

Böttcher, K. (2013). *Immobilienbewirtschaftung: Facility Management für Betreiber und Eigentümer*. Springer Vieweg. ISBN:978-3-642-34988-2.

Buck. (2024). *Bestandspläne & Bestandsaufmass*. https://www.buck-vermessung.de/leistungen/ingenieurvermessung/bestandsplaene-bestandsaufmass/. Zugegriffen am 31.03.2023.

Cobe. (2024). *One person's trash is another person's treasure*. https://www.cobe.dk/projects/the-silo. Zugegriffen am 30.08.2024.

dena. (2023). *Digitale Bestandsaufnahme*. https://www.gebaeudeforum.de/wissen/digitale-methoden-und-tools/digitale-bestandsaufnahme/#. Zugegriffen am 18.03.2024.

DEOS. (2023). *Gebäudedigitalisierung für Bestandsgebäude und Neubau*. https://www.deos-ag.com/de/blog/gebaeudedigitalisierung/. Zugegriffen am 16.03.2024.

DGNB. (2018). *Flexibilität und Umnutzungsfähigkeit*. https://static.dgnb.de/fileadmin/dgnb-system/de/gebaeude/neubau/kriterien/03_ECO2.1_Flexibilitaet-und-Umnutzungsfaehigkeit.pdf. Zugegriffen am 19.12.2023.

DIN SPEC 91484. (2023). *Verfahren zur Erfassung von Bauprodukten als Grundlage für Bewertungen des Anschlussnutzungspotentials vor Abbruch- und Renovierungsarbeiten (Pre-Demolition-Audit)*. Beuth.

Erbstößer, A.-C. (2021). *Wohngebäude digitalisieren in drei Schritten – Leitfaden für die Hausverwaltung*. https://www.technologiestiftung-berlin.de/fileadmin/Redaktion/PDFs/Bibliothek/Studien/2022/220103_TSB_Leitfaden_Wohngebaeude-digitalisieren.pdf. Zugegriffen am 20.04.2024.

Europäischer Rat. (2024). *Ein europäischer Grüner Deal*. https://www.consilium.europa.eu/de/policies/green-deal/. Zugegriffen am 06.11.2024.

Friedrichsen, S. (2018). *Nachhaltiges Planen, Bauen und Wohnen: Kriterien für Neubau und Bauen im Bestand* (2. Aufl.). Springer Vieweg. ISBN:978-3662565520.

Götz, R. (2014). *Bauen im Bestand: Handbuch für das Planen und Ausführen von Umbau und Modernisierung*. Fraunhofer IRB. ISBN:978-3-8167-9117-5.

Gülck, K. H. (2022). Kreislauffähige Konzepte im Bauwesen – Gebäude als Materialdepots. In T. Kölzer (Hrsg.), *Nachhaltige und digitale Baukonzepte*. Springer Vieweg. ISBN:978-3-658-36775-6.

Häupl, H.-G. (2017). *Abbruch und Rückbau von Gebäuden: Technik und wirtschaftliche Aspekte*. Springer Vieweg. ISBN:978-3-658-14841-7.

Helmus, M., Meins-Becker, A., Kelm, A., & Koch to Krax, N. (2020). *Handelsempfehlung zur Digitalen Bestandserfassung*. https://biminstitut.uni-wuppertal.de/fileadmin/biminstitut/Download-Bereich/3D-Laserscan_Handlungsempfehlung_Bestanderfassung/200401_HE_Laserscan_Handlungsempfehlung.pdf. Zugegriffen am 19.03.2024.

Jones, S. (2022). *Nachnutzung: Neues Leben für ausgediente Gebäude*. https://www.autodesk.com/de/design-make/articles/nachnutzung. Zugegriffen am 15.10.2023.

Krippner, R., Kellner, K., & Schuler, A. (2016). *Nachhaltiges Bauen: Standards, Kriterien, Methoden*. Springer Vieweg. ISBN:978-3-658-11251-7.

Kurrer, K.-E., Ricker, K., & Eggert, E. (2013). *Bauwerkserhaltung: Instandsetzung, Instandhaltung und Modernisierung*. Springer Vieweg. ISBN:978-3-642-34988-2.

LfU: Landesamt für Umwelt Rheinland-Pfalz. (2024). *Abbruch und Rückbau Kreislaufwirtschaft-Bau*. https://kreislaufwirtschaft-bau.rlp.de/fachinformationen/abbruch-und-rueckbau/entkernung-und-selektiver-rueckbau-von-gebaeuden/. Zugegriffen am 06.04.2024.

Lindner. (2024). *Digitale Bestandsdokumentation – Digitales Aufmaß und 3D-Modell aus einer Hand.* https://www.lindner-group.com/de/kompetenzen/bauen-im-bestand/digitale-bestandsdokumentation. Zugegriffen am 15.03.2024.

Moschig, G. F. (2014). *Bausanierung: Grundlagen – Planung – Durchführung.* Springer Vieweg. ISBN:978-3-8348-1840-9.

Müller, C. (2017). *Rolle der Digitalisierung im Gebäudebereich – Eine Analyse von Potenzialen, Hemmnissen, Akteuren und Handlungsoptionen.* https://www.bmwk.de/Redaktion/DE/Publikationen/Studien/rolle-der-digitalisierung-im-gebaeudebereich.pdf?__blob=publicationFile&v=8. Zugegriffen am 22.03.2024.

Müntefering, U., & Dziggel, T. (2024). *Interview im September 2024 zum Bauen im Bestand und Umnutzungen bei der Ed. ZÜBLIN AG*; Angaben zum Interview können auf Anfrage zur Verfügung gestellt werden.

NCC. (2024). *Portland Towers.* https://www.ncc.dk/projekter/portland-towers2/. Zugegriffen am 30.08.2024.

Pache, V. (2021). *Darum brauchen wir eine Bauwende.* https://www.quarks.de/umwelt/darum-brauchen-wir-eine-bauwende/. Zugegriffen am 9.03.2024.

Pfeiffer, M. (2019). *Stuttgarter Bausachverständigentag 2019.* https://www.akbw.de/fileadmin/download/Freie_Dokumente/Fortbildung_IFBau/Bausachverstaendigentag_2019/Bausachverstaendigentag_2019_Pfeiffer.pdf. Zugegriffen am 28.04.2024.

Pfeiffer, N. (2022). *Bauen im Bestand – was bedeutet das eigentlich?* https://www.architektur-bauen-handwerk.de/bauen-im-bestand/. Zugegriffen am 21.12.2023.

Riethmüller, R. (2021). *Ökobilanz im Vergleich – Sanierung ist besser als Abriss.* https://www.meistertipp.de/aktuelles/news/oekobilanz-im-vergleich-sanierung-ist-besser-als-abriss/. Zugegriffen am 27.03.2024.

RUB: Ruhr-Universität Bochum. (2024). *Sakralität im Wandel: Religiöse Bauten im Stadtraum des 21. Jahrhunderts in Deutschland.* https://sawa.ceres.rub.de/de/glossar/umnutzung/. Zugegriffen am 27.05.2024.

Son, H., Bosché, F., & Kim, C. (2015). *As-built data acquisition and its use in production monitoring and automated layout of civil infrastructure: A survey.* https://www.sciencedirect.com/science/article/abs/pii/S147403461500021X. Zugegriffen am 08.11.2024.

Tichelmann, K., Blume, D., & Ringwald, T. (2019). *Deutschlandstudie 2019 Wohnraumpotenziale von „Nichtwohngebäuden".* https://www.tu-darmstadt.de/media/daa_responsives_design/01_die_universitaet_medien/aktuelles_6/pressemeldungen/2019_3/Tichelmann_Deutschlandstudie_2019.pdf. Zugegriffen am 28.04.2024.

Warda, G. (2023). *Daten für das Bauen im Bestand – IT-gestützt zur Entscheidungsgrundlage.* https://wohnungswirtschaft-heute.de/daten-fuer-das-bauen-im-bestand-it-gestuetzt-zur-entscheidungsgrundlage/. Zugegriffen am 16.12.2023.

Wüntsch, W., & Roser, H. (2013). *Innerstädtische Wohngebiete im Fokus des Stadtumbaus: Handlungsansätze für die kommunale Praxis.* https://mil.brandenburg.de/sixcms/media.php/9/Dialog_Stadtumbau_Innenstadt_Wohngebiete_web.pdf. Zugegriffen am 15.04.2024.

Ygitbas, E., Nowosad, A., & Engels, G. (2023). *Supporting Construction and Architectural Visualization Through BIM and AR/VR: A Systematic Literature Review.* https://link.springer.com/chapter/10.1007/978-3-031-42283-6_8. Zugegriffen am 17.09.2024.

Zeiss. (2024). *Photogrammetrie: vom einfachen Foto zum 3D-Messbericht.* https://www.zeiss.de/messtechnik/systeme/optische-3d-messtechnik/3d-photogrammetry.html. Zugegriffen am 16.03.2024.

ZÜBLIN. (2023). *DIEAG feiert symbolischen Spatenstich für Berliner Quartiersentwicklungsprojekt BE-U | Behrens-Ufer.* https://newsroom.zueblin.de/news-dieag-feiert-symbolischen-spatenstich-fuer-berliner-quartiersentwicklungsprojekt-be-u-behrens-ufer?id=188099&menueid=28163&l=deutsch. Zugegriffen am 5.08.2024.

Nachhaltige Kapazitätsanpassungen von Straßenverkehrsräumen – Priorisierung emissionsarmer Mobilität mithilfe digitaler Konzepte

Miriam Sonnak

Mobilität ist durch den hohen Stellenwert der individuellen Fortbewegung, der einfachen Erreichbarkeit verschiedener Ziele sowie ihrer wirtschaftlichen Bedeutung unverzichtbar. Viele der heutigen Verkehrsmittel verursachen jedoch einen großen Anteil der global ausgestoßenen Treibhausgase und steuern damit zur Klimakrise bei. Auch der Ressourcenverbrauch und die energiebedingten Emissionen für den Bau und Erhalt von Transportnetzen und den dazugehörigen Infrastrukturbauwerken ist nicht zu vernachlässigen. Dieser Beitrag beleuchtet, wie mithilfe digitaler Ansätze Verkehrskonzepte zur Reduktion von Umwelteinflüssen entwickelt werden können. Vorrangig wird auf die Entscheidungen bezüglich der Fortbewegung im städtischen Umfeld eingegangen. Im Fokus stehen dabei agentenbasierte Modelle, die es im Kontext nachhaltiger Mobilitätskonzepte erlauben, innovative Entscheidungsräume zu betrachten. Als praxisnahes Beispiel wird hierfür die Fallstudie *E-Bike-City* herangezogen. Sie zeigt auf, wie eine neue Aufteilung des Straßenverkehrsraumes die Nutzung von emissionsärmerer Mobilität wie bspw. zu Fuß gehen, Fahrradfahren, kleine Elektrofahrzeuge und den öffentlichen Verkehr fördern kann. Der Effekt einer Priorisierung von emissionsarmer Mobilität kann mithilfe von Simulationen und dem Vergleich mit einem Referenzszenario quantifiziert werden. Für die Umsetzung von Simulationen im Rahmen der Fallstudie *E-Bike-City* wird eine Software genutzt, die mithilfe eines koevolutionären Algorithmus sowohl die Verkehrssituation als auch mobilitätsbezogene Entscheidungen der Verkehrsteilnehmenden berücksichtigt. Ergebnis der Simulation ist ein Nutzeroptimum, das sich neuen Randbedingungen der Infrastruktur und

---

M. Sonnak (✉)
Geschäftsbereich Infrastruktur- und Verkehrsbau, EBP Schweiz AG, Zürich, Schweiz
E-Mail: miriam.sonnak@ebp.ch

© Der/die Autor(en), exklusiv lizenziert an Springer Fachmedien Wiesbaden GmbH, ein Teil von Springer Nature 2025
T. Kölzer (Hrsg.), *Nachhaltige und digitale Baukonzepte 2*,
https://doi.org/10.1007/978-3-658-47573-4_4

des Verkehrsangebotes anpasst. Das in diesem Beitrag vorgestellte Konzept liefert einen nachhaltigen Ansatz, um zukunftsfähige Mobilitätsszenarien für bestehende urbane Gebiete zu prognostizieren.

1 Mobilität und Infrastruktur im Kontext der Klimakrise

Laut dem *Intergovernmental Panel on Climate Change (IPCC)* stammen 23 % der globalen energiebedingten Emissionen aus dem Transportsektor, wovon wiederum 70 % dem Straßenverkehr zuzuordnen sind (IPCC, 2022, S. 1052). Für eine Minderung der Emissionen wurde bisher vor allem auf die Elektrifizierung von Fahrzeugen und alternative Treibstoffe gesetzt. Zunehmend werden jedoch auch systematische Veränderungen von Infrastruktursystemen gefordert. Entsprechende Ansätze sollen eine Reduzierung der Mobilitätsnachfrage ermöglichen und damit zur Verminderung des Energieverbrauchs bzw. den daraus entstehenden Emissionen beitragen (IPCC, 2022, S. 1052).

Auch der Bau und Erhalt von Infrastruktur beeinträchtigt das Klima, da für entsprechende Bauwerke große Mengen an Materialien benötigt werden. Darüber hinaus sind in vielen Fällen klimaintensiv hergestellte Baustoffe wie Beton und Bitumen noch nicht zu ersetzen oder gar zu vermeiden, um dem heutigen Anspruch an die Qualität und technischen Standard der Infrastruktur zu genügen. Auch zur Verknappung von natürlichen Ressourcen wie Sand und Kies trägt der Infrastrukturbau maßgeblich bei (UNEP, 2019). Darüber hinaus greifen große Bauwerke vielfach tief in natürliche Lebensräume ein, z. B. wenn sie Wildtierkorridore schneiden und ökologische Habitate stören. Auch für Menschen können große Straßen und Bahnlinien räumliche Barrieren bedeuten bzw. die Wohnqualität in ihrer unmittelbaren Nähe durch Lärm, Verschattung oder Luftverschmutzung eingeschränkt werden. Da Verkehrsinfrastrukturen und die mit ihnen einhergehende Mobilität ein integraler Bestandteil individueller und wirtschaftlicher Prozesse sind, erlauben sie bei guter bzw. sinnvoller Erschließung einen hohen Lebensstandard und tragen somit auch zu sozialer und wirtschaftlicher Nachhaltigkeit bei (SNBS, 2020). Daher ist es überaus wichtig sich an zeitgemäßen und insbesondere auch generationsgerechten Konzepten zu orientieren.

Mobilität im wirtschaftlichen Kontext und Beeinflussung der Verkehrsnachfrage zur Reduktion der Klimaauswirkungen

Wirtschaft, Infrastruktur und Mobilität haben sich historisch parallel entwickelt und so die heutige anthropogene Flächennutzung mitgeprägt. Ein anschauliches Beispiel, wie Infrastruktur und Mobilität urbane Lebensräume geformt haben, ist die Entwicklung US-amerikanischer Metropolen in der Zeit der wachsenden Nachkriegswirtschaft. Durch den zunehmenden Besitz von Automobilen sowie eine vereinfachte Finanzierung von Eigenheimen entstand die Möglichkeit für viele Haushalte in ruhige Vorstädte zu ziehen. Dies führte jedoch zu einer Vernachlässigung und damit einhergehenden Verschlechterung der Lebensqualität in den Bezirken nahe der Innenstädte sowie zu Staus auf Verbindungsstraßen. Autobahnen sollten diesbezüglich die Innenstädte durch eine verbesserte Anbindung revitalisieren und das Stauproblem mithilfe ingenieurtechnischer Ansätze lösen. Mit dem Gesetz zur Finanzierung des Ausbaus der *Interstate Highways* von 1956 wurde Kommunen 90 % der Kosten für den Autobahnbau abgenommen (SHO, 2024) – was deutlich attraktiver war, als in den öffentlichen Verkehr zu investieren. Dies führte zu einer zunehmenden Zersiedlung mit Einkaufszentren und Industrieparks entlang der Autobahnen sowie zu einer starken Abhängigkeit von Autos als Fortbewegungsmittel in US-amerikanischen Metropolregionen (Fishman, 2000, S. 201–202). Diese durch schnelles wirtschaftliches Wachstum geprägten Städte schneiden auch heute im globalen Vergleich in Bezug auf wirtschaftliche Indikatoren weiterhin gut ab, wie die Ergebnisse des *Cities in Motion Index*[1] zeigen (IESE, 2024). Die ökologische Performance ist dagegen schlechter bewertet. Dieses Bewertungskriterium ist im Index größtenteils durch Treibhausgas- und Feinstaubwerte definiert, zu denen der Verkehr in einer Stadt maßgeblich beiträgt. Auch wenn europäische Städte auf ökologischer Ebene besser bewertet werden, die Zersiedelung zudem weniger extrem und der öffentliche Verkehr weiter ausgebaut ist, müssen auch hier Maßnahmen zur Senkung des Beitrags des Verkehrs zur Klimakrise diskutiert bzw. ergriffen werden. In stark wachsenden Städten des globalen Südens besteht darüber hinaus die große Herausforderung wirtschaftliches Wachstum weiter zu ermöglichen und gleichzeitig einer Abhängigkeit von energie- und flächenintensiven Transportmitteln vorzubeugen.

Um nachhaltigere Formen von Mobilität zu finden, ist es wichtig, diese nicht nur als eine wirtschaftliche Ressource oder eine Quelle von Emissionen zu verstehen, sondern auch das Grundbedürfnis nach Bewegungsfreiheit zu berücksichtigen. Da mobilitätsbezogene Entscheidungen auf individueller Ebene verhaltensökonomischen Grundsätzen unterliegen, lassen sie sich zu großen Teilen durch die Nutzenmaximierung von Individuen erklären (homo oeconomicus). So berücksichtigen Menschen am stärksten die sog. internen Kosten bzw. den Nutzen ihrer Entscheidungen, wie Reisezeiten, Fahrzeuganschaffungen, Fahrkartenpreise, Wohnmieten, Gehalt an bestimmten Arbeitsplätzen oder aber auch den empfundenen Nutzen von Zeitersparnissen und Freizeitaktivitäten. Externe Kosten hingegen, wie Schäden an Natur und Landschaft, z. B. durch Luftverschmutzungen oder aufgrund von Lärm und Unfällen werden weniger auf individueller Ebene gewichtet und müssen i. d. R. kollektiv von der Gesellschaft getragen werden (ARE, 2023, S. 5). Daneben bestimmt Mobilität auch maßgebend die Wirtschaftsleistung einer Region und bringt somit auch eine großen gesellschaftlichen Nutzen. Von aktiver Mobilität, z. B. zu Fuß gehen oder Fahrradfahren, profitieren Einzelpersonen und die Gesellschaft als Gan-

---

[1] Der *Cities in Motion Index* der *IESE Business School University of Navarra* vergleicht 183 Städte bezüglich folgender Schlüsseldimensionen: menschliches Kapital, sozialer Zusammenhalt, Wirtschaft, Verwaltung, Umwelt, Mobilität und Verkehr, Stadtplanung, internationales Profil und Technologie. Der Index dient als objektiver Maßstab für die Zukunftsfähigkeit und Lebensqualität in Städten (IESE, 2024).

zes, denn sie trägt mit ihren positiven Auswirkungen auf die Gesundheit zu höherer Produktivität und geringeren Gesundheitskosten bei (ARE, 2023, S. 6).

Durch die angedeutete Nutzenmaximierung der Verkehrsteilnehmenden stellt sich nun ein Gleichgewichtszustand der Mobilitätsnachfrage ein, der bereits 1952 von Wardrop beschrieben wurde und als *Nutzeroptimum* bekannt ist (Wardrop, 1952, S. 345). Dieses Optimum ist dadurch definiert, dass alle Verkehrsteilnehmenden die schnellsten bzw. für sie kostengünstigsten Wege in einem frequentierten Straßennetz gefunden haben. Das Gleichgewicht wird von Faktoren beeinflusst, die man dem Angebot oder der Nachfrage von Mobilität zuordnen kann. Das Angebot ist charakterisiert durch die gegebene Infrastruktur, den Besitz von Fahrzeugen, durch Anbieter im öffentlichen Verkehr, aber auch durch Taxis oder Sharing-Dienste. Als Nachfrage wird die Nutzung dieses Angebots an Fortbewegungsmöglichkeiten bezeichnet, welche durch die in Form von Verkehrszählungen und Kundendaten messbar ist.

Das zuvor erwähnte Nutzeroptimum, das sich nun bei einem bestimmten Angebot einstellt, wird zudem durch Verfügbarkeit, Kosten, Gesetze und Richtlinien bestimmt. Um ein bestehendes Gleichgewicht beispielsweise in eine nachhaltigere Richtung zu verschieben, gibt es eine Vielzahl von Möglichkeiten. So kann u. a. die mobilitätsrelevante Verfügbarkeit durch das Errichten oder Entfernen von Infrastruktur, wie Straßen, Gleisen, Parkplätzen oder Ladestationen verändert werden. Auch die Anzahl und Größe von Fahrzeugen in den Flotten von öffentlichen Verkehrsmitteln, Taxis und Sharing-Anbietern beeinflussen die Verfügbarkeit von Mobilität. Beispiele für die Steuerung durch Kosten sind u. a. Mautabgaben, Parkgebühren, Abgaben für Treibstoffe oder Fahrkartenpreise. Auf der Ebene von Gesetzen und Richtlinien sind darüber hinaus Geschwindigkeitsbegrenzungen, Umweltzonen oder Fahrverbote relevante Möglichkeiten zur Steuerung des Nutzeroptimums.

Induzierter Verkehr durch verbesserte Verkehrsbedingungen

Soll nun das oben beschriebene Nutzeroptimum verschoben werden, um z. B. die Emissionen in einer Stadt zu reduzieren, ist auch der Zeithorizont der Beeinflussung des Nutzeroptimums zu beachten. Gibt es auf einer Teilstrecke im Verkehrsnetzwerk bspw. einen Engpass, der durch zusätzliche Kapazitäten kurzfristig behoben wird, verkürzen sich Reisezeiten auf diesem Abschnitt. Somit steigt die Attraktivität dieser Strecke, was auf längere Sicht zur Zunahme der Nachfrage durch mobile Personen führt. Man spricht bei diesem Phänomen von *induziertem Verkehr*. Die zusätzliche Nachfrage kann jedoch an derselben oder aber auch an einer anderen Stelle im System wieder zu einem neuen Engpass führen. Eine Vergrößerung der Kapazitäten bringt auf lange Sicht also nicht immer den gewünschten Effekt von flüssigerem Verkehr. Das Prinzip des induzierten Verkehrs lässt sich aber auch umkehren. Werden Kapazitäten reduziert oder das Zurücklegen von Wegen auf andere Art weniger attraktiv gestaltet, kann auch eine Reduktion der Verkehrsnachfrage beobachtet werden (Cairns et al., 1998, S. 14).

Um das Ausmaß von induziertem Verkehr zu prognostizieren, kann die entsprechende Veränderung der Nachfrage mithilfe von *Elastizitäten* quantifiziert werden. Elastizitäten drücken aus, wie stark sich eine beobachtete Variable als Reaktion auf die Veränderung einer anderen Variable ändert. Dabei ist es wichtig, auch weitere Randbedingungen zu kennen, da diese ebenfalls die Reaktion beeinflussen oder einschränken können. Je größer der Betrag der Elastizität, umso empfindlicher reagiert die beobachtete Variable. Elastizitäten können positiv oder negativ ausfallen. So resultiert beispielsweise eine Verringerung der Nachfrage als Reaktion auf steigende Preise in einem negativen Elastizitätswert, eine größere Nachfrage in Folge der Erhöhung von Kapazitäten in einem positiven Wert. Als Beispiel aus der Praxis sind in Tab. 1 Nachfrageelastizitäten für den motorisierten Individualverkehrs (MIV) und den öffentlichen Verkehr (ÖV) abhängig von der Veränderung der Fahrtzeit und der Kosten in der Schweiz aufgeführt (ARE, 2024). Dafür wurde als Maß für die Veränderung der Nachfrage die Auswirkung auf den sog. *Modal Split* beobachtet.

Der *Modal Split* beschreibt, welcher Teil an der Gesamtheit der Wege mit welchem Verkehrsmittel zurückgelegt werden (Englisch: mode of transport = Verkehrsmittel, split = Anteil). Damit wird auf übergeordneter Ebene die Verkehrsmittelwahl beschrieben, weswegen der *Modal Split* häufig herangezogen wird, um die Nachfrage für die Nutzung eines bestimmten Verkehrsmittels auszudrücken.

Die aus der Studie für die Schweiz gewonnenen Elastizitäten in Tab. 1 sind negativ, das heißt, sowohl für den MIV als auch für den ÖV verringert sich der *Modal Split* bei einer Erhöhung der Fahrtzeit oder der Kosten. Im Fall des MIV kann abgelesen werden, dass eine Verlängerung der Fahrtzeit um 10 % den *Modal Split* für den MIV um 1,7 % verringert (10 % × − 0,17 = − 1,7 %). Bei einer Verlängerung der Fahrtzeit mit dem ÖV um 10 % sinkt der *Modal Split* des ÖV dagegen um 5,3 % und reagiert somit empfindlicher als der MIV.

Um nun Umweltbelastungen durch die Wahl der Verkehrsmittel zu reduzieren, helfen die hier beschriebenen Elastizitäten, den Hebel von verkehrspolitischen Maßnahmen bzw. ihre Wirksamkeit abzuschätzen. Zu berücksichtigen ist jedoch immer, dass die konkreten Werte stark vom untersuchten Kontext und den erhobenen Daten abhängig sind und auch, dass sie nicht beliebig auf andere Regionen und Planungsräume übertragen werden können. Zudem beeinflussen sie sich gegenseitig bei der Kombination von verschiedenen Veränderungen. Daher sind häufig genauere Untersuchungen und Simulationen der lokalen Verkehrssituation und der mobilitätsbezogenen Entscheidungen nötig, um für konkrete Fälle die Auswirkungen von Maßnahmenpaketen abzuschätzen.

Tab. 1 Nachfrageelastizität des MIV und ÖV bzgl. Fahrtzeit und Kosten in der Schweiz. (ARE, 2024, S. 15)

Verkehrsmittel	Attribut	Nachfrageelastizität
MIV	Fahrtzeit	− 0,17
	Treibstoffkosten	− 0,04
ÖV	Fahrtzeit	− 0,53
	Reisekosten	− 0,42

Zur Reduzierung des Beitrags des Verkehrssektors zur Klimakrise sollten die Bereiche Infrastruktur und Mobilität stets gemeinsam betrachtet werden. Dazu kommt, dass bei der Nutzung von Infrastruktur und Fortbewegungsmethoden der menschliche Faktor eine entscheidende Rolle spielt. Im Folgenden sind diesbezüglich digitale Planungsmethoden beschrieben, die zur Lösungsfindung der zuvor angedeuteten Herausforderungen herangezogen werden können.

2 Optimierung von Verkehrsplanungsprozessen durch agentenbasierte Simulationen

Wie in vielen anderen Planungsbereichen werden auch in der Verkehrsplanung Modelle genutzt, um Ist-Zustände in Systemen zu analysieren und Vorhersagen bezüglich Veränderungen von Einflussgrößen zu machen.

Im Fall von Verkehrsmodellen ist es u. a. wichtig – abhängig von der zur untersuchenden Fragestellung – den Detaillierungsgrad eines Modells zu wählen. Interessiert man sich bspw. für einzelne Fahrten oder Wege von Verkehrsteilnehmenden, benötigt man *mikroskopische* Modelle. Hier wird der Verkehrsfluss auf Fahrzeugebene dargestellt, z. B. das Hintereinanderfahren von einzelnen Fahrzeugen, Spurwechsel, verschiedene Phasen von Lichtsignalen oder das Beschleunigen und Abbremsen von Verkehrsteilnehmenden. Für die Kalibrierung solcher Modelle werden viele Fahrzeug- und Verhaltensparameter benötigt, wie z. B. die Reaktionszeit der Fahrenden oder die Maximalgeschwindigkeit und das Beschleunigungsvermögen von verschiedenen Fahrzeugtypen.

Alternativ zur mikroskopischen Betrachtungsweise können auch *makroskopische* Modelle genutzt werden, u. a. wenn einzelne Fahrzeuge und Verkehrsteilnehmenden nicht individuell analysiert werden müssen und bspw. nur der Verkehrsfluss insgesamt auf einem Streckenabschnitt wichtig ist. In solchen Fällen wird der Verkehrsfluss – analog zu Flüssigkeiten in Bewegung – durch den Durchfluss (z. B. Fahrzeuge pro Stunde), die Dichte (z. B. Fahrzeuge pro Kilometer) und die Durchschnittsgeschwindigkeit der Fahrzeuge charakterisiert. Makroskopische Modelle ermöglichen Berechnungen mit geringerem Aufwand als bei der Betrachtung auf mikroskopischer Ebene. Die Infrastruktur wird in Zellen aufgeteilt, also Streckenabschnitte mit ähnlichen Eigenschaften. Die Kapazitäts- und Geschwindigkeitsgrenzen einer Zellen haben Einfluss auf den Verkehrsfluss.

Bevor der Verkehrsfluss selbst modelliert werden kann, muss als Grundlage neben den Eigenschaften der Infrastruktur auch die Verkehrsnachfrage als Eingangsgröße bekannt sein. Im Folgenden werden zwei verschiedene Methoden für die Abschätzung dieser Modellgrundlage beschrieben.

Das klassische Verkehrsplanungsmodell: *Vier-Stufen-Modell*

Es gibt verschiedene Möglichkeiten eine Verkehrsnachfrage abzuschätzen. Eine länger etablierte Methode ist das seit den 1960er-Jahren genutzte *Vier-Stufen-Modell* (de Dios Ortúzar & Willumsen, 2011, S. 21). Die vier Stufen werden im Folgenden erläutert und in Abb. 1 dargestellt.

In der ersten Stufe (Verkehrserzeugung) werden Fahrten und Wege durch ihre Ausgangs- und Endpunkte in einem Raster aus Zonen definiert. Diesen Punkten kann auch ein Zweck des Aufenthalts bzw. eine Aktivität zugeordnet werden. Grundlegende Aktivitäten sind Wohnen, Arbeiten, Freizeit oder Einkaufen. Bei der Verkehrsverteilung (zweite Stufe) werden der Quell- und Zielverkehr jeder Zone bestimmt und bei der Verteilung einander zugeordnet. In der dritte Stufe werden für jede Quell-Ziel-Beziehung anhand von Entscheidungsmodellen die Verkehrsmittel gewählt (*Modal Split*) und in der vierten Stufe im Rahmen der Umlegung auf das zugehörige Netzwerk die Routen festgelegt. Da es üblicherweise für jedes Verkehrsmittel mehrere Alternativrouten gibt, um zwei Punkte zu verbinden, wird die Routenwahl basierend auf einer *Kostenfunktion* getroffen. Häufig wird dabei die Unterwegszeit als Kostenfaktor am stärksten gewichtet. Verkehrsmittel und Routen mit kürzerer Unterwegszeit haben also niedrigere Kosten bzw. einen höheren Nut-

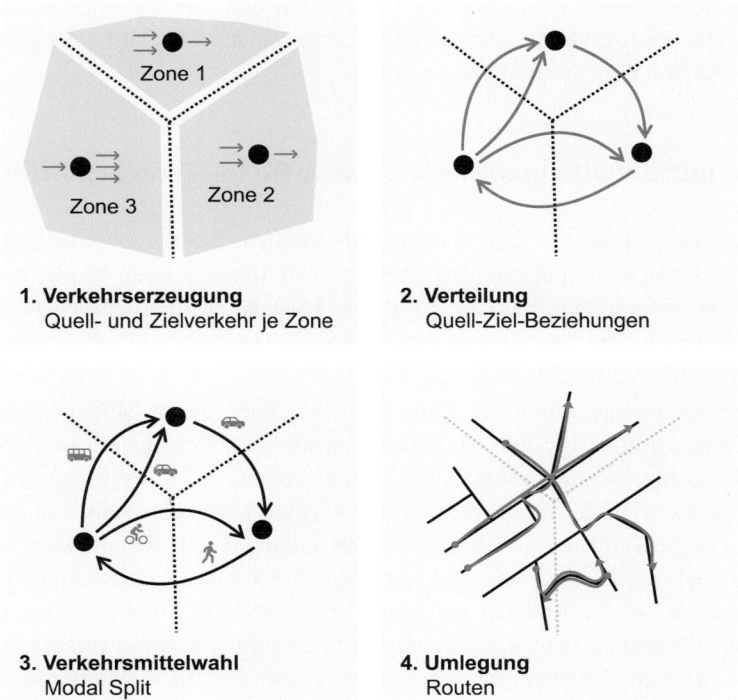

Abb. 1 Vier-Stufen-Modell. (Eigene Darstellung nach de Dios Ortúzar & Willumsen, 2011, S. 21)

zen und werden mit einer höheren Wahrscheinlichkeit im Modell gewählt. Schlussendlich ist für jede Fahrt festgelegt, wann und wo sie beginnt und welche Route geplant ist.

Darauf aufbauend kann der resultierende Verkehrsfluss simuliert werden. Daraus lassen sich verschiedenste Ergebnisgrößen ableiten, wie beispielsweise die zurückgelegte Strecke, Unterwegszeit oder Durchschnittsgeschwindigkeiten von Fahrten oder auf Streckenabschnitten. Aus den Geschwindigkeitsprofilen von Fahrzeugen können zudem die Emissionen einer Fahrt berechnet werden. Die beobachteten Unterwegszeiten können für die Kostenberechnung bei der Verkehrsmittel- und Routenwahl genutzt werden oder um die Erreichbarkeit von Zonen zu klassifizieren. Vergleiche von Verkehrszählungen aus der Simulation und aus der Realität dienen der Kalibrierung und Validierung von Nachfrage- und Routenwahlmodellen.

Sollen über die Analyse des Ist-Zustandes hinaus die Auswirkungen von Veränderungen abgeschätzt werden, eignet sich das beschriebene Vier-Stufen-Modell besonders, um potenzielle Veränderungen der Verkehrsmittel- und Routenwahl abzubilden. Es lässt sich also beispielsweise gut berechnen, welche Auslastung auf einer neuen Umfahrungsstraße zu erwarten ist oder wie sich der *Modal Split* verändert, wenn z. B. Parkgebühren erhöht werden. Dagegen ist bei Veränderungen, die die Quell- Zielbeziehung von Wegen oder den Zeitpunkt eines zurückzulegenden Weges betreffen, eine Neuberechnung der Verkehrsnachfrage mit dem Vier-Stufen-Modell eher aufwendig. Soll beispielsweise der Effekt von neuen Sharing-Stationen oder Mobility-Hubs untersucht werden, verschieben sich die Ausgangs- und Zielpunkte der Fahrten ggf. in eine andere Zone und viele Berechnungsschritte im Modell müssen wiederholt werden.

Agenten- und aktivitätenbasierte Modelle für die Verkehrsnachfrage

Eine Alternative zum klassischen Vier-Stufen-Modell zur Bestimmung der Verkehrsnachfrage ist die Kombination agentenbasierter und aktivitätenbasierter Modellierungen mit Verkehrssimulationen. Die Verknüpfung dieser Modelle eröffnet weitere Potenziale für verkehrsplanerische Studien, die mit dem *Vier-Stufen-Modell* nicht oder mit nur mit größerem Aufwand durchführbar sind.

Als Agenten werden autonome Einheiten bezeichnet, die in Modellen eigenständig Entscheidungen treffen. Im Fall von Verkehrsnachfragemodellen sind somit Personen in einem Untersuchungsraum im Modell als Agenten mit einem Set von Eigenschaften repräsentiert. Die Auswahl der Eigenschaften der Agenten hängt einerseits von den Modellvariablen (Einflussgrößen auf das Mobilitätsverhalten) ab, andererseits von demografischen Analysen. Eine weitere wichtige Basis sind die alltäglichen Aktivitäten der Personen, die auch auf die Agenten übertragen werden, da das Bedürfnis nach Mobilität hauptsächlich daraus entsteht, dass Personen im Laufe ihres Tages an verschiedenen Orten Aktivitäten ausüben (Arbeiten, Erledigungen, Freizeit). Für die Simulation werden Informationen aller Agenten in sogenannten Populationen zusammengeführt und gespeichert. Eine Population ist ein Verzeichnis aller Agenten mit ihren individuellen Eigenschaften und einem *Plan* an Aktivitäten, die durch Wege verbunden sind. So wird es ermöglicht, Entscheidungen von einzelnen Agenten zu modellieren. Um eine künstliche Population von Agenten zu erstellen, die die Bevölkerung in einer zuvor definierten Region repräsentiert, können beispielsweise Ergebnisse von Haushaltsumfragen zum Mobilitätsverhalten genutzt werden. Während das *Vier-Stufen-Modell* hauptsächlich die Wahl des Verkehrsmittels und der Route ermöglicht, erlauben es agenten- und aktivitätenbasierte Modelle weitere Entscheidungsmöglichkeiten abzubilden, wie beispielsweise die Abfahrtszeit oder den Ort, an dem eine Aktivität ausgeübt wird. Somit ist es möglich ein breiteres Spektrum von verkehrspolitischen Maßnahmen zu untersuchen. Für die hier theoretisch beschriebene Kombination aus Entscheidungsmodellen und Verkehrssimulation wird nachfolgend erläutert, wie sie in der Software *MATSim (Multi-Agent Transport Simulation)* in einer Simulation zusammengeführt werden können. Im darauffolgenden Kapitel wird ein Anwendungsbeispiel beschrieben, dass diese Methode nutzt, um nachhaltigere Straßenverkehrsräume zu planen.

Koevolutionäre Optimierung mithilfe von *MATSim*

MATSim ist eine Open-Source-Software, welche die zuvor beschriebenen agenten- und aktivitätenbasierte Entscheidungsmodelle und die damit verbundenen Simulationen von Verkehrsflüssen auf mikroskopischer Ebene kombiniert (Horni et al., 2016, S. 4). Ziel von Studien mithilfe von *MATSim* ist es, unter den oben erläuterten Randbedingungen eines Angebots (Straßennetz, öffentlicher Nahverkehr, Orte für Aktivitäten) und der Nachfrage (Pläne der Agenten in der Population) das entsprechende Nutzeroptimums zu finden und zu analysieren. Grundlegend für das Finden eines Optimums ist der iterative, *koevolutionäre Algorithmus* von *MATSim*.

Koevolutionäre Algorithmen gehören zu den *evolutionären Algorithmen*,[2] mit denen näherungsweise Lösungen zu komplexen Optimierungsproblemen durch die Imitation natürlicher Evolutionsprozesse gefunden werden können (Weicker, 2015). Die Mutation von Eigenschaften der Individuen einer Spezies sowie die Selektion und Rekombination bei der Fortpflanzung führt über Generationen zu einer Anpassung an ihre Lebensumstände. Analog werden bei evolutionären Algorithmen Lösungskandidaten in Teilen zufällig verändert. Anhand einer Hilfsfunktion wird ihr Erfüllungsgrad des Optimierungsproblems bewertet und in Abhängigkeit des Ergebnisses ausgewählt, um mit anderen Lösungsvarianten zu einer neuen Lösungsvariante kombiniert zu werden. In Analogie zu natürlichen Prozessen wird deutlich: Besteht in einem ökologischen System bspw. eine Beziehung zu einer anderen Spezies, dann bestimmt die Entwicklung einer Spezies die Lebensumstände der anderen Spezies mit – und umgekehrt. Man spricht in solchen Fällen

---

[2] Evolutionäre Algorithmen wurden bereits in der ersten Auflage des Sammelwerks *Nachhaltige und digitale Baukonzepte* behandelt. Im Beitrag von Christina Rullán Lemke geht es um Optimierungspotenziale in der Solararchitektur (Rullán Lemke, 2022).

von *Koevolution*. Auch Optimierungsprobleme, z. B. für Lösungsansätze neuer bzw. innovativer Straßenverkehrsräume, können sich gegenseitig beeinflussen und durch koevolutionäre Algorithmen gelöst werden. Sie bestehen aus mehreren evolutionären Algorithmen, die wiederum durch weitere Bedingungen verknüpft sind.

Über viele Iterationen hinweg konvergieren verschiedene Lösungsvarianten, sodass sie sich immer weiter einem Optimum nähern. Anders als bei Algorithmen der Maschinenintelligenz, z. B. für das *Generative Design*,[3] werden jedoch nicht viele Lösungen produziert, sondern lediglich ein Ergebnis. Ist bei mehreren Durchläufen des evolutionären oder koevolutionären Algorithmus das Ergebnis ähnlich, kann es als robust eingestuft werden.

Im Fall von *MATSim* werden die Tagesabläufe bzw. Pläne aus Aktivitäten und Wegen einzelner Agenten der Population optimiert, sodass für die Agenten der größte Nutzen bzw. die geringsten Kosten entstehen. Es handelt sich dabei um eine koevolutionäre Optimierung, da die Agenten als Verkehrsteilnehmende um Kapazitäten im Netzwerk konkurrieren. Der Verbrauch von Kapazitäten ist daran gebunden, wie viel Zeit und Raum von den Verkehrsteilnehmenden belegt wird, was wiederum von verschiedenen Einflussgrößen abhängt. Je nachdem, mit welchem Verkehrsmittel Agenten unterwegs sind, verbrauchen sie mehr oder weniger Platz oder können sich schneller oder langsamer auf den von ihnen nutzbaren Abschnitten des Netzwerkes fortbewegen. Wenn sie gleichzeitig mit anderen Agenten an einem Ort im Netzwerk sind, konkurrieren sie beispielsweise um Platz auf einer simulierten Straße. Wenn dieser jedoch bereits knapp ist, entsteht eine Stausituation, durch den nicht nur die eigene Unterwegszeit, sondern auch die der anderen Agenten verlängert wird. In diesem Sinne interagieren die Agenten und beeinflussen gegenseitig ihre Randbedingungen. Wie in Abb. 2 dargestellt, werden in der Simulation mit *MATSim* für die gesamte Population von Agenten initiale Pläne bzw. Tagesabläufe benötigt, um die resultierenden Verkehrsflüsse zu bestimmen. In einer nächsten Iteration kann basierend auf den simulierten Verkehrsverhältnissen ein zufällig ausgewählter Teil der Populationen seine Pläne optimieren (Neuplanung) und die Verkehrssimulation wird mit diesen teilweise neuen Angaben ausgeführt. Die Iterationsschleife wird solange durchlaufen, bis sich annähernd ein Gleichgewicht eingestellt hat, also nur noch minimale Änderungen zwischen den Iterationen bestehen. Die Pläne der Agenten in diesem Zustand sind die näherungsweise optimalen Lösungsvarianten im Rahmen der gegebenen Veränderungsmöglichkeiten.

---

[3] Im Sammelwerk behandeln die Beiträge von Paula Strempel und Lennart Woock das Thema *Generative Design*.

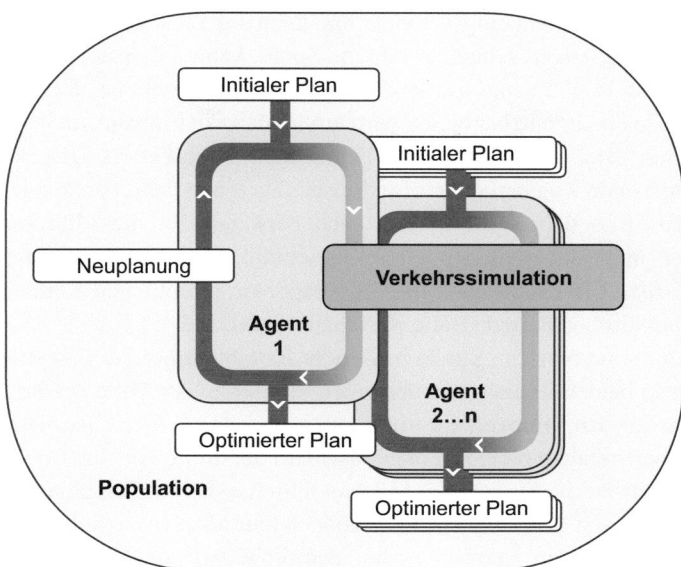

Abb. 2 Koevolutionärer Algorithmus in MATSim. (Eigene Darstellung in Anlehnung an Horni et al., 2016, S. 7)

3 Anwendungsbeispiel *E-Bike-City*, Zürich

Ein Beispiel für die Anwendung agentenbasierter Modellierung und anderer digitaler Planungswerkzeuge für eine nachhaltigere urbane Mobilität ist das *E-Bike-City*-Projekt (E-Bike-City, 2023). In dieser Fallstudie der *ETH Zürich* wird aufgezeigt, wie in der Stadt Zürich und ihrem näherem Umkreis mit verhältnismäßig kurzfristig Veränderungen an der Infrastruktur Verhaltensänderungen bei der Verkehrsmittelwahl bewirkt werden können. Durch die Wahl emissionsarmer Verkehrsmittel soll die Umweltbelastung durch den städtischen Verkehr reduziert werden. Der besondere Fokus des Projekts liegt dabei auf Mikromobilität, worunter der Fuß- und Fahrradverkehr, aber auch andere platzsparende (elektrisch angetriebene) Fahrzeuge wie Scooter und Lastenräder zusammengefasst werden. Die Grundidee ist, das Prinzip des *induzierten Verkehrs* (siehe Kap. 1) indem etwa die Hälfte der heute vom MIV genutzten Verkehrsflächen nur noch für Mikromobilität freigegeben werden.

Durch die Reduzierung der Kapazitäten für den MIV würden sich bei gleichbleibender Anzahl von Autos auf den Straßen lange Staus bilden und sich die Fahrzeiten stark verlängern. Mit längeren Fahrzeiten steigen auch die (empfundenen) Kosten einer Fahrt mit dem Auto. In Folge dessen werden umweltfreundlichere Verkehrsmittel wie das Fahrrad oder der öffentliche Verkehr im Vergleich attraktiver und das zuvor erläuterte Nutzeroptimum verschiebt sich. Zu der Attraktivität trägt auch die neue Aufteilung des Straßenraums in Form von großzügiger und sicherer Infrastruktur für Mikromobilität bei. Der öffentliche

Nahverkehr wird dabei nicht eingeschränkt und kann auf Teilstrecken, die vorher mit dem MIV geteilt waren, sogar schneller fahren. Somit kann insgesamt eine Verkehrsverlagerung weg vom MIV erzeugt werden. Der Teil des Straßenraums, der für den MIV und öffentlichen Nahverkehr nutzbar bleibt, wird größtenteils zu Einbahnstraßen umgewandelt, sodass weiterhin jeder Ort mit größeren Fahrzeugen anfahrbar ist. Dies ist wichtig, um eine flächendeckende Zugänglichkeit für Einsatzfahrzeuge bzw. Fahrzeuge der Ver- und Entsorgung zu ermöglichen. So werden auch Personen, für die Mikromobilität keine Alternative ist, nicht unverhältnismäßig eingeschränkt. Mit den angedeuteten Kriterien werden die *E-Bike-City*-Netzwerke auf Grundlage von öffentlichen Kartendaten *OpenStreetMap* automatisch generiert (Ballo & Axhausen, 2023, S. 11 ff.).

Abb. 3a zeigt eine typische Straße in Zürich: Es gibt gemischte Fahrstreifen für MIV und Fahrräder in beiden Richtungen, aber auch Streifen in der Mitte des Straßenverkehrsraums, die nur für den Tramverkehr vorgesehen sind. Im *E-Bike-City*-Netzwerk würden die Tramschienen erhalten bleiben, ein gemischter Fahrstreifen in eine Einbahnstraße umgewandelt und der zweite Streifen für Mikromobilität in beide Richtungen reserviert werden (Abb. 3b). Je nach Straßenquerschnitt können hier auch zusätzliche Bäume gepflanzt werden, die nicht nur den Fahrradweg auf natürliche Art vor Regen schützen, sondern auch zur Reduzierung von CO_2 bzw. zu Temperatursenkungen herangezogen werden können.[4]

Zusätzlich zur Neuaufteilung des Straßenraumes wird im Rahmen des Projektes für den öffentliche Verkehr im Raum Zürich ein agiler Fahrplan entwickelt, sodass es beispielsweise möglich ist, bei schlechtem Wetter mehr Fahrgäste zu transportieren. Auch die Zuteilung von Fahrstreifen zum MIV oder zur Mikromobilität könnte an Stellen, die trotz Verkehrsverlagerung von Staus betroffen sind, dynamisch gestaltet werden. Durch die attraktiveren Bedingungen für Mikromobilität wird Bewegung im Alltag und damit die physische und mentale Gesundheit gefördert. Von der Reduzierung des Lärms und der Luftverschmutzung in einer Stadt profitieren alle, die dort leben oder Zeit verbringen.

Wie eine Zusammenstellung von stadt- und verkehrsplanerischen Projekten aus den 1970er bis 1990er-Jahren durch Cairns et al. (1998) zeigt, wird das grundlegende Prinzip des umgekehrten induzierten Verkehrs, auf dem das *E-Bike-City*-Projekt beruht, schon seit längerem in der Praxis angewandt (Cairns et al., 1998, S. 15). Auch gibt es viele aktuelle Initiativen, die sich an Kapazitätsanpassungen in Straßenverkehrsräumen orientieren. So wurden im Jahr 2022 bei einem globalen Kongress der Organisation *Local Governments for Sustainability* (ICLEI, 2022) internationale Projekte präsentiert, die die Umverteilung von Straßenflächen zugunsten von Langsamverkehr und öffentlichem Verkehr umgesetzt haben. In La Estrella, einer Stadt mit ca. 78.000 Einwohnenden in der Metropolregion von Medellín in Kolumbien wurde 2020 bspw. eine vierspurige Wohn- und Einkaufsstraße durch neue Markierungen zu einer zweispurigen Straße mit erweiterten Gehwegen um-

---

[4] Bereits in der ersten Auflage des Sammelwerks Nachhaltige und digitale Baukonzepte wurde im Beitrag von Clea Kummert anschaulich dargestellt, welche positiven Effekte sich aufgrund von Begrünungen in Städten ergeben (Kummert, 2022, S. 61–65).

Nachhaltige Kapazitätsanpassungen von Straßenverkehrsräumen 107

Abb. 3 Visualisierung der E-Bike-City (mit freundlicher Genehmigung der Nightnurse Images AG, 2024). (**a**) vorher: gemischte MIV- und Fahrradstreifen, separate Tramschienen. (**b**) E-Bike-City: getrennte Fahrradwege, Einbahn für MIV, separate Tramschienen

funktioniert. Auf einem 200 m langem Abschnitt ist nun der Vortritt für Passant:innen durch entsprechende Markierungen eingerichtet. Der neu gewonnene öffentliche Raum wurde in einem partizipativen Verfahren gestaltet und nach zwei Jahren konnte ein positiver Effekt bestätigt werden: weniger Unfälle und eine Belebung der ansässigen Geschäfte (ICLEI, 2022). In Vitoria-Gasteiz, einer Stadt mit ca. 250.000 Einwohnenden im Norden von Spanien, wurden auf einer vorhandenen Ringstraße um die Innenstadt, die insgesamt

14 Stadtquartiere miteinander verbindet, bestehende Fahrstreifen zu alleinigen Busstreifen umgewandelt und ein *Bus Rapid Transit* eingerichtet. Die elektrische angetriebenen Busse fahren in einem Abstand von sieben Minuten auf diesem Streifen. Mit einer Vorrangschaltung an den Lichtsignalen konnte eine um 25 % reduzierten Fahrzeit mit dem Bus im Vergleich zum vorherigen Mischverkehr erreicht werden (Kapsch, 2024).

Auch in Zürich konnte man bereits Erfahrungen mit der Umwandlung einer Hauptverbindung in der Innenstadt sammeln, die seit 2004 allein für den Tram- und Langsamverkehr freigegeben ist (Pitzinger, 2006, S. 3). Es wurden Verkehrszählungen vor und unmittelbar nach der Umnutzung durchgeführt und zwei Jahre nach der Änderung wiederholt. Der Vergleich der Zählungen zeigt, dass sich der Großteil des Autoverkehrs auf das umliegende Netz verteilt hat, aber sich insgesamt auf den Alternativrouten in der Spitzenstunde am Abend (16 bis 18 Uhr) um ca. 7,5 % verringert hat (Pitzinger, 2006, S. 3–4). Um realisierte Projekte als Planungsgrundlage für zukünftige Projekte zu nutzen, ist es wichtig, sie durch Zählungen und andere Messungen zu begleiten.

Das *E-Bike-City*-Projekt unterscheidet sich von den bereits umgesetzten Beispielen dadurch, dass sich der Fokus nicht nur auf einzelne Straßen oder Quartiere sondern auf eine ganze Stadt inklusive ihres Einzugsgebietes bezieht. Bei flächendeckenden, starken Veränderungen sind Simulationen ein besonders hilfreiches Planungswerkzeug, da die Effekte der Maßnahmen durch die komplexen Abhängigkeiten ansonsten nur schwierig abzuschätzen sind. Da beim *E-Bike-City*-Projekt die Verkehrsmittelwahl, also die Entscheidungen der Personen eine zentrale Rolle spielt, bietet sich die bereits in Kap. 2 erläuterte agentenbasierte Modellierung mit *MATSim* an.

Entwicklung des Simulationsaufbaus der *E-Bike-City*

Um die Effekte der *E-Bike-City* quantifizieren zu können, werden Simulationen mit den umgewandelten Netzwerken durchgeführt. Ein erster Simulationsaufbau mit *MATSim* wurde genutzt, um die Sensitivität der Entscheidungsmodelle auf Kapazitätsreduktionen zu testen. In einem zweiten Schritt wurden dann Simulationen mit den im Rahmen des *E-Bike-City*-Projektes entwickelten Netzwerken durchgeführt. In Abb. 4 ist die Ausdehnung des untersuchten Gebietes inkl. Netzwerk zu erkennen. Das Gebiet umfasst zusätzlich zur Stadt Zürich in der Mitte der Karte auch ihr Einzugsgebiet (grün hinterlegt). Es werden Gemeinden berücksichtigt, in denen mehr als 15 % der Einwohnenden beruflich nach Zürich pendeln. Die Autobahnen sind orange eingefärbt und andere Hauptstraßen bzw. Verbindungsstraßen sind gelb markiert.

Die grundsätzliche Herangehensweise der Untersuchungen der neuen Netzwerke mit *MATSim* ist, dass sich analog zur Realität die Verkehrsnachfrage den reduzierten Kapazitäten anpasst. Die Agenten folgen in der ersten Iteration ihren ursprünglichen Plänen aus dem Referenzszenario. In diesem Referenzszenario hat das Straßennetz seine volle Kapazität und die Agenten können über Verkehrsmittel und Routen für ihre Wege frei entscheiden. Aufgrund der reduzierten Kapazitäten bilden sich Staus und über viele Iteratio-

Nachhaltige Kapazitätsanpassungen von Straßenverkehrsräumen

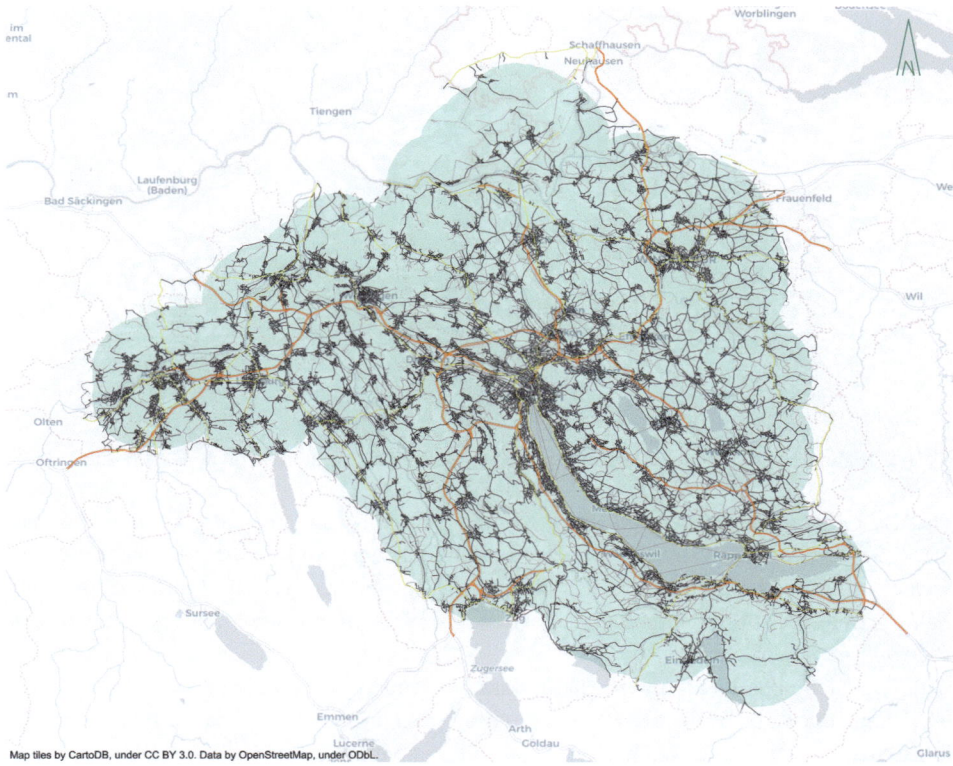

Abb. 4 Karte des Netzwerkes im Einzugsgebiet Zürich für die Referenzsimulation. (Erstellt mit *Simunto Via*)

nen reagieren die Agenten auf diese verlängerten Reisezeiten bis sich ein neues Gleichgewicht einstellt. Da die Simulationssoftware nicht primär darauf ausgelegt ist, stark überlastete Netzwerke zu simulieren wie sie in der ersten Iteration zu erwarten sind, war es wichtig, frühzeitig die Eignung dieser Herangehensweise zu prüfen. Wie erwartet, steigen die durchschnittlichen Fahrzeiten mit dem Auto im Vergleich zum Referenzwert bei voller Kapazität stark an, wenn die Nachfrage gleich bleibt und die Durchflusskapazität von Straßen flächendeckend verringert wird (Abb. 5, Fixierte Nachfrage). Die Ergebnisse zeigen auch, dass bereits durch die Möglichkeit zur Wahl alternative Routen oder Verkehrsmittel die Reisezeiten weniger stark ansteigen (Abb. 5, Routenwahl, Verkehrsmittelwahl). Da das untersuchte Gebiet über den innerstädtischen Raum hinausgeht, sind auch sehr verschiedene Arten von Autofahrten in der durchschnittlichen Fahrzeit zusammengefasst, wie beispielsweise kurze Strecken im Siedlungsgebiet, Fahrten zwischen Dörfern oder Durchgangsfahrten auf Autobahnen. Daher variieren die Zeiten und Durchschnittsgeschwindigkeiten der Fahrten bereits im Referenzszenario in einem größeren Spektrum. Die Verteilungen der Fahrtzeiten für die Skalierungsstufen der Durchflusskapazität zeigt,

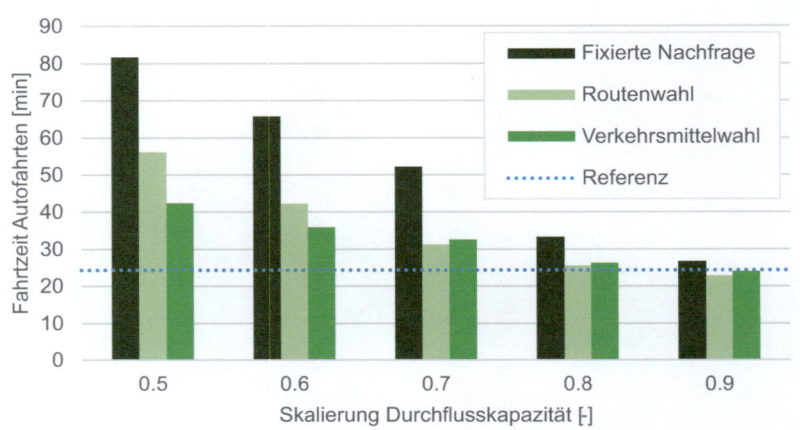

Abb. 5 Fahrzeiten bei reduzierter Kapazität eines Verkehrsnetzwerks. (Eigene Darstellung)

dass besonders Autofahrten mit unter 10 min Fahrtzeit weniger häufig werden (Sonnak, 2024, S. 44). Dies kann sowohl kürzere Autobahnfahrten betreffen, bei denen es beispielsweise aufgrund der reduzierten Kapazitäten Staus an der Abfahrt gibt, aber genauso Fahrten innerhalb von Stadtgebieten, bei denen sich die Standzeiten, z. B. an Kreuzungen, verlängern.

Es hat sich aber auch herausgestellt, dass besonders für Netzwerke mit stark reduzierten Kapazitäten auf 50 % bis 70 %, die vorhergesagte Fahrtzeit für Autofahrten bei der Verkehrsmittelwahl unterschätzt wird. Die in den Verkehrssimulationen erlebten Fahrtzeiten sind also länger als in der Vorhersage geschätzt. Da die vorhergesagten Fahrtzeiten eine große Rolle bei der Neuplanung spielen, sind die Ergebnisse in diesen Fällen noch nicht ausreichend belastbar, um die Sensitivität der Modelle auf Kapazitätsreduktionen systematisch auszuwerten. Das Problem der unterschätzen Fahrtzeiten für Autos hat sich auch in abgeschwächter Form auf die Simulationen mit den *E-Bike-City*-Netzwerken übertragen. Trotzdem zeigen erste Simulationen mit Fahrrädern und E-Bikes, dass eine Verkehrsverlagerung von Autos zu emissionsarmen Verkehrsmitteln stattfindet. Dies wird deutlich in den Veränderungen des *Modal Splits*, der in Abb. 6 dargestellt ist. Für die vier in der Simulation untersuchten Verkehrsmittel ist der Anteil aller Wege und der Anteil an den insgesamt zurückgelegten Personenkilometern abgebildet. Im Referenzszenario werden beispielsweise 29 % der Wege mit dem Auto zurückgelegt und 9 % mit dem Fahrrad. Werden Fahrräder so simuliert, dass sie mit Autos interagieren bzw. um Kapazitäten auf den Straßen konkurrieren, wird nur noch für 27 % der Wege das Auto gewählt und für 11 % das Fahrrad. Werden dazu die *E-Bike-City*-Netzwerke mit der veränderten Aufteilung des Straßenraums genutzt, verringern sich die Kapazitäten für Autos weiter und der Effekt der Verkehrsverlagerung verstärkt sich. Sowohl der Anteil von Autofahrten an allen zurückgelegten Wegen, als auch die mit dem Auto zurückgelegte Personenkilometer an der Gesamtdistanz aller Wege wird reduziert. Aber auch hier gilt es den Simulations-

Abb. 6 Modal Split in der E-Bike-City. (Eigene Darstellung)

aufbau noch weiter zu verbessern, um Ergebnisse zu erhalten, die die Wirkung der Maßnahmen des *E-Bike-City*-Projektes zuverlässig quantifizieren.

Jüngere Simulationsergebnisse mit den *E-Bike-City*-Netzwerken zeigen, dass in der Spitzenstunde der Durchfluss des MIV durch die Innenstadt reduziert werden kann, sich aber durch Umwege und längere Fahrten die insgesamt mit dem MIV zurückgelegte Strecke und damit die Emissionen nicht verringern (Ballo et al., 2024, S. 20 f.). Verschiedene Vorschläge wurden gemacht, um die Vorteile von Mikromobilität in einer Simulation besser zu berücksichtigen. Beispielsweise kann der höhere Komfort auf den ausgebauten, sichereren Fahrradwegen oder mit elektrischen, schnelleren Fahrzeugen noch genauer abgebildet werden. Dazu sind die Auswirkungen von Begleitmaßnahmen zu untersuchen, wie die Begrenzung des Durchgangsverkehrs durch die Innenstand, Gebührensysteme, Einschränkungen der Parkmöglichkeiten oder ein größeres ÖV-Angebot.

Entscheidungsmodelle für Simulationen der Verkehrsnachfrage und weitere digitale Hilfsmittel

Bei den unter anderem für das *E-Bike-City*-Projekt genutzten Entscheidungsmodellen zur Bestimmung der Verkehrsnachfrage handelt es sich um empirische, deskriptive Modelle, die auf sogenannten offenbarten oder geäußerten Präferenzen basieren. Bei offenbarten Präferenzen handelt es sich um reale Beobachtungen, wie sich Personen zwischen unterschiedlichen Optionen für das Zurücklegen eines Weges entschieden haben. Geäußerte

Präferenzen gehen dagegen aus Umfragen hervor, bei denen nicht zwingend alle Optionen wirklich existieren müssen und der Weg auch nicht wirklich zurückgelegt werden muss.

Für die Entwicklung von repräsentativen Entscheidungsmodellen sind große Stichproben von Personen und deren Präferenzen nötig. Sie sollen zum einen die sozio-demografischen Verhältnisse in einer Region widerspiegeln und zum anderen ausreichend viele Faktoren beschreiben, die das tägliche Mobilitätsverhalten beeinflussen. Da Mobilität ein so großer gesellschaftlicher und wirtschaftlicher Faktor ist, werden in vielen Ländern groß angelegte (vielfach auch öffentlich finanzierte) Studien zum Mobilitätsverhalten durchgeführt.[5] Im Kontext einer deutschen Studie wurden ca. 421.000 Personen zu ihren Haushalten, ihren persönlichen Merkmalen, ihren Wegen an einem festen Stichtag bzw. zu Reisen mit Übernachtungen befragt. Daraus wurden über eine Millionen erfasster Wege abgeleitet (infas, DLR, IVT & infas 360, 2025) (Kuhnimhof, 2018). Da die Auswertung von solch großen Datensätzen sehr aufwendig ist, werden digitale Hilfsmittel eingesetzt, um daraus – teilweise automatisiert – Modelle und Simulationen zu entwickeln (Hörl & Balac, 2021).

Im Fall der Simulationen für die *E-Bike-City* wird ein diskretes Entscheidungsmodell für die Verkehrsmittelwahl genutzt (Hörl & Balac, 2021), das neben der vorhersagten Unterwegszeit aus der Verkehrssimulation noch weitere Variablen berücksichtigt. Für Fahrten mit dem Auto spielt es eine Rolle, ob es sich um einen Arbeitsweg handelt und ob das Ziel in der Innenstadt liegt. Die Kosten einer Autofahrt werden dazu anhand der Distanz und abhängig vom Haushaltseinkommen eines Agenten skaliert. Bei Fahrten mit dem Fahrrad wird neben der Fahrtzeit auch das Alter eines Agenten einbezogen. Für den öffentlichen Verkehr ist die Fahrtzeit in Zügen anders bewertet als in Bussen oder Straßenbahnen. Auch die Umsteigezeit und die Wegzeit zur ersten und von der letzten Haltestelle werden gewichtet. Dazu werden Fahrzeugfolgezeiten und die ÖPNV-Qualität in den Zonen sowie die Fahrtkosten hinzugezogen. Entsprechende Variablen gehen gewichtet mit Parametern zur Kalibrierung in die *Kostenfunktion* des Entscheidungsmodells ein. Für die Bestimmung der hier skizzierten Parameter wurden von Hörl und Balac (2021) vor allem die Ergebnisse aus den oben erwähnten haushaltsbasierten Erhebungen zum Mobilitätsverhalten genutzt. Die Auswertung der Daten zu den aufgenommenen Fahrten erfolgt zusammen mit den demografischen Eigenschaften der zugehörigen Person. Wird dieses Entscheidungsmodell schließlich in der Simulation genutzt, wird je nach gewählter Einstellung der Simulation das Verkehrsmittel mit den niedrigsten Kosten ausgewählt oder die Wahrscheinlichkeit für die Auswahl proportional zu den Kosten berechnet. So kann aus offenbarten Präferenzen das Entscheidungsverhalten unter ähnlichen Bedingungen, wie denen zur Zeit und in der Region der Datenerhebung, modelliert werden.

Zur Untersuchung eines Angebots, das in der Form an einem Ort noch nicht existiert, wie beispielsweise ein neuer Sharing-Dienst oder ein besonderes Ticketangebot (z. B. das Deutschlandticket), können Modellparameter dagegen auf Basis geäußerter Präferenzen

---

[5] Einige Beispiele zu solchen Studien: *Mobilität in Deutschland* (DE), *Mikrozensus Mobilität und Verkehr* (CH), *Enquête nationale transports et déplacements* (FR), *National Travel Survey* (UK), *National Household Travel Survey* (USA).

in Studien bestimmt werden. Dazu müssen Umfragen gestaltet werden, die für eine gewünschte Kombination von Ausgangs- und Zielort die bestehenden und neuen Alternativen anbieten. Die Antwort der befragten Personen kann dann analog zu einer offenbarten Präferenz ausgewertet werden. Dennoch haben diese Entscheidung in einer Umfrage in einem hypothetischen Raum stattgefunden und sind nicht unbedingt gleichwertig zu einer offenbarten Mobilitätsentscheidung im Alltag. Durch digitale Hilfsmittel wie realitätsnahe Visualisierungen (siehe Abb. 3) und interaktive Elemente, kann die Vorstellungskraft der Befragten aber unterstützt und die Qualität der Erhebung verbessert werden.

Andere aufgrund der zunehmenden Digitalisierung verfügbare Quellen für Aufenthalts- und Mobilitätsdaten sind anonymisierte Datensätze von Mobilfunkanbietern oder Navigationssystemen. Mobiltelefone und GPS ermöglichen es auch im Rahmen von Studien, Teilnehmende zu tracken und detaillierte Daten zu Routenwahl und Geschwindigkeitsprofilen zu erheben.

Optimalerweise werden bestehende Entscheidungsmodelle so angepasst, dass sie sich mit verhältnismäßig geringem Aufwand auf Grundlage neuer Daten aktualisieren lassen. Somit können digitale Modelle wirtschaftlich und nachhaltig weiterentwickelt werden.

4   Fazit

Die in diesem Beitrag beschriebenen (agentenbasierten) Modelle und Verkehrssimulationen sind wichtige digitale Werkzeuge, um nachhaltige Effekte verkehrspolitischer Maßnahmen abschätzen zu können. Die vorgestellten Konzepte unterstützen in erster Linie Planungen bzw. Anpassungen von bestehenden Infrastrukturnetzwerken. Aber auch Pilotprojekte – für die vorgelagerte, realistische Feldstudien sonst nur mit großem Aufwand möglich wären – können mithilfe der vorgestellten Ansätze angestoßen werden. Allerdings gibt es bei agentenbasierten Konzepten noch Forschungsbedarf bzw. Entwicklungsarbeit, bis eine breite Anwendung in der Praxis möglich wird. So ist bspw. die Erarbeitung von Entscheidungsmodellen oder die Kalibrierung von Simulationen aktuell noch aufwendig, nicht zuletzt aufgrund der dazu nötigen Erhebungen und Auswertung repräsentativer Daten. Die große Anzahl an Einflussgrößen für agentenbasierte Simulationen stellt in diesem Kontext eine der größten Herausforderungen für praktische Anwendungen in modernen Prozessen der Verkehrsplanung dar. Hinzu kommt die nötige Effizienz bereichsspezifischer Software, da die Kombination verschiedener Prozesse in einem koevolutionären Algorithmus ebenfalls komplex ist und bei großräumigen Simulationen hohe Rechenkapazitäten erfordert.

Durch Standardisierungen zur Erhebung von Daten kann die Übertragbarkeit von Modellen diverser Untersuchungsräume jedoch verbessert und damit auch effizienter gestaltet werden. Mit der zunehmenden Implementierung von digitalen Zwillingen im Bauwesen und der damit einhergehenden Digitalisierung von Städten zu Smart Cities werden zusätzliche, umfangreiche und bestenfalls echtzeitnahe Datensätze mehr und mehr verfügbar. Maschinenintelligenz kann in diesem Kontext bei der Erhebung von Daten oder bei der

Zusammenführungen verschiedener Datentypen unterstützend eingesetzt werden. So erkennen intelligente Algorithmen über reine Analysen und Kategorisierungen hinaus ebenfalls Muster im Verkehrsfluss oder innerhalb anderer für ein Projekt relevanter Parameter. Durch darauf aufbauende Vorhersagen können Verkehrsszenarien auf mehreren Ebenen abgesichert werden.

Innovative Simulationen treffen darüber hinaus nicht nur Aussagen über den Verkehr allein, es können – wiederum im Kontext von Smart Cities – weitere Informationen über Umweltauswirkungen von Mobilität abgeleitet werden, z. B. hinsichtlich Lärmbelastungen, CO_2-Emissionen oder auch Energieverbräuchen. Die Vorteile, die sich durch die Nutzung digitaler Konzepte ergeben, machen sich demnach nicht nur aus rein wirtschaftlicher bzw. monetärer Sicht bemerkbar, sondern vielmehr auch im Hinblick auf lebenswerte und sichere Städte, in denen zukünftige Generationen von nachhaltigen Kapazitätsanpassungen und emissionsarmer Mobilität profitieren.

Literatur

ARE. (2023). *Externe Kosten und Nutzen des Verkehrs in der Schweiz. Strassen-, Schienen-, Luft- und Schiffsverkehr 2020*. Bundesamt für Raumentwicklung (ARE). Forschungsbericht. https://www.are.admin.ch/are/de/home/medien-und-publikationen/publikationen/verkehr/externe-kosten-und-nutzen-des-verkehrs-in-der-schweiz.html. Zugegriffen am 10.09.2024.

ARE. (2024). *Analysis of the stated preference survey 2021 on mode, route and departure time choices*. Bundesamt für Raumentwicklung (ARE). Forschungsbericht. https://www.are.admin.ch/are/de/home/medien-und-publikationen/publikationen/grundlagen/analysis-of-the-stated-preference-survey-2021.html. Zugegriffen am 10.09.2024.

Ballo, L., & Axhausen, K. W. (2023). *Modeling sustainable mobility futures using an automated process of road space reallocation in urban street networks: A case study in Zurich* (Arbeitsberichte Verkehrs- und Raumplanung). IVT, ETH Zürich. https://doi.org/10.3929/ethz-b-000624902

Ballo, L., Sallard, A., Meyer de Freitas, L., & Axhausen, K. W. (2024). *Is "small" infrastructure the next factory for accessibility?* (Arbeitsberichte Verkehrs- und Raumplanung). https://doi.org/10.3929/ethz-b-000688987

Cairns, S., Hass-Klau, C., & Goodwin, P. (1998). *Traffic impact of highway capacity reductions: Assessment of the evidence*. Landor Publishing. ISBN:1-899650-10-5.

De Dios Ortúzar, J., & Willumsen, L. G. (2011). *Modelling transport*. Wiley. ISBN:978-0-470-76039-0.

E-Bike-City. (2023). *E-Bike-City – Vorankommen in modern Städten – Neu gedacht*. https://ebikecity.ch/. Zugegriffen am 11.05.2024.

Fishman, R. (2000). The American metropolis at century's end: Past and future influences. *Housing Policy Debate, 11*(1), 199–213. https://doi.org/10.1080/10511482.2000.9521367

Hörl, S., & Balac, M. (2021). Introducing the eqasim pipeline: From raw data to agent-based transport simulation. *Procedia Computer Science, 184*, 712–719. 01 2021. https://doi.org/10.1016/j.procs.2021.03.089

Horni, A., Nagel, K., & Axhausen, K. (2016). *The multi-agent transport simulation MATSim*. Ubiquity Press. ISBN:978-1909188754.

ICLEI. (2022). *5 cities, 5 ways of reclaiming road space for people-centered and climate-neutral mobility systems*. https://sustainablemobility.iclei.org/5ways_5cities_reclaiming_road_space/. Zugegriffen am 05.07.2024.

IESE. (2024). *IESE cities in motion index 2024*. https://www.iese.edu/insight/articles/smart-sustainable-cities-in-motion/. Zugegriffen am 09.05.2024.

IPCC (2022). Transport. In *Climate change 2022: Mitigation of climate change. Contribution of Working Group III to the Sixth Assessment Report of the Intergovernmental Panel on Climate Change*. Cambridge University Press. https://doi.org/10.1017/9781009157926.012

Kapsch. (2024). *Vitoria-Gasteiz setzt auf Kapsch TrafficCom für nachhaltigen öffentlichen Verkehr*. Presseaussendung 24.01.2024. https://www.kapsch.net/de/presse/aussendungen/ktc-20240124-pr-de#:~:text=Vitoria%2DGasteiz%20setzt%20auf%20Kapsch%20TrafficCom%20f%C3%BCr%20nachhaltigen%20%C3%B6ffentlichen%20Verkehr,-Technologie%20von%20Kapsch&text=Wien%2FBilbao%2C%2024.,250.000%20Einwohnerinnen%20und%20Einwohner)%20installiert. Zugegriffen am 10.09.2024.

Kummert, C. (2022). Bauwerksbegrünung – Allgemeine Potenziale, grundlegende Konstruktionsvarianten und digital ausgerichtete Anwendungsmöglichkeiten. In T. Kölzer (Hrsg.), *Nachhaltige und digitale Baukonzepte*. Springer Vieweg. https://doi.org/10.1007/978-3-658-36776-3_3

Nightnurse Images AG. (2024). *Übersichten Winterthurerstrasse*. Die Darstellungen der *E-Bike-City* (Abb. 4.3) wurden von Nightnurse Images AG erstellt und freundlicherweise für den Beitrag zur Verfügung gestellt.

Nobis, C., & Kuhnimhof, T. (2018). Mobilität in Deutschland – MiD Ereignisbericht. Studie von infas, DLR, IVT und infas 360 im Auftrag des Bundesministers für Verkehr und digitale Infrastruktur (FE-Nr. 70.904/15). https://www.mobilitaet-in-deutschland.de. Zugegriffen am 03.11.2024.

Pitzinger, P. (2006). *Die Sperre im mittleren Limmatquai für den durchgehenden Fahrzeugverkehr: Auswirkungen auf den Verkehrsablauf in der Innenstadt*. Im Auftrag der Stadt Zürich. Zürich. Unterlagen wurden freundlicherweise zur Verfügung gestellt.

Rullán Lemke, C. (2022). Form follows Energy in der Solararchitektur – Welche Optimierungspotenziale bieten interaktive evolutionäre Algorithmen? In T. Kölzer (Hrsg.), *Nachhaltige und digitale Baukonzepte*. Springer Vieweg. https://doi.org/10.1007/978-3-658-36776-3_4

SHO United States Senate Historical Office. (2024). *Congress approves the Federal-Aid Highway Act*. https://www.senate.gov/artandhistory/history/minute/Federal_Highway_Act.htm. Zugegriffen am 12.08.2024.

SNBS 1.0 Infrastruktur. (2020). *Kriterienbeschrieb – Bereiche Mobilität/Transport, Energie, Wasser, Kommunikation, Schutzinfrastrukur*. https://nnbs.ch/snbs-infrastruktur/. Zugegriffen am 09.05.2024.

Sonnak, M. (2024). *Evaluation of E-Bike-City road networks* (Masterarbeit). ETH Zürich. https://doi.org/10.3929/ethz-b-000669556

United Nations Environment Programme. (2019). *Sand and sustainability: Finding new solutions for environmental governance of global sand resources: Synthesis for policy-makers*. GRID-Geneva. United Nations Environment Programme. Geneva. Switzerland. https://wedocs.unep.org/20.500.11822/28163. Zugegriffen am 02.09.2024

Wardrop, J. G. (1952). Some theoretical aspects of road traffic research. *Proceedings. Institute of Civil Engineers. PART II*, *1*, 325–378. London.

Weicker, K. (2015). *Evolutionäre Algorithmen* (3. Aufl.). Springer Vieweg. ISBN:978-3-658-09957-2.

Aerosolpartikel in urbanen Räumen – Luftreinhaltung durch nachhaltige Stadtentwicklung und digitale Mess- bzw. Warnsysteme

Elisa Bieber

Großstädte zeigen – in vielerlei Hinsicht – ein facettenreiches Bild. So stellt beispielsweise Berlin auf der einen Seite eine belebte Großstadt mit Ballungsräumen und urbanen Zentren dar, auf der anderen Seite gehören Parks, Seenlandschaften und Wälder ebenfalls zum diversen und stellenweise divergenten Stadtbild. Die meist sehr heterogen verteilten Bereiche rufen hinsichtlich Luftqualität unterschiedliche Gegebenheiten bzw. Situationen hervor. Die Spanne reicht von industrie- und verkehrsgeprägten Räumen bis hin zu naturnahen Gebieten und Orten der Naherholung, des Naturerlebens, aber auch der sozialen Begegnung.

Ein oft im Zusammenhang mit der Luftreinhaltung in Großstädten diskutiertes Thema betrifft atmosphärische Aerosolpartikel, die umgangssprachlich als Staub, Feinstaub oder Partikel bekannt sind. Ihnen werden Auswirkungen auf den globalen Strahlungshaushalt und das Klimasystem der Erde sowie schlussendlich auch auf die menschliche Gesundheit zugeschrieben. Ein übergeordnetes Verständnis und ein nachhaltiger Umgang mit atmosphärischen Aerosolpartikeln scheinen daher auf vielen Ebenen sinnvoll und notwendig.

Es stellen sich zwei zentrale Fragen: Wie kann eine nachhaltige Stadtentwicklung – hier insbesondere im Kontext der Partikelthematik – vorangetrieben und umgesetzt werden? Welche Konzepte zur Luftreinhaltung und Überwachung der Luftqualität gibt es schon und was für Ideen stehen aktuell und zukünftig im Raum? Um diese Fragen im Hinblick auf ein nachhaltiges bzw. lebenswertes Umfeld in Städten beantworten zu können, müssen verschiedene Aspekte erörtert werden. Dies betrifft neben der Erfassung von Feinstäuben, das damit einhergehende wissenschaftliche Verständnis, aber v. a. auch eine politische sowie praxisnahe Handlungsgrundlage für den Umgang mit Aerosolpartikeln. Mit

E. Bieber (✉)
Berliner Hochschule für Technik, Berlin, Deutschland
E-Mail: elisa.bieber@bht-berlin.de

diesen Bedingungen geht eine weitere Frage einher: Wie kann die Digitalisierung und insbesondere die Maschinenintelligenz für Luftreinhaltungsmaßnahmen von Nutzen sein, um beispielsweise zur Optimierung von aktuellen Mess- und Warnsystemen beitragen zu können? Und wie können innovative und ökologisch ausgerichtete Konzepte den Umweltschutz in Großstädten unterstützen und zu einem nachhaltigen Umgang mit Partikeln führen? Im vorliegenden Beitrag wird im Kontext der hier skizzierten Fragestellungen diskutiert, inwiefern Pläne einer nachhaltigen Stadtentwicklung sowie Möglichkeiten der Digitalisierung und Maschinenintelligenz zu einem verbesserten Umgang mit Umweltdaten führen können, um damit die Partikelbelastung in Großstädten zu kontrollieren bzw. diese zu minimieren. Diesbezüglich werden im Kontext einer nachhaltigen Stadtentwicklung das Konzept *Schwammstadt*, aber auch die Reduzierung des motorisierten Straßenverkehrs beleuchtet. In Zeiten verstärkt auftretender Folgen der Klimakrise und Extremwetterlagen kann unter anderem das Prinzip Schwammstadt – z. B. durch Stadtgrün als ökologische Maßnahme einer *blau-grünen Infrastruktur* – als wichtiges Thema einer nachhaltigen Stadtentwicklung aufgeführt werden. Auch hier ergeben sich zentrale Fragen: Inwiefern hat Stadtgrün einen Einfluss auf die Luftqualität in Städten und welche Potenziale zur Verbesserung der Luftgüte sind damit verbunden? Kann eine Reduzierung des motorisierten Verkehrs zur Minimierung von Partikelquellen und damit zu einer Verbesserung der Luftqualität beitragen? Stetige Veränderungen von Städten machen eine genauere Betrachtung des Einflusses verschiedener Parameter auf die Luftqualität und insbesondere die Partikelkonzentration bzw. -zusammensetzung notwendig (SenUVK, 2020). Als eine übergeordnete Möglichkeit im Zuge der Digitalisierung bzw. durch die Nutzung von Maschinenintelligenz wird im vorliegenden Beitrag das *Berliner-Luftgüte-Messnetz BLUME* und das Projekt *digitaler Zwilling DestinE* vorgestellt.

1   Atmosphärisches Aerosol – Hintergründe und städtebauliche Kontexte

Staub und insbesondere Feinstaub stellen im Zusammenhang mit der Luftqualität in Großstädten ein oft diskutiertes Thema dar. Auch wenn die Feinstaubbelastungen in Deutschland seit den 1990er-Jahren kontinuierlich abgenommen haben, ist nicht zu erwarten, dass sich dieser Trend weiter fortsetzen wird (UBA, 2018). Ein ökologischer bzw. nachhaltiger Umgang mit Partikeln, gerade in urbanen Ballungsräumen wie Berlin, ist somit erforderlich. Atmosphärischen Aerosolpartikeln, umgangssprachlich als Fein- oder Ultrafeinstaub bezeichnet, wird in diesem Kontext eine wichtige Rolle bei der Luftreinhaltung und demnach eine hohe Umweltrelevanz zugeschrieben. So haben die Stäube beispielsweise Auswirkungen auf die menschliche Gesundheit und den Strahlungshaushalt bzw. das Klimasystem der Erde (TROPOS, 2015). Zudem ist ein direkter und indirekter Einfluss auf das lokale Klima nachgewiesen. Unter welchen Bedingungen atmosphärische Partikel lokal konkret eine Erwärmung oder Abkühlung der Atmosphäre begünstigen, ist jedoch noch nicht abschließend geklärt und wird aktuell weiter erforscht (Hallbauer, 2019). Wesentliche

Aspekte zu dieser Thematik werden im Abschnitt *Umweltrelevanz und Einfluss auf die menschliche Gesundheit* erläutert. Zunächst wird jedoch eine grundlegende Einführung in die Partikelthematik vorgenommen, um ein besseres Verständnis für diesen Themenkomplex zu bekommen.

Einführung in die Partikelthematik

Als *Aerosolpartikel* wird allgemein ein nicht gasförmiger Zusammenschluss von Molekülen in der Atmosphäre verstanden. Die Moleküle können dabei biogener (natürlicher) oder auch anthropogener (vom Menschen verursachter) Herkunft sein. Sie sind in einem Gas, z. B. der Luft, suspendiert und erstrecken sich über einen Größenbereich von etwa einem Nanometer bis hin zu ca. 100 Mikrometern (Caudillo et al., 2020). Zudem treten Partikel nicht allein auf, sie kommen in sogenannten Partikelpopulationen vor. Aus dieser möglichen Spanne des Größenbereichs von atmosphärischen Aerosolpartikel ergibt sich, dass Partikelpopulationen in der Atmosphäre meist polydispers sind, die Partikel haben also unterschiedliche Durchmesser (Hallbauer, 2019).

Auch die chemischen Zusammensetzungen in und die Konzentrationen von Partikelpopulationen variieren stark (Möller, 2003). So setzen sich atmosphärische Aerosolpartikel aus verschiedensten Stoffen unterschiedlicher Quellen zusammen. Aufgrund ortsspezifischer Bedingungen und den darauf basierenden, ablaufenden Reaktionen bestehen Partikel im urbanen Raum vor allem aus Metallen, Kohlenstoff und Salzen (Hillemann, 2013). Die dahinterstehenden Bildungsmechanismen werden im weiteren Verlauf des Beitrags – im Zusammenhang mit der Klassierung von Partikeln – genauer beschrieben.

Aus der hohen Variabilität von atmosphärischen Aerosolpartikeln geht ebenfalls hervor, dass Partikel in Abhängigkeit von Größe und Zusammensetzung unterschiedliche Auswirkungen auf das Klimasystem bzw. den Strahlungshaushalt der Erde und die menschliche Gesundheit haben (Hillemann, 2013). Aufgrund der unterschiedlichen Wirkungen – und auch, um geeignete Maßnahmen oder Strategien gegen hohe Partikelbelastungen ausarbeiten zu können – werden Partikel in Gruppen eingeteilt, um verschiedenste Wirkungen besser abschätzen zu können (Held, 2004). Entsprechende Klassierungen können nach Quelle, Zusammensetzung, optischen Eigenschaften oder Größe erfolgen.

Klassierung atmosphärischer Aerosolpartikel nach Quelle

Wichtige Quellen atmosphärischer Partikel sind beispielsweise Kondensationen heißer Dämpfe, z. B. bei Verbrennungsprozessen, sowie die damit einhergehende Bildung eines Feststoffes, mechanischer Abrieb von Feststoffen und Gischt (*seaspray*). Aber auch Brände oder Vulkanausbrüche, die Flugasche in die Atmosphäre einbringen, die chemische Umwandlung von Gasen zu flüssigen und festen Partikeln, Pollenflug und Bodenerosionen oder Wiederaufwirbelungen von zuvor entstandenem Staub, gehören dazu

Tab. 1 Klassierung von Partikeln nach Quelle und Bildungsmechanismus. (Eigene Tabelle nach Brasseur et al., 2003)

	Partikelspezies	Anthropogene Prozesse	Natürliche Prozesse
Primäre Quellen	Mineralstaub	Änderung d. Landnutzung	Winderosionen
	Seesalz		Wind
	Org. Partikel und elementarer Kohlenstoff	Biomassenverbrennung, Landwirtschaft, fossile Brennstoffe	Wind, Waldbrände
	Vulkanstaub		Vulkanismus
	Industriestaub	Industrielle Emissionen	
Sekundäre Quellen	Sulfat	Fossile Brennstoffe	Vulkanismus, Abbau Phytoplankton
	Nitrat	Fossile Brennstoffe	Blitzschlag
	VOC	Industrielle Emissionen (anthropogene VOCs)	Biogene VOC-Emissionen

(Rieger, 2016, S. 1–3). Durch die Beachtung möglicher Quellen kann die Einteilung nach dem Partikelursprung erfolgen. Es wird zwischen anthropogenen Emissionen sowie einer damit verbundenen Bildung von Partikeln oder natürlichen Quellen unterschieden (Hallbauer, 2019). Wichtige anthropogene Quellen sind beispielsweise Heizkraftwerke, Müllverbrennungen, Baustellen, die Landwirtschaft oder aber auch industrielle Produktionen bzw. der Straßen- und Schifffahrtsverkehr (Rieger, 2016, S. 1–3). Tab. 1 stellt die Klassierung von Partikeln anhand relevanter anthropogener und natürlicher Quellen sowie den im folgenden Unterkapitel beschriebenen primären und sekundären Partikelbildungsmechanismen dar. In Tab. 1 wird die Klassierung von Aerosolpartikeln nach Quellen zusammen mit der im nächsten Abschnitt vorgestellten Klassierung nach Bildungsmechanismen (primär oder sekundär) dargestellt. Es ist zu erkennen, welche Partikelspezies durch welche Kombinationen aus Prozessen und Bildungsmechanismen in der Atmosphäre vorkommen. Die verschiedenen Spezies sind auf unterschiedliche Quellen zurückzuführen, wodurch eine hohe Variabilität z. B. in der Zusammensetzung oder den möglichen Wirkungspfaden erzielt wird. Partikel sind also nicht gleich Partikel.

Klassierung atmosphärischer Aerosolpartikel nach Bildungsmechanismus und Zusammensetzung

Neben der Klassierung nach Quelle wird zudem zwischen primären und sekundären Partikeln unterschieden. Werden atmosphärische Aerosolpartikel direkt aus der Quelle in die Umwelt eingebracht, bezeichnet man diese als *primäre Partikel*. Dem gegenüber stehen die *sekundären Partikel*, welche erst in der Atmosphäre aus gasförmigen Vorläufersubstanzen durch chemische Reaktionen gebildet werden (UBA, 2018).

Besonders *sekundär gebildete organische Partikel (SOA)* spielen aufgrund ihrer hohen Umweltrelevanz bei den atmosphärischen Partikeln eine wichtige Rolle, z. B. beim Einfluss auf den Strahlungshaushalt und die menschliche Gesundheit (Hallbauer, 2019). Um diese Rolle zu begründen, werden im folgenden Abschnitt die *sekundären organischen Partikel* näher vorgestellt.

Die Bildung sekundärer organischer Partikel in der Atmosphäre erfolgt in einem ersten Schritt aus der sogenannten *gas-to-particle conversion* (Gas-zu-Partikel-Umwandlungsprozess), einer Reaktion zwischen beispielsweise leicht flüchtigen organischen Vorläufergasen (VOCs) mit Ozon als Oxidationsmittel. Dieser Vorgang, der in Abb. 1 schematisch dargestellt ist, basiert somit auf zwei in der Atmosphäre vorkommenden, gasförmigen Stoffen (VOCs und Ozon), die miteinander reagieren und Zusammenschlüsse, die sog. *Cluster* bilden. Prinzipiell handelt sich um troposphärische Oxidationsprozesse von Vorläufergasen, die primär in die Atmosphäre emittiert wurden (Warscheid, 2003). Unter *Troposphäre* wird dabei die unterste, von der Erdoberfläche bis in eine Höhe von ca. 15 km reichende Schicht der Erdatmosphäre verstanden. Der Begriff der Vorläufergase wird im weiteren Verlauf des Abschnitts näher beschrieben. Dieser erste Schritt der Reaktion, bei dem ein Phasenübergang von gasförmigen Molekülen zu kleinen, thermodynamisch stabilen Clustern (Feststoffen) stattfindet, wird als *homogene Nukleation* bezeichnet.

Über atmosphärische Prozesse wachsen die Cluster dann weiter an. Zu diesen Prozessen zählen sog. Kondensations- und Koagulationsreaktionen (Hallbauer, 2019). Unter *Kondensation* versteht man dabei das durch den Sättigungsdampfdruck ausgelöste Anlagern von atmosphärischen Gasen auf Partikeloberflächen. Als *Koagulation* wird das Zusammenballen von Partikeln aufgrund der *Brownschen Molekularbewegung* bezeichnet. Das Verständnis dieser Abläufe ist wichtig, um einerseits Partikel und deren Bildungsmechanismen sowie andererseits die in der Atmosphäre ablaufenden Prozesse und die da-

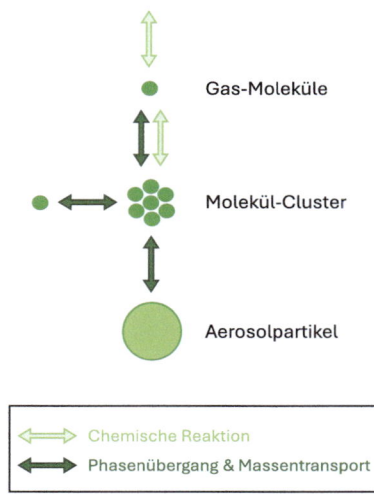

Abb. 1 Schematische Darstellung der sekundären Partikelbildung über die *gas-to-particle conversion*. (Eigene Darstellung nach Pöschl, 2006)

durch auftretende Wirkung auf die Umwelt und menschliche Gesundheit besser in den Kontext sauberer und nachhaltiger Städte einordnen zu können. Abb. 1 stellt den soeben beschriebenen Prozess bildlich dar.

Sekundäre Partikel stellen einen wichtigen, im ersten Augenblick oftmals nicht bedachten Teil der Partikelbelastungen dar. So setzen sich die z. B. für Großstädte typischen Partikelpopulationen nicht nur aus den allgemein klar zu erwartenden Primärpartikeln (z. B. aus Vulkanausbrüchen oder dem Straßenverkehr) zusammen. Sekundäre Partikel bilden einen ebenso beachtenswerten Anteil der atmosphärischen Partikel. Zudem ist anzumerken, dass die Bildungsprozesse sekundärer Partikel noch nicht abschließend erforscht und damit die Wirkung sowohl auf den Strahlungshaushalt als auch auf die menschliche Gesundheit noch nicht final geklärt sind. Somit ist es derzeit noch schwer, die langfristige Wirkung bzw. deren übergeordnete Rolle bei der Klimadebatte oder bei Erkrankungen aufgrund von Luftschadstoffen komplett abzuschätzen.

Anorganische Stoffe wie beispielsweise Ammoniak, Schwefelsäure, Schwefel- und Stickoxide sowie organische Kohlenwasserstoffe, die in erster Linie durch anthropogene Prozesse in die Umwelt gelangen, stellen wichtige *Vorläufersubstanzen* bei der sekundären Partikelbildung dar. Wenn bekannt ist, bei welchen Prozessen vermehrt die beschriebenen anorganischen Stoffe gebildet und freigesetzt werden und wie die nachfolgenden Vorgänge optimiert bzw. auf die Output-Stoffe bezogen anzupassen sind, kann bei Luftreinhaltungsmaßnahmen gezielt dort angesetzt werden.

Aber auch sog. *natürliche Monoterpene*, welche über die Vegetation in die Atmosphäre eingebracht werden, können als *organische Vorläufersubstanz* in der sekundären Partikelbildung wirken (Hallbauer, 2019). Ein Beispiel für natürliche Monoterpene ist die Verbindung *α-Pinen* als biogene flüchtige organische Verbindung (BVOCs, engl.: biogenic volatile organic compounds). Sie wird von Bäumen emittiert und zeichnet sich durch einen typisch nadelholzigen, harzigen Geruch aus. So wurden über borealen Nadelwäldern vermehrt hohe Partikelkonzentrationen nachgewiesen (Spanke, 2002). Nadelwälder setzen BVOCs frei, welche als Vorläufersubstanzen zusammen mit Ozon zu einer sekundären Partikelbildung führen und somit die Konzentration von Partikeln lokal erhöhen können. Was hat das zu bedeuten? Können wir uns als Menschheit nun zurücklehnen und sagen, dass die Natur doch auch und stark vermehrt Partikel ausbildet, wir also nichts tun können und müssen? Diese Argumentationsweise mag auf den ersten Blick einleuchtend sein, sie ist aber durchaus gefährlich, da – wie bereits zuvor beschrieben – zwischen den Partikelarten und ihren chemischen Bestandteilen unterschieden werden muss, um die Auswirkungen z. B. auf den Strahlungshaushalt oder die menschliche Gesundheit klar benennen zu können (Pöschl, 2006). Der Abschnitt zur *Umweltrelevanz und Einfluss auf die menschliche Gesundheit* erläutert nachfolgend noch konkreter die spezifischen Wirkungen der Aerosolpartikel.

Sobald Partikel in die Atmosphäre eingetragen bzw. in dieser gebildet wurden, verändern sie sich fortlaufend in ihrer Größe und ihrer chemischen Zusammensetzung. Sie sind Umwandlungs- und Alterungsprozessen unterworfen, welche infolge Kondensations- und Koagulationsreaktionen physikalische und chemische Eigenschaften der Aerosolpartikel in der Atmosphäre beeinflussen. So führen diese Prozesse dazu, dass Eigenschaften von Partikeln – wie beispielsweise die Flüchtigkeit, die optischen Eigenschaften, die Wasserlöslichkeit und die Fähigkeit, als Wolkenkondensationskeime bereit zu stehen – verändert werden. Als Wolkenkondensationskeime werden kleine Teilchen (z. B. Partikel) in der Atmosphäre bezeichnet, auf deren Oberfläche Wasserdampf kondensiert oder sich dort als Eis ablagert und so zur Wolkenbildung beiträgt. Durch Depositionsprozesse, also den Austrag von Partikeln aus der Atmosphäre durch Sedimentation, können Partikel wieder aus der Atmosphäre entfernt werden (Hallbauer, 2019).

Klassierung atmosphärischer Aerosolpartikel nach Größe

Bei der Klassierung von Partikeln nach Größe wird eine Einteilung nach dem *aerodynamischen Durchmesser* vorgenommen (DWD, 2017). Um diese Form der Klassierungen besser verstehen zu können, wird zunächst der Begriff des aerodynamischen Durchmessers erläutert: Da die oftmals unregelmäßigen Formen der Partikel die klare Benennung eines Durchmessers erschweren, die Größe der Partikel aber einen wichtigen Einfluss hat, wird sie über die abstrakte Größe des aerodynamischen Durchmessers definiert. Dabei wird der Durchmesser eines als kugelförmig idealisierten Partikels beschrieben, bei dem das betrachtete und das idealisierte Partikel die gleiche Sinkgeschwindigkeit in der Atmosphäre aufweisen (Friedlander, 1977, S. 164). Abb. 2 stellt diese abstrakte Größe bildlich dar. Der hellgrüne Teil bildet das tatsächliche Partikel, der dunkelgrüne Kreis das Partikel mit idealisiertem Durchmesser ab. Mithilfe dieser Vereinfachung wird bei der Klassierung nach Größe zwischen den Fraktionen PM0,1 (ultrafeine Partikel; < 0,1 µm), PM2,5 (lungengängiger Feinstaub; < 2,5 µm), PM10 (inhalierbarer Feinstaub; < 10 µm) und der Grobstaub-Fraktion (> 10 µm) unterschieden (DWD, 2017). Die größenabhängige Wirkung von Partikeln wird konkreter im Abschnitt über *Umweltrelevanz und Einfluss auf die menschliche Gesundheit* aufgegriffen.

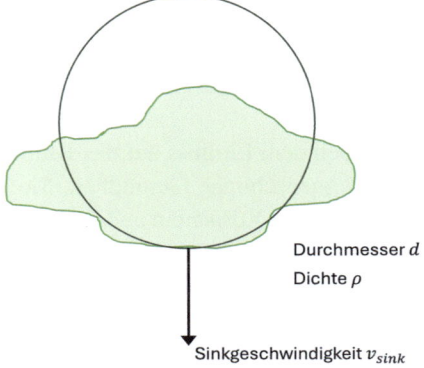

Abb. 2 Schematische Darstellung der abstrakten Größe des aerodynamischen Durchmessers. (Eigene Darstellung)

Durchmesser d
Dichte ρ

Sinkgeschwindigkeit v_{sink}

Wirkung atmosphärischer Aerosolpartikel auf die Umwelt und die menschliche Gesundheit

Wie bereits im Abschnitt *Klassierung atmosphärischer Aerosolpartikel nach Bildungsmechanismus und Zusammensetzung* erwähnt, haben atmosphärische Partikel einen Einfluss auf Klima, Temperatur, Niederschlag und Wolkenbildung. Bei dem Einfluss wird zwischen direkten und indirekten Effekten unterschieden (TROPOS, 2015). Dass Aerosolpartikel *direkt* den Strahlungshaushalt der Erde beeinflussen, wurde bereits in den vorhergehenden Abschnitten angedeutet. Um ein Verständnis für die resultierende Wirkung zu schaffen, sind hier weitere Erklärungen vorhanden: Solare Strahlung, die auf die Atmosphäre trifft, wird in ihrer Intensität und Richtung durch in der Atmosphäre vorhandene Teilchen beeinflusst. Auch atmosphärische Partikel können diese absorbieren, reflektieren oder durch Streuprozesse umlenken (TROPOS, 2015). Dadurch erreicht nur ein Teil der einfallenden Strahlungsmenge den Erdkörper, an dem dieser Teil reflektiert oder aber absorbiert wird. Die vom Erdkörper ausgesandte Wärmestrahlung kann von den in der Atmosphäre vorhandenen Teilchen absorbiert und so in der Atmosphäre gehalten werden. Dieser sich ausbildende natürliche Treibhauseffekt wird durch den anthropogenen Treibhauseffekt massiv verstärkt (Kleinau, 2013). Die Beeinflussung des Strahlungshaushalts ist aufgrund der starken Variabilität von Größenverteilung, Zusammensetzung und Konzentration der Partikel in der Atmosphäre zeitlich und räumlich ebenfalls hoch variabel (Hallbauer, 2019).

Unter *indirekten Effekten* ist zu verstehen, dass atmosphärische Partikel ebenso als *Wolkenkondensationskeime* wirken (siehe Abschnitt zur *Klassierung atmosphärischer Aerosolpartikel nach Bildungsmechanismus und Zusammensetzung*) und dadurch zu einer vermehrten Wolkenbildung beitragen, was wiederum den Strahlungshaushalt beeinflussen kann (Caudillo et al., 2020). So werden Wolken in ihrer Lebensdauer, Größe, Niederschlagswahrscheinlichkeit, den Absorptions- und Reflexionseigenschaften und dem Flüssigwassergehalt verändert. Sie reflektieren einfallende solare Strahlung und können somit zu einer abkühlenden Wirkung führen (Hallbauer, 2019). Abb. 3 stellt den hier beschriebenen Einfluss auf den Strahlungshaushalt grafisch dar. Es ist zu erkennen, dass sowohl kurzwellige Solarstrahlung als auch langwellige Wärmestrahlung direkt durch in der Atmosphäre vorhandene Partikel und auch indirekt durch Wolken, welche durch Partikel vermehrt gebildet werden können, in ihrer Intensität, Richtung und Ausbreitung beeinflusst werden. In der Abbildung ist dies insbesondere an den grün umrandeten Prozessen zu erkennen.

Neben dem Einfluss auf das Klimasystem der Erde haben Partikel auch eine Wirkung auf die menschliche Gesundheit. Sie dringen je nach Größe unterschiedlich weit in den menschlichen Körper ein und lagern sich dort ab, wodurch Lungenerkrankungen oder Entzündungsreaktionen ausgelöst werden können (Caudillo et al., 2020). Bekannte Beispiele sind Bronchitis, COPD (engl.: chronic obstructive pulmonary disease) oder Asthma (DWD, 2017). Weiterhin können die in den Körper eingetragenen Stoffe toxisch oder krebserregend wirken, z. B. durch Schwermetalle, polycyclische aromatische

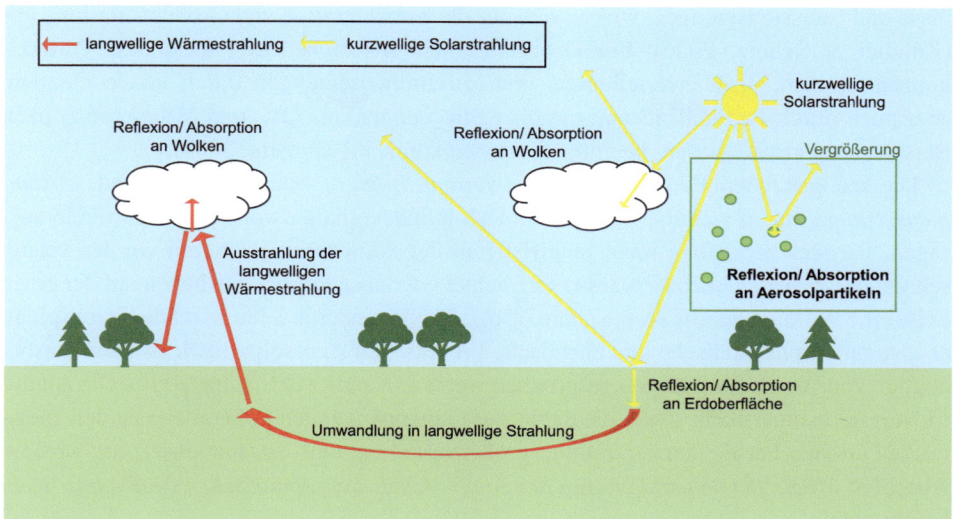

Abb. 3 Beeinflussung des Strahlungshaushalts der Erde durch atmosphärische Aerosolpartikel. (Eigene Darstellung nach Joachim Herz Stiftung, 2024)

Kohlenwasserstoffe oder Ruß. Hier spielt wieder die Größe der Partikel eine wesentliche Rolle. Je kleiner die Partikel sind, desto größer ist die spezifische Oberfläche, an der sich die zuvor beschriebenen Stoffe anlagern können. Aufgrund der hier angedeuteten Gesundheitsgefahr für den menschlichen Körper kann festgehalten werden, dass Ultrafeinstaub (PM0,1) – welcher sogar in der Lage ist, die Blut-Hirn-Schranke zu überwinden – gleichzeitig die höchste Wahrscheinlichkeit mit sich bringt, schädliche Stoffe in den Körper einzutragen (Matthys & Seeger, 2009, S. 18–19).

Transportprozesse, Mobilitätsverhalten und Kreisläufe von Aerosolpartikeln

Wie bereits einleitend erwähnt, zeichnen sich Aerosole durch eine hohe Variabilität in Konzentration und Größenverteilung aus (Kandler & Schütz, 2006). Aber wie kommt diese Variabilität zustande? Diese Unterschiede beruhen zum einen auf verschiedenen Entfernungen zwischen Immissions- und Emissionsorten bzw. der zum Teil stark variierenden lokalen Partikelquellen. Auch die Messtechnik, welche u. a. die Konzentration oder Größenverteilung erfasst, spielt dabei eine Rolle. Zum anderen werden Partikel z. B. durch Bewegung von Luftmassen und Wetterlagen sowie verschiedenen Topografien, wie Straßenschluchten im Gegensatz zu Freiflächen, in ihrer Verbreitung beeinflusst und z. T. über advektiven Ferntransport durch Wind weit verteilt (Lehmann, 2003). Im Kontext der Umweltchemie wird dieser Vorgang als *Verfrachtung* bezeichnet. Auch verschiedene jahres- und tageszeitlichen Phänomene, z. B. unterschiedliche meteorologischen Verhältnisse und Emissionsmengen, wirken sich auf die Konzentration und Größenverteilung aus (Kandler & Schütz, 2006). Für Großstädte wie Berlin bedeutet dies, dass Partikelkonzentrationen, -größenverteilungen und -zusammensetzungen durch lokale Quellen, aber auch durch Partikelfrachten, die über Strömungen aus Ost- und Mitteleuropa nach Berlin transportiert wurden, beeinflusst werden können (Lehmann, 2003).

Die maßgebenden Parameter *Partikelkonzentration, -größenverteilung* und *-zusammensetzung* können viel über Quellen und Mobilitätsverhalten von Aerosolpartikeln aussagen. Partikel verbleiben nicht langfristig in der Atmosphäre, sondern werden relativ schnell durch verschiedene Prozesse verfrachtet oder ausgetragen. Sie haben auf der einen Seite eine Wirkung auf die Atmosphäre (s. o.). Auf der anderen Seite wirkt die Atmosphäre ebenso durch physikalische und chemische Prozesse auf Aerosolpartikel. Es kann diesbezüglich von Wechselwirkungen gesprochen werden (Kandler & Schütz, 2006). Die Analytik von Aerosolpartikeln sowie die damit zusammenhängenden Phänomene zu den spezifischen Größen Partikelkonzentration, -größenverteilung und -zusammensetzung wird im Abschnitt *Möglichkeiten und Nutzen der Analytik von atmosphärischen Aerosolpartikeln* beschrieben.

Abb. 4 stellt dar, wie Partikel über verschiedene Transportprozesse in der Atmosphäre verteilt werden. Wichtige Vorgänge sind dabei z. B. die *Advektion* (Transport durch Wind) und die *Dispersion* (Durchmischung aufgrund unterschiedlicher Partikelbewegungen), aber auch *physikalische* und *chemische Umwandlungen* oder *nasse* (durch Regen) und *trockene Deposition* (durch turbulenten Transport) (Lammel et al., 2005). Unterschiedliche stoffliche Eigenschaften der Aerosolpartikel wie Reaktivität, Wasserlöslichkeit und Dampfdruck sowie klimatische Bedingungen wirken bei den unterschiedlichen Prozessen zusammen und bestimmen die Verweilzeit, die Verteilung bzw. den Transport der Aerosole (Lammel et al., 2005).

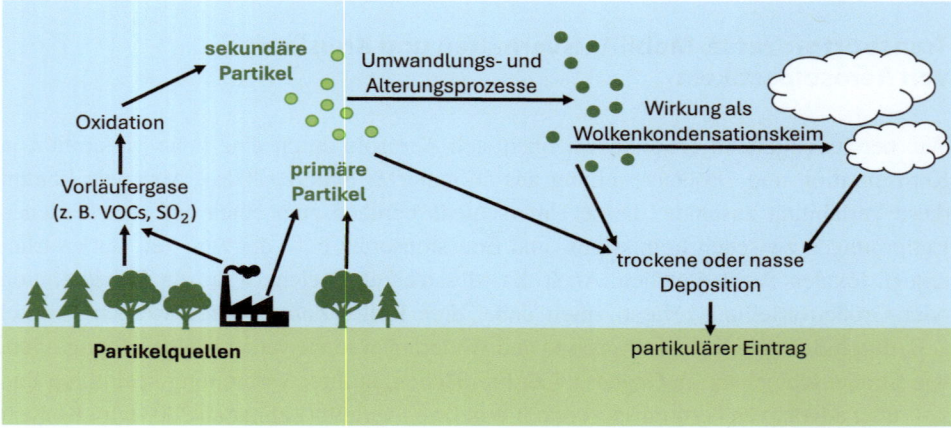

Abb. 4 Transportprozesse, Mobilitätsverhalten und Kreislauf von Aerosolpartikeln in der Atmosphäre. (Eigene Darstellung)

Abb. 4 stellt Transportprozesse, das Mobilitätsverhalten und den Kreislauf von Aerosolpartikeln dar. Partikelquellen – natürlicher oder anthropogener Art – emittieren entweder Partikel direkt in die Atmosphäre (primäre Partikel) oder setzen Vorläufergase frei, welche anschließend über Oxidationsreaktionen zu sekundären Partikeln reagieren. Verschiedene Umwandlungs- und Alterungsprozesse können Partikel, wie bereits beschrieben, in ihren chemischen und physikalischen Eigenschaften verändern und damit die Variabilität der in der Atmosphäre vorkommenden Partikel erhöhen. Aus Abb. 4 wird ersichtlich, dass Partikel beispielsweise über *trockene Deposition* oder aber durch ihre Wirkung als Wolkenkondensationskeim über *nasse Deposition* aus der Atmosphäre wieder ausgetragen werden können. Sie verbleiben somit nicht für immer in der Luft. Die Lebenspfade atmosphärischer Aerosolpartikel sind – wie zuvor angedeutet – hoch variabel und von vielen Aspekten in der Umwelt abhängig.

2   Luftreinhaltung in Großstädten – Bestehende Regelungen

Wie zu Beginn des Beitrags erwähnt, zeigen Großstädte viele verschiedene Facetten. So stellen sie einerseits einen dicht besiedelten Raum dar, in dem eine hohe Einwohnerzahl auf eine enge Bebauung, ein verstärktes Verkehrsaufkommen, teils aber auch auf Industriegebiete und urbane Ballungsräume trifft. Andererseits entzerren *Grüne Lungen,* wie z. B. der Große Tiergarten in Berlin, Wälder und Grünstreifen dieses eher graue bzw. technische Stadtbild (Bähr & Jürgens, 2005). Dabei stellt sich für die in den Großstädten lebenden Menschen die Frage, wie sich diese verschiedenen Facetten z. B. auf die Luftqualität vor Ort auswirken. Diesbezüglich ergeben sich wieder verschiedene Fragen, z. B.: Welche Luft atme ich beim Fahrradfahren an Hauptverkehrsstraßen ein? Kann ich ohne Sorge um meine Gesundheit in innerstädtischen Gebieten spazieren oder joggen gehen? Die übergeordnete Frage zur Luftqualität – oder negativ betrachtet zur Luftbelastung – scheint dabei hoch variabel und überaus diskussionswürdig.

Gesetzliche Vorgaben zur Luftreinhaltung

Für Luftinhaltsstoffe sind Begrenzungen zulässiger Konzentrationen über Grenz-, Zieloder Richtwerte in verschiedenen Richtlinien und Gesetzen vorgeschrieben. So benennt die *EU-Rahmenrichtlinie 2008/50/EG CAFE* (CAFE – Clean Air For Europe) auf europäischer Ebene Immissionsgrenzwerte für Luftschadstoffe. Mithilfe dieser Festlegungen werden nicht nur zum Schutz der Umwelt, sondern auch zur Erhaltung der menschlichen Gesundheit Richt-, Ziel- und Grenzwerte für Feinstaub (PM10 und PM2,5) und Staubinhaltsstoffe wie Spurenmetalle definiert. Neben der Einhaltung dieser Werte ist ebenfalls vorgeschrieben, wie, wo und wie oft Messungen durchzuführen sind, aber auch wie Berichterstattungen zu erfolgen haben oder welche Maßnahmen bei Nicht-Einhaltung ergriffen werden müssen. So spielt beispielsweise für Feinstaub PM10 Jahres- und

Tagesmittelwerte eine zentrale Rolle. Der Jahresmittelwert ist hier auf maximal 40 µg/m³ festgeschrieben; der Tagesmittelwert darf den Wert von 50 µg/m³ nicht öfter als an 35 Tagen pro Jahr überschreiten. Für die Fraktion PM2,5 wird ein Jahresmittelwert von maximal 25 µg/m³ vorgeschrieben (Richtlinie 2008/50/EG, 2008).

Es ist anzumerken, dass sich diese Grenzwerte auf Feinstaubmassen und nicht auf eine Gesamtpartikelanzahl beziehen. Somit wird eine Belastung durch Ultrafeinstaub, welche bei der Massen- und Anzahlverteilung aufgrund ihrer geringen Massen eher die Partikelanzahl dominieren, außer Acht gelassen.

Auf Bundesebene sind das *Bundesimmissionsschutzgesetz (BImSchG)* sowie die *39. Verordnung zur Durchführung des BImSchG (39. BImSchV)* für Emissionshöchstmengen und Luftqualitätsstandards ausschlaggebend. So werden durch die 39. BImSchV die über die EU-Richtlinie 2008/50/EG festgelegten Immissionsgrenzwerte für Partikel der Fraktionen PM2,5 und PM10 ins deutsche Recht übertragen (39. BImSchV, 2010). Hinsichtlich Luftreinhaltung stellen die Gesetze also die rechtlichen Rahmenbedingungen der Partikeldebatte dar. Sie ermöglichen eine Einordnung von Messwerten zur Luftgüte oder Maßnahmen der Luftreinhaltung.

Analytik von atmosphärischen Aerosolpartikeln

Um die Wirkung von Aerosolpartikeln auf das Klima, die Umwelt und die menschliche Gesundheit einschätzen zu können, werden Methoden zur Bestimmung der chemischen Zusammensetzung und Konzentration herangezogen. So besteht das experimentelle Vorgehen bei Analysen typischerweise aus den Schritten der *Probenahme* und *Probenaufbereitung*, der *Trennung*, der *Detektion*, der *Auswertung* und den *Ergebnissen* (Abb. 5).

Mithilfe einer Untersuchung auf Partikelkonzentration wird ein Wissen über das quantitative Vorkommen von Aerosolpartikeln aufgebaut. Durch eine Analyse der Größenverteilung kann erforscht werden, welche Partikel vorkommen. Da diese je nach Größe unterschiedlichen Klassen zuzuordnen sind, ist es möglich über die Ermittlung der Größenverteilung auf Quellen, Alter und mögliche Wirkungspfade zu schließen. Organische Markersubstanzen von Filterproben sind z. B. mithilfe sog. HPLC-MS

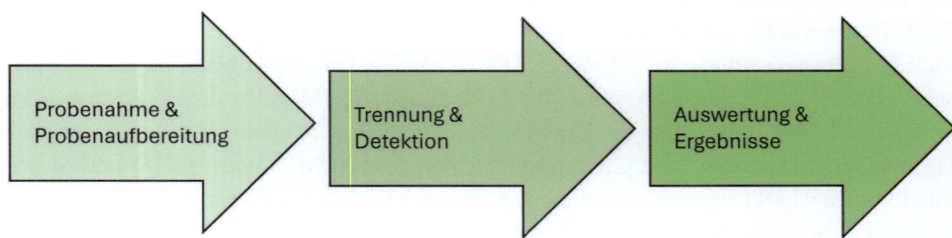

Abb. 5 Experimentelles Vorgehen bei der Analyse atmosphärischer Aerosolpartikel. (Eigene Darstellung)

(Hochleistungsflüssigchromatografie gekoppelt mit Massenspektrometrie) zu erfassen. Die Analyse dieser Substanzen kann die chemische Zusammensetzung von Partikeln aufzeigen und somit Rückschlüsse auf Quellen und Bildungsmechanismen sowie die Wirkung auf die Umwelt, aber auch Auswirkungen für die menschliche Gesundheit aufzeigen. Durch eine strukturierte und gewissenhaft durchgeführte Analytik von atmosphärischen Aerosolpartikeln kann also eine große Bandbreite an Informationen über in der Atmosphäre vorhandene Partikelpopulationen erhalten werden. Diese Informationen können schließlich gezielt zur Kontrolle der Einhaltung von gesetzlichen Vorgaben eingesetzt werden oder aber die Basis für innovative Ansätze bilden. Auf diese Weise ist es möglich, z. B. mithilfe von Informationen digitalisierte Mess- und Warnsystemen, gute Luftqualitäten in Großstädten zu messen oder die Effizienz von Maßnahmen zur Luftreinhaltung abzuschätzen. Der Einsatz von Stadtgrün und das Konzept der Mobilitätswende liefern hier nachhaltige Ansätze, um den Einfluss auf das Partikelvorkommen in urbanen Räumen zu beeinflussen. Sie können somit als Maßnahme zur Luftreinhaltung verstanden werden. Im Abschnitt *Stadtgrün und Mobilitätswende als Möglichkeiten zur Luftreinhaltung* werden diese beiden Ansätze unter dem Gesichtspunkt des Einflusses dieser auf das Partikelvorkommen in urbanen Räumen vorgestellt.

3 Digitalisierte Mess- und Warnsysteme für eine gute Luftqualität in Großstädten

Berlin verfügt über ein ausgeklügeltes Luftgüte-Messnetz (*BLUME*; Berliner-Luftgüte-Messnetz), durch das seit 1975 die Immissionssituation verschiedener Luftschadstoffe kontinuierlich erfasst und so die Luftqualität gemäß der 39. BImSchV (z. B. durch Vorgaben für Messtechnik und Standortauswahl) beurteilt. Das im gesamten Stadtgebiet verteilte, sich einerseits an innerstädtischen und verkehrsnahen sowie anderseits an beruhigten und nicht zentralen Straßen befindliche Messnetz, setzt sich aus insgesamt 17 ortsfesten Messcontainern, einer meteorologischen Wetterstation sowie kleineren Sondermessstellen zusammen (SenUMVK, 2024).

Neben Schwefeldioxid, Stickoxiden (NOx; Stickstoffmonoxid und Stickstoffdioxid), Ozon, Kohlenmonoxid und Benzol erfolgen an zwölf der 17 ortsfesten Messcontainern Aufzeichnungen der PM10-Partikelfraktionen. Wie bereits im Abschnitt zur *Klassierung atmosphärischer Aerosolpartikel nach Größe* erwähnt, handelt es sich bei der PM10-Fraktion um den inhalierbaren Feinstaub, welcher sich im Vergleich zu den Kategorien PM 2,5 (lungengängiger Feinstaub) und PM 0,1 (Ultrafeinstaub; Blut-Hirn-Schranke) durch größere Partikel auszeichnet. Dieser soll auf Basis der gesetzlichen Vorgaben durch festgelegte Immissionsgrenzwerte begrenzt werden (siehe Abschn. *Gesetzliche Vorgaben zur Luftreinhaltung*), da er vermehrt in Großstädten mit stark befahrenen Straßen, z. B. durch Reifenabrieb und Wiederaufwirbelungen, zu erwarten ist. Mittels Aerosolspektrometrie können Partikel mit einer Größe bis zu 10 µm erfasst werden. Bei diesem

Verfahren wird ein umwelttechnisches Staubmessgerät auf Basis einer Streulichtmessung über Diodenlaser verwendet (SenUMVK, 2024).

Ergänzend wird an sechs Messcontainern in Berlin ein gravimetrisches Referenzverfahren nach Vorgaben der EU-Richtlinie 2008/50/EG zur Ermittlung der PM2,5-Fraktionen durchgeführt, um auch die lungengängige Partikelfraktion zu erfassen. Dieses Verfahren setzt sich aus einer Filterprobenahme, der Differenzwägung des Filters und der Berechnung der Partikelkonzentration zusammen (SenUMVK, 2024). Bei der Filterprobenahme saugt eine Pumpe ein definiertes Luftvolumen über eine bestimmte Zeit an. Partikel, die in diesem Luftstrom enthalten sind, werden auf dem Filtermaterial abgeschieden. Aus der Wägung des Filters vor und nach der Probenahme ergibt sich anschließend ein Differenzgewicht. Über das Differenzgewicht und das angesaugte Luftvolumen kann die Partikelkonzentration berechnet werden.

Um sich einen noch besseren Überblick über die gegenwärtige Situation von Partikelbelastungen in Berlin zu verschaffen, wurde das Containermessnetz durch zusätzliche, kleinere Messstationen in Form von verschiedenen Probenahmegeräten an Straßenlaternen in engeren Straßen ergänzt. Dabei werden sowohl RUBIS-Geräte (RUBIS: Ruß- und Benzol-Immissionssammler) zur aktiven Probenahme als auch Passivsammler eingesetzt. Der Unterschied zwischen Aktiv- und Passivsammlern besteht darin, dass eine *aktive Probenahme* eine Energiezufuhr, z. B. durch den Einsatz einer Pumpe benötigt. Eine *passive Probenahme* hingegen kann ohne Energiezufuhr, z. B. auf Basis von Diffusionsvorgängen, ablaufen. Die Partikelproben werden auf Benzo(a)pyren, Cadmium, Blei, Arsen und Nickel untersucht und anschließend mit gegebenen Ziel- und Grenzwerten abgeglichen. Mithilfe dieses Vorgehens sollen besonders gesundheitsschädigende Stoffe bei der Ermittlung der Luftqualität der Großstadt Berlin erfasst werden, um darauf aufbauend ggf. Maßnahmen einzuleiten (SenUMVK, 2024).

Die ermittelten Messdaten werden als 5-Minuten-Werte an die Messzentrale der *Senatsverwaltung für Mobilität, Verkehr, Klimaschutz und Umwelt* übersandt. Um nun aber die Luftgüte des gesamten Berliner Stadtbildes darstellen zu können, werden die Daten durch Modellrechnungen für nicht analysierte Straßenzüge ergänzt und anschließend als Stunden- und Tageswerte veröffentlicht. Ziel dieses Vorgehens ist es, die Öffentlichkeit zu informieren, Maßnahmen zur Luftreinhaltung in der Wirksamkeit zu überprüfen bzw. zu verfolgen, Ursachenforschung für schlechte Luftqualität zu betreiben und eine eventuelle Luftverschmutzung beurteilen zu können. Eine Veröffentlichung der Daten erfolgt über Radiosender, Fernsehstationen und Zeitungen, über das Internet im Luftdatenportal der Stadt Berlin (VIZ, 2024) oder über die Software-Applikation *Hauptstadtluft* (SenUMVK, 2024).

In Zeiten der Digitalisierung und der immer stärker verbreiteten sowie oft diskutierten Maschinenintelligenz stellt die App *Hauptstadtluft* diesbezüglich einen gesellschaftlich-relevanten Beitrag dar (SenUMVK, 2024). Die Anwendung liefert Modelldaten zur Luftqualität in Berlin und zeigt stündlich aktualisiert – basierend auf aktuellen Luftgütemessdaten des zuvor erwähnten Berliner Luftgüte-Messnetzes BLUME – wie die Luftverschmutzung an den Hauptverkehrsstraßen in der Stadt einzuordnen ist. Bei dem zugrunde liegenden Modell handelt es sich um das Umweltmonitoringsystem *IMMISmt* der *IVU-Umwelt GmbH* (SenUMVK, 2024). Dieses stellt für die PM10-Partikelfraktion Tagesmittelwerte farblich codiert dar und ordnet diese in sechs Klassen von *sehr gut* bis *sehr schlecht* ein. Allgemein ist jedoch stets zu beachten, dass Modelle mit Unsicherheiten behaftet sind und diese somit nie die Realität in Gänze abbilden können.

Neben den aktuellen Luftgütemessdaten werden zudem Verkehrsdaten sowie Wetterdaten aus meteorologischen Wetterstationen in der Applikation zusammen auf einer Karte dargestellt. Somit bietet die Anwendung eine Kopplung aus Daten zur Ursache und Wirkung von Luftverunreinigungen. Sie liefert – zugänglich für die breite Bevölkerung – Echtzeitdaten zur Luftqualität in Berlin (SenUMVK, 2024).

Ein weiteres Konzept zum Umgang mit Umweltdaten zur Luftqualität ist die Visualisierung globaler Zusammenhänge durch Erschaffung eines digitalen Zwillings. In großem Maßstab entsteht auf Initiative der *Europäischen Kommission* mithilfe von Satellitendaten und Maschinenintelligenz ein hochpräzises digitales Modell des Erdsystems. Dabei handelt es sich um einen digitalen Zwilling der Erde unter dem Namen *DestinE*. Mithilfe dieses Projekts sollen Naturphänomene, Gefahren und komplexe ökologische Herausforderungen sowie menschliche und natürliche Aktivitäten visualisiert, überwacht und vorhergesagt werden (ESA, 2020). Ziel ist es, durch wissenschaftliche Ergebnisse bzw. durch kontinuierliche Erdbeobachtungen globale Prozesse und Wechselwirkungen zu erfassen, daraus politische Anpassungsstrategien abzuleiten und die geplante Umsetzung der digitalen Strategie bzw. des *Green Deal* als Strategie der EU-Mitgliedstaaten, bis 2050 klimaneutral zu werden, voranzutreiben. Ein gemeinsamer Datenpool der *Europäischen Weltraumorganisation* (ESA, engl.: European Space Agency), des *Europäischen Zentrums für mittelfristige Wettervorhersagen* (ECMSWF, engl.: European Centre for Medium-Range Weather Forecasts) und der *Europäischen Organisation für die Nutzung von Wettersatelliten* (EUMETSAT, engl.: European Organisation für the Exploitation of Meteorological Satellites) liefert für das Projekt DestinE weltraumgestützte Beobachtungsdaten. Aus diesen entsteht schrittweise der digitale Zwilling als virtuelle Darstellung eines *Echtzeit-Gegenstücks* vom physischen Körper unserer Erde. Für diese Informationen werden zunächst einzelne digitale Nachbildungen zu thematischen Kategorien unterschiedlicher, sektorspezifischer Bereiche (z. B. zu extremen Naturkatastrophen oder Anpassungen an den Klimawandel) erstellt und anschließend zu einem nahezu vollständigen Abbild der Erde zusammengefügt. Bis 2030 soll der digitale Zwilling final entworfen sein und vollumfänglich genutzt werden können (ESA, 2020).

Auch im Kontext von Aerosolpartikeln liefern intelligente Modelle, wie der digitale Zwilling unserer Erde, zukunftsgerichtete Konzepte. So können nicht nur sektorspezifische Auswertungen von Messdaten zur Luftgüte und Aerosolkonzentration inklusive einer Beurteilung der Luftqualität in Abhängigkeit atmosphärischer Aerosolpartikel vorgenommen werden, auch bieten sich – wenn es um die vorausschauende Planung ökologischer Ansätze geht – vielschichtige Potenziale: So sind u. a. die Einflüsse auf das Klima und den Strahlungshaushalt der Erde besser zu verstehen, aber auch Handlungsempfehlungen für den Umgang mit Partikeln klarer abzuleiten. Unter dem Gesichtspunkt, dass Partikelbildungsereignisse typischerweise lokal auftreten bzw. primäre Partikel eher durch punktuelle Quellen in die Umwelt gelangen, bleibt auch über einen lokalen Ansatz des sektorspezifischen Zwillings direkt für Berlin nachzudenken. So könnten die globalen Berechnungen von DestinE auf eine städtische Ebene, z. B. für Berlin, heruntergebrochen, die BLUME-Daten genutzt und in die dadurch entstehende lokale Form des digitalen Zwillings eingepflegt werden.

4 Stadtgrün und Mobilitätswende als Möglichkeiten zur Luftreinhaltung

Aufgrund von hohen Bevölkerungsdichten und den damit einhergehenden versiegelten Flächen werden sich – gerade in Großstädten wie Berlin – klimatische Veränderungen und sozio-ökonomische Modifikationen zukünftig verstärken. Das Umsetzen von Strategien zu einer nachhaltigen Stadtentwicklung und ökologischen Anpassung von Städten ist daher von äußerst hohem Interesse (SenUVK, 2020).

Eine zentrale Strategie skizziert das Prinzip der *Schwammstadt*, bei der Elemente blau-grüner Infrastruktur, wie z. B. Stadtgrün, eingesetzt werden. Angestrebt wird übergeordnet eine kreislauforientierte, lokale Nutzung der Ressource *Regenwasser*. Ebenso soll ein Umgang mit Starkregen und Hitzewellen in urbanen Räumen angepasst sowie das Mikroklima und die Luftqualität verbessert werden (Flamm, 2022).

Ein weiterer Punkt der nachhaltigen Stadtentwicklung ist die Mobilitätswende. Durch Erarbeiten eines Konzepts auf Basis des *Mobilitätsgesetzes* wird eine klimaneutrale, nachhaltige und sozialverträgliche Mobilität bis 2035 angestrebt (Schlegel, 2024). Als mögliche Maßnahmen der Mobilitätswende sind beispielsweise die Reduzierung des Autoverkehrs, ein klimaneutraler Lieferverkehr, der zügige Ausbau und die sichere Finanzierung des ÖPNV, die Stärkung der Radverkehrsinfrastruktur sowie eine Verkehrsberuhigung z. B. durch Tempo 30 auf Hauptverkehrsstraßen zu nennen. Da – wie bereits im Abschnitt *Klassierung nach Quelle und Ursprung* erwähnt – der Verkehr eine der Hauptquellen von sowohl primären als auch sekundären Partikeln darstellt, können durch die Mobilitätswende und durch die damit einhergehende Reduzierung des Verbrennerverkehrs positive Auswirkungen auf die großstädtische Luftqualität und die Luftreinhaltung erreicht werden.

Stadtgrün in Schwammstädten

Das Prinzip der Schwammstadt gilt als zukunftsgerichtete Herangehensweise, um das Regenwassermanagement in Großstädten nachhaltig zu gestalten. Dabei ist *Stadtgrün* ein zentrales und gezielt eingesetztes Element, welches zur Verbesserung der Luftqualität beitragen kann. Auf der einen Seite bildet eine urbane Vegetation eine Barriere zwischen Straßen mit Verkehrsemissionen und nahe liegenden Gebieten mit geringen atmosphärischen Schadstoffbelastungen. Sie beeinflusst somit die Ausbreitung von Luftschadstoffen

(Janhäll, 2015). Zudem ist durch gezielte Bepflanzung ein Einfluss auf die Luftturbulenzen und das Mikroklima einer Stadt gegeben (Grote et al., 2016). Auf der anderen Seite stellen Pflanzen durch ihre Blätter große Oberflächen zur Verfügung, wodurch eine Ablagerung verschiedener Gase und Partikel ermöglicht wird (Grote et al., 2016). So kann Stadtgrün – abhängig von den Bedingungen am Standort und der Art des Zielluftschadstoffes – durch die biophysikalischen Eigenschaften von Pflanzen zu einer Verringerung der Luftverschmutzung beitragen. Es konnte durch Studien gezeigt werden, dass besonders makromorphologische Merkmale von Blättern eine wichtige Rolle bei der Aufnahme von Partikeln spielen (Barwise & Kumar, 2020). Hier sind in erster Linie geringe Blattgrößen sowie eine hohe Blattkomplexität vorteilhaft (Barwise & Kumar, 2020).

Entscheidend ist ebenfalls die Gestaltung bzw. die Auswahl urbaner Vegetationen. Die Wahl zwischen dichter oder spärlicher bzw. hoher oder niedriger Vegetation ist entscheidend und je nach Platzierung der Pflanzen sehr unterschiedlich zu bewerten. Beispielsweise können hohe Bäume in verkehrsreichen Straßenschluchten mit reduzierter Luftdurchmischung lokal auch zu erhöhten Luftschadstoffgehalten führen. Niedrige Vegetation in der Nähe von Quellen wirken wiederum oftmals als Depositionsfläche und Filtervegetationsbarriere (Janhäll, 2015). Viele Punkte, wie z. B. die optimale Pflanzenzusammensetzung, sind in der aktuellen Wissenschaft jedoch noch nicht abschließend geklärt, sodass Forschungsbedarf in diesem Feld besteht (Barwise & Kumar, 2020).

Weiterhin emittieren Pflanzen auch biogene flüchtige organische Verbindungen, welche zu einer Partikelneubildung in der Atmosphäre beitragen können. Eine nähere Beschreibung wurde bereits zuvor gegeben. Zudem setzen Pflanzen Pollen frei, welche als Allergene die Luftqualität negativ beeinflussen können (Grote et al., 2016). Eine geeignete Artenauswahl ermöglicht die Reduzierung dieser Emissionen und damit z. B. auch Partikelneubildungsereignisse (Barwise & Kumar, 2020). Durch Pflanzen können Partikel also aus der Atmosphäre entfernt (Depositionsflächen und Filtervegetationsbarrieren) oder verstärkt gebildet (sekundäre Partikelbildung über organische Vorläufergase) werden. Wie sich diese Bilanz aus Partikelbildung und -entfernung entwickelt, ist durch eine bewusste Auswahl und Gestaltung der urbanen Vegetation zu lenken und durch weitere, dringend notwendige Forschungen optimierbar. Die Luftqualität ist somit gerade in einer Großstadt wie Berlin maßgeblich durch eine effiziente Stadtbegrünung beeinfluss- und kontrollierbar.

Um die zuvor angedeuteten Forschungslücken zu schließen, könnten verschiedene Untersuchungen in Betracht gezogen werden: Erstrebenswert wäre eine Analyse atmosphärischer Aerosolpartikel in den unterschiedlichen Facetten von Städten. Es könnten urbane Zentren und Ballungsräume, Wälder und Parks als *Grüne Lungen* und beruhigte Wohnsiedlungen beprobt und auf Partikelkonzentration, -größenverteilung sowie organische Markersubstanzen zur Charakterisierung der chemischen Zusammensetzung analysiert werden.

Um Stadtgrün als Quelle bzw. Senke von Partikeln einordnen zu können, ist das Durchführen chemischer Analysen mit anschließender Bilanzerstellung der einerseits durch Pflanzen auf der Blattoberfläche zurückgehaltenen bzw. abgeschiedenen oder andererseits durch Pflanzen neugebildeten Partikel, sinnvoll. Im Beitrag von Clea Kummert aus der ersten Auflage des Sammelwerks *Nachhaltige und digitale Baukonzepte* wurden bereits zentrale Aspekte von Bauwerksbegrünungen näher beleuchtet (Kummert, 2022).

Luftreinhaltung in Städten durch Minimierung von Partikelquellen

Um eine Verbesserung der Luftgüte in Großstädten zu erreichen, sollte das Potenzial zur Verminderung von Partikelquellen ausgeschöpft werden. So können verschiedene technische oder strategische Maßnahmen zu einer Reduzierung atmosphärischer Aerosolpartikel führen. Mögliche technische Maßnahmen zur Verminderung sekundärer, z. B. aus Verbrennungsprozessen gebildeter Partikel sind Rauchgasentschwefelungsanlagen oder die sog. SCR-Technologie (engl.: *Selective Catalytic Reduction*). Rauchgasentschwefelungsanlagen in fossil befeuerten Kraftwerken führen weiterhin durch Zugabe spezifischer Absorptionsmittel zu einem verminderten Ausstoß von Schwefelverbindungen. Somit können Luftschadstoffe und Vorläufersubstanzen der sekundären Partikelbildung Schwefeldioxid und Schwefeltrioxid in der urbanen Luft reduziert werden (Kroher, 2023). Die SCR-Technologie wird hier zur Behandlung von Abgasen unter Zugabe des Reduktionsmittels Ammoniak eingesetzt. Sie wandelt Stickoxide in Stickstoff und Wasserdampf um, sodass diese reduziert werden. Eingesetzt wird diese Technik als sog. *AdBlue* z. B. bei Pkws bzw. Nutzfahrzeugen (UBA, 2013).

Weiterhin kann die primäre Partikelbildung beispielsweise durch technische Maßnahmen zur verbesserten Staubabscheidung in Müllverbrennungsanlagen und Kraftwerken sowie durch Einbau von Rußfiltern oder 3-Wege-Katalysatoren in Fahrzeugen vermindert werden (Mitusch, 2022).

Mögliche politische bzw. strategische Maßnahmen zur Verbesserung der Luftgüte sind darüber hinaus z. B die Festlegung rechtlicher Regelungen für industrielle Anlagen oder das Vorantreiben der Mobilitätswende, gekoppelt mit der Einführung von Umweltbereichen, Tempo-30-Zonen oder durch Stärkung des ÖPNV (Mitusch, 2022).

5 Fazit und Ausblick zum Umgang mit atmosphärischen Aerosolpartikeln in Großstädten

Zentrale Aufgabenbereiche im Zusammenhang mit dem Themenkomplex der atmosphärischen Aerosolpartikel können abschließend als Zusammenspiel aus Luftreinhaltung, nachhaltigen Konzepten zur Stadtentwicklung inkl. ökologischen Anpassungen von Städten sowie der Digitalisierung von Mess- und Warnsystemen beschrieben werden (vgl. Abb. 6).

Die dargestellten Aufgabengebiete (Maßnahmen zur Luftreinhaltung, Vorantreiben nachhaltiger Stadtentwicklung, Nutzen von Digitalisierung) benennen Bereiche, die dazu beitragen können, das Partikelvorkommen in Städten zu reduzieren, einen nachhaltigen Umgang mit existierenden Partikeln zu entwickeln und das Vorhandensein sowie die Wirkung dieser zu beschreiben und vorhersagen zu können. Über eine Verknüpfung von

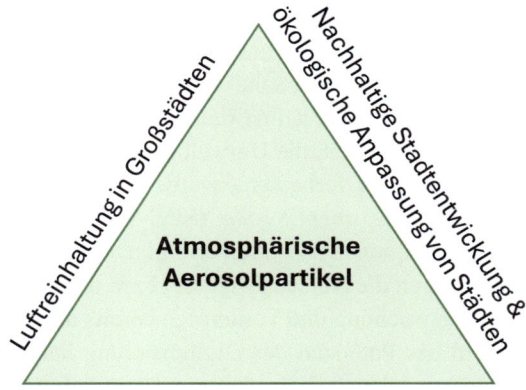

Abb. 6 Zentrale Aufgabenbereiche zum Themenkomplex atmosphärischer Aerosolpartikel. (Eigene Darstellung)

nachhaltiger Stadtentwicklung sowie Maßnahmen für eine verbesserte Luftqualität mit dem Vorantreiben und Nutzen der Digitalisierung, ist ein großes Potenzial bezüglich Nachhaltigkeit von Großstädten auszuschöpfen. Durch die flächendeckende Bereitstellung digitalisierter Messdaten könnten mehr Menschen informiert werden. Die Nutzung von Maschinenintelligenz, z. B. auch in Kombination mit digitalen Zwillingen, liefert hier einen wichtigen Ansatz, u. a. zur verbesserten Erfassung von atmosphärischen, naturwissenschaftlichen Zusammenhängen sowie zum Ableiten von Anpassungsstrategien oder gar Vorhersagen von Wirkungspfaden und Gefahren.

Doch die Thematik von Feinstaub ist keinesfalls regional bzw. lokal begrenzt. Höhere Temperaturen, verstärkte Verdunstung und Trockenheit führen im Zuge der Klimakrise zu einer abnehmenden Bodenfeuchtigkeit, was wiederum in Kombination mit ungünstiger Land- und Wasserbewirtschaftung die Bildung von Primärpartikeln in Form von Sand- und Staubstürmen begünstigt, wie ein Bericht der *World Meteorological Organization (WMO)* aus dem Jahr 2024 belegt. So können über Wind transportierte Staubpartikel bspw. hunderte bis tausende Kilometer verfrachtet werden (WMO, 2024). Dabei bieten sich der nördliche tropische Atlantik, das Mittelmeer, Südamerika, der Golf von Bengalen, das Arabische Meer sowie Zentral-Ost-China für den Ferntransport von Staub besonders an.

Es handelt sich bei der Partikelthematik also um ein globales Problem, welches durch die in diesem Beitrag herausgearbeiteten und vorgestellten Strategien zur Reduzierung von hohen Partikelkonzentrationen lokal angegangen werden kann und sollte. Gleichzeitig muss das komplexe Forschungsfeld jedoch auch durch internationale Zusammenarbeit weiter erforscht und diskutiert werden. Luftreinhaltung ist nicht nur aus ökologischen, sondern auch aus ökonomischen und insbesondere auch sozialen bzw. gesundheitlichen Aspekten überaus relevant.

Um den nachfolgenden Generationen ein Leben mit frischer Luft und sauberem Wasser zu ermöglichen, überwacht bspw. die WMO stetig das Klima bzw. das Wetter und die Wasserressourcen. Die *Vereinten Nationen* haben sich darüber hinaus das Ziel gesteckt, die internationale Zusammenarbeit in der Meteorologie und Atmosphärenchemie zu fördern, um dadurch die Vorhersage und Abwehr von Katastrophen und damit sowohl die öffentliche Sicherheit als auch wissenschaftliche Erkenntnisse zu stärken. Laut WMO handelt es sich gerade bei Sand- und Staubstürmen um ein globales, von menschlichen Aktivitäten und durch den Klimawandel beeinflusstes Thema, welches erhebliche Auswirkungen auf die Gesundheit, die Umwelt und die Wirtschaft haben wird. Um Überwachungen und Vorhersagen zu verbessern, wurde 2007 das *WMO Sand and Dust Storm Warning Advisory and Assessment System* (SDS-WAS) eingerichtet, in dem Forschung und operative Arbeit in regionalen Zentren erfolgt. Dank der Fortschritte bei den Beobachtungssystemen sowie durch die Nutzung digitaler bzw. numerischer Modelle hat sich die Genauigkeit bei der Überwachung und Vorhersage bereits deutlich verbessert (WMO, 2024).

Um das Potenzial der Digitalisierung bei Maßnahmen zur Luftreinhaltung voll ausnutzen zu können, ist zudem die Verknüpfung zwischen Datenbanken und Algorithmen überaus wichtig. Je mehr Daten zur Verfügung stehen, desto bessere Vorhersagen können getroffen werden. Die Herausforderung dabei ist jedoch, dass die durchaus groß ausfallenden Datenmengen, welche häufig als *Big Data* bezeichnet sind, ausgewertet und verarbeitet werden müssen. Für Vorhersagen, z. B. von hohen Partikelkonzentrationen im städtischen Kontext – meist aufgrund temporär verstärkt stattfindenden Partikelbildungsereignissen – spielt die Zeit dabei ebenfalls eine wichtige Rolle. Aus den enormen Datenmengen müssen zeitnah nach Erfassung der Daten die relevantesten Eckpunkte ermittelt und zur Veröffentlichung weitergeleitet werden. An diesem Punkt kann die Maschinenintelligenz ansetzen, indem bspw. automatische Datenanalysen stattfinden. So können intelligente Algorithmen u. a. Muster und Auffälligkeiten anhand gesammelter Daten erkennen und aufzeigen oder aber eine Vorauswahl und Sortierung dieser – basierend auf angelernten menschlichen Erfahrungen oder gewünschten Handelsmustern – vornehmen (Jungmann & Hartmann, 2024, S. 297–298). Digitale Konzepte stehen im Kontext von Luftreinhaltungsmaßnahmen zwar noch am Anfang, aber die im Beitrag aufgezeigten Potenziale liefern verschiedene Ansätze, um insbesondere Großstädte nachhaltiger und damit auch wieder gesünder bzw. lebenswerter zu machen.

Literatur

Bähr, J., & Jürgens, U. (2005). *Stadtgeografie 2. Regionale Stadtgeografie – Stadtstrukturen und Stadttypen* (1. Aufl.). Westermann. ISBN:3-14-160292-1.

Barwise, Y., & Kumar, P. (2020). Designing vegetation barriers for urban air pollution abatement: A practical review for appropriate plant species selection. *NPJ Climate and Atmospheric Science, 3*(12). https://doi.org/10.1038/s41612-020-0115-3. Zugegriffen am 19.07.2024.

BImSchV. (2010). 39. Verordnung zur Durchführung des Bundes-Immissionsschutzgesetzes – Verordnung über Luftqualitätsstandards und Emissionshöchstmengen. https://www.bmu.de/gesetz/39-verordnung-zurdurchfuehrung-des-bundes-immissionsschutzgesetzes/. Zugegriffen am 09.10.2024.

Brasseur, G. P., Prinn, R. G., & Pszenny, A. A. P. (2003). *Atmospheric Chemistry in a Changing World* (1. Aufl.). Springer. ISBN: 978-3540430506.

Caudillo, L., Curtius, J., Heinritzi, M., & Kürten, A. (2020). *Aerosol und Spurengase – Partikelneubildung in der Atmosphäre*. https://www.uni-frankfurt.de/44336543/Aerosol_und_Spurengase. Zugegriffen am 15.10.2024.

DWD. (2017). *Deutscher Wetterdienst: Messen-Bewerten-Beraten – Luftqualität unter der Lupe.* https://www.dwd.de/SharedDocs/broschueren/DE/medizin/broschuere_luftqualitaet.pdf?__blob=pu blicationFile&v=2. Zugegriffen am 14.10.2024.

ESA. (2020). European Space Agency: Digital Twin Earth. https://www.esa.int/ESA_Multimedia/Images/2020/09/Digital_Twin_Earth. Zugegriffen am 21.09.2024.

Flamm, L. (2022). *Schwammstadt machen!?* https://brandenburg.nabu.de/imperia/md/content/brandenburg/vortraege/flamm_schwammstadt_machen.pdf. Zugegriffen am 13.08.2024.

Friedlander, S. K. (1977). *Smoke, dust, and haze – Fundamentals of aerosol dynamics.* Wiley. ISBN:0-471-01468-0.

Grote, R., Samson, R., Alonso, R., Amorim, J.H., Carinanos, P., Churkina, G., Fares, S., Le Thiec, D., Niinemets, Ü., Mikkelsen, T.N., Paoletti, E., Tiwary, A., & Calfapietra, C. (2016). Functional traits of urban trees – Air pollution mitigation potential. https://doi.org/10.1002/fee.1426

Hallbauer, E. (2019). *Das hygroskopische Verhalten biogener sekundärer organischer Aerosolpartikel.* https://ul.qucosa.de/api/qucosa%3A38400/attachment/ATT-0/. Zugegriffen am 17.10.2024.

Held, A. (2004). *Turbulenter Austausch, Bildung und Wachstum atmosphärischer Partikel über einem Fichtenwald.* https://www.uni-muenster.de/imperia/md/content/landschaftsoekologie/klima/pdf/2004_held_diss.pdf. Zugegriffen am 07.10.2024.

Hillemann, L. (2013). *Messverfahren zur Bestimmung der Partikelanzahlkonzentration in Umweltaerosolen.* https://tud.qucosa.de/landing-page/?tx_dlf[id]=https%3A%2F%2Ftud.qucosa.de%2Fapi%2Fqucosa%253A27160%2Fmets. Zugegriffen am 09.01.2024.

Janhäll, S. (2015). Review on urban vegetation and particle air pollution – Deposition an dispersion. https://www.sciencedirect.com/science/article/pii/S1352231015000758. Zugegriffen am 24.10.2024.

Joachim Herz Stiftung. (2024). *Strahlungshaushalt der Erde.* https://www.leifiphysik.de/waermelehre/wetter-und-klima/grundwissen/strahlungshaushalt-der-erde. Zugegriffen am 28.08.2024.

Jungmann, M., & Hartmann, T. (2024). Integration von Digitalen Zwillingen im Baumanagement durch Echtzeitdatenverarbeitung. In S. Haghsheno, G. Satzer, S. Laube, & M. Vössing (Hrsg.), *Künstliche Intelligenz im Bauwesen.* Springer Vieweg. https://doi.org/10.1007/978-3-658-42796-2_17

Kandler, K., & Schütz, L. (2006). *Transport und Verteilung von Aerosolpartikeln.* https://www.blogs.uni-mainz.de/fb08-ipa/files/2014/07/Jaenicke_Transport.pdf. Zugegriffen am 21.09.2024.

Kleinau, C. (2013). *Der Treibhauseffekt als Thema im Sachunterricht – Untersuchungen zu Möglichkeiten und Grenzen* (1. Aufl.). Diplomica Verlag. ISBN: 978-3656317883.

Kroher, T. (2023). *Sauber durch AdBlue – So filtern SCR-Systeme giftige Autoabgase.* https://www.adac.de/verkehr/tanken-kraftstoff-antrieb/benzin-und-diesel/funktion-scr-system-adblue/. Zugegriffen am 30.08.2024.

Kummert, C. (2022). Bauwerksbegrünungen – Allgemeine Potenziale, grundlegende Konstruktionsvarianten und digital ausgerichtete Anwendungsmöglichkeiten. In T. Kölzer (Hrsg.), *Nachhaltige und digitale Baukonzepte.* Springer Vieweg. https://doi.org/10.1007/978-3-658-36776-3_3

Lammel, G., Semeena, V. S., Feichter, J., Guglielmo, F., & Leip, A. (2005). *Ferntransport von persistenten Chemikalien und Verteilung über verschiedene Umweltmedien – Modelluntersuchungen.* https://www.mpg.de/397902/forschungsSchwerpunkt1.pdf. Zugegriffen am 05.07.2024.

Lehmann. (2003). *Berliner Luftgütemessnetz – aktueller Luftqualitätsindex.* https://luftdaten.berlin.de/lqi. Zugegriffen am 06.07.2024.

Matthys, H., & Seeger, W. (2009). *Klinische Pneumologie* (4. Aufl.). Springer. ISBN:978-3-540-37692-7.

Mitusch, K. (2022). *Technische Maßnahmen zur Verringerung der Feinstaubbelastung.* https://www.forschungsinformationssystem.de/servlet/is/327337/?clsId0=276654&clsId1=276658&clsId2=276924&clsId3=0. Zugegriffen am 06.09.2024.

Möller, D. (2003). *Luft – Troposhärenchemie*. https://www-docs.b-tu.de/ag-luftchemie-luftreinhaltung/public/pdf_scripts/Teil_4_Atmosphaerenchemie_Moeller_Luft.pdf. Zugegriffen am 17.10.2024.

Pöschl, U. (2006). *Kleine Partikel mit großer Wirkung auf Klima und Gesundheit*. https://www.mpg.de/304525/forschungsSchwerpunkt.pdf. Zugegriffen am 15.09.2024.

Richtlinie 2008/50/EG. (2008). *Richtlinie 2008/50/EG des Europäischen Parlaments und des Rates vom 21. Mai 2008 über Luftqualität und saubere Luft für Europa*. https://eur-lex.europa.eu/legal-content/EN/TXT/?uri=CELEX%3A02008L0050-20150918. Zugegriffen am 07.07.2024.

Rieger, D. (2016). *Der Einfluss von natürlichem Aerosol auf Wolken über Mitteleuropa* (1. Aufl.). KIT Scientific Publishing. https://doi.org/10.5445/KSP/1000069611

Schlegel, M. (2024). *Mobilitätswende in Berlin – Mobilitätsleitbild 2035*. https://www.bund-berlin.de/rot-gruen-rot-2021-2026/mobilitaetswende-in-berlin/. Zugegriffen am 18.09.2024.

SenUMVK. (2024). *Senatsverwaltung für Mobilität, Verkehr, Klimaschutz und Umwelt: Luftqualität an Straßen*. https://www.berlin.de/sen/uvk/umwelt/luft/luftreinhaltung/projekte-zum-luftreinhalteplan/luftqualitaet-an-strassen/. Zugegriffen am 19.09.2024.

SenUVK. (2020). *Senatsverwaltung für Umwelt, Verkehr und Klimaschutz: Charta für das Berliner Stadtgrün*. https://www.berlin.de/sen/uvk/natur-und-gruen/charta-stadtgruen/. Zugegriffen am 10.10.2024.

Spanke, J. (2002). *Beiträge zur Klärung der biogenen Partikelbildung über borealen Nadelwäldern*. http://webdoc.sub.gwdg.de/ebook/s/2002/spanke/spanke.pdf. Zugegriffen am 23.10.2024.

TROPOS. (2015). *Leibnitz-Institut für Troposphärenforschung: Weiteres Puzzlestück zur Wirkung von Wäldern auf das Klima gefunden*. https://idw-online.de/de/news?print=1&id=631603. Zugegriffen am 17.10.2024.

UBA. (2013). *Umweltbundesamt: Was heißt DeNOx? Wie werden Abgase entstickt?* https://www.umweltbundesamt.de/service/uba-fragen/was-heisst-denox-wie-werden-abgase-entstickt. Zugegriffen am 21.09.2024.

UBA. (2018). *Umweltbundesamt: Aus welchen Quellen stammt Feinstaub?* https://www.umweltbundesamt.de/service/uba-fragen/aus-welchen-quellen-stammt-feinstaub. Zugegriffen am 14.10.2024.

VIZ. (2024). *Verkehrsinformationszentrale: Luftqualität*. https://viz.berlin.de/umwelt/luftqualitat/?it=luftqualitaet-clean/. Zugegriffen am 23.09.2024.

Warscheid, B. (2003). *Massenspektrometrische Untersuchungen zur chemischen Charakterisierung sekundärer organischer Aerosole und ihrer Bildungsprozesse in der Troposphäre*. https://eldorado.tu-dortmund.de/server/api/core/bitstreams/08dba93b-4d22-4961-af03-cf2c93303ac4/content. Zugegriffen am 08.09.2024.

WMO. (2024). *World Meteorological Organization: Bulletin spotlights hazards and impacts of sand and dust storms*. https://wmo.int/news/media-centre/wmo-bulletin-spotlights-hazards-and-impacts-of-sand-and-dust-storms. Zugegriffen am 29.08.2024.

Nachhaltige Qualitätssicherung im ökologischen Wasserkreislauf – Ein Softwaresystem zum Monitoring von Antibiotikakonzentrationen in Abwässern

Yousuf Al-Hakim

Antibiotika sind wichtige Wirkstoffe zur Behandlung von Infektionskrankheiten. Der heutzutage umfangreiche Einsatz von Antibiotika für menschliche, tierärztliche und landwirtschaftliche Zwecke führt jedoch zu einer dauerhaften Freisetzung von Antibiotika in die Umwelt, insbesondere in kommunales Abwasser. Diese Zunahme hat wiederum zum Auftreten von antibiotikaresistenten Bakterien und antibiotikaresistenten Genen (zusammenfassend als *Antibiotikaresistenz* bezeichnet) geführt, die letztendlich die Wirksamkeit von Antibiotikabehandlungen verringern. Um der Antibiotikaresistenz nun entgegenzuwirken, ist ein Monitoring der Freisetzung der Arzneimittel in die Umwelt erforderlich, da die weiter stattfindenden Prozesse auf lange Sicht auch überaus schädlich und damit keinesfalls nachhaltig sind. Die derzeitigen Monitoringsysteme für kommunales Abwasser, die speziell auf Antibiotikakonzentrationen ausgerichtet sind, beruhen meist auf einer pragmatischen Nutzung proprietärer bzw. nicht offen verwendbarer Softwares, welche die Effizienz und Benutzerfreundlichkeit von Monitoringsystemen beeinträchtigt. Die Entwicklung von Softwaresystemen für das Monitoring von Antibiotikakonzentrationen im kommunalen Abwasser auf der Grundlage etablierter Softwaredesignkonzepte wurde bisher kaum berücksichtigt. Im vorliegenden Beitrag wird daher ein Softwaresystem vorgestellt, das als technologische Grundlage für das Monitoring der Antibiotikakonzentration im kommunalen Abwasser auf effiziente und benutzerfreundliche Weise dient. Das System ist in der Lage, Datenanalysen durchzuführen und verschiedene Benutzerschnittstellen anzubieten. Anhand von Daten aus Simulationen der Kläranlage *Neu-*

Y. Al-Hakim (✉)
Helmut-Schmidt-Universität, Hamburg, Deutschland
e-mail: yousuf.al-hakim@hsu-hh.de

gut in Dübendorf in der Schweiz wird ein praxisnahes Beispiel beschrieben. Die Erkenntnisse zeigen die Effizienz und Benutzerfreundlichkeit eines übergeordneten Softwaresystems für das Monitoring von Antibiotikakonzentrationen im kommunalen Abwasser.

1 Einführung und Hintergründe zum Abwassermonitoring

Antibiotika werden zur Behandlung von Infektionskrankheiten in der Human- und Veterinärmedizin sowie für landwirtschaftliche Zwecke eingesetzt (Davies & Davies, 2010). Seit der Einführung des antimikrobiellen Wirkstoffs Sulfonamid in den 1930er-Jahren, hat der Einsatz von Antibiotika zugenommen (Adler et al., 2018), was zu einer dauerhaften Freisetzung in die Umwelt beigetragen hat (Rizzo et al., 2013). Über die Fäkalien von Tieren, die mit Antibiotika behandelt wurden, sowie über Kläranlagen werden die Wirkstoffe in Felder, Böden und lokale Gewässer freigesetzt. Diese Freisetzung in die Umwelt stellt ein Risiko für die Gesundheit von Menschen, Tieren und Pflanzen, also der gesamten Umwelt dar (Paulus et al., 2019). Eines der größten Gesundheitsrisiken ist die Entstehung von antibiotikaresistenten Bakterien (ARB) und antibiotikaresistenten Genen (ARG), die unter dem Begriff *Antibiotikaresistenz* (AR) zusammengefasst werden (Nguyen et al., 2021). Diese Resistenz schränkt die Wirksamkeit von Antibiotika bei der Behandlung von Infektionskrankheiten ein (CDC, 2021). Nationale und internationale Institutionen haben das Risiko des Auftretens von AR jedoch erkannt und Maßnahmen zur Verringerung der Auswirkungen auf die Umwelt eingeführt (Aminov, 2010; Manzetti & Ghisi, 2014). Da allerdings weder die EU noch andere internationale und nationale Institutionen Richtlinien für die maximal zulässige Konzentration von Antibiotika im kommunalen Abwasser festgelegt haben (WHO, 2020), wird das Monitoring der Antibiotikakonzentration in der Umwelt nur selten durchgeführt. Um nun Erkenntnisse über die Freisetzung von Antibiotika zu gewinnen, sind bestehende Ansätze zum Monitoring kommunalen Abwassers in Kläranlagen von großem Nutzen.

Spezifische Erfahrungen, die insbesondere während der SARS-CoV-2-Pandemie gemacht wurden, zeigen, dass das Monitoring gesundheitsgefährdender Wirkstoffe einen großen Mehrwert für das Verständnis der Dynamik einzelner Wirkstoffe liefert. Dieses Verständnis kann Wissenschaftler*innen und Ärzt*innen dabei helfen, Krankheitsursachen und -verläufe nachzuvollziehen und entsprechend zu reagieren, sodass Gesundheitsschäden minimiert werden können (Szymańska et al., 2019). Eine Methode, um das Vorhandensein und die Konzentration von Wirkstoffen im menschlichen Körper zu verfolgen, ist das direkte Testen (z. B. durch Schnelltests) in Krankenhäusern, Arztpraxen oder Testzentren, ein geeignetes Mittel. Da dieses Vorgehen jedoch stets einen großen Aufwand erfordert und zusätzlich mit Einschränkungen auf die Privatsphäre von Testpersonen einhergeht, sollte diese Methode nicht als allgemeine Lösung angesehen werden.

Im Gegensatz dazu bietet Abwassermonitoring ein weniger aufwändiges Vorgehen, da es über einen langfristigeren Zeitraum durchgeführt werden kann, ohne dabei Privatsphären zu verletzen. So werden bspw. nicht zurück verfolgbare Abwasserdaten in Kläranlagen erhoben. Des Weiteren zeigt sich, dass bestimmte Wirkstoffe bereits bis zu vier Tage vor dem Auftreten erster Krankheitssymptome in den Fäkalien von Menschen nachgewiesen werden können (Mao et al., 2020). Während sich Testpersonen erst nach dem Erscheinen von Krankheitssymptomen dazu entscheiden, einen direkten Test durchzuführen, kann der Wirkstoff über das Abwasser im Voraus nachgewiesen werden. Dieser Vorteil ermöglicht es, das Abwassermonitoring als Frühwarnsystem einzusetzen. In Orten, in denen ein erhöhtes Aufkommen zu verzeichnen ist, können somit bereits frühzeitig gesundheitsschützende Maßnahmen getroffen werden, um die Verbreitung krankheitserregender Wirkstoffe zu minimieren. Die wichtigsten Aspekte über das Abwassermonitoring werden im folgenden Abschnitt anhand aktueller Fachliteratur aufgegriffen, wobei der Schwerpunkt stets auf den zugrunde liegenden Softwaresystemen liegt, die die zuvor erläuterten Abwasserdaten erkennen und analysieren.

Relevante Literatur und Zielsetzung

Zu den grundlegenden Arbeiten, die sich mit der Software für Monitoringsysteme im Allgemeinen (nicht zwangsläufig im Zusammenhang mit Antibiotika) befassen, gehören beispielsweise Monitoringansätze für Geodaten (Mutuku et al., 2022) und Ansätze für das Monitoring von Viehbeständen (Mena et al., 2019). Im Allgemeinen belegt die Literatur die anwendungsbezogene Art und Weise, in der Softwares für Monitoringsysteme entworfen werden. Was das Monitoring kommunaler Abwässer betrifft, wurde ein von Selisteanu et al. (2020) vorgestelltes Monitoringsystem unter Verwendung von drei Softwareumgebungen von Drittanbietern entwickelt. Martinez et al. (2020) haben ebenfalls Software von Drittanbietern für die Entwicklung eines Monitoringsystems verwendet. Studien, die sich mit dem Monitoring von Antibiotikakonzentrationen in kommunalem Abwasser befassten, wurden u. a. von Mtetwa et al. (2021) durchgeführt, die Abwasserproben aus Kläranlagen in Südafrika untersuchten, von Majlander et al. (2021), die Proben aus zwei Krankenhäusern in Finnland analysierten, sowie von Huijbers et al. (2020), die Entnahmen aus kommunalen Kläranlagen in mehreren europäischen Ländern erforscht haben. Zusammenfassend kann jedoch festgehalten werden, dass den Abwassermonitoringsystemen in der Regel eine Software fehlt, die speziell für Monitoring von kommunalen Abwässern entwickelt wurde. Um die Effizienz und Benutzerfreundlichkeit zu verbessern, sind spezielle Softwaresysteme erforderlich, die auf bewährten Designkonzepten basieren.

Im vorliegenden Beitrag wird nun auf Basis der dargestellten Ausgangslage ein Softwaresystem für das effiziente und benutzerfreundliche Monitoring von Antibiotikakonzentrationen in kommunalen Abwässern vorgestellt. Das System unterstützt die gleichzeitige Ausführung mehrerer Aufgaben, wie Datenspeicherung und -verwaltung, Datenanalyse und Datenvisualisierung. Bei der Datenspeicherung und -verwaltung hält das Softwaresystem spezifische Abwasserdaten in einer Datenbank fest, die speziell für das Monitoring von Antibiotikakonzentrationen entwickelt wurde. Bei der nachfolgenden Datenanalyse werden Algorithmen implementiert, um Abwasserdaten zu untersuchen und

Parameter zu identifizieren, die für das Monitoring von Antibiotikakonzentrationen im kommunalen Abwasser entscheidend sind. Bei der Datenvisualisierung werden die jeweiligen Parameter in verschiedenen Ansichten dargestellt. Die Funktionalität des Softwaresystems wird mit Daten aus Simulationen sowie aus einer realen kommunalen Kläranlage validiert. Das System erhöht die Effizienz und Benutzerfreundlichkeit des Monitorings von Antibiotikakonzentrationen im kommunalen Abwasser, indem es die Aufgaben in einem Softwaresystem organisiert und bündelt. Mit dem Softwaresystem kann das Monitoring kommunaler Abwässer als zuverlässiges Instrument zur Eindämmung der dauerhaften Freisetzung von Antibiotikakonzentrationen eingesetzt werden. Um dies genauer zu erläutern werden nachfolgend verschiedene Aspekte beleuchtet. Zuerst wird der Entwurf des Softwaresystems erörtert, gefolgt von dessen Implementierung. Anschließend wird die Funktionalität des Softwaresystems validiert, und schließlich werden Schlussfolgerungen gezogen und ein Ausblick auf die künftige Forschung gegeben.

2 Entwurf des Softwaresystems zum Monitoring von Antibiotikakonzentrationen

Dieses Kapitel beschreibt den Entwurf des zuvor erwähnten Softwaresystems. Nach der Darstellung der Anforderungen wird das Softwaredesign vorgestellt. Es zeigt, wie auf die zuvor skizzierten Anforderungen eingegangen wird. Für den Entwurf des Softwaresystems zum Monitoring von Antibiotikakonzentrationen in kommunalen Abwässern werden zuerst funktionale und nicht-funktionale Softwareanforderungen definiert.

Funktionale Anforderungen richten sich auf projektbezogene Eigenschaften und gewährleisten eine hohe Qualität bzw. die Realisierbarkeit eines Softwaresystems (Glinz, 2007). Die wichtigsten funktionalen Anforderungen an Softwaresysteme sind:

- Das Softwaresystem muss über Webbrowser und Smartphone-Anwendungen zugänglich sein.
- Die Visualisierung der Abwasserdaten muss an die Bedürfnisse der Nutzer*innen angepasst werden können.
- Das Softwaresystem muss Datenanalysefunktionen mit der Möglichkeit, zwischen Algorithmen wechseln zu können, berücksichtigen.
- Das Softwaresystems muss allgemeingültig sein, d. h. es muss in verschiedenen Umgebungen eingesetzt werden können.

Die wichtigsten nicht-funktionalen Softwareanforderungen[1] an ein Softwaresystem sind

- Korrektheit,
- Robustheit,
- Erweiterbarkeit und
- Wiederverwendbarkeit.

Das Softwaresystem für das Monitoring von Antibiotikakonzentrationen im kommunalen Abwasser ist in Abb. 1 dargestellt.

Die grünfarbenen Rechtecke stellen jeweils die Module des Softwaresystems dar. Zu diesen zählen das *Core*-Modul, das *Algorithmen*-Modul, das *Nutzer*-Modul sowie die *Dashboards* und die *Datenbanken*. Die kleinen Quadrate symbolisieren die jeweiligen Anschlüsse (P1–P3). Diese Schnittstellen ermöglichen die Erweiterung des Softwaresystems, sodass Benutzer*innen die Möglichkeit haben, über Webbrowser und Smartphone-Anwendungen auf das Softwaresystem zuzugreifen. Die Vollkreise bilden wiederum Schnittstellen ab, die von den Komponenten bereitgestellt werden, und die Halbkreise bilden Schnittstellen ab, die für eine Komponente erforderlich sind. Für das Softwaredesign wird das Model-View-Controller-(MVC)-Softwaredesignkonzept genutzt, da dieses den Kern des Softwaresystems in drei Komponenten aufteilt (Smarsly et al., 2023): Die *Model*-Komponente, die *View*-Komponente und die *Controller*-Komponente. Durch die Trennung des Softwaresystems wird die Komplexität reduziert, da verschiedene Funktionali-

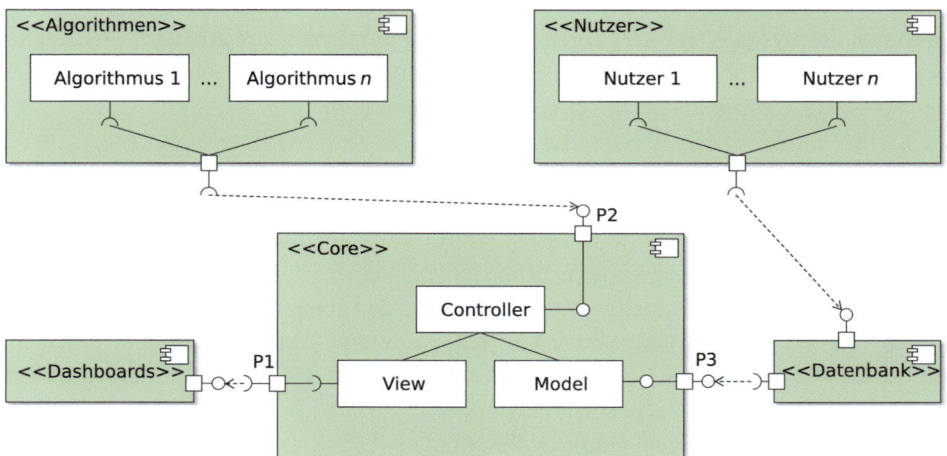

Abb. 1 Softwaresystem für das Monitoring von Antibiotikakonzentrationen im kommunalen Abwasser. (Al-Hakim et al., 2024)

---

[1] Für weitere Informationen über nichtfunktionale Softwareanforderungen vgl. *IEEE Standard Glossary of Software Engineering Terminology* (IEEE, 1990).

täten entsprechend unterteilt werden. Der Aspekt der Trennung ist ein wesentlicher Vorteil des MVC gegenüber anderen Softwaredesignkonzepten.[2]

Im Modul *Core*, welches die Komponenten beinhaltet, die die Softwarearchitektur des Softwaresystems zusammenstellen, ermöglicht der Anschluss P1 der View-Komponente die Visualisierung von Abwasserdaten mit Dashboards, Diagrammen oder Tabellen – je nach den Anforderungen der jeweiligen Benutzer*innen. Der Anschluss P2 ermöglicht das Wechseln zwischen Algorithmen, mit denen die Abwasserdaten verarbeitet und analysiert werden. Der Anschluss P3 bietet Schnittstellen zur Anbindung von Datenbanken an die *Model*-Komponente des Softwaresystems und ermöglicht die Analyse und Visualisierung von Abwasserdaten aus verschiedenen Quellen. Um die Allgemeingültigkeit der Datenbank des Softwaresystems zu gewährleisten, wird über P3 auch das Wechseln zwischen verschiedenen externen Datenbanken ermöglicht.

Damit das Softwaresystem implementiert und die Funktionalitäten für die Nutzer*innen zugänglich gemacht werden können, müssen die Programme, Plattformen und Programmiersprachen, mit denen das Softwaresystem zusammengestellt wird, sorgfältig ausgewählt werden. Nur so liefert das Softwaresystem – zusammen mit der Erfüllung der zuvor erwähnten Anforderungen – den aufgeführten Mehrwert.

3 Implementierung des Softwaresystems zum Monitoring von Antibiotikakonzentrationen

In diesem Kapitel wird die Implementierung des Softwaresystems beschrieben. Die Komponenten des Systems werden aufgelistet und die Funktionalitäten erläutert. Das Kapitel verschafft einen groben Überblick über die Funktionsweise der einzelnen Komponenten und somit ein Verständnis für das gesamte Softwaresystem.

Model-Komponente des Softwaresystems

Die Datenbank des Softwaresystems befindet sich in einer Cloud, auf der Abwasserdaten gespeichert und mit Projektpartner*innen geteilt werden können. Die Cloud des Softwaresystems basiert auf der Client-Server-Software *Nextcloud,* welche es ermöglicht, Clouds individuell zu skalieren und auf verschiedenen Systemen wie bspw. auf kleinen Mikrocontrollern oder großen Rechenzentren zu nutzen. Zusätzlich bietet *Nextcloud* nicht nur eine webbasierte Anwendung oder eine Smartphone-Applikation, auch ermöglicht sie die Vergabe von unterschiedlichen Rechten an diverse Nutzer*innen. Durch die Freigabe von individuellen Zugangscodes oder durch die Aufnahme weiterer Personen in Zugangslisten, können Anwender*innen im gewünschten Umfang auf die Abwasserdaten zugrei-

---

[2] Für weitere Informationen zum MVC-Designkonzept und den Vergleich zu anderen Designkonzepten vgl. Smarsly et al. (2023).

fen. Per se sind jedoch immer auch menschliche Kompetenzen von großer Bedeutung. So müssen Clouds von Datenmanager*innen verwaltet werden, um bspw. folgende Aufgaben zu erfüllen:

- Zuweisung von Nutzerrechten
- Aktualisierung von Abwasserdaten, Beseitigung und Archivierung alter Versionen, Bereitstellung der neuesten Version für die *Model*-Komponente
- Vereinheitlichung von Dateitypen, Sicherstellung der Einhaltung vordefinierter Dateitypen durch Nutzer*innen
- Durchführung aller nicht automatisierten Aufgaben

Controller-Komponente des Softwaresystems

Nachdem die Abwasserdaten gespeichert wurden, finden eingehende Analysen statt. Dabei übernimmt die *Controller*-Komponente die Aufgaben der Datenanalyse, einschließlich der Datenkorrektur und der Vorbereitung der Abwasserdaten für die anschließende Prognose. Der Code der *Controller*-Komponente ist in der Programmiersprache *Python* geschrieben. Diese wird verwendet, da die systemeigenen Bibliotheken eine Vielzahl verschiedener Algorithmen enthalten (Bogdanchikov et al., 2013), sodass die Installation externer Bibliotheken bei der Analyse der Abwasserdaten entfällt. Die Abwasserdaten werden in der *Controller*-Komponente in vier Schritten analysiert, die in den folgenden Unterabschnitten beschrieben werden. Ein Flussdiagramm, welches den Ablauf der Datenanalyse in der *Controller*-Komponente veranschaulicht, ist in Abb. 2 dargestellt.

Datenkorrektur

Abwasserdaten sind nach ihrer Erhebung in den meisten Fällen nicht sofort für die Datenanalyse geeignet. Mehrere Faktoren können bspw. zu unvollständigen Informationen führen:

- Technische Störungen bei Probenahmen
- Verlust von Abwasserproben
- Menschliche Faktoren, z. B. Krankheit der Probenehmer*innen
- Gerätefehler bei der Extrahierung von Abwasserdaten aus Abwasserproben

Eine Vielzahl von Berechnungs- und Analysealgorithmen setzt einen stetigen Datenverlauf voraus und weist bei einer Missachtung der Stetigkeit, Fehler bei den Analyseergebnissen auf. Das Beseitigen von Unstetigkeiten ist daher besonders wichtig für den weiteren Analyseprozess. Bei der Datenkorrektur überprüft die *Controller*-Komponente zunächst die Abwasserdaten auf Unstetigkeiten und lokalisiert diese.

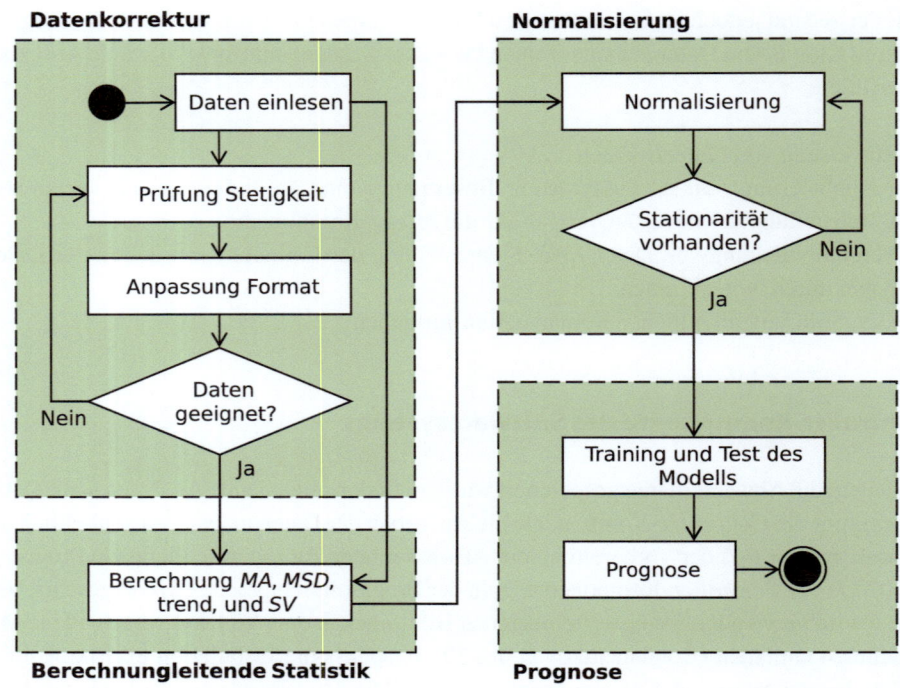

Abb. 2 Flussdiagramm der von der *Controller*-Komponente durchgeführten Datenanalyse. (Al-Hakim et al., 2024)

Für das nachhaltige Monitoring von Abwasserdaten ist es zudem notwendig, dass große Mengen an Daten erhoben werden. Da das Softwaresystem die Möglichkeit bietet, dass Daten nicht nur aus einer Quelle, sondern von unterschiedlichen Nutzer*innen in die Datenbank des Softwaresystems eingespielt werden (vgl. Abb. 2), erhöht sich die Wahrscheinlichkeit, dass es zu Fehlern bei der Datenübertragung kommt, oder aber zu einer Nichtbeachtung der vordefinierten Dateikonventionen. Daher ist eine Datenkorrektur unabdingbar, bevor es an die eigentliche Analyse der Daten geht.

Berechnung gleitender Statistiken

Gleitende Statistiken werden für die Modellierung, Prognose und Gewinnung von Erkenntnissen über die Abwasserdaten vorausgesetzt. Die Mehrheit gängiger Berechnungs- und Analysealgorithmen beinhalten gleitende Parameter und nutzen diese für die Auswertung von Daten. Daher werden diese im Anschluss an die Datenkorrektur berechnet. Zunächst ermittelt die *Controller*-Komponente den gleitenden Durchschnitt (MA) über einen Bereich von Antibiotikakonzentrationen. Nach der Berechnung des Durchschnitts bestimmt die *Controller*-Komponente die gleitende Standardabweichung (MSD),

$$MSD = \sqrt{\frac{1}{n}\sum_{i=1}^{n}(y_i - MA)}, \qquad (1)$$

wobei y_i der Datenpunkt des Abwassers ist. Wie die Gl. 1 zeigt, geht der zuvor berechnete Durchschnitt in die Berechnung der Standardabweichung ein. Die gleitende Standardabweichung gibt Aufschluss darüber, ob der Datenverlauf stationär ist, das heißt, dass die Abweichungen aufeinanderfolgender Werte nicht zu groß sind. Zu große Abweichungen hätten zur Folge, dass Algorithmen für die Berechnung der Prognose unpräzise Ergebnisse liefern und nicht mehr geeignet sind. Neben dem *MA* und der *MSD* berechnet die *Controller*-Komponente auch die Steigung und die Saisonalität der Abwasserdaten. Diese Größen sind wiederum wichtig, um die Abweichungen zwischen den Datenpunkten zu minimieren und die Stationarität des Datensatzes zu erhöhen.

Die Saisonalität wird durch die Berechnung der Variation (*SV*) der Abwasserdaten bestimmt durch

$$SV = y_i - MA. \qquad (2)$$

Über die Zeit aufgetragen, zeigt die saisonale Variation den wiederkehrenden Zyklus der Abwasserdaten. Mit der Saisonalität lässt sich nun darüber urteilen, welcher Algorithmus für den vorliegenden Datensatz die beste Eignung hat und mit welchem Algorithmus die optimalen Analyse- und Prognoseberechnungen erzielt werden können.

Normalisierung von Abwasserdaten

Wie gezeigt, gibt die Berechnung der gleitenden Statistiken *MA* und *MSD* sowie der Steigung und *Variation* Aufschluss über die Abwasserdaten. Mit *MA* und *MSD* können die Daten auf die sog. Stationarität untersucht werden. Ein stationärer Prozess hat die Eigenschaft, dass sich der Mittelwert, die Varianz und die Autokorrelation im Laufe der Zeit nicht ändern (NIST, 2023). Stationarität ist besonders wichtig für die Modellierung und Vorhersage von Abwasserdaten. Wenn die Daten nicht stationär sind, müssen sie *normalisiert* werden, um einen konstanten *MA* zu erhalten. Die *Controller*-Komponente normalisiert die Abwasserdaten mit mehreren Normalisierungsfunktionen und vergleicht diese im Anschluss. Darunter zählen die sog. *logarithmische Normalisierung*, die *Quadratwurzel-Normalisierung* und die *Kubikwurzel-Normalisierung*.

Mit den Ergebnissen aus der Normalisierungsuntersuchung wird der sog. *Augmented Dickey-Fuller-Test (ADF)* (Paparoditis & Politis, 2013) durchgeführt. Dieser überprüft die Ergebnisse der unterschiedlichen Normalisierungen und wählt die geeignete Normalisierungsfunktion aus. Der normalisierte Datensatz wird im nächsten Schritt für die Modellierung und die Prognose der Abwasserdaten verwendet. Um die Effizienz des Softwaresystems zu erhöhen, findet der Überprüfungsprozess auf die geeignete Normalisierung in der *Controller*-Komponente automatisch statt.

Prognose von Abwasserdaten

Um das zukünftige Verhalten des kommunalen Abwassers abzuschätzen, führt die *Controller*-Komponente eine Prognose durch. In der Komponente wird ein Modell der Abwasserdaten mithilfe einer linearen Regression erstellt. Es handelt sich dabei um eine effiziente Methode zur Modellierung von Datenreihen, die in einem definierten Zeitraum aufgenommen wurden (Myers, 1990). Für die Prognose wird die *Python*-Bibliothek *XGBoost (XGB)* verwendet. XGB ist eine Bibliothek für maschinelles Lernen mit Entscheidungsbäumen, die für Regressions-, Klassifizierungs- und Rankingaufgaben verwendet wird (He, 2016). Um das Regressionsmodell zu trainieren, werden die Abwasserdaten in drei Teile aufgeteilt. Die ersten beiden Teile dienen dem Training des Regressionsmodells. Der letzte Teil wird zum Testen des Regressionsmodells herangezogen. Die Metrik, mit der die *Controller*-Komponente das Regressionsmodell trainiert, ist die Wurzel der mittleren Fehlerquadratsumme (*RMSE*)

$$RMSE = \sqrt{\frac{1}{n}\sum_{i=1}^{n}(y_i - \hat{y}_i)^2} \qquad (3)$$

wobei y_i die tatsächlichen Messwerte und $\hat{y}_i$ die dazugehörigen Prognosen der Messwerte sind. Da die Prognose des Messwerts vom tatsächlichen Messwert subtrahiert wird, bedeutet dies, dass die RMSE einen großen Wert ergibt, sobald die Prognose abweicht und einen kleinen Wert ergibt. Das Regressionsmodell durchläuft Trainingsiterationen, um die *RMSE* so weit wie möglich zu reduzieren. Aus Effizienzgründen wird das Training des Modells automatisch beendet, sobald die *RMSE* den niedrigsten Wert erreicht hat – z. B. mit einem Minimum von 10 Trainingsiterationen (Erfahrungswert).

View-Komponente des Softwaresystems

Nach Abschluss der Datenanalyse übergibt die *Controller*-Komponente die Abwasserdaten an die *View*-Komponente des Softwaresystems, wo die Abwasserdaten visualisiert werden. Zur Visualisierung der Informationen verwendet das Softwaresystem die *Python*-Bibliothek *Matplotlib*. Diese Bibliothek dient der Erstellung statischer, animierter und interaktiver Visualisierungen mit *Python*, ohne dass Software von Drittanbietern installiert werden muss. Die Visualisierung der Abwasserdaten erfolgt über interaktive Diagramme. Diese können von Nutzer*innen individuell gestaltet werden. So sind bspw. nicht nur Darstellungsformen mit Farben, Formen und Schriftarten möglich, auch sind unterschiedliche Diagramme auswählbar, mit denen die Nutzer*innen die Darstellung der Daten frei gestalten können. Da die Abwasserdaten laufend aktualisiert werden, sind die Diagramme lediglich nach individuellen Wünschen zu gestalten, ohne dass dabei das Einpflegen der Daten zu berücksichtigt werden muss. (vgl. Abb. 3). Zusätzlich zu den von *Matplotlib* bereitgestellten Visualisierungsmethoden bietet *Python* Schnittstellen, die es ermöglichen, meh-

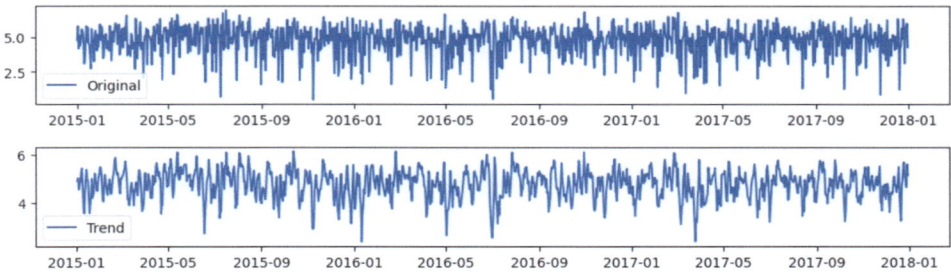

Abb. 3 Abwasserdaten und Steigungen. (Screenshot aus der Anwendung)

rere Softwarepakete von Drittanbietern zur Visualisierung der Abwasserdaten zu verwenden, wie z. B. die *Python*-Erweiterung *Streamlit*. *Streamlit* ermöglicht die Visualisierung von Abwasserdaten mit Dashboards, in denen interaktive Diagramme und Grafiken auf einer Benutzeroberfläche dargestellt werden können. Mit Dashboards sind Verläufe unterschiedlicher Parameter der Abwasserdaten vergleichbar.

Validierungstests für das Softwaresystem

In diesem Abschnitt werden die Tests erläutert, die zur Validierung der Funktionalität des Softwaresystems notwendig sind. Die Validierungstests bestehen dabei aus einer Überprüfung von Daten aus Simulation und realen kommunalen Abwässern.

Zur Validierung des Softwaresystems mit simulierten Daten wird ein Abwasserdatensatz mithilfe der *Monte-Carlo-Simulation* (*MCS*) erzeugt. Die MCS wird verwendet, um Ergebnisse eines Prozesses zu simulieren, die aufgrund des Einflusses zufälliger Ereignisse nicht vorhergesagt werden können.[3] Die realen Abwasserdaten wurden in der Kläranlage *Neugut* in Dübendorf in der Schweiz, erhoben. In der Kläranlage wird das Abwasser von 150.000 Menschen behandelt. Dazu zählt auch der Industrieanteil, z. B. aus Fabriken, der etwa 50 % beträgt. Der Durchfluss der Kläranlage Neugut beträgt bei trockenem Wetter im Durchschnitt 19.000 m³/Tag (Enz, 1992).

Das für die Analyse erforderliche Datenbanksystem befindet sich auf dem *Nextcloud*-Server der *Technischen Universität Hamburg*. Um die Funktionalität des Systems zu validieren, wird einigen Nutzer*innen das Recht zugewiesen, den Ordner, in dem die Abwasserdaten gespeichert sind, herunterzuladen und weiterzuleiten. Anderen Personen wird hingegen das Recht erteilt, die Abwasserdaten zu bearbeiten und neue Dateien mit den Abwasserdaten zu erstellen. Die Nutzer*innen der Datenbank erhalten einen personalisierten Einladungslink, mit dem der Zugang zur Datenbank gewährt wird. Nach dem Einlesen der Abwasserdaten übergibt die *Model*-Komponente die Abwasserdaten an die *Controller*-Komponente, in der die Abwasserdaten zunächst korrigiert werden. In den aus der Simu-

---

[3] Einzelheiten zur MCS finden sich in Harrison (2009).

lation erhobenen Daten sind keine Lücken vorhanden, weshalb die *Controller*-Komponente den Schritt der Datenkorrektur im ersten Validierungstest überspringt.

Als nächstes führt die *Controller*-Komponente eine Datenanalyse der Abwasserdaten durch. Es werden die zuvor beschriebenen *MA* und die *MSD* berechnet, sowie die Steigung *m* und die Variation *SV*. Zur Berechnung des Trends und der Variation verwendet die *Controller*-Komponente die *Python*-Bibliothek *Statsmodels*, welche statistische Funktionen für die Datenanalyse bereitstellt. Die Abwasserdaten und die Steigung sind in Abb. 3 dargestellt. Für die Visualisierung der Steigung werden Visualisierungsmethoden verwendet, die von der internen *Python*-Bibliothek *Matplotlib* bereitgestellt werden.

Da die MCS verwendet wird, sind in den Abwasserdaten Zufallswerte enthalten. In Abb. 3 sind die Zufallswerte aus der Simulation im Trend durch die starke Periodizität erkennbar. Um Stationarität zu erreichen, ermittelt die *Controller*-Komponente die geeignete Normalisierung durch Anwendung des ADF. Das Ergebnis zeigt, dass die Kubikwurzel-Normalisierung im Hinblick auf die Stationarität am besten geeignet ist.

Als Nächstes verwendet die *Controller*-Komponente die aus der Simulation erhobenen Daten zum Trainieren und Testen des Regressionsmodells. Die Abwasserdaten werden in drei Teile aufgeteilt, von denen die ersten beiden für das Training verwendet werden. Die *Controller*-Komponente stoppt das Training nach 18 Iterationen, da die *RMSE* in diesem Fall den niedrigsten Wert erreicht hat. Schließlich überprüft die *Controller*-Komponente die Vorhersagefähigkeit des Regressionsmodells, indem sie den dritten Teil der aus der Simulation erhobenen Daten zum Testen des Modells verwendet.

Im Anschluss wird die Datenanalyse der realen Abwasserdaten in ähnlicher Weise durchgeführt, wie die Analyse bei den aus der Simulation abgeleiteten Daten. Die *Controller*-Komponente wendet auf die realen Abwasserdaten die logarithmische Normalisierung an. Anschließend teilt die *Controller*-Komponente die Daten wieder in drei Teile auf. Beim Training des Regressionsmodells mit den realen Abwasserdaten stoppt die *Controller*-Komponente nach 39 Trainingsiterationen, da die RMSE durch weitere Iterationen nicht verkleinert wird, sondern stagniert. Die Visualisierung und die Analyseergebnisse der realen Abwasserdaten werden mithilfe eines Dashboards realisiert, das von der *View*-Komponente bereitgestellt wird, welche die *Streamlit*-Erweiterung von *Python* verwendet. Das Dashboard ist in Abb. 4 dargestellt.

Abb. 4 Durch die *View*-Komponente bereitgestelltes Dashboard. (Screenshot aus der Anwendung)

Das Dashboard des Softwaresystems bündelt mehrere Visualisierungsmethoden in einem interaktiven Bildschirm. Die Abwasserdaten und die vom Regressionsmodell durchgeführte Prognose sind auf einer Benutzeroberfläche dargestellt. Die Ergebnisse der Datenanalyse, wie z. B. *MA* und *MSD* der Antibiotikakonzentrationen, erscheinen in Form von Liniendiagrammen. Die Visualisierungsmethoden im Dashboard können je nach Benutzerpräferenz interaktiv gestaltet werden.

Abschließend zeigen die Validierungstests mit den aus der Simulation erhobenen Daten, wie effizient und benutzerfreundlich das Datenbanksystem gestaltet ist. Die Cloud erlaubt die Vergabe von unterschiedlichen Rechten an verschiedene Nutzer*innen. Diese können die Datenverwaltung (je nach zugewiesenen Rechten) über Webbrowser oder die Smartphone-Anwendung von *Nextcloud* durchführen. Ein besonders effizientes Merkmal der *Controller*-Komponente ist die Ermittlung der Normalisierung für die Modellierung. Die zugehörige Visualisierung der realen Abwasserdaten erhöht wiederum die Benutzerfreundlichkeit des Softwaresystems.

Die Datenbank des zugrunde liegenden Softwaresystems ermöglicht durch die Ordnerstruktur und Rechtevergabe eine benutzerfreundliche Verwaltung. Die *Controller*-Komponente analysiert die Daten effizient, ohne dass zwischen den Berechnungsschritten eingegriffen werden muss. Die *View*-Komponente liefert weiter eine benutzerfreundliche Visualisierung der Antibiotikakonzentrationen in den Abwasserdaten und der Analyseergebnisse durch eine Vielzahl von Visualisierungstechniken, einschließlich Dashboards. Die Realdaten der Kläranlage in Dübendorf bieten optimale Voraussetzungen für die Validierung des Softwaresystems. So erfolgt die Validierung nicht nur mit simulierten Daten, sondern auch mit Daten, die in der Realität in ähnlicher Form auftreten. Um das Softwaresystem in der Praxis erfolgreich einzusetzen, sind Tests mit Realdaten von Kläranlagen, die an die laufende Abwasserversorgung angeschlossen sind, sowie die Kläranlage Dübendorf, maßgebend.

4 Zusammenfassung und Schlussfolgerung

Wie im Beitrag beschrieben, stellen Antibiotikaresistenzen (AR) ein ernst zu nehmendes Gesundheitsrisiko für Menschen, Tiere und Umwelt dar. Hohe Konzentrationen von AR, insbesondere in kommunalen Abwässern, bedrohen die potenzielle Wirksamkeit von Antibiotika bei der Behandlung von Infektionskrankheiten. Monitoringkonzepte sind daher wichtige Maßnahmen, um die Freisetzung von Antibiotika in die Umwelt zu verringern. In diesem Beitrag wurde diesbezüglich ein Softwaresystem für das effiziente und benutzerfreundliche Monitoring von Antibiotikakonzentrationen im kommunalen Abwasser vorgestellt. Das System basiert auf dem Model-View-Controller-Softwaredesignkonzept (MVC). Dieses trennt den Kern des Softwaresystems in drei Komponenten. In der *Model*-Komponente werden die Abwasserdaten gespeichert und verwaltet, die *Controller*-Komponente ist für die Datenanalyse zuständig, und die *View*-Komponente dient der Visualisierung. Das Softwaresystem wurde anhand von Daten aus einer Simulation sowie von Abwasserdaten aus einer realen Kläranlage validiert.

Die Validierungstests haben die Effizienz und die Benutzerfreundlichkeit des Monitorings des kommunalen Abwassers mit dem vorgestellten Softwaresystem bestätigt. Insbesondere das MVC hat seine positiven Eigenschaften in jeder Komponente des Softwaresystems gezeigt: die *Model*-Komponente ermöglicht eine benutzerfreundliche Datenverwaltung mit einer effizienten Ordnerstruktur, die *Controller*-Komponente analysiert und normalisiert die Daten effizient, um stationäre Abwasserdaten zu erhalten, und die *View*-Komponente sorgt für eine Vielzahl von Datenvisualisierungen, sowie die Zusammenarbeit mehrerer Projektpartner*innen an verschiedenen Standorten. Das Beispiel hat zudem gezeigt, dass es möglich ist, ein übergeordnetes digitales Hilfsmittel bereitzustellen, dass die Einhaltung von Normen und Vorschriften in Bezug auf Antibiotikakonzentrationen im kommunalen Abwasser unterstützt. Das hier vorgestellte Softwaresystem konzentriert sich auf die Anbindung an Dashboards und ähnliche Visualisierungsmethoden. Zukünftige Arbeiten könnten u. a. die Kopplung des Softwaresystems mit digitalen Modellen von Kläranlagen umfassen, bestenfalls aufbauend auf früheren Studien, wie beispielsweise von Söbke et al. (2018, 2021). Zukünftige Arbeiten sind außerdem im Hinblick auf die Integration von Monitoringdaten in 3D-Modellen, wie beispielsweise *Building Information Modeling* (*BIM*), denkbar. Ein weiterer Schwerpunkt könnte die Optimierung intelligenter Algorithmen für die Analyse der Abwasserdaten sein, damit das Softwaresystem die Antibiotikakonzentrationen im kommunalen Abwasser mit hoher Genauigkeit prognostizieren kann. Hier spielt insbesondere die Maschinenintelligenz eine wesentliche Rolle, da umfangreiche und miteinander verknüpfte Datenbanken weitere Potenziale hinsichtlich Aktualität und Qualität bereitstellen. Für die Überwachung von kommunalen Abwässern wird damit nicht nur ein nachhaltiger Ansatz geliefert, auch sind die Aussichten für eine ökologische, saubere und damit gesunde Umwelt mithilfe digitaler Konzepte besser greif- bzw. steuerbar.

Literatur

Adler, N., Balzer, F., Blondzik, K., Brauer, F., & Chorus, I. (2018). *Antibiotics and Antibiotics Resistances in the environment – Background, challenges and options for action.* German Environment Agency. https://doi.org/10.3389/fmicb.2010.00134

Al-Hakim, Y., Dragos, K., Smarsly, K., Beier, S., & Klümper, C. (2024). Design and implementation of a software system for surveillance of antibiotics concentrations in wastewater. *Proceedings of the 17th International Joint Conference on Biomedical Engineering Systems and Technologies – Volume 2: HEALTHINF*, 285–292. https://doi.org/10.5220/0012304500003657

Aminov, R. I. (2010). A brief history of the antibiotic era: Lessons learned and challenges for the future. *Frontiers in Microbiology, 1*, ID: 134. https://doi.org/10.3389/fmicb.2010.00134

Bogdanchikov, A., Zhaparov, M., & Suliyev, R. (2013). Python to learn programming. In *Proc. of the International Conference on Science & Engineering in Mathematics, Chemistry and Physics*. Jakarta, Indonesia, 01/25/2013. https://doi.org/10.1088/1742-6596/423/1/012027

Centers for Disease Control and Prevention, CDC. (2021). *Actions to fight antimicrobial resistance.* https://www.cdc.gov/drugresistance/actions-to-fight.html. Zugegriffen am 10.03.2023.

Davies, J., & Davies, D. (2010). Origins and evolution of antibiotic resistance. *Microbiology and Molecular Biology Reviews, 74*(3), 417–433. https://doi.org/10.1128/MMBR.00016-10

Enz, D. (1992). *Dübendorf, Kläranlage Neugut, Digital Equipment*. https://www.e-pics.ethz.ch/index/ETHBIB.Bildarchiv/ETHBIB.Bildarchiv_26755.html. Zugegriffen am 10.03.2023.

Glinz, M. (2007). On non-functional requirements. In *Proc. of the 15th IEEE International Requirements Engineering Conference*. Delhi, India, 10/15/2007. https://doi.org/10.1109/RE.2007.45

Harrison, R. L. (2009). Introduction to Monte Carlo simulation. In *Proc. of the Nuclear Physics Methods and Accelerators in Biology and Medicine: Fifth Int. Summer School on Nuclear Physics Methods and Accelerators in Biology and Medicine*. Bratislava, Slovakia, 07/06/2009. https://doi.org/10.1063/1.3295638

He, T. (2016). *XGBoost: Scalable and flexible gradient boosting*. https://xgboost.ai/. Zugegriffen am 01.10.2023.

Huijbers, P., Larsson, J., & Flach, C.-F. (2020). Surveillance of antibiotic resistant Escherichia coli in human populations through urban wastewater in ten European countries. *Environmental Pollution, 261*, ID: 114200. https://doi.org/10.1016/j.envpol.2020.114200

Majlander, J., Anttila, V.-J., Nurmi, W., Seppälä, A., Tiedje, J., & Muziasari, W. (2021). Routine wastewater-based monitoring of antibiotic resistance in two Finnish hospitals: Focus on carbapenem resistance genes and genes associated with bacteria causing hospital-acquired infections. *Journal of Hospital Infection, 117*, 157–164. https://doi.org/10.1016/j.jhin.2021.09.008

Manzetti, S., & Ghisi, R. (2014). The environmental release and fate of antibiotics. *Marine Pollution Bulletin, 79*(1–2), 7–15. https://doi.org/10.1016/j.marpolbul.2014.01.005

Mao, K., Zhang, K., Du, W., Ali, W., Feng, X., & Zhang, H. (2020). The potential of wastewater-based epidemiology as surveillance and early warning of infectious disease outbreaks. *Current Opinion in Environmental Science & Health, 17*, 1–7. https://doi.org/10.1016/j.coesh.2020.04.006

Martínez, R., Vela, N., El Aatik, A., Murray, E., Roche, P., & Navarro, J. M. (2020). On the use of an IoT integrated system for water quality monitoring and management in wastewater treatment plants. *Water, 12*(4), ID: 1096. https://doi.org/10.3390/w12041096

Mena, M., Corall, A., Iribarne, L., & Criado, J. (2019). A progressive web application based on microservices combining geospatial data and the IoT. *IEEE Access, 7*, 104577–104590. https://doi.org/10.1109/access.2019.2932196

Mtetwa, H. N., Amoah, I. D., Kumari, S., Bux, F., & Reddy, P. (2021). Wastewater-based surveillance of antibiotic resistance genes associated with tuberculosis treatment regimen in KwaZulu Natal, South Africa. *Antibiotics, 10*(11), ID: 1362. https://doi.org/10.3390/antibiotics10111362

Mutuku, C., Gazdag, Z., & Melegh, S. (2022). Occurrence of antibiotics and bacterial resistance genes in wastewater: Resistance mechanisms and antimicrobial resistance control approaches. *World Journal of Microbiology and Biotechnology, 38*(9), ID: 152. https://doi.org/10.1007/s11274-022-03334-0

Myers, R. H. (1990). *Classical and modern regression with applications*. Duxbury/Thompson Learning. ISBN-13: 978-0534921781.

National Institute of Standards and Technology (NIST). (2023). Stationarity. In NIST/SEMATECH e-handbook of statistical methods. https://www.itl.nist.gov/div898/handbook/pmc/section4/pmc442.htm. Zugegriffen am 19.07.2023.

Nguyen, A. Q., Vu, H. P., Nguyen, L. N., Wang, Q., Djordjevic, S. P., Donner, E., Yin, H., & Nghiem, L. D. (2021). Monitoring antibiotic resistance genes in wastewater treatment: Current strategies and future challenges. *Science of The Total Environment, 783*, ID: 146964. https://doi.org/10.1016/j.scitotenv.2021.146964

Paparoditis, E., & Politis, D. N. (2013). The asymptotic size and power of the augmented Dickey-Fuller test for a unit root. *Econometric Reviews, 37*(9), 955–973. https://doi.org/10.1080/00927872.2016.1178887

Paulus, G. K., Hornstra, L. M., Alygizakis, N., Slobodnik, J., Thomaidis, N., & Medema, G. (2019). The impact of on-site hospital wastewater treatment on the downstream communal wastewater system in terms of antibiotics and antibiotic resistance genes. *International Journal of Hygiene and Environmental Health, 222*(4), 635–644. https://doi.org/10.1016/j.ijheh.2019.01.004

Rizzo, L., Manaia, C., Merlin, C., Schwartz, T., Dagot, C., Ploy, M. C., Michael, I., & Fatta-Kassinos, D. (2013). Urban wastewater treatment plants as hotspots for antibiotic resistant bacteria and genes spread into the environment: A review. *Science of The Total Environment, 447*, 345–360. https://doi.org/10.1016/j.scitotenv.2013.01.032

Selișteanu, D., Petre, E., Prejbeanu, R., Popescu, I. M., & Mehedințeanu, S. (2020). Software solutions for simulation, monitoring and data acquisition in wastewater treatment plants. In *Proc. of the 21st International Carpathian Control Conference (ICCC)*. High Tatras, Slovakia, 10/27/2020. https://doi.org/10.1109/ICCC49264.2020.9257268

Smarsly, K., Al-Hakim, Y., Peralta, P., Beier, S., & Klümper, C. (2023). A systematic review and recommendation of software architectures for SARS-CoV-2 monitoring. In *Proc. of the 16th International Conference on Health Informatics*. Lisbon, Portugal, 02/18/2023. https://doi.org/10.5220/0011593000003414

Söbke, H., Theiler, M., Tauscher, E., & Smarsly, K. (2018). BIM-based description of wastewater treatment plants. In *Proc. of the 16th International Conference on Computing in Civil and Building Engineering (ICCCBE)*. Tampere, Finland, 06/05/2018. Corpus ID: 221606406.

Söbke, H., Peralta, P., Smarsly, K., & Armbruster, M. (2021). An IFC schema extension for BIM-based description of wastewater treatment plants. *Automation in Construction, 129*, ID: 103777. https://doi.org/10.1016/J.AUTCON.2021.103777

Szymańska, U., Wiergowski, M., Sołtyszewski, I., Kuzemko, J., Wiergowska, G., & Woźniak, M. C. (2019). Presence of antibiotics in the aquatic environment in Europe and their analytical monitoring: Recent trends and perspectives. *Microchemical Journal, 147*, 729–740. https://doi.org/10.1016/j.microc.2019.04.003

The Institute of Electrical and Electronics Engineering. (1990). IEEE Standard Glossary of Software Engineering Terminology. IEEE, New York, NY, USA. https://doi.org/10.1109/IEEESTD.1990.101064

World Health Organization. (2020). Antibiotic resistance. https://www.who.int/news-room/factsheets/detail/antibiotic-resistance. Zugegriffen am 10.03.2023.

TUHH-Twin – Ein digitaler Zwilling für einen nachhaltigen *Smart Campus*

Carlos Chillón Geck

Universitäten spielen im Rahmen der zunehmenden Digitalisierung eine wichtige Rolle, da sie nachhaltige Lösungen und Innovationen fördern können, die langfristig zu einer ökologischeren und sozialeren Entwicklung moderner Städte beitragen. Sogenannte *smarte Universitäten* – die innovative Technologien zur Digitalisierung in Lehre und Forschung anwenden – können hier bspw. als real existierende Versuchsstätten angesehen werden, da sie im kleinen Maßstab später auf größere Konzepte, wie bspw. *Smart Cities* übertragbar sind. Zudem bieten universitäre Umfelder die Möglichkeit, junge Menschen in allen interdisziplinären Themen auszubilden, die für die Entwicklung von smarten Bildungseinrichtungen erforderlich sind. Jedoch verfügen viele Hochschulen nicht über ausreichende Lösungen, um Forschungsdaten, die aus Entwicklungen neuer Konzepte erfasst werden, systematisch und langfristig zu verwalten, weshalb viele Projekte nicht weiterverfolgt werden – wie aus der in diesem Beitrag dargestellten Literatur hervorgeht. Ein vielversprechender Ansatz zur besseren Verwaltung von Daten sind *digitale Zwillinge* oder *Digital Twins*. Diese bieten eine einheitliche kollaborative Umgebung mit zentraler, standardisierter Verwaltung sowie einem Echtzeitzugriff auf Forschungsdaten. Sie bilden somit die Grundlage für eine ganzheitliche und dynamische Gestaltung von Campus-Umgebungen, in denen das Lern- und Arbeitsumfeld verbessert und gleichzeitig Energieverbräuche minimiert werden. Mithilfe entsprechender Ansätze können Bildungseinrichtungen nachhaltiger gestaltet werden. Um entsprechende Potenziale aufzuzeigen, wird im vorliegenden Beitrag zuerst der aktuelle Stand von Nachhaltigkeit und Digitalisierung an Universitäten überblickhaft dargestellt. Anhand von bestehenden Smart-Campus-

---

C. Chillón Geck (✉)
Institut für Digitales und Autonomes Bauen, Technische Universität Hamburg,
Hamburg, Deutschland
E-Mail: carlos.chillon.geck@tuhh.de

© Der/die Autor(en), exklusiv lizenziert an Springer Fachmedien Wiesbaden
GmbH, ein Teil von Springer Nature 2025
T. Kölzer (Hrsg.), *Nachhaltige und digitale Baukonzepte 2*,
https://doi.org/10.1007/978-3-658-47573-4_7

Konzepten wird anschließend erläutert, welche zentralen Aspekte für die Umsetzung entsprechender Ansätze erforderlich sind. Im Kern des Beitrags wird das *TUHH-Twin-Konzept* vorgestellt, das die zuvor erläuterten Prinzipien nicht nur aufgreift, sondern diese auch praxisbezogen testet. Damit stellt der realitätsnahe Ansatz eine innovative Lösung für den Campus der Technischen Universität Hamburg (TUHH) dar, der auf Basis von digitalen Zwillingen für weitere nachhaltige Smarte-Campus-Konzepte angewendet werden kann.

1 Nachhaltigkeit und Digitalisierung bei Bewertungen von Universitäten

Im Zuge ökologischer Ansprüche an unsere Gesellschaft und die damit einhergehenden architektonischen und bautechnischen Veränderungen müssen viele Ansätze neu gedacht werden. Aspekte der Nachhaltigkeit und Digitalisierung spielen hier eine zentrale Rolle – auch im Kontext von Universitätsbewertungen, den sog. *Rankings*. Das Erfüllen zeitgemäßer Kriterien setzt Universitäten unter Zugzwang – nicht nur um innovative bzw. generationengerechte Lösungen zu entwickeln, die sowohl ökologisch als auch technologisch fortschrittlich sind, sondern auch im Kontext von Anwerbungen neuer Studierender. Darüber hinaus kreieren Universitätsrankings – gewollt oder ungewollt – einen Standard, an denen sich Bildungsstätten ausrichten können oder an denen sie sich sogar orientieren müssen. Aspekte von Nachhaltigkeit und Digitalisierung werden diesbezüglich, aber v. a. auch im Hinblick auf gesamtgesellschaftliche Lösungen immer relevanter. Um einen Überblick über den aktuellen Stand von Universitätsrankings zu präsentieren, sind nachfolgend die wichtigsten Aspekte anhand verschiedener Bewertungskonzepte zusammengefasst.

In den *Times Higher Education Impact Rankings* (THE, 2024) sind Universitäten im Hinblick auf die Ziele für nachhaltige Entwicklung – also übergeordnet auf die *Sustainable Development Goals (SDG)* der *Vereinten Nationen* – bewertet. Universitäten unterliegen somit einer Klassifizierung, die neben Forschungsprojekten und einem übergeordneten Engagement auch die SDGs berücksichtigt (UN, 2024). Das Impact Ranking für *SDG 11* (Nachhaltige Städte und Gemeinden), an dem an erster Stelle die *University of Manchester* steht, untersucht beispielsweise die Nachhaltigkeitsforschung von Institutionen. Ein weiteres Impact Ranking für *SDG 13* (Klimaschutz), bei dem zuerst die *Universität Tasmanien* zu finden ist, berücksichtigt unter anderem den kohlenstoffarmen Energieverbrauch von Institutionen, dessen nachvollziehbare Verfolgung sowie den Anteil von Strom aus kohlenstoffarmen Quellen, aber auch weiteren Initiativen zur Förderung des Umweltbewusstseins und -handelns. Obwohl die *Impact Rankings* die Einbeziehung von Technologie und Innovation zur Erreichung der SDGs indirekt durch Forschungsergebnisse berücksichtigt, sind Smart-Campus-Konzepte – wie energieeffiziente Gebäudetechnik oder ein *Internet of Things* (IoT-)-gestütztes Campusmonitoring – bisher nicht bedeutend oder gar nicht in den Impact Rankings vorhanden.

Ein weiteres weltweit anerkanntes Bewertungssystem, das *QS World University Ranking* (QS, 2024), hat 2023 ein eigenes Nachhaltigkeitsranking eingeführt, das Universitäten anhand ihrer Umweltauswirkungen und ihrer sozialen Verantwortung bewertet. Ein zentraler Faktor innerhalb dieser Bewertungen, bei der die *University of Toronto* an erster Stelle steht, ist die ökologische Nachhaltigkeit. Hierbei wird ermittelt, inwieweit sich eine Hochschule zur Verringerung ihrer Umweltauswirkungen verpflichtet hat – basierend auf Kriterien wie dem *Net-Zero-Commitment* (das Versprechen, den Ausstoß von Treibhausgasen auf *Netto-Null* zu reduzieren) oder der Erzeugung erneuerbarer Energien auf einem Campus.

Im Gegensatz zu anderen Rankings misst das *UI Green Metric World University Ranking* (UI Green Metric, 2023) ausschließlich die Nachhaltigkeit von Universitäten, in dem sechs Kategorien beurteilt werden: nachhaltige Infrastruktur, Klimawandel, Abfallmanagement, Wasserverbrauch, Transport und Bildung bzw. Forschung. Universitäten, die intelligente Technologien zur effizienten Ressourcenverwaltung einsetzen, wie z. B. *Smart Buildings*, erneuerbare Energieintegration oder Wassereinsparungssysteme, schneiden in diesem Ranking besser ab. Die *Wageningen University & Research* aus den Niederlanden belegt in diesem Ranking den ersten Platz.

Der *Sustainable Campus Index (SCI)* der *Association for the Advancement of Sustainability in Higher Education (AASHE)* konzentriert sich auf Nachhaltigkeit in verschiedenen Aspekten des Campuslebens (AASHE, 2017). Die AAHSE hat auch das *Sustainability Tracking Assessment & Rating System* (STARS, 2024) entwickelt, einen Rahmen zur Selbstauskunft für Hochschulen und Universitäten, um Nachhaltigkeitsleistungen zu messen. SCI und STARS bewerten Universitäten in Kategorien wie Luft und Klima, Gebäude, Abfall- oder Wassermanagement (AASHE, 2024). In diesem Ranking schneidet die *Université de Sherbrooke* aus Canada am besten ab.

Andere bekannte Rankings, wie das *Academic Ranking of World Universities* (ARWU), legen den Schwerpunkt stärker auf Forschungsergebnisse bzw. den akademischen Ruf und berücksichtigen dabei übergeordnet nicht direkt gesellschaftliche Aspekte wie Nachhaltigkeit oder Smart-Campus-Ansätze (ARWU, 2024). Das *U-Multirank* – einem multidimensionalen, benutzerorientierten Ansatz zur internationalen Bewertung von Hochschulen – bietet dagegen die Möglichkeit, Institutionen bzw. Bildungseinrichtungen anhand verschiedener Fächer, Kategorien oder aber auch nach Ländern zu vergleichen (CHE, 2024). Jedoch ist die digitale Lehre der einzige Indikator, der sich auf Digitalisierung bezieht; Nachhaltigkeitsaspekte bleiben beim U-Multirank unbewertet.

Neben Universitätsrankings gibt es jedoch auch Auszeichnungen, die Universitäten und Hochschulen für ihre Nachhaltigkeitskonzepte erhalten können. Ein Beispiel ist der *Deutsche Nachhaltigkeitspreis*, der im Jahr 2023 an die *Leuphana Universität* in Lüneburg ging (Stiftung DN, 2023). International werden zudem Initiativen wie die *Green Gown Awards* vergeben, die herausragende Nachhaltigkeitsprojekte im Hochschulbereich auszeichnen (EAUC, 2024).

Wie hier überblickhaft skizziert, bieten aktuelle Universitätsrankings zwar wertvolle Einblicke und konkrete Kriterien, an denen sich Hochschulen orientieren können. Jedoch konzentrieren sich die meisten Rankings auf wissenschaftliche Erfolge und Forschungsleistungen, während Nachhaltigkeits- und Digitalisierungsaspekte oft nicht im Vordergrund stehen. Ein weiteres Problem von Rankings ist das Risiko des *Greenwashings* – insbesondere dann, wenn Kriterien in die Bewertung einfließen, die nicht direkt mit Nachhaltigkeit in Verbindung stehen, wie beispielsweise Karrierewege von Alumni. Solche als negativ zu wertenden Ansätze können den tatsächlichen ökologischen, technologischen und sozialen Fortschritt verschleiern und ein verzerrtes Bild von Nachhaltigkeitsausrichtung einer Bildungseinrichtung vermitteln. Darüber hinaus liegt der Fokus von Universitäten häufig zu stark auf technischen Lösungen, während kulturelle und organisatorische Veränderungen, die für nachhaltige Entwicklungen entscheidend sind, weniger beachtet werden. Universitäten mit größeren finanziellen Ressourcen haben zudem bessere Möglichkeiten, in nachhaltige Konzepte zu investieren, was eine Verzerrung innerhalb von Rankings zugunsten etablierter Institutionen darstellen kann. Schließlich wird der lokale Kontext von Universitäten – einschließlich politischer und gesellschaftlicher Rahmenbedingungen – oft nicht ausreichend berücksichtigt, was die Bewertung von Nachhaltigkeitsansätzen verfälscht bzw. sogar verfehlt. All die hier grob skizzierten Aspekte können zu einer Fehlausrichtung von Prioritäten an Universitäten führen, insbesondere dann, wenn Nachhaltigkeit nicht als zentrales Thema einer Universitätsstrategie verankert ist. Aufbauend auf dem erläuterten aktuellen Stand zu Rankings wird im nächsten Kapitel der Status quo von Smart-Campus-Konzepten dargestellt, um insbesondere Vorteile digitaler Zwillinge im Smart-Campus-Kontext herauszustellen.

2   Status quo zu vorhandenen Smart-Campus-Konzepten

Im vorliegenden Kapitel wird zunächst ein übergeordnetes Bild von Smart Cities im Zusammenhang mit Smart-Campus-Konzepten vorgestellt. Anschließend erfolgt eine Erläuterung, die die Bedeutung digitaler Zwillinge für die Entwicklung eines smarten Campus hervorhebt. Das Kapitel verdeutlicht, dass zwar bereits innovative Konzepte existieren, jedoch viele Ansätze ohne übergeordnete Strukturen lediglich ad hoc bzw. nicht mit einer holistischen Planung umgesetzt werden. Auf dieser Ausgangslage aufbauend wird gezeigt, dass noch erheblicher Forschungsbedarf besteht, um Nachhaltigkeit mithilfe digitaler Konzepte zu gewährleisten. Am Ende des Kapitels werden Vorarbeiten des Einsatzes digitaler Zwillinge zur Optimierung von Komfort und Energieeffizienz dargestellt.

Smart-Campus-Konzepte als kleine Smart Cities

Ähnlich wie Städte haben Universitäten eigene Ressourcenflüsse und Kommunikationsnetze, die sich stetig weiterentwickeln. *Smart Cities* bezeichnen städtische Gebiete, in denen traditionelle Infrastrukturen und Dienstleistungen durch digitale Lösungen effizienter gestaltet werden (Peralta Abadía et al., 2022). Entsprechende Konzepte zielen übergeordnet darauf ab, den Bedürfnissen von Bewohner*innen und Unternehmen gerecht zu werden, z. B. durch verbesserte Mobilität, Umweltschutz oder intensivere Bürgerbeteiligungen. Auch sind Smart Cities in Forschungsprojekten und Fachzeitschriften unter Berücksichtigung verschiedener Schlüsselindikatoren untersucht und charakterisiert worden. Entsprechende Indikatoren umfassen Elemente wie öffentliches WLAN, Verkehrsüberwachungen, intelligente Stromzähler oder auch Energieverbrauchsmanagement-Systeme in Gebäuden, die mit der Entwicklung von neuen Technologien, wie IoT und Maschinenintelligenz, innovative bzw. zukunftsfähige Konzepte ermöglichen (Luckey et al., 2021).

Als Teil moderner Städte erstrecken sich Campus-Anlagen oft über mehrere Hektar und umfassen diverse Gebäude sowie Infrastrukturen, die für Forschung und Lehre genutzt werden (Verstaevel et al., 2017). Smarte Universitäten gelten insbesondere als *smart*, wenn Seminarräume und Lernumgebungen auf intelligenten Konzepten basieren bzw. dann, wenn verschiedene Technologien Einsatz finden. Smart-Campus-Konzepte sollten daher lediglich als ein Bestandteil smarter Universitäten gesehen werden, da sie den Einsatz moderner Technologien wie Sensornetzwerke und fortschrittliche Gebäudetechnik ermöglichen. Einige Ansätze beinhalten etwa automatisierte Sicherheitskontrollen, Umweltmonitorings sowie transparente Campus-Management-Konzepte – die jedoch meist nur auf bestimmte Bereiche beschränkt angewendet werden.

Das übergeordnete Ziel von Universitäten ist es, eine hochwertige Bildung in einer Lernumgebung anzubieten, die nicht nur komfortabel, sondern auch produktiv ist. Dafür ist es entscheidend, optimale Temperaturen oder ausreichende Belüftungen in den Innenräumen sicherzustellen (Alsaad & Völker, 2020). Entsprechende Lernumgebungen müssen aber gleichzeitig auch energieeffizient und nachhaltig gestaltet werden, um die SDGs einzuhalten (Sanguinetti et al., 2017). Komfort wird jedoch häufig auf Kosten der Nachhaltigkeit erreicht, da Heizungs- und Kühlsysteme eingesetzt werden, die im Betrieb CO_2-Emissionen verursachen. Um dennoch ein Gleichgewicht zwischen Komfort und Nachhaltigkeit zu schaffen, spielen nicht nur digitale Sensortechnologien wichtige Rollen, sondern vor allem auch die Menschen selbst. Deren Verhalten und Präferenzen bzw. die daraus gewonnenen Daten sind nämlich entscheidend, um komfortable und zugleich nachhaltige Universitäten zu gestalten. Konzepte wie *Humans-as-Sensors* (Jayathissa et al., 2020) oder *Crowdsensing* (Tomat et al., 2020) werden erforscht, indem Feedback über digitale Umfragen (Graham et al., 2021), über Smartwatch-Apps (Helbig et al., 2021) oder über WLAN-Nutzungsdaten (Mosteiro-Romero et al., 2023) erfasst werden. Um jedoch große Datenmengen, die in Universitätsumfeldern stets vorhanden sind, effizient zu erfassen, ist ein strukturiertes Datenmanagement erforderlich, bei dem digitale Zwillinge eine vielversprechende Grundlage bieten.

Digitale Zwillinge für Smart-Campus-Konzepte

Wie bereits erwähnt, kann der Energieverbrauch in einer baulichen Umgebung erheblich gesenkt werden, insbesondere in Gebäuden mit Heizungs-, Lüftungs- und Klima-Systemen (HLK-Systemen). Insgesamt fallen für diese Verbräuche 26 % der weltweiten CO_2-Emissionen an (UN, 2021). Reduziert man die Energieverbräuche jedoch pauschal ohne weitere Aspekte zu berücksichtigen, so kann eine Senkung auch auf Kosten eines komfortablen Innenraumklimas gehen (Solano et al., 2021) und die Gesundheit und Produktivität an Schulen, Universitäten, Krankenhäusern, Büros oder ähnlichen Einrichtungen gefährden. Angesichts des hohen Energieverbrauchs von HLK-Systemen, bieten jedoch die bereits erwähnten digitalen Zwillinge eine vielversprechende Lösung, u. a. um den Energieverbrauch zu reduzieren und gleichzeitig ein komfortables Innenraumklima durch Echtzeitmonitoring und -analyse sicherzustellen. So bieten digitale Zwillinge als virtuelle Gegenstücke realer Bauwerke – den sog. *physischen Zwillingen* – die Möglichkeit, den Zustand der realen Objekte mithilfe von Echtzeitdaten zu synchronisieren und widerzuspiegeln. Sie stellen eine einheitliche kollaborative Umgebung bereit, die durch zentrale, standardisierte Verwaltung und Echtzeitzugriff auf Forschungsdaten, deren Speicherung, Zugänglichkeit und Nachvollziehbarkeit verbessert. Dadurch wird die notwendige Zusammenarbeit zwischen Forschenden und Studierenden gefördert. Digitale Zwillinge von Universitäten können beispielsweise durch die Integration von Sensordaten und Nutzerfeedback auf bestehende Anforderungen reagieren und proaktiv Maßnahmen ergreifen, wie bspw. das Belüften oder Kühlen von Räumen.

Einsatz digitaler Zwillinge zur Optimierung von Komfort und Energieeffizienz

Das Konzept digitaler Zwillinge hat im Bereich des Bau- und Umweltingenieurwesens zunehmend Beachtung gefunden, insbesondere durch die Entwicklung des Building Information Modelings (BIM) (Smarsly, 2024). Aktuelle Forschungen zeigen zudem, dass es eine wachsende Zahl von Studien gibt, die BIM-basierte digitale Zwillinge, thermischen Komfort und Energiemanagement mit Schwerpunkt auf der Optimierung von HLK-Systemen integrieren (Hosamo et al., 2022). Auch energetische Simulationen finden vermehrt Einzug in Forschungsprojekte (Benz et al., 2018).

Studien, die sich bisher mit dem Konzept eines BIM-basierten digitalen Zwillings für Smart-Campus-Ansätze auseinandergesetzt haben, bieten darüber hinaus Einblicke in verschiedene Anwendungsbereiche, z. B. von Luftqualitätsmonitorings bis hin zu Nachhaltigkeitsbewertungen, von Komfortoptimierungen oder der Verbesserung von Wartungsprozessen. Chen et al. (2022) präsentieren diesbezüglich eine Plattform für die *National Taiwan University*, die 3D-Gebäudemodelle und IoT-Systeme integriert, um ihren Campus klimaresilient zu gestalten. Trombadore et al. (2023) hingegen erforschen das Potenzial digitaler Technologien zur Förderung studentischer Partizipation und stellen das sog. *Bexlab-Projekt* vor, ein Versuch komfortablere Räumlichkeiten bzw. Umgebungsbedingungen an Universitäten zu schaffen.

Weitere Studien widmen sich dem Echtzeitmonitoring auf Basis digitaler Zwillinge, um optimierte Steuerungen von Gebäudetechniken zu ermöglichen. So untersuchen bspw. Martínez et al. (2021) das IoT als Schlüsseltechnologie für die Erreichung der Nachhaltigkeitsziele der UN – hier explizit in Universitätsgebäuden. Tagliabue (2021) demonstriert den Einsatz von digitalen Zwillingen mit Sensorik zur Steuerung von HLK-Systemen in Bildungsgebäuden und Yaskevich et al. (2022) schlägt BIM als Rahmen für projektbasiertes Lernen an Universitäten vor. Zaballos et al. (2020) beschreiben die Entwicklung eines digitalen Zwillings für einen Smart Campus zum Monitoring des Komforts mit zentralen Aspekten der Nachhaltigkeit. Die Arbeit betont die Bedeutung von Echtzeitdaten und Nutzerfeedback zur Optimierung von Komfort und Energieeffizienz.

3 Entwicklung eines praxisnahen Smart-Campus-Konzepts: der *TUHH-Twin*

In diesem Kapitel wird zunächst die Grundlage für das Verständnis von Smart-Campus-Konzepten auf Basis von digitalen Zwillingen gelegt. Darauf aufbauend folgt die prototypische Entwicklung des *TUHH-Twins*. Zuerst wird die dafür notwendige Systemarchitektur vorgestellt, gefolgt von der Implementierung von Sensorknoten, bzw. den sog. *Komfortstationen*, die zur Messung des Innenraumklimas notwendig sind. Im nächsten Schritt wird eine digitale Umfrage beschrieben, die es ermöglicht, Feedback von Gebäudenutzer*innen zu erfassen. Abschließend wird die Implementierung eines BIM-Modells eingeleitet und die Bereitstellung des TUHH-Twins in einer universitären Büroumgebung getestet.

Grundlegendes Konzept des TUHH-Twins

Die *Technischen Universität Hamburg*, deren Motto sich durch die Aussage *Technik für die Menschen* sehr passend an aktuellen gesellschaftlichen Herausforderungen orientiert, möchte sich mithilfe eines eigenen Smart-Campus-Konzepts an nachhaltigen Veränderungen praxisnah beteiligen. Hierfür wurde das Konzept des TUHH-Twins vorgeschlagen, der die zuvor aufgeführten Aspekte aufgreift und diese in einem realitätsnahen Ansatz vereint.

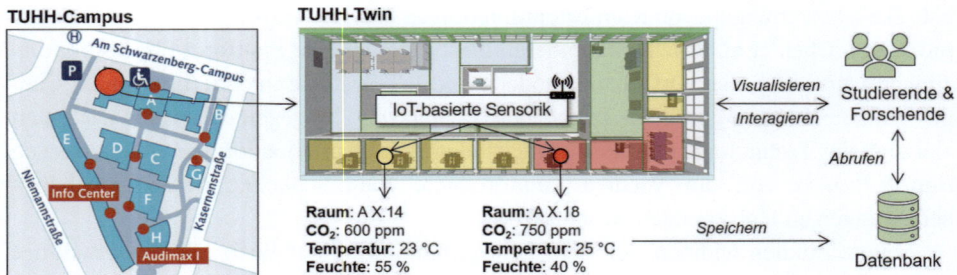

Abb. 1 Skizze des TUHH-Twin-Konzepts. (Eigene Darstellung)

Der in diesem Beitrag präsentierte TUHH-Twin stellt einen digitalen Zwilling als Teil des TUHH-Campus dar – auf Basis eines BIM-Modells sowie mithilfe eines IoT-basierten Monitoringsystem (Abb. 1). Zukünftig soll dieses Konzept auf den gesamten Campus der TUHH ausgeweitet werden. Der Zwilling dient, wie bereits erwähnt, als kollaborative Umgebung, um Daten zu integrieren, die auf dem Universitätsgelände aus verschiedenen Quellen erfasst werden, wie beispielsweise von Innen- und Außensensoren für Umweltdaten, Raumauslastungssensoren oder aber auch Stromzählern. Wie in Abb. 1 dargestellt, ermöglicht der TUHH-Twin die Echtzeitvisualisierung von Luftqualität, Temperatur und Luftfeuchtigkeit. In der Skizze ist neben dem Lageplan auch das BIM-basierte Modell zu erkennen, das semantische Informationen wie Gebäudetyp und Lokalisierung in die Plattform integriert. Außerdem zeigt die Abbildung weitere Komponenten (Datenbank und Benutzer*innen) des übergeordneten Systems sowie die relevanten raumklimatischen Parameter und die Beziehungen zwischen den Systemkomponenten. Die raumklimatischen Parameter werden von selbstentwickelten IoT-basierten Sensorknoten gemessen, die in Büros, Seminarräumen und Hörsälen platziert werden. Die Messungen werden in der dargestellten Datenbank gespeichert, die es Studierenden und Forschenden ermöglichen, verschiedene Campusdaten abzufragen.

Der TUHH-Twin ermöglicht es weiterhin, mit neuen Technologien und innovativen Ansätzen zu experimentieren, um somit einen optimalen Weg für einen effizienteren und verantwortungsvolleren Energieverbrauch zu finden – was schlussendlich wiederum zu einer Verringerung der Kosten und des CO_2-Fußabdrucks der TUHH führen soll. Die Technologien und Ansätze können darüber hinaus weiterentwickelt werden, um den TUHH-Twin zu einem umfassenden Management-Tool für hybride Arbeitsumgebungen auszubauen. Dies würde u. a. die Bereitstellung einer digitalen Lösung für die Buchung von Räumen und Arbeitsplätzen ermöglichen. Zudem könnten durch den Einsatz von Maschinenintelligenz im Energiemanagement und durch die Nutzung von Raumsensoren effiziente Ressourcennutzungen gefördert werden. Universitätsangehörige und Studierende wären dann in der Lage, ihre Arbeits- und Lernzeiten an den optimalen Orten und unter den günstigsten Bedingungen zu gestalten.

Systemarchitektur des TUHH-Twins

Das Konzept des TUHH-Twins stützt sich auf eine klar definierte *Systemarchitektur*, die auf einer umfassenden Studie über digitale Zwillinge im Bauwesen basiert (Al-Nasser et al., 2024). Um den digitalen Zwilling mit Daten zu versorgen, wurde ein Sensorsystem für das Monitoring von thermischem Komfort, ein sog. *Komfortmonitoringsystem*, entwickelt. Das System besteht aus kostengünstigen Hardware-Komponenten sowie einer Open-Source-Software, die zur Erfassung von Umgebungsdaten, aber auch für das Feedback von Nutzer*innen in Bezug auf den individuellen thermischen Komfort herangezogen werden. Die grundlegende Architektur des Monitoringsystems (siehe Abb. 2) umfasst vier integrale Elemente:

1. *Thermische Komfortstationen*, einschließlich eines Mikrocontrollers mit IoT-Funktionen sowie Sensoren zur Messung von Lufttemperatur, relativer Luftfeuchtigkeit, mittlerer Strahlungstemperatur und Luftgeschwindigkeit.
2. Einen *mobilen Server* für die Datenintegration, der die Datenspeicherung und die Datenkommunikation zwischen Gebäudenutzer*innen und den thermischen Komfortstationen übernimmt.
3. Eine *Benutzeroberfläche*, in Form eines *Dashboards*, das aus einer digitalen Umfrage zum thermischen Komfort besteht, um das Feedback der Nutzer*innen zu erfassen, und die Umgebungsdaten darzustellen.
4. Einen *digitalen Zwilling*, der die Benutzersteuerung über bidirektionale Kommunikation unterstützt, um Echtzeit und historische Daten zum thermischen Komfort zu visualisieren und abzurufen.

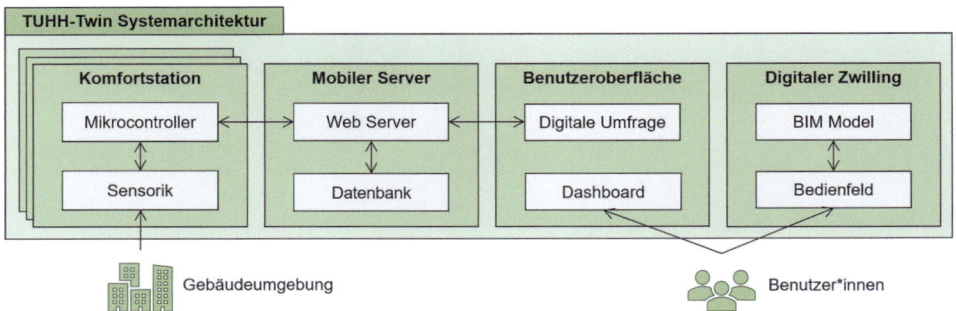

Abb. 2 Systemarchitektur des TUHH-Twins. (Eigene Darstellung)

Implementierung der Komfortstationen im TUHH-Twin

Die thermischen Komfortstationen umfassen drei kostengünstige Sensoren, einen kombinierten Sensor, der die Lufttemperatur und die relative Luftfeuchtigkeit misst, einen Luftgeschwindigkeitssensor und einen Temperatursensor, der in einem schwarz lackierten Tischtennisball installiert ist und das sog. *Globe-Thermometer* bildet (s. Abb. 3). Das Globe-Thermometer bestimmt zusammen mit der Lufttemperatur und der Luftgeschwindigkeit die mittlere Strahlungstemperatur (*eng. mean radiant temperature*, MRT). Die MRT wird wiederum für die Berechnung von thermischem Komfort benötigt. Ein Mikrocontroller verarbeitet die rohen Umgebungsdaten und sendet diese in regelmäßigen Abständen über Wi-Fi an den Webserver. In dem Mikrocontroller der Komfortstation ist zudem die Software-Anwendung integriert, die für die Erfassung der Sensordaten und den Austausch von Umwelt- und Wärmekomfortdaten mit der Hauptstation entwickelt wurde.

Der in Abb. 2 verortete mobile Server besteht aus einem *Raspberry Pi (RPi)*[1] *Modell 4B*, auf dem ein Webserver zur Unterstützung des Monitoringsystems läuft. Der Webserver wurde unter Verwendung des Node-RED-Frameworks entwickelt (OpenJS Foundation, 2023). Node-RED verwaltet die Datenkommunikation zwischen mobilem Server und Komfortstationen und das Datenmanagement. Der Preis für einen RPi beträgt ca. 50 €. Der Gesamtpreis für ein Komfortmonitoringsystem mit einer thermischen Komfortstation und eines mobilen Servers beläuft sich auf ungefähr 100 €.

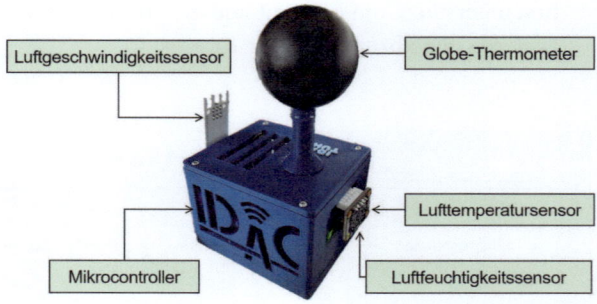

Abb. 3 Eine thermische Komfortstation. (Eigene Darstellung)

---

[1] *Raspberry Pis* sind kleine Einplatinencomputern, die Computertechnik für eine breite Nutzergruppe zugänglich und erschwinglich machen. Sie finden Anwendung in großen Industriebetrieben, aber insbesondere auch in Bildungseinrichtungen oder bei Hobbybastler*innen.

Erstellung einer digitalen Umfrage zur Erfassung von Feedback

Wie bereits zuvor erwähnt, sind Umfragen zur Erfassung des Feedbacks von Nutzer*innen entscheidend für die Entwicklung von Smart-Campus-Konzepten, da sie wertvolle Einblicke in persönlichen Bedürfnissen und Präferenzen bieten, die für die Automatisierung von Gebäudetechniken erforderlich sind. Die an der TUHH online durchgeführte Umfrage zum thermischen Komfort, die in diesem Abschnitt exemplarisch für eine Büroumgebung des Campus in Hamburg präsentiert wird, erfasst Feedback von Gebäudenutzer*innen. Die Umfrage basiert auf einer personalisierten Web-Anwendung mit Fragen zu verschiedenen Kategorien, die auf internationalen Normen für thermischen Komfort (ASHRAE, 2020; ISO 7730, 2005) und Fachliteratur (Nicol et al., 2012) basiert. Die Umfrage wird in der Web-Anwendung den Nutzer*innen individuell zu Verfügung gestellt (s. Abb. 4). Sie umfasst zehn Fragen, die in die folgenden drei Kategorien unterteilt sind:

- *Persönliche Parameter (Personal parameters)*, darunter z. B. Bekleidungsisolierung und Stoffwechselrate, welche die Intensität der verschiedenen Arten von Bürotätigkeiten eines Gebäudenutzers quantifiziert.
- *Subjektive Maße (Subjective measures)*, einschließlich dem tatsächlichen bzw. dem subjektiven Komfortempfinden und die selbst eingeschätzte Produktivität.
- *Interaktionen mit der baulichen Umgebung (Interactions with the built environment)*, die Informationen über die Nutzung von Ventilatoren, Fenstern, Jalousien und Lampen geben.

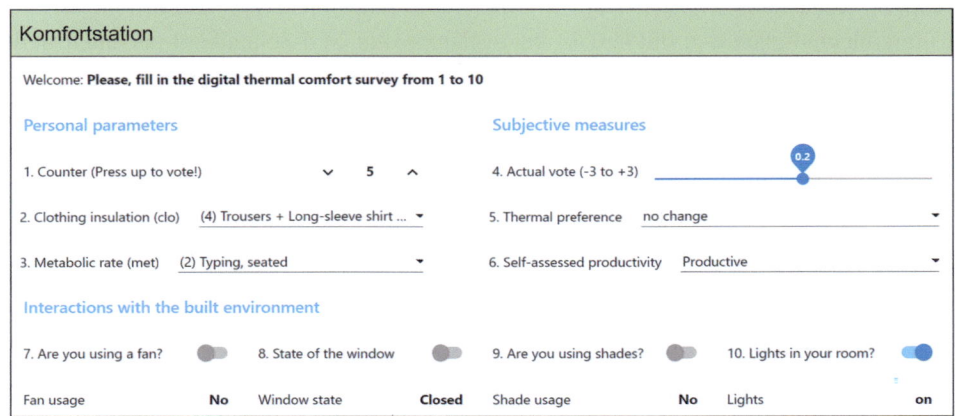

Abb. 4 Digitale Umfrage als Teil des TUHH-Twins. (Screenshot aus der Web-Anwendung)

Implementierung eines BIM-Modells als Teil des TUHH-Twins

In diesem Abschnitt wird die prototypische BIM-Modellierung einer Büroumgebung der TUHH erklärt, in der Daten zum thermischen Komfort visualisiert werden. Das verwendete BIM-Modell integriert über Schnittstellen die Sensordaten sowie das Feedback der Gebäudenutzer*innen, die im Webserver des Systems hinterlegt sind. Für die Software-Implementierung wird as Programm *Rhino*[2] verwendet. Mithilfe dieser Anwendung wird ein BIM-Modell der Büros erstellt, einschließlich geometrischer und semantischer Informationen. Das Rhino-Plug-In *Grasshopper* findet ebenfalls Verwendung, um die BIM-Modelle mit Daten zu versehen, die von den zuvor beschriebenen drahtlosen Sensorknoten geliefert werden. Die Grasshopper-Schnittstellen sind über Wi-Fi mit dem Node-RED-Framework verbunden, das die von den thermischen Komfortstationen erfassten Sensordaten über Wi-Fi an Grasshopper weiterleitet. Echtzeitdaten und historische Informationen können mithilfe dieser Verknüpfung von den Benutzer*innen in den dreidimensionalen BIM-Modellen, eingesehen, abgefragt oder visualisiert werden.

Der TUHH-Twin in einer Campus-Büroumgebung

Die Kapazität des TUHH-Twins, die Sensordaten und das Feedback der Gebäudenutzer*innen zu integrieren und zu visualisieren, wurde in einer Campus-Büroumgebung getestet. Der Feldtest fand während normalen Bürotätigkeiten unter realen Bedingungen statt. Dafür wurde jeweils eine Komfortstation in insgesamt fünf Büros aufgestellt (s. Abb. 5). Verschiedene Daten wurden erfasst: Lufttemperatur, relative Luftfeuchtigkeit, Luftgeschwindigkeit und mittlere Strahlungstemperatur in 5-Sekunden-Intervallen. Jede

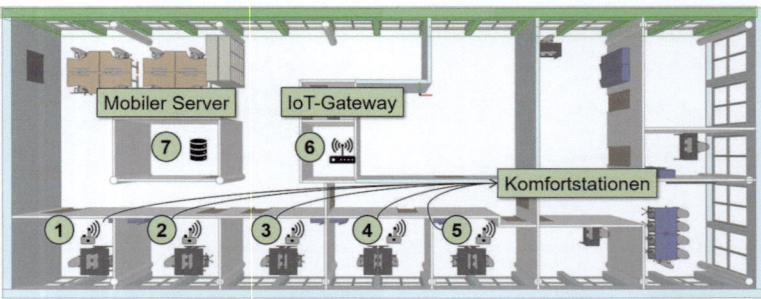

Abb. 5 Aufbau des Feldtests mit den thermischen Komfortstationen (1 bis 5), dem IoT-Gateway (6) und dem mobilen Server (7). (Eigene Darstellung)

---

[2] *Rhino* ist eine kommerzielle CAD-Software, die in verschiedenen Branchen, z. B. in der Architektur oder im Ingenieurwesen, für die computergestützte 3D-Modellierung verwendet wird (Robert Macneel & Associates, 2024).

Komfortstation erfasste zwei Wochen lang, sieben Tage die Woche, 24 h am Tag, mit einer Abtastrate von 20 Datenpunkten pro Stunde, d. h. insgesamt 6720 Datenpunkten.

Darüber hinaus wurde jeder Person, die an dem Feldtest teilnahm, das in Abb. 4 gezeigte Dashboard zugewiesen, um die zuvor beschriebene digitale Umfrage durchführen zu können. Ein IoT-Gateway stellte ein lokales Netzwerk her, in dem die thermischen Komfortstationen und die digitale Umfrage mit dem Webserver in der mobilen Hauptstation verbunden sind. Die Standorte der in der Büroumgebung platzierten thermischen Komfortstationen sowie des mobilen Servers und des IoT-Gateways sind in Abb. 5 dargestellt. Alle relevanten Büros haben eine ähnliche Größe und die gleiche Ausrichtung, sodass die stets untereinander Ergebnisse vergleichbar sind.

Abb. 6 zeigt den sog. *Predicted Mean Vote (PMV)-Index* gemäß ISO 7730, sowie das durchschnittliche tatsächliche Votum der subjektiven thermischen Empfindung, d. h. das persönliche Komfortempfinden. Der PMV-Index ist ein Maß zur Bewertung des thermischen Komforts in Innenräumen und ein in Forschung und Praxis weitverbreitetes Komfortmodell (ASHRAE, 2020). Er basiert auf einer Formel, die verschiedene Faktoren berücksichtigt, darunter Temperatur, Luftfeuchtigkeit, Luftgeschwindigkeit, Kleidung und Aktivitätsniveau (Fanger, 1970). Der Index reicht von −3 (sehr kalt) bis +3 (sehr heiß), wobei ein Wert von 0 das optimale Empfinden bzw. eine Neutralität anzeigt. Das subjektive Empfinden von thermischer Behaglichkeit bezieht sich darauf, wie angenehm oder unangenehm eine Person die aktuellen klimatischen Bedingungen wahrnimmt. Diese Empfindungen sind individuell unterschiedlich. Sie können u. a. durch persönliche Vorlieben, Gewohnheiten und physiologische Unterschiede beeinflusst werden. Die oben genannten Faktoren, zusammen mit zentralen psychologischen Aspekten sowie sozialen Einflüssen, spielen eine entscheidende Rolle bei der Wahrnehmung des thermischen Komforts.

Der PMV-Index in Abb. 6. (CS_1 bis CS_5) wird von den thermischen Komfortstationen (s. Abb. 3) berechnet und über zwei Wochen, in denen die Gebäudenutzer*innen insge-

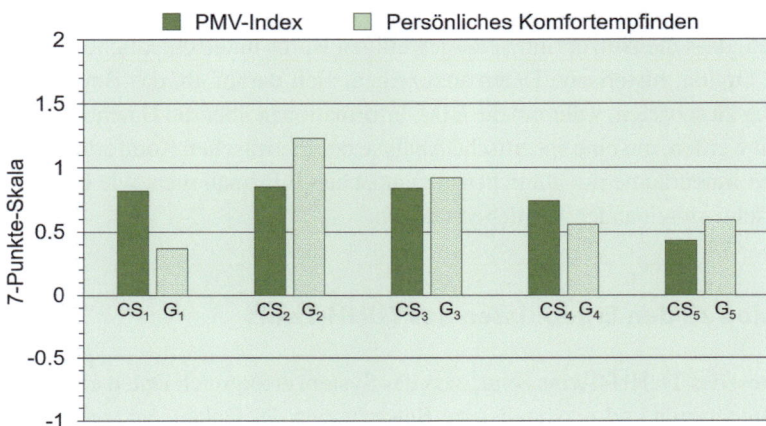

Abb. 6 Vergleich des PMV-Index mit der Abstimmung aller Teilnehmenden. (Eigene Darstellung in Anlehnung an Chillón Geck et al., 2024)

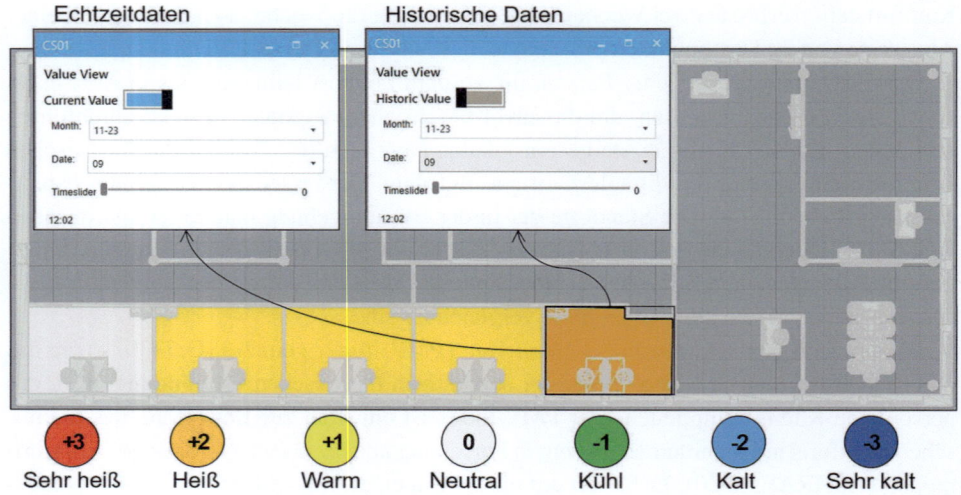

Abb. 7 TUHH-Twin und Benutzeroberfläche. (Chillón Geck et al., 2024)

samt 272 Mal abgestimmt haben, gemittelt. Das Komfortmonitoringsystem vergleicht den PMV-Index und die tatsächliche Komfortempfindung der Gebäudenutzer*innen (G_1 bis G_5). Dadurch wird die Eignung des PMV-Index zur Bewertung des thermischen Komforts untersucht. Die absolute Differenz zwischen den in der Abbildung dargestellten Wertepaaren beträgt $G_1 = 0{,}45$, $G_2 = -0{,}38$, $G_3 = -0{,}08$, $G_4 = 0{,}18$ und $G_5 = -0{,}16$, was darauf hindeutet, dass der thermische Komfort von allen Gebäudenutzer*innen anders wahrgenommen wird. Auch zeigen die Erkenntnisse, dass eine personalisierte Heizung, Kühlung oder Lüftung in Innenräumen erforderlich ist.

In Abb. 7 ist die Benutzeroberfläche dargestellt, die es ermöglicht, Echtzeitdaten oder historische Informationen auszuwählen. In dem Screenshot stellen die Farben den PMV-Wert auf der 7-Punkte-Skala dar, der für jedes Büro berechnet wurde. Die Visualisierungen zeigen, dass die Nutzer*innen der jeweiligen Büros unterschiedliche PMV-Werte liefern. Die Option, historische Daten anzuzeigen, zielt darauf ab, das Bewusstsein für die Umgebung zu schärfen, während die BIM-Informationen über die Datenbank des Systems abgerufen werden, um eine spezifische Analyse des thermischen Komforts durchzuführen. So können Innenräume mit ähnlichen semantischen Informationen, wie Gebäudetyp oder Fensterfläche, miteinander verglichen werden.

Diskussion zu den Ergebnissen des TUHH-Twins

Der Feldtest des TUHH-Twins zeigt, dass das System erfolgreich Daten aus verschiedenen Quellen integrieren und personalisierte Bewertungen der Gebäudenutzer*innen ermöglichen kann. Wenn große Investition nicht immer getätigt werden können, erleichtern die kostengünstigen Hardware-Komponenten wie Sensoren und Mikrocontroller die Nutzung in mehreren bzw. verschiedenen Gebäuden. Sie unterstützen somit ein umfassendes Monitoring thermischer Bedingungen. Die IoT-Technologie des TUHH-Twin kann demnach eine automatische und personalisierte Steuerung von HLK-Systemen ermöglichen, was nicht nur den Energieverbrauch von Gebäuden senkt, sondern auch gleichzeitig den Komfort steigert. Der auf Open-Source-Software basierende TUHH-Twin ist zudem erweiterbar und lässt sich ohne großen Aufwand in bestehende Campus-Infrastrukturen integrieren. Durch die Erfassung individueller Rückmeldungen kann der thermische Komfort für Studierende und Mitarbeitende somit optimiert und die Lebens- und Lernqualität verbessert werden.

Auch wenn der durchgeführte Feldtest das Potenzial des entwickelten TUHH-Twins bestätigt, sind trotzdem noch Optimierungsmöglichkeiten vorhanden. So könnte das System zukünftig u. a. weitere Datenquellen automatisiert erfassen, beispielsweise das Öffnen und Schließen von Fenstern in Gebäuden oder das Steuern von Beleuchtungssystemen, um eine noch umfassendere Abbildung der Umgebungsbedingungen zu gewährleisten. Darüber hinaus sind erweiterte Formen digitaler Umfragen bzw. Rückmeldungen von Nutzer*innen sinnvoll, um die Datenerhebung zu präzisieren. Zudem ist eine detailliertere BIM-Modellierung erforderlich, da das derzeit implementierte Modell noch relativ vereinfacht ist und für umfassendere Analysen ausgebaut werden sollte.

4 Fazit und Ausblick

Im vorliegenden Beitrag wurde das Potenzial von nachhaltigen und digitalisierten Campus-Umgebungen thematisiert – nicht nur um Energieeffizienzsteigerungen aufzuzeigen, sondern auch, um ein attraktives Umfeld für Universitätsangehörige und Studierende zu schaffen. Dafür wurde – nach einem kurzen Überblick über Nachhaltigkeitsaspekte in Universitätsrankings – der Zusammenhang zwischen Smart Cities und Smart-Campus-Ansätzen dargestellt. Die aus interdependenten Zusammenhängen entstehenden Potenziale, insbesondere durch die Nutzung digitaler bzw. innovativer Technologien im Hochschulbereich, konnte anschließend das im Kern des Beitrags stehende Konzept des TUHH-Twin präsentiert werden. Der an der Technischen Universität Hamburg entwickelte digitale Zwilling ermöglicht es, alle relevanten Informationen zu bündeln und diese – im Sinne von Building Information Modeling – zentral zur Verfügung zu stellen. Dadurch eröffnet sich ein breites Spektrum an Möglichkeiten, um nicht nur Effizienz und Sicherheit zu steigern, sondern auch, um die Nachhaltigkeitsbemühungen von Bildungseinrichtungen voranzutreiben. Dies macht sich vor allem durch die Optimierung von Ressourcenverbräuchen, aber auch durch die Verbesserung von Lehr- und Lernbedingungen für Angestellte und Studierende bemerkbar. Im weiteren Verlauf des Beitrags wurde eine prototypische Implementierung eines digitalen Zwillings innerhalb einer Büroumgebung an der TUHH dargestellt. Mit dem Anwendungsbeispiel konnte gezeigt werden, wie das entwickelte Konzept in der Praxis umzusetzen ist. Der Feldtest zielte darauf ab, komfortable und produktive Umgebungen für Universitätsangehörige zu schaffen.

Weitere smarte bzw. innovative Projekte, die neben der Verbesserung der Lebensqualität in Städten gleichzeitig auch auf Nachhaltigkeitsaspekte anvisieren, können auf Basis des TUHH-Twins angestoßen bzw. fortgeführt werden. So ist es bspw. mithilfe neuer Kombination bestenfalls möglich, digitale und ökologische Lösungen für eine intelligente, gesunde und generationengerechte Umwelt zu schaffen – insbesondere, wenn es um die Herausforderungen in urbanen Kontexten geht.

Ein Beispiel für eine Weiterentwicklung auf Basis digitaler Zwillinge liefern u. a. Eddin et al. (2023). Mithilfe eines nachhaltigen Wasserqualitätsmonitoringsystems, das umweltfreundlich aus Elektroschrott-Sensoren zusammengesetzt wurde und auf dem Konzept der Kreislaufwirtschaft beruht, konnten die Autor*innen zeigen, dass Umweltbelastungen mithilfe drahtloser Sensorsysteme in Smart-City-Anwendungen reduzierbar sind.[3] In einer weiteren aktuellen Veröffentlichung wurde dargestellt, dass u. a. smarte Bewässerungssysteme für Grünflächen (Chillón Geck & Nasr, 2024) auf Smart-Campus-Anlagen mithilfe einer automatisierten Steuerung durch digitale Zwillinge, wie bspw. dem TUHH-Twin, nicht nur ökologisch sinnvoll sind, sondern auch, dass das Facility Management größerer Gebäudekomplexe durch Wiederverwendungsmaßnahmen von Wasser profitiert.

Die Resilienz der Infrastruktur auf einem Smart Campus spielt ebenfalls für die Nachhaltigkeit eine wichtige Rolle. Digitale Zwillinge, die bereits in Infrastrukturprojekten, wie bspw. dem sog. *openLab*, Einsatz fanden (Herbers et al., 2024) oder bei Projekten mit robusten bzw. dauerhaften Sensorik getestet wurden (Al-Zuriqat et al., 2023), können ebenfalls in den in diesem Beitrag dargestellten Ansatz integriert werden. Das große Potenzial des TUHH-Twins spiegelt sich aber nicht nur durch die aufgeführten nachhaltigen Vorteile wider, auch kann durch Einbindungen des Konzepts in Lehre und Forschung, etwa durch Integration in Übungen bzw. Seminaren, die hier skizzierte Idee weiterentwickelt und ausgebaut werden. Die im vorliegenden Beitrag dargestellten Nutzungsmöglichkeiten mögen als Motivation dienen, weitere Smart-Campus-Lösungen zu entwickeln, die nicht nur digital bzw. innovativ, sondern v. a. auch nachhaltig und zukunftsweisend sind.

Literatur

AASHE. (2017). Sustainable campus index – The association for the advancement of sustainability in higher education. https://www.aashe.org/resources/sustainable-campus-index/. Zugegriffen am 13.09.2024.

AASHE STARS. (2024). Sustainability tracking assessment & rating system. https://stars.aashe.org/. Zugegriffen am 13.09.2024.

Al-Nasser, H., Ahmad, M. E., Abadía, P. P., Chillón Geck, C., Al-Zuriqat, T., Dragos, K., & Smarsly, K. (2024). Digital twin architectures in civil engineering: A systematic literature review. In *Proceedings of the 15th Fachtagung Baustatik – Baupraxis*. Hamburg, Germany. https://doi.org/10.15480/882.9247

---

[3] Im Sammelwerk greift der Beitrag von Yousuf Al-Hakim das Monitoring von Abwasser auf.

Alsaad, H., & Völker, C. (2020). Der Kühlungseffekt der personalisierten Lüftung. *Bauphysik, 42*(5), 218–225. https://doi.org/10.1002/bapi.202000018

Al-Zuriqat, T., Chillón Geck, C., Dragos, K., & Smarsly, K. (2023). Adaptive fault diagnosis for simultaneous sensor faults in structural health monitoring systems. *Infrastructures, 8*(3), 39. https://doi.org/10.3390/infrastructures8030039

ARWU. (2024). Shanghai Ranking´s Academic Ranking of World Universities (ARWU). https://www.shanghairanking.com/. Zugegriffen am 09.10.2024.

ASHRAE. (2020). ASHRAE standard 55-2020. Thermal environmental conditions for human occupancy. American Society of Heating, Refrigerating and Air-Conditioning Engineers, USA. https://www.ashrae.org/technical-resources/bookstore/standard-55-thermal-environmental-conditions-for-human-occupancy Zugegriffen am 23.10.2024.

Benz, A., Taraben, J., Lichtenheld, T., Morgenthal, G., & Völker, C. (2018). Thermisch-energetische Gebäudesimulation auf Basis eines Bauwerksinformationsmodells. *Bauphysik, 40*(2), 61–67. https://doi.org/10.1002/bapi.201810008

Center for Higher Education (CHE). (2024). U-Multirank. https://www.che.de/en/ranking-international/. Zugegriffen am 09.10.2024.

Chen, Z., Yitmen, I., Kifokeris, D., & Ammar, A. (2022). Digital twins in the construction industry: A perspective of practitioners and building authority. *Frontiers in Built Environment, 8*. https://doi.org/10.3389/fbuil.2022.834671

Chillón Geck, C., & Nasr, R. (2024). A scalable smart irrigation system based on Internet of Things technologies. In *Proceedings of the 35th Forum Bauinformatik*. Hamburg, Germany, 18/09/2024 (accepted).

Chillón Geck, C., Alsaad, H., Voelker, C., & Smarsly, K. (2024). Personalized low-cost thermal comfort monitoring using IoT technologies. *Indoor Environments, 1*(4), 100048. https://doi.org/10.1016/j.indenv.2024.100048

EAUC. (2024). International Green Gown Awards | Green Gown Awards. https://www.greengownawards.org/international-green-gown-awards. Zugegriffen am 13.09.2024.

Fanger, P. O. (1970). Thermal comfort. Analysis and applications in environmental engineering. *Royal Society of Health Journal, 92*, 244. https://doi.org/10.1177/146642407209200337

Graham, L. T., Parkinson, T., & Schiavon, S. (2021). Lessons learned from 20 years of CBE's occupant surveys. *Buildings & Cities, 2*(1), 166–184. https://doi.org/10.5334/bc.76

Helbig, C., Ueberham, M., Becker, A. M., Marquart, H., & Schlink, U. (2021). Wearable sensors for human environmental exposure in urban set-tings. *Current Pollution Reports, 7*(3), 417–433. https://doi.org/10.1007/s40726-021-00186-4

Herbers, M., Bartels, J.-H., Richter, B., Collin, F., Ulbrich, L., Al-Zuriqat, T., Chillón Geck, C., Naraniecki, H., Hahn, O., Jesse, F., Smarsly, K., & Marx, S. (2024). openLAB – Eine Forschungsbrücke zur Entwicklung eines digitalen Brückenzwillings. *Beton- und Stahlbetonbau, 119*(3), 169–180. https://doi.org/10.1002/best.202300094

Hosamo, M. H., Nielsen, H. K., Svennevig, P. R., & Svidt, K. (2022). Digital Twin of HVAC system (HVACDT) for multiobjective optimization of energy consumption and thermal comfort based on BIM framework with ANN-MOGA. *Advances in Building Energy Research, 17*(2), 125–171. https://doi.org/10.1080/17512549.2022.2136240

ISO 7730. (2005). ISO: 7730: Ergonomics of the thermal environment – analytical determination and Interpretation of thermal comfort using calculation of the PMV and PPD indices and local thermal comfort criteria. International Organization for Standardization, Geneva, Switzerland. https://www.iso.org/standard/39155.html ASIN: B000Y2TGG8

Jayathissa, P., Quintana, M., Abdelrahman, M., & Miller, C. (2020). Humans-as-a-sensor for buildings – Intensive longitudinal indoor comfort models. *Buildings, 10*(10), 174. https://doi.org/10.3390/buildings10100174

Luckey, D., Fritz, H., Legatiuk, D., Dmitrii, L., Dragos, K., Smarsly, K., Toledo Santos, E., & Scheer, S. (2021). Artificial intelligence techniques for smart city applications. In E. Toledo Santos & S. Scheer (Hrsg.), *Proceedings of the 18th International Conference on Computing in civil and building engineering* (S. 3–15). Springer International Publishing. issn:9783030512941.

Martínez, I., Zalba, B., Trillo-Lado, R., Blanco, T., Cambra, D., & Casas, R. (2021). Internet of Things (IoT) as sustainable development goals (SDG) enabling technology towards smart readiness indicators (SRI) for University Buildings. *Sustainability, 13*(14), 7647. https://doi.org/10.3390/su13147647

Mosteiro-Romero, M., Miller, C., Quintana, M., Chong, A., & Stouffs, R. (2023). Leveraging campus-scale Wi-Fi data for activity-based occupant modeling in urban energy applications. *Journal of Physics: Conference Series, 2600*, 132008. https://doi.org/10.1088/1742-6596/2600/13/132008

Naser Eddin, N., Peralta Abadia, P., Al-Nasser, H., & Chillón Geck, C. (2023). A sustainable wireless sensor system for water quality monitoring. In *Proceedings of the 34th Forum Bauinformatik*, Bochum, Germany, 09/06/2023. https://doi.org/10.13154/294-10119

Nicol, F., Humphreys, M., & Roaf, S. (2012). *Adaptive thermal comfort: Principles and practice* (1. Aufl.). Routledge. issn:9780367598242.

OpenJS Foundation. (2023). Node-RED. https://nodered.org. Zugegriffen am 15.07.2022.

Peralta Abadía, J., Walther, C., Osman, A., & Smarsly, K. (2022). A systematic survey of Internet of Things frameworks for smart city applications. *Sustainable Cities and Society, 83*, 103949. https://doi.org/10.1016/j.scs.2022.103949

QS. (2024). QS Quacquarelli Symonds. https://support.qs.com/hc/en-gb. Zugegriffen am 13.09.2024.

Robert Macneel & Associates Rhinoceros 3D. (2024). In www.rhino3d.com. https://www.rhino3d.com/. Zugegriffen am 15.09.2024.

Sanguinetti, A., Pritoni, M., Salmon, K., Meier, A., & Morejohn, J. (2017). Up-scaling participatory thermal sensing: Lessons from an interdisciplinary case study at University of California for improving campus efficiency and comfort. *Energy Research & Social Science, 32*, 44–54. https://doi.org/10.1016/j.erss.2017.05.026

Smarsly, K. (2024). BIM im Betrieb – digitale Transformation für eine nach-haltige Bauindustrie. *Bautechnik, 101*(3), 157–158. https://doi.org/10.1002/bate.202480331

Solano, J. C., Caamaño-Martín, E., Olivieri, L., & Almeida-Galárraga, D. (2021). HVAC systems and thermal comfort in buildings climate control: An experimental case study. *Energy Reports, 7*(3), 269–277. https://doi.org/10.1016/j.egyr.2021.06.045

Stiftung DN e.V. (2023). Deutscher Nachhaltigkeitspreis. In *Deutscher Nachhaltigkeitspreis*. https://www.nachhaltigkeitspreis.de/. Zugegriffen am 13.09.2024.

Tagliabue, L. C. (2021). eLUX: The case study of cognitive building in the smart campus at the University of Brescia. In *BIM-enabled cognitive computing for smart built environment*. CRC Press. issn:9781003017547.

THE. (2024). Impact ranking. In *Times Higher Education (THE)*. https://www.timeshighereducation.com/impactrankings. Zugegriffen am 13.09.2024.

Tomat, V., Ramallo-González, A. P., & Skarmeta Gómez, A. F. (2020). A comprehensive survey about thermal comfort under the IoT paradigm: Is crowdsensing the new horizon? *Sensors, 20*(16), 4647. https://doi.org/10.3390/s20164647

Trombadore, A., Montoni, L., Pierucci, G., & Calcagno, G. (2023). Co-design eco-sustainable and innovative retrofit scenarios in the University Context: The experience of Bexlab. In A. Sayigh (Hrsg.), *Mediterranean architecture and the green-digital transition: Selected papers from the*

World Renewable Energy Congress Med Green Forum 2022. Springer International Publishing. https://doi.org/10.1007/978-3-031-33148-0_50

UI Green Metric. (2023). UI GreenMetric Participants. https://www.google.com/maps/d/viewer?mid=14ugCOy5tuLEcewYazXsKmQ47ClXU41U. Zugegriffen am 13.09.2024.

United Nations. (2021). 2021 Global status report for buildings and construction: Towards a zero-emission, efficient and resilient buildings and construction sector. Nairobi, Kenia. https://globalabc.org/sites/default/files/2021-10/GABC_Buildings-GSR-2021_BOOK.pdf. Zugegriffen am 13.09.2024.

United Nations. (2024). THE 17 GOALS | Sustainable development. https://sdgs.un.org/goals. Zugegriffen am 26.09.2024.

Verstaevel, N., Boes, J., & Gleizes, M.-P. (2017). From smart campus to smart cities: Issues of the smart revolution. In 2nd Workshop on Smart and Sustainable Cities (WSSC 2017) in association with the IEEE Smart World Congress 2017, 07/2017, San Francisco Bay, USA. https://doi.org/10.1109/UIC-ATC.2017.8397400

Yaskevich, V., Tagliabue, L. C., & Kuspangaliev, B. (2022). Smart campus as a core of project-based BIM education in aeco, case study in satbayev university, kazakhstan. In European Council on Computing in Construction 2022, Ixia, Greece, 07/24/2022. https://doi.org/10.35490/EC3.2022.165

Zaballos, A., Briones, A., Massa, A., Centelles, P., & Caballero, V. (2020). A smart campus' digital twin for sustainable comfort monitoring. *Sustainability, 12*(21), 9196. https://doi.org/10.3390/su12219196

Optimierung von Windenergienutzung – Innovative Ansätze durch Maschinenintelligenz

Lara Schmidt

Um die Ausmaße der Klimakrise wirksam zu begrenzen, ist eine Reduzierung des weltweiten CO_2-Ausstoßes unerlässlich. Dafür notwendige Maßnahmen erfordern zur Aufrechterhaltung eines modernen Lebensstandards eine nachhaltige Deckung des weltweiten Energiebedarfs. Hier kommt den erneuerbaren Energien eine zentrale Rolle zu. In Deutschland macht die Stromerzeugung aus Wind den größten Anteil aus. Damit ist sie unverzichtbar für die Förderung einer umweltfreundlichen Energiezukunft.

Durch ein jahrzehntelang aufgebautes Fachwissen in der Windenergie und die rasanten Fortschritte in der Digitalisierung, insbesondere in der Maschinenintelligenz, erlebt die Windenergiebranche derzeit einen progressiven Wandel: Intelligente Anwendungen können in jeder Lebenszyklusphase eines Windparks eingesetzt werden – nicht nur hinsichtlich Effizienzsteigerungen, sondern insbesondere auch im Rahmen nachhaltiger Konzepte.

Im Kontext der hier angedeuteten Potenziale vermittelt der vorliegende Beitrag im Kapitel *Grundlagen im Lebenszyklus von Windparks* Hintergrundwissen zu den einzelnen Lebensphasen von Windparks. Im anschließenden Kapitel *Anwendungspotenziale von Maschinenintelligenz im Lebenszyklus von Windparks* wird beispielhaft aufgezeigt, wie Maschinenintelligenz die Nutzung von Windenergie optimieren kann. Dabei werden innovative Anwendungsmöglichkeiten für die Planung, den Betrieb und das Ende der Lebensdauer eines Windparks vorgestellt. Abschließend wird im Kapitel *Anwendungen von Maschinenintelligenz* aufgezeigt, für welche Fragestellungen und Probleme noch Lösungen zu finden sind. Explizite Beispiele geben darüber hinaus einen Einblick in ein hochrelevantes Forschungsfeld mit nachhaltigem Zukunftspotenzial. Zuerst werden jedoch die beiden treibenden Phänomene Klimakrise und Digitalisierung im Zusammenhang mit der Windenergie aufgegriffen.

L. Schmidt (✉)
Technical University of Denmark, Copenhagen, Dänemark
E-Mail: s250241@dtu.dk

1 Windenergie im Kontext von Klimakrise und Digitalisierung

Angesichts der dringenden Notwendigkeit, den weltweiten Energiebedarf nachhaltig zu decken und damit die Auswirkungen der Klimakrise zu begrenzen, kommt den erneuerbaren Energien eine zentrale Bedeutung zu. Die Windenergie macht bereits heute 31,5 % der gesamten Bruttostromerzeugung in Deutschland aus und stellt damit den mit Abstand größten Anteil der erneuerbaren Energien im Bundesgebiet dar (Destatis, 2025). Bei der Reduzierung des CO_2-Ausstoßes und der Förderung einer umweltfreundlichen Energiezukunft spielt die Nutzung des Windes damit eine Schlüsselrolle.

Ab den frühen 1990er-Jahren begann der kommerzielle Betrieb von Windenergieanlagen in Deutschland, gefördert durch günstige politische Rahmenbedingungen wie das deutsche *Stromeinspeisungsgesetz* von 1991 und das *Erneuerbare-Energien-Gesetz (EEG)* von 2000 (EnBW, 2023). Besonders seit Beginn der 2000er-Jahre hat die Windenergie eine beeindruckende Entwicklung und ein starkes Wachstum erlebt. Nach einem deutlichen Rückgang beim Ausbau von Windenergieanlagen in den Jahren 2018 und 2019 – bedingt durch die Änderung der Förderung und Vergütung im EEG 2017 (BMWK, 2017) – zeigt sich seitdem erneut ein kontinuierlicher Anstieg im Ausbau (Deutsche WindGuard, 2024, S. 3). Dieser erneute Anstieg zur Umsetzung von Projekten trifft nun auf eine zunehmend reifere Technologie als noch zur Jahrtausendwende. Da mittlerweile viele Windenergieanlagen einen vollständigen Lebenszyklus durchlaufen haben, konnten Schwachstellen identifiziert und praktische Erfahrungen in jeder Lebensphase gesammelt werden.

Das umfassende Know-how der letzten drei Jahrzehnte – kombiniert mit den Fortschritten der Digitalisierung und den neuesten Entwicklungen im Bereich der Maschinenintelligenz – bringt viele Innovationen hervor. Die sukzessiven Weiterentwicklungen leiten durch die neu entstehenden Potenziale einen dynamischen Umbruch in der Windenergiebranche ein. So ergeben sich viele interessante Ansätze über alle Phasen des Lebenszyklus von Windparks, die wiederum eine bedeutende Verbesserung der Effizienz von Windenergieanlagen versprechen.

Bereits in Planungsphasen können Anwendungen von Maschinenintelligenz wertvolle Dienste leisten, indem sie zur optimalen Standortfindung und Layout-Optimierung beitragen und Unsicherheiten in Energieertragsprognosen reduzieren. Im Betrieb von Windparks übernehmen auf Maschinenintelligenz basierende Systeme Echtzeitüberwachungen, passen Betriebsstrategien an und können so im Zuge innovativer Konzepte die erzeugte Leistung einer Windenergieanlage maximieren. Auch bei Wartungen haben entsprechende Anwendungen großes Potenzial, da durch vorausschauende Analysen Probleme frühzeitig erkannt und behoben werden. Das senkt die Betriebskosten und verlängert die Lebensdauer von Windenergieanlagen. Schließlich können intelligente Anwendungen auch dazu beitragen, bestehende Anlagen zu optimieren, diese zu ersetzen oder zu recyceln.

Im Kapitel *Grundlagen zum Lebenszyklus von Windparks* werden die hier angedeuteten Phasen nach dem heutigen Stand der Technik aufgegriffen. Die Erläuterungen dienen als Basis, um aufzuzeigen, in welchen Bereichen der Einsatz von Maschinenintelligenz in Windparks zu Verbesserungen führen kann.

2 Grundlagen zum Lebenszyklus von Windparks

Ein Windpark ist eine Ansammlung von Windenergieanlagen, die zur Erzeugung von elektrischer Energie aus Wind genutzt werden. Windparks können an Land (Onshore) oder auf See (Offshore) errichtet werden. Durch stärkere Winde liefern Offshore-Windparks i. d. R. höhere Erträge, während Onshore-Windparks leichter zugänglich und kostengünstiger zu betreiben sind. Im Vergleich zu Windparks an Land ist der Energieertrag von Offshore-Windparks bspw. um etwa 40 % höher (TÜV Süd, 2024). Die technischen Herausforderungen für die Errichtung und den Betrieb von Offshore-Windparks sind jedoch deutlich anspruchsvoller. Einflussfaktoren wie Wassertiefe, hohe Wind- und Wellenbelastungen oder der Salzgehalt von Wasser und die raue Luft erschweren den Bau und den Betrieb (TÜV Süd, 2024).

Der Lebenszyklus eines Windparks beginnt mit der Planung, wie in Abb. 1 grafisch dargestellt. Die Planung wird eingeleitet, indem ein Standort festgelegt und ein Anlagenlayout erstellt wird. Für dieses Layout werden Anlagentypen ausgewählt. Außerdem erfolgen Messungen und Umweltverträglichkeitsprüfungen sowie die Einholung von Genehmigungen. Ziel dieses Prozesses ist die Erstellung eines Energieertragsgutachtens, um die Wirtschaftlichkeit der angedachten Planung zu ermitteln. Sind Umweltverträglichkeit und Wirtschaftlichkeit sichergestellt, folgt die Bau- und Installationsphase, in der die Windenergieanlagen errichtet und an das Stromnetz angeschlossen werden. In der Betriebsphase, die etwa 20 bis 30 Jahre dauert (EnBW, 2023), produziert ein Windpark Strom. Während dieser Zeit sind regelmäßige Wartungen und Inspektionen notwendig, um eine hohe Effizienz zu gewährleisten. Am Ende ihrer Lebensdauer werden Windparks entweder stillgelegt und zurückgebaut oder durch den Austausch der Windenergieanlagen modernisiert. Man spricht dann vom sog. *Repowering* (Martínez et al., 2018, S. 260).

Um Potenziale der Digitalisierung besser einordnen zu können, werden im weiteren Verlauf dieses Kapitels die in Abb. 1 dargestellten Lebensphasen eines Windparks detailliert beschrieben.

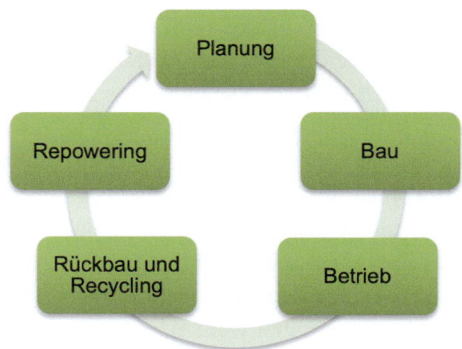

Abb. 1 Lebenszyklus eines Windparks. (Eigene Darstellung, 2024)

Abb. 2 Fünf Stufen der Planung eines Windparks. (Eigene Darstellung nach Clifton et al., 2016, S. 8)

Planung von Windparks

Wie in Abb. 2 dargestellt, kann die Planung eines Windparks in fünf Phasen unterteilt werden.

Standortsuche

Die Suche nach einem passenden Standort ist der erste Schritt bei der Planung von Windparks. Wie geeignet ein Standort für die Errichtung eines Windparks ist, wird über die sog. *Standortgüte* definiert. Die Standortgüte soll die Wirtschaftlichkeit auch für Bereiche mit vergleichsweise niedrigen Windgeschwindigkeiten bis zu einem gewissen Grad sichern. So bekommen Anlagenbetreiber*innen an einem Ort mit niedriger mittlerer Windgeschwindigkeit eine höhere Vergütung pro produzierte Kilowattstunde als Anlagenbetreiber an einem Standort mit hoher mittlerer Windgeschwindigkeit (FGW, 2017, S. 1).

Letztendlich entscheiden Bundesländer und Kommunen in Regional- und Bauleitplänen, wo Onshore-Windparks gebaut werden können. Dabei dürfen diese weder in Naturschutzgebieten noch in Ortschaften, Naherholungsgebieten und Gewerbegebieten installiert werden. In der Regel finden sie sich daher eher auf land- und forstwirtschaftlich genutzten Flächen.

Für Genehmigungen von Windparks an Land sind immissions- und naturschutzrechtliche Gutachten erforderlich (LUBW, 2024). Dazu müssen bereits das Layout eines Windparks sowie die Turbinentypen der einzelnen Windenergieanlagen festgelegt werden. Es sind auch mehrere Planungsvarianten denkbar, um auf Grundlage verschiedener Szenarien, schließlich die wirtschaftlichste Variante auszuwählen. Immissionsschutzrechtliche Gutachten prüfen Schall- und Schattenwurfsbelastung eines Windparks für Anwohner*innen. Während ein zu hoher Schallpegel die Nachtruhe beeinträchtigt, stellen auch die Schattenwürfe der Rotorblätter ein Problem dar. Durch ihre Drehungen erzeugen sie einen ständig wandernden Schatten, der für Menschen sehr störend sein kann. So müssen die Windenergieanlagen oft in schallreduzierten Nachtmodi laufen und zu bestimmten Zeiten abgeschaltet werden, um die maximal erlaubte Dauer des Schattenwurfes nicht zu überschreiten. Zudem stellen Naturschutzgutachten den Schutz der lokalen Flora und Fauna sicher. Unter anderem definieren die Gutachten, wann Windenergieanlagen abzuschalten sind, um bspw. die Nistplätze von geschützten Greifvogelarten und Fledermäusen zu schützen.

Für Offshore-Projekte legt das *Bundesamt für Seeschifffahrt und Hydrografie* im Flächenentwicklungsplan Gebiete für die Errichtung von Windparks in der Nordsee mehr als 22,2 km vor der Küste fest und erteilt erforderliche Genehmigungen (BWE, 2022a). Für küstennahe Projekte sind wiederum die jeweiligen Bundesländer zuständig. Die Genehmigungen erfolgen nach umfangreichen Standortuntersuchungen in den Planungsgebieten bzw. entlang vorhergesehener Kabeltrassen (Ørsted, 2024). Im Rahmen der Standortuntersuchungen werden die Eignung des Meeresbodens sowie die Auswirkungen auf Ökosysteme, Fischerei, Schifffahrt und Militär geprüft (BWE, 2022a). Mit diesen Maßnahmen wird sichergestellt, dass der Ausbau von Windenergieanlagen ökologisch-verantwortungsvoll stattfindet.

Windpotenzialanalyse

Um zu ermitteln, wie viel Energie ein Windpark während des Betriebs produzieren wird, müssen im zweiten Schritt die Windverhältnisse genau bestimmt werden. Dafür stehen in Deutschland für Onshore-Projekte zwei verschiedene Vorgehensweisen zur Verfügung: Wenn es bereits Windparks in der Nähe der Planungsstandorte gibt und deren Windenergieanlagen eine vorgeschriebene Höhe aufweisen, so können die Leistungsdaten dieser Referenzanlagen herangezogen werden. Dieses Verfahren ist v. a. in Norddeutschland gängige Praxis, da dort bereits eine hohe Windparkdichte vorzufinden ist. Wenn sich jedoch kein Windpark in der Nähe des Planungsstandort befindet, dann ist eine Windmessung mithilfe eines *meteorologischen Messmasts*[1] oder eines *LiDAR-Geräts*[2] über ein Jahr am Standort durchzuführen (FGW, 2023, S. 10–11, 14). Diese Methodik wird auch für Offshore-Windparks angewendet.

Sowohl die Mess- als auch die Leistungsdaten vorhandener Referenzanlagen werden mithilfe sogenannter *Reanalyse-Daten* langzeitkorrigiert (FGW, 2023, S. 20–23). Hierbei handelt es sich um Wetterdatensätze, die ein konsistentes Bild des globalen Wetters über lange Zeiträume darstellen. Die Langzeitkorrektur ist notwendig, da es windintensive und weniger windintensive Jahre gibt. Würden also nur Daten über eine kurze Zeitspanne in die Bestimmung der Windverhältnisse einfließen, so würde dies ein verfälschtes Bild der Windverhältnisse widerspiegeln.

---

[1] Meteorologische Messmasten bestimmen in verschiedenen Höhen mit unterschiedlichen Sensoren atmosphärische Größen wie Windgeschwindigkeit, Windrichtung, Luftfeuchtigkeit und Temperatur (DWD, 2024).

[2] LiDAR-Geräte (Light Detection and Ranging) senden Laserstrahlen, die auf kleine Partikel wie Staub oder Wassertröpfchen treffen und reflektiert werden. Aus der Zeit, die das Licht für den Rückweg benötigt, wird die Entfernung gemessen. Außerdem ändert sich die Wellenlänge des Lichts mit der Bewegung der Partikel, was zur Bestimmung von Windgeschwindigkeit und -richtung genutzt wird (Li und Yu, 2017, S. 255).

Insgesamt wird bei Windpotenzialanalysen mithilfe von Referenzanlagen die Energieerzeugung an Referenzstandorten durch Windstatistiken abgeschätzt und mit der tatsächlichen Erzeugung verglichen. Daraufhin wird die Windstatistik entsprechend angepasst. Das Ergebnis ist ein sog. *Windfeldmodell*, das anhand der Leistung bestehender Windenergieanlagen *kalibriert* wurde. Bei der Windmessung hingegen wird ein Windfeld direkt aus den langzeitkorrigierten Messdaten modelliert. Das Windfeldmodell liefert die Grundlage für die Erstellung einer Prognose für den geplanten Windpark (FGW, 2023, S. 25–26).

Energieertragsprognose
In der dritten Stufe der Planung eines Windparks wird aus der Windpotenzialanalyse eine Energieertragsprognose berechnet. Wie viel Energie eine Anlage aus einer gegebenen Windgeschwindigkeit produziert, ist vom Typ einer Anlage abhängig und lässt sich mit der Leistungskurve eines Anlagentyps beschreiben. Diese stellt die Leistung der Windenergieanlage in Abhängigkeit der Windgeschwindigkeit dar. Dabei ist das Verhältnis von Windgeschwindigkeit und Leistung je nach Anlagentyp unterschiedlich. Eine beispielhafte Leistungskurve ist in Abb. 3 dargestellt.

Um die jährlich produzierte Bruttoenergie abzuschätzen, wird die prognostizierte Windgeschwindigkeit für die einzelnen Turbinen im geplanten Windpark mithilfe von Leistungskurven des jeweiligen Anlagentyps in eine jährliche Bruttoenergieproduktion umgerechnet (FGW, 2023, S. 27). Die Bruttoenergie ist demnach die Energiemenge, die eine einzelne Windenergieanlage in einem theoretischen und optimalen Betrieb erzeugen kann. In der Realität gibt es jedoch viele Faktoren, die eine optimale Energieproduktion reduzieren. So stehen bspw. Windenergieanlagen in einem Windpark nicht isoliert voneinander: Wird die Rotorfläche einer Windturbine frei vom Wind angeströmt, drehen sich die Rotorblätter und der Wind wird aufgewirbelt. Der Wind verliert dabei Energie und wird turbulenter. Das bedeutet, dass Anlagen, die sich hinter frei angeströmten Windenergieanlagen befinden, *abgeschattet* werden und damit weniger Energie produzieren. Man spricht hier von dem sogenannten *Wake-Effekt* (Sun et al., 2020, S. 1).

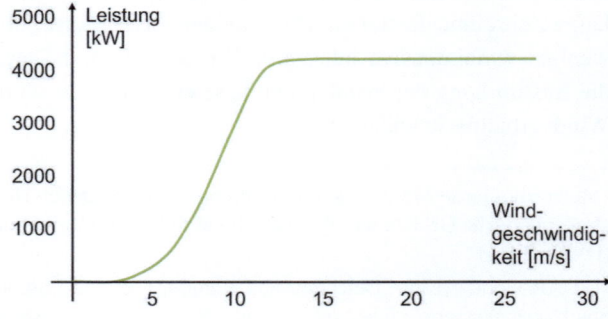

Abb. 3 Qualitative Darstellung einer Leistungskurve von Windenergieanlagen. (Eigene Darstellung)

Um diesen Effekt zu begrenzen, ist ein gutes Parklayout überaus wichtig, damit möglichst viele Turbinen auf wenig Fläche effizient betreiben zu können. Des Weiteren müssen, wie bereits zu Anfang dieses Kapitels erläutert, die einzelnen Windenergieanlagen zum Schutz von Anwohner*innen und Tieren je nach Gegebenheiten zu bestimmten Zeiten abgeschaltet werden oder in einem schallreduzierten Modus laufen. Außerdem kann es zu Verlusten durch eingeschränkte Verfügbarkeiten der Windenergieanlagen durch Wartung, Fehler oder Reparatur kommen. Auch elektrische Verluste oder eine eingeschränkte Turbinenleistung können zu einer Reduktion der produzierten Energie führen. Letztendlich gibt die Nettoenergieertragsprognose den tatsächlich zu erwartenden Energieertrag von Windparks an (FGW, 2023, S. 27–33).

Unsicherheitsanalyse

Die zuvor beschriebene Energieabschätzung beinhaltet Annahmen und Unsicherheiten, die in einer abschließenden Unsicherheitsanalyse bewertet werden müssen (FGW, 2023, S. 34–45). In die Bruttoenergieertragsprognose fließen sowohl die Unsicherheiten der vorangegangenen Windfeldmodellierung und der allgemeinen Windvariabilität, als auch die Unsicherheiten der Turbinenleistungen ein. Bei der Verwendung von Referenzanlagen für eine Windfeldmodellierung ist zudem die Verfügbarkeit und Qualität der Daten relevant. Dabei sind Parameter wie die Entfernung der Referenzanlagen zum Standort, die Vergleichbarkeit der Nabenhöhen[3] und die zeitliche Auflösung der Daten von entscheidender Bedeutung. Bei Messungen vor Ort treten wiederum Messunsicherheiten auf. Die Nettoenergieertragsprognose berücksichtigt diese Unsicherheiten und darüber hinaus auch die Unsicherheiten der Anlagenverluste.

Im späteren Betrieb kann es trotz Unsicherheitsanalysen vorkommen, dass die tatsächliche Energieproduktion von der berechneten Nettoenergieproduktion abweicht. Solche *Prognosefehler* sind meist auf Fehler im Modell zurückzuführen. Hier ist es wichtig zu betonen, dass solche Fehler nicht zwangsläufig auf menschliches Versagen zurückzuführen sind, sondern vielmehr darauf, dass Modelle naturgemäß gewisse Unvollkommenheiten aufweisen. Um diese Unvollkommenheiten zu minimieren und damit die Modelle zu optimieren, spielt hier neben *Big Data*, also der Anhäufung großer Datenmengen, die Maschinenintelligenz eine wichtige Rolle. Durch die Auswertung großer und vielfältiger Datenmengen mit intelligenten Algorithmen können robustere und genauere Modelle entwickelt werden. Dies ist besonders wichtig, um Windparks sowohl ökonomisch als auch ökologisch optimal zu planen. Kap. 3 Anwendungspotenziale von Maschinenintelligenz im Lebenszyklus von Windparks greift diesbezüglich Potenziale intelligenter Konzepte für Windenergieanlagen auf.

---

[3] Unter einer Nabenhöhe versteht man die Höhe, in der sich der Rotor einer Windenergieanlage befindet.

Investitionsentscheidung

Liegen alle erforderlichen Genehmigungen vor und bestätigt das bereits zuvor erwähnte Energieertragsgutachten unter Berücksichtigung der Unsicherheitsanalyse eine ausreichende Energieproduktion, ist die Wirtschaftlichkeit eines Windparks als wahrscheinlich einzuschätzen. In diesem Fall kann eine positive Investitionsentscheidung für den Bau getroffen werden. Es ist wichtig zu erwähnen, dass die zuvor beschriebenen Planungsschritte auch iterativ durchgeführt werden können. So kann zur Verbesserung der Wirtschaftlichkeit bspw. nach Erhalt des Energieertragsgutachtens das Parklayout angepasst und Anlagentypen ausgetauscht werden, um anschließend die Berechnungen mit dem neuen Windpark-Design in einem Nachtrag zu beauftragen. Häufig wird das Energieertragsgutachten bereits mit verschiedenen Planungsvarianten angefordert, um später die wirtschaftlichste Variante auszuwählen.

Der Bau von Windparks

Der Bau von Onshore-Windparks beginnt mit einer umfangreichen Vorbereitung des gewählten Geländes. Zunächst wird die notwendige Infrastruktur geschaffen: Zufahrtswege für den Transport großer Bauteile werden angelegt, Stellflächen errichtet und Stromkabel verlegt (Wien Energie, 2024). Auf Stahlbetonfundamenten werden dann die eigentlichen Windenergieanlagen errichtet. Der Turm eines Windrads, der aus mehreren Stahlsegmenten besteht, wird Stück für Stück zusammengesetzt. Danach folgt die Montage der sog. *Gondel*, in der sich Generator, Getriebe und Steuereinheiten befinden. Schließlich werden die Blätter, die in der Regel aus Faserverbundwerkstoffen bestehen, am Rotor befestigt, der wiederum mit der Gondel verbunden wird. Der Rotor übersetzt die Energie des Windes in Rotationsenergie, die im Generator in elektrische Energie umgewandelt und über das Stromnetz weitergeleitet wird (EnBW, 2023).

Im Gegensatz zu Onshore-Windparks sind Offshore-Windparks wesentlich aufwendiger zu errichten. Hier müssen zunächst spezielle Fundamente wie *Monopiles* (Stahlpfähle) oder sog. *Jacket-Fundamente* (Gitterstrukturen aus Stahl) im Meeresboden verankert werden, was i. d. R. durch den Einsatz von Installationsschiffen geschieht (Ørsted, 2024). Die weiteren Komponenten der Windenergieanlagen werden ebenfalls mithilfe von Schiffen auf Fundamenten errichten. Damit die Errichtung von Windparks auf dem Meer sicher erfolgen kann, müssen stets geeignete Wetterbedingungen vorliegen. Der Anschluss an das Stromnetz erfolgt schließlich über Seekabel, die auf dem Meeresboden verlegt werden (Ørsted, 2024).

Windparks im Betrieb

Nach der Planung, dem Bau und dem Anschluss eines Windparks an das Stromnetz wird *grüne* Energie produziert. Der Betrieb ist dabei durch die ständig wechselnden Witterungsbedingungen, insbesondere bei Offshore-Varianten, sehr anspruchsvoll. Aus diesem Grund ist eine gute Wartung und Instandhaltung zur Sicherstellung der Produktionsfähigkeit und damit auch zur Werterhaltung der Anlage von besonderer Bedeutung (BWE, 2022b).

Um einen effizienten Betrieb sicherzustellen, umfasst die Betriebsführung sowohl wirtschaftliche als auch technische Aufgaben. Die wirtschaftlichen Aspekte beinhalten dabei die Kommunikation und Verhandlung mit Hersteller*innen, Service- und Wartungsunternehmen sowie Behörden, Versicherungen und Eigentümer*innen (BWE, 2022b). Die Koordination von Wartungsarbeiten, die Fernüberwachung der Anlagen und regelmäßige Inspektionen gehören hingegen zu den technischen Aufgaben der Betriebsführung. Da moderne Windenergieanlagen weitgehend automatisiert sind, erleichtert dies Überwachungs- und Steuerungsprozesse. Ein Eingreifen von Hersteller*innen oder Betreiber*innen ist meist nur bei Störungen notwendig. Zur Fernüberwachung von Anlagen wird häufig das sogenannte *SCADA-System (System Control And Data Acquisition)* eingesetzt, welches kontinuierlich Betriebsdaten wie Statusmeldungen (Anlagenzustand und Fehler), Drehzahl, Leistung, Windgeschwindigkeit und Windrichtung erfasst. Die aufgezeichneten Daten werden im System gespeichert, sodass sie jederzeit für Betreiber*innen online abrufbar sind (BWE, 2022b). Eine besondere Herausforderung stellt die Überwachung von Offshore-Windparks dar. Diese sind aufgrund ihrer abgelegenen Lage und der rauen Umweltbedingungen nur schwer zugänglich. Hier sind zuverlässige Fernüberwachungssysteme unerlässlich, um einen qualitativ hochwertigen Betrieb sicherzustellen.

Neben der Überwachung einer Windenergieanlage selbst, ist die Einspeisung der erzeugten Energie in ein Stromnetz, die sog. *Netzanbindung*, von großer Bedeutung. Um zu einer stabilen und sicheren Stromversorgung im Sinne der Versorgungssicherheit einer Gesellschaft beizutragen, werden Windenergieanlagen so ausgelegt, dass sie möglichst gleichmäßig Energie einspeisen, wobei nicht die maximale Leistung, sondern der optimale Energieertrag im Vordergrund steht (BWE, 2022c). Durch den stetigen Ausbau von Windenergieanlagen wird zwar immer mehr Strom in die vorhandenen Netze eingespeist, doch bereits heute stoßen viele Höchstspannungsnetze an ihre Kapazitätsgrenzen. In diesen Fällen greift das sog. *Einspeisemanagement*, das im EEG geregelt ist (Tennet, 2024). Dieses Management zielt darauf ab, die Einspeisung von Energie in das Stromnetz zu verringern, um kritische Netzengpässe zu verhindern. Das EEG erlaubt es Netzbetreiber*innen, Windenergieanlagen, die mit einer Einrichtung zur ferngesteuerten Leistungsreduzierung ausgestattet sind, die Stromproduktion bei Netzengpässen zu drosseln. Zunächst werden jedoch alle geeigneten Netzmaßnahmen und Eingriffe in konventionellen Kraftwerke durchgeführt, bevor ein Engpass durch eine Leistungsreduzierung der erneuerbaren Energien behoben wird (Tennet, 2024).

Wie an den hier skizzierten Prozessen zu erkennen ist, stellt sich der Betrieb eines Windparks insgesamt als sehr ressourcenintensiv dar. Insbesondere die hohen Anforderungen an Wartung und Instandhaltung, aber auch die kontinuierliche Überwachung der SCADA-Daten zur Optimierung der Anlagenleistung stellen einen hohen zeitlichen und finanziellen Aufwand dar. Werden entsprechende Überwachungen jedoch vernachlässigt, besteht die Gefahr, dass die Produktivität einer Anlage sinkt. Zudem stellt die schwankende Windverfügbarkeit und die damit einhergehende instabile Energieproduktion, Stromnetze vor besondere Herausforderungen.

Laufzeitverlängerung, Rückbau und Repowering von Windparks

Windenergieanlagen haben in der Regel eine Betriebserlaubnis für 20 Jahre. Viele von ihnen sind jedoch technisch in der Lage, über diesen Zeitraum hinaus Strom zu erzeugen. Für den Weiterbetrieb wird allerdings eine gesonderte Betriebsgenehmigung benötigt. Dazu müssen die jeweiligen Betreiber*innen Nachweise über den tatsächlichen Zustand der Windenergieanlage vorlegen, aus denen sich eine Prognose über die Restlebensdauer der Anlagen ergibt und die Laufzeit des Windparks verlängert werden kann (Fraunhofer IWES, 2023). Somit liegt die Betriebsphase – wie bereits zuvor erwähnt – typischerweise eher zwischen 20 und 30 Jahren.

Ist das Ende der Lebensdauer eines Windparks erreicht, erfolgt der Rückbau der Anlagen. Entweder werden Windparks stillgelegt oder neue Anlagen im Rahmen des bereits erwähnten Repowerings installiert (siehe Abb. 1). Der Ersatz alter Windenergieanlagen durch moderne, leistungsstärkere Modelle steigert die Effizienz und den Stromertrag. Da neue Flächen für Windenergie-Projekte knapp sind und Genehmigungsverfahren oft sehr lange dauern, gewinnt das Repowering zunehmend an Bedeutung – insbesondere auch, um die ambitionierten Ausbauziele der Bundesregierung für Onshore-Windenergie in Deutschland zu erreichen (Bundesregierung, 2023). Durch Repowering kann mit einer geringeren Anzahl von Windenergieanlagen der Stromertrag verdreifacht oder sogar vervierfacht werden (EnBW, 2021a). So ist es auch möglich Windenergieanlagen bereits vor ihrem Laufzeitende auszutauschen, um die Energieproduktion und somit auch die Wirtschaftlichkeit zu erhöhen. Die Planung für Repowering-Projekte ist dennoch ähnlich aufwendig wie für Neuplanungen, da i. d. R. Gutachten abermals beauftragt werden müssen. Der große Vorteil ist hier jedoch, dass bei guter Betriebsführung eines alten Windparks eine umfangreiche Datenbasis für die Energieertragsprognose vorliegt und somit Planungsunsicherheiten reduziert werden. So können auch die für ein Repowering erforderlichen Gutachten kürzere Bearbeitungszeiten haben. Da viele Altanlagen jedoch außerhalb der Zonen liegen, in denen Windparks aktuell errichtet werden dürfen, ist ein Repowering am Standort der Altanlagen teilweise nicht möglich.

Abgebaute und stillgelegte Windenergieanlagen sind im Sinne der Nachhaltigkeit idealerweise vollständig zu recyceln. Derzeit können die metallhaltigen Anlagenteile, die gesamte Elektrik sowie die Metallteile des Turms wiederverwendet werden. Stahl und Kupfer lassen sich in der Regel als Rohstoffe verkaufen und finden in anderen Bauwerken Verwendung. Beton und Fundamentteile werden zwar nicht für neue Anlagen wiederverwendet, aber zumindest zerkleinert und ggf. im Straßenbau als Auffüllmaterial eingesetzt (EnBW, 2021b). Eine besondere Herausforderung stellt das Recycling von Rotorblättern dar, da diese aus Faserverbundwerkstoffen bestehen, die bisher nur aufwendig in ihre einzelnen Baustoffe zerlegbar sind. Aber auch hier arbeiten Hersteller*innen an Lösungen: So stellte bspw. das Unternehmen *Siemens Gamesa* mit dem Projekt *RecycleableBlade* die weltweit ersten vollständig recycelbaren Rotorblätter vor. Ab 2021 kamen bereits die ersten Blätter zum Einsatz (Siemens Gamesa, 2021). Das dänische Unternehmen *Vestas* wiederum forscht an Möglichkeiten, bestehende Rotorblätter als Rohstoffquelle für neue Turbinenblätter zu nutzen (Vestas, 2023). Diese innovativen Ansätze leisten einen wertvollen Beitrag zu einer nachhaltigen Kreislaufwirtschaft. Durch Repowering und die Wiederverwertung von Materialien kann der Lebenszyklus von Windparks nach ihrem Nutzungsende von neuem beginnen.

3 Anwendungspotenziale von Maschinenintelligenz im Lebenszyklus von Windparks

In Kap. 2 Grundlagen zum Lebenszyklus von Windparks wurde ein umfassender Überblick über die verschiedenen Phasen im Lebenszyklus von Windparks gegeben. Darauf aufbauend konzentriert sich der nachfolgende Text auf nachhaltige Optimierungspotenziale infolge Maschinenintelligenz. Es werden sowohl die Planungs- und Betriebsphasen als auch die Möglichkeiten von Lebensdauerverlängerungen sowie des Repowerings herangezogen.

Grundlagen von Maschinenintelligenz

Maschinenintelligenz, oft auch als Künstliche Intelligenz (KI) bezeichnet, beschreibt die Fähigkeit von Computersystemen, große Datenmengen mit Methoden symbolischer KI oder des maschinellen Lernens zu verarbeiten (Heitzinger & Woltran, 2024, S. 135). Die sog. symbolische KI arbeitet dabei regelbasiert, d. h. sie nutzt explizit definierte logische Strukturen, um Entscheidungen zu treffen. Sie ist auf detaillierte, manuell formulierte Regeln und vordefinierte Wissensdatenbanken angewiesen, die i. d. R. von Expert*innen erstellt werden (Heitzinger & Woltran, 2024, S. 136–139). Maschinelles Lernen, dass der KI zugeordnet wird, bezeichnet hingegen Algorithmen, die in der Lage sind, aus Daten zu lernen und sich selbstständig zu verbessern, ohne dass sie explizit programmiert werden müssen (Heitzinger & Woltran, 2024, S. 139). Übergeordnet werden drei Kategorien unterschieden, von denen eine auch besonders für Windparks von großer Bedeutung ist.

Zum besseren Verständnis einer nachhaltig ausgerichteten Nutzung von Maschinenintelligenz bei Windenergieanlagen sind alle drei Kategorien nachfolgend kurz beschrieben.

Beim *überwachten Lernen (Supervised Learning)* entwickeln Algorithmen unter Aufsicht die passende Methode, um für bestimmte Eingabewerte die korrekten Ausgabewerte zu ermitteln. Dies erfolgt anhand von Trainingsdatensätzen, für die der gewünschte Ausgabewert bereits vorgegeben ist. Die trainierten Algorithmen sollen somit neue Daten richtig klassifizieren oder vorhersagen (Heitzinger & Woltran, 2024, S. 140–142). Ein Beispiel für überwachtes Lernen ist die Bilderkennung, bei der Algorithmen darauf trainiert werden, Bilder verschiedener Objekte, bspw. von Vögeln, präzise zu klassifizieren. Die Trainingsdaten setzen sich aus Bildern unterschiedlicher Vogelarten zusammen, die jeweils mit dem korrekten Artnamen gekennzeichnet sind. Auf dieser Grundlage lernen die Algorithmen, neue Vogelbilder zuverlässig zu identifizieren. Im weiteren Verlauf dieses Kapitels wird am Anwendungsbeispiel von *IdentiFlight* aufgezeigt, welchen Beitrag die Vogelerkennung zum Tierschutz in Windparks leisten kann.

Im Gegensatz dazu gibt es beim *unüberwachten Lernen (Unsupervised Learning)* keine Zielvorgaben in den Trainingsdatensätzen. Eine Lernaufgabe besteht darin, ohne vorherige Festlegungen spezifische Muster in meist ungeordneten Daten zu finden. Algorithmen können Datensätze nach ihren Merkmalen in Klassen einteilen, Beziehungen zwischen Daten erkennen und ggf. Anomalien aufdecken (Heitzinger & Woltran, 2024, S. 142). Unüberwachtes Lernen eignet sich daher besonders zur Fehlererkennung in technischen Anlagen. Durch die Auswertung von Sensordaten von Maschinen können u. a. ungewöhnliche Muster erkannt werden, die bspw. auf einen möglichen Defekt hindeuten. Die Algorithmen lernen selbst, was *normal* ist und markieren Abweichungen als Fehler.

Die dritte Kategorie des maschinellen Lernens ist das *Verstärkungslernen (Reinforcement Learning)*. Beim Verstärkungslernen erhalten Algorithmen Rückmeldung über ihre Endergebnisse. Sie werden gezielt auf gewünschte Resultate trainiert (Heitzinger & Woltran, 2024, S. 142). Beispielsweise lernen Chatbots, wie *ChatGPT*, durch das Feedback von Nutzer*innen, nach und nach hilfreichere Antworten zu geben.

Von den drei skizzierten Kategorien des maschinellen Lernprozesses, ist es insbesondere das unüberwachte Lernen, das für Windenergieanlagen von Bedeutung ist. Im Kontext von Windparks können intelligente Algorithmen bspw. kontinuierlich Daten aus verschiedenen Quellen wie Wetterstationen, Sensordaten oder historischen Betriebsdaten sammeln. Unüberwachte Algorithmen des maschinellen Lernens analysieren somit viele verschiedene Daten, um explizit Muster zu erkennen, notwendige Vorhersagen zu treffen oder Modelle kontinuierlich anzupassen. Mithilfe von Maschinenintelligenz wird so eine dynamische Reaktion auf sich ändernde Bedingungen ermöglicht, um u. a. die Leistungsfähigkeit von bestehenden Windparks zu optimieren.

Problematisch ist jedoch, dass im Gegensatz zur symbolischen KI, deren Entscheidungsprozesse i. d. R. transparent und nachvollziehbar sind, beim maschinellen Lernen das Phänomen der *Black-Box* auftreten kann (Hassija et al., 2024, S. 47). Mit undurchsichtigen Abläufen geht die Gefahr einher, dass interne Prozesse, die zu einem bestimmten Ergebnis führen, für Menschen nicht mehr nachvollziehbar sind (Hassija et al., 2024, S. 47). Auch wenn in diesem Bereich noch sehr viel Forschungsarbeit zu leisten ist, sind Potenziale durch Maschinenintelligenz für Windparks bereits vorhanden.

Maschinenintelligenz in Planungsphasen von Windparks

Aufbauend auf den dargestellten Grundlagen werden in diesem Abschnitt verschiedene Anwendungsbeispiele vorgestellt, um zu veranschaulichen, wie Maschinenintelligenz zu einer effizienten und präzisen Planung von Windenergieprojekten beitragen kann. Es werden Ansätze zur Optimierung von Standortsuchen, Windpotenzialanalysen sowie von Energieertragsprognosen aufgezeigt. Neben dem Fokus auf nachhaltigen Ansätzen werden auch wirtschaftliche Prozesse thematisiert.

Effizientere Standortsuche mit *WindGISKI*

Wie in Abschn. *Planung von Windparks* dargestellt, ist der erste Schritt bei der Planung eines Onshore-Windparks die Suche nach einem geeigneten Standort. Obwohl Bebauungspläne in der Theorie vorgeben, wo Windparks prinzipiell gebaut werden dürften, gibt es zentrale Faktoren, die den Bau von Windparks verhindern können, z. B. eine zu niedrige mittlere Windgeschwindigkeit, die Akzeptanz bei Anwohner*innen, ein nicht vorhandene bzw. überbeanspruchtes Stromnetz oder der Naturschutz. Diese Aspekte können Planungsprozesse nicht nur erschweren, sondern auch ressourcenintensiv machen.

Um Standortsuchen also zu erleichtern, wurde das Forschungsprojekt *WindGISKI* ins Leben gerufen (Piel et al., 2022, S. 64–65). WindGISKI ist ein auf Maschinenintelligenz basierendes Geoinformationssystem, das die Erfolgsaussichten von Windenergie-Projekten vorhersagen soll. Ziel dieses Projekts ist die Entwicklung eines Geoinformationssystems, das automatisiert die aussichtsreichsten Standorte für den Ausbau der Windenergie in Deutschland berechnet. Dabei werden nicht nur geografische, ökologische und ökonomische Faktoren, wie z. B. der Abstand zu Siedlungen oder die lokale Windstärke, sondern erstmals auch umfangreiche demografische und soziologische Aspekte in Standortbewertungen mit einbezogen. Zu den zentralen Aspekten gehören u. a. die politische Orientierung in einer Region, das Durchschnittsalter von Anwohner*innen, der Bildungsgrad und vieles mehr (Piel et al., 2022, S. 64–65). Auch die Anzahl der bereits bestehenden Windenergieanlagen wird berücksichtigt. Maschinenintelligenz wird hier nicht nur verwendet, um komplexe Zusammenhänge zu erkennen, auch werden Prognosen zur Realisierbarkeit von Projekten abgegeben. Algorithmen analysieren Daten aus bestehenden Projekten und simulieren neue Potenzialflächen. Dies kann helfen, geeignete Flächen zu identifizieren und die Hürden für den Windenergie-Ausbau zu reduzieren (Piel et al., 2022, S. 64–65).

Optimierung von Windpark-Layouts

Wurde ein Planungsstandort gefunden, so muss das Layout eines Windparks erstellt werden. Da sich Windenergieanlagen durch den zuvor beschriebenen Wake-Effekt gegenseitig negativ auf die Energieproduktion auswirken, ist die Positionierung einzelner Anlagen überaus relevant für die spätere Energieproduktion. Auch hier gibt es Ansätze, wie mithilfe von Maschinenintelligenz ein optimales Windparkdesign gefunden werden kann. Um umweltfreundliche und wirtschaftliche Windpark-Layouts zu bestimmen haben Forscher*innen des *National Renewable Energy Laboratory* (NREL) der US-Energiebehörde ein auf Maschinenintelligenz gestütztes Modell entwickelt, das sogenannte *Wind Plant Graph Neural Network* (WPGNN) (Harrison-Atlas et al., 2024, S. 735–738). Das WPGNN wurde mit Daten aus über 250.000 Simulationen zufällig generierter Windpark-Layouts unter verschiedenen atmosphärischen Bedingungen trainiert. Das entstandene Modell ermöglicht es, ideale Positionierungen der Windenergieanlagen und Betriebsstrategien zu berechnen, um so eine Reduzierung des Flächenbedarfs und die Erhöhung des Energieertrags zu ermöglichen. Ein Schwerpunkt der Forschung war die Strategie des *Wake Steerings*. Dabei wird die Energieproduktion optimiert, indem Turbulenzen, die von einer Windenergieanlage erzeugt werden, strategisch gelenkt werden, um nachfolgende Turbinen vor dem Wake-Effekt zu schonen (Harrison-Atlas et al., 2024, S. 735–738). Im Jahr 2019 stellte auch das zuvor bereits erwähnte Unternehmen *Siemens Gamesa* das Feature *Wake Adapt* vor, welches Wake Steering nutzt, um die jährliche Energieproduktion, um bis zu 1 % zu erhöhen (Siemens Gamesa, 2019). Zunächst mag diese Steigerung gering erscheinen, aber angesichts der enormen Kapazitäten moderner Offshore-Windparks besteht das Potenzial, den Energiebedarf von hunderten zusätzlichen Haushalten zu decken. Die Nachrüstung entsprechender Funktionen ist auch in bestehenden Windparks möglich. Weiterführend ermöglicht WPGNN eine umfassende Untersuchung auf nationaler Ebene. Dabei zeigte sich, dass die Berücksichtigung des Wake Steerings die Flächenanforderungen für zukünftige Windenergieanlagen im Durchschnitt um 18 % und in einigen Fällen sogar um bis zu 60 % reduzieren kann (Harrison-Atlas et al., 2024, S. 735–738). Insgesamt wird deutlich, dass Maschinenintelligenz die Planung eines Windpark-Layouts und die Effizienz von Windenergieanlagen erheblich verbessern kann, indem mit dieser Methode eine detaillierte Analyse der Flächenoptimierung ermöglicht und der Flächenbedarf reduziert wird.

Berücksichtigung der Klimakrise in Windpotenzialanalysen:
Destination Earth

Ist ein Standort mit passendem Layout festgelegt, folgt die Erstellung des Energieertragsgutachtens, um die Wirtschaftlichkeit der Planung festzustellen. Der erste Schritt innerhalb eines solchen Gutachtens ist die Durchführung einer Windpotenzialanalyse. Wie im Abschn. *Planung von Windparks* erläutert, werden hierfür Winddaten aus Windmessungen oder Referenzanlagen sowie aus Windstatistiken genutzt, um ein Windfeld zu modellieren. Dieses wird anschließend zur Prognose der zukünftigen Windbedingungen am Planungsstandort genutzt. Hierbei ist jedoch anzumerken, dass bei diesen Vorgängen stets von

Winddaten aus der Vergangenheit auf zukünftige Windgegebenheiten geschlossen wird und die Klimakrise keine Berücksichtigung findet. Da die Auswirkungen der Klimakrise in den kommenden Jahrzehnten jedoch einen maßgeblichen Einfluss haben werden, ist es von großer Relevanz dies in zukünftigen Planungen zu berücksichtigen. Dabei ist jedoch die Vielschichtigkeit der Klimakrise zu beachten, die von zahlreichen Faktoren beeinflusst wird und dazu führt, dass Prognosen variabel ausfallen und je nach Interpretation und Zukunftsszenario unterschiedlich sind. Diese Komplexität erschwert es, eine einheitliche Datenbasis zu schaffen.

Diesem Problem hat sich die Initiative *Destination Earth*[4] angenommen. Destination Earth ist ein Forschungsprogramm der *Europäischen Kommission* zur Entwicklung eines digitalen Zwillings[5] der Erde (Geenen et al., 2024, S. 100–102). Mithilfe des virtuellen Modells soll die präzise Überwachung und Vorhersage von Umweltveränderungen möglich werden.

Teil der Initiative von Destination Earth ist der *Climate Change Adaptation Digital Twin (Climate DT)*. Dieser digitale Zwilling stellt einen bedeutenden Ansatz bei der Bereitstellung von Klimainformationen dar. Das dem Climate DT zugrunde liegende Modell nutzt die neuesten wissenschaftlichen und technologischen Entwicklungen, um mehrjährige Klimaprognosen zu erstellen. Mithilfe dieser Informationen bietet das Projekt regelmäßig aktualisierte, global konsistente Informationen zu Erdsystemen bzw. Sektoren mit einer Auflösung von wenigen Kilometern. Die Projektionen des Climate DT, die von globalen bis lokalen Maßstäben reichen und mehrere Jahrzehnte in die Zukunft blicken, könnten eine wertvolle Datenbasis darstellen, um Veränderungen durch den Klimawandel in Windfeldmodelle miteinfließen zu lassen (Destination Earth, 2024a).

Genauere Energieertragsprognosen durch die Integration weiterer atmosphärischer Parameter

Für die Berechnung von Energieerträgen werden prognostizierte Windgeschwindigkeiten für jede einzelne Windenergieanlage eines geplanten Windparks anhand der Leistungskurven des jeweiligen Anlagentyps in einen jährlichen Bruttoenergieertrag umgerechnet. Hierbei wird, wie bereits im Abschn. *Energieertragsprognose* dargelegt, ausschließlich die Windgeschwindigkeit als Parameter für die Berechnung der Energieproduktion herangezogen. Forschungsergebnisse zeigen jedoch, dass die Integration atmosphärischer Parameter, wie Windscherung, Turbulenzintensität und Temperaturgradient die Genauigkeit von Energieertragsprognosen signifikant verbessern kann. Mithilfe von maschinellem Lernen wird in diesem Zusammenhang ein Modell trainiert, das diese atmosphärischen Parameter in die Prognose einbezieht (Sasser et al., 2022,

---

[4] Das Projekt *Destination Earth* wird auch im Beitrag von Elisa Bieber zu Luftreinhaltungsmaßnahmen in Großstädten aufgegriffen.

[5] Ein digitaler Zwilling ist ein virtuelles Modell, das ein reales Objekt oder System abbildet und über den Austausch von Daten mit diesem verbunden ist (Baierl & Stiebitz, 2022, S. 293–294).

S. 491–493, 499–500). Die höhere Genauigkeit der Energieertragsprognosen steigert somit die Attraktivität von Investitionen in Windparks durch die Verringerung von Unsicherheiten und kann zu einer Verbesserung der Planung im Hinblick auf die Versorgungssicherheit führen.

Maschinenintelligenz während der Laufzeit von Windparks

Im Kap. *Grundlagen zum Lebenszyklus von Windparks* wurden die technischen Herausforderungen im Betrieb von Windparks bereits ausführlich erläutert. Aufbauend darauf werden in diesem Abschnitt Ansätze präsentiert, die diese Herausforderungen mithilfe von Maschinenintelligenz erfolgreich bewältigen können.

Digitale Zwillinge von Windenergieanlagen

Die Fernüberwachung von Windparks ist eine zentrale, aber zeitintensive Aufgabe im Zuge einer Betriebsführung. Ein vielversprechender Ansatz zur Steigerung der Effizienz und Zuverlässigkeit von Überwachungssystemen ist – ähnlich wie beim Projekt *Destination Earth* – die Erstellung digitaler Zwillinge der Windenergieanlagen (Xia & Zou 2023, S. 1–2, 7–13). Digitale Abbilder ermöglichen eine detaillierte Echtzeit-Überwachung und Simulation des Betriebsverhaltens von Anlagen, sodass potenzielle Störungen frühzeitig erkannt und Wartungsmaßnahmen präziser geplant werden können. Die Entwicklung eines Modells erfolgt dabei in fünf Schritten, wie in Abb. 4 dargestellt.

Zuerst werden Daten des physischen Systems, also der realen Windenergieanlage, über deren Überwachungssystem (z. B. Sensoren und Steuerungen) erfasst. Dies ist über das SCADA-System der Anlage möglich. Big-Data-Technologien ermöglichen es hier, die großen gespeicherten Datenmengen effizient zu verarbeiten und auszuwerten (Wu et al., 2017, S. 3, 15–16). Deswegen werden Big-Data-Ansätze in modernen SCADA-Lösungen bereits integriert. Mithilfe ausgewählter Daten werden digitale Zwillinge modelliert (siehe

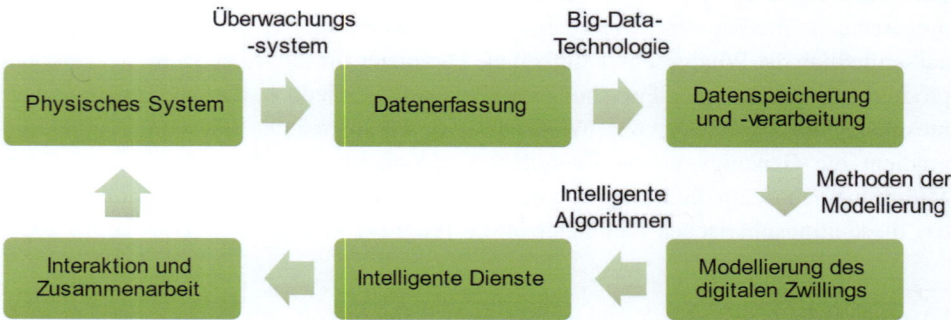

Abb. 4 Übersicht des Prozesses zur Erstellung eines digitalen Zwillings. (Eigene Darstellung nach Xia & Zou 2023, S. 9)

Abb. 4). Dabei kommen verschiedene Modellierungsmethoden zum Einsatz, um sowohl die Struktur einer Anlage, den Energieertrag, die Umweltbedingungen als auch den Betrieb einzelner technischer Bauteile, wie zum Beispiel den Generator, präzise abbilden zu können. Die intelligenten Algorithmen des Modells lernen aus der Analyse komplexer Datensätze. So können bspw. Muster und Zusammenhänge erkannt werden. Auf diese Weise sind intelligente Systeme in der Lage präzise Vorhersagen zu treffen, frühzeitig Fehler und Störungen zu identifizieren und optimale Entscheidungen für Wartungs- und Serviceaufgaben am physischen System zu unterstützen (Xia & Zou 2023, S. 1–2, 7–13).

Das hier angedeutete Forschungsgebiet für digitale Zwillinge von Windenergieanlagen ist groß. Erste Ideen konnten bereits umgesetzt werden. So stellen bspw. Haghshenas et al. (2023) in ihrem Artikel *Predictive digital twin for offshore wind farms* das Konzept eines prädiktiven digitalen Zwillings für den Betrieb und die Wartung von Windparks vor. Hierzu wurde eine digitale Zwillingsplattform entwickelt, die eine Visualisierung von Windparks ermöglicht, siehe Abb. 5. Konkret dient die Open-Access-Plattform dazu, vorhersagende Informationen über mögliche Fehlfunktionen von Windturbinenteilen bereitzustellen (Haghshenas et al., 2023, S. 1–3, 21). In Abb. 5 wird gezeigt, wie der Zustand von Windenergieanlagen überwacht werden kann. Wenn festgelegte Grenzwerte für Temperatur und Vibration überschritten werden, wechselt die Farbe der Anlage bspw. auf Rot und ein Warnsymbol erscheint (Haghshenas et al., 2023, S. 16–18).

Zusätzlich sind bereits fertig entwickelte und kommerziell verfügbare Lösungen für digitale Zwillinge nutzbar. Zum Beispiel bietet *DNV GreenPowerMonitor* sowohl das SCADA-System *GPM SCADA* als auch den digitalen Zwilling *WindGEMINI* an (DNV GPM, 2024; DNV, 2024). WindGEMINI liefert u. a. Informationen über die Leistung von Windenergieanlagen, Leistungskurvenanalysen, Komponentenausfälle, Restlebensdauer, aber auch langfristige Produktionsprognosen. So kann das System zum Beispiel strukturelle Probleme wie Rotorunwucht oder Fundamentschäden frühzeitig erkennen, falsche

Abb. 5 Visualisierung eines digitalen Zwillings eines Offshore Windparks. (Haghshenas et al., 2023, S. 17; freie Lizenz CC BY 4.0)

Einstellungen der Turbinensteuerung und suboptimalen Betrieb melden oder die physikalisch basierten Simulationsmodelle von DNV nutzen, um die Restlebensdauer abzuschätzen und somit Möglichkeiten zur Verlängerung der Lebensdauer zu identifizieren (DNV, 2024).

Destination Renewable Energy zur Stabilisierung von Stromnetzen

Neben Aspekten zur Überwachung von Windenergieanlagen wurde im Abschn. *Windparks im Betrieb* dargelegt, dass eine Netzanbindung und die Einspeisung der erzeugten Energie eine zentrale Rolle für die Stabilität einer Stromversorgung spielen. Um die Energiesicherheit zu verbessern und die Ressourcenverteilung zu optimieren, müssen fundierte Strategien für den Energiehandel entwickelt werden. Dazu sind genaue und detaillierte Informationen über die Verfügbarkeit von Windenergie erforderlich. Auch hierfür gibt es einen Ansatz von der Initiative *Destination Earth*, genauer das Projekt *Destination Renewable Energy*. Dieser Ansatz wird durch das *Hybrid Renewable Energy Forecasting System (HYREF)* verkörpert (Destination Earth, 2024b). HYREF ist eine innovative Lösung, welche die physikalischen Systeme der Solar- und Windenergieerzeugung digitalisiert. Unter Verwendung von Daten aus verschiedenen Quellen, bietet das Konzept ein detailliertes Modell zur Wind- und Solarproduktion. Der Schwerpunkt von HYREF liegt auf der Unterstützung zur Entscheidungsfindung im Zusammenhang mit Verfügbarkeiten von Wind- und Sonnenenergie, indem Empfehlungen für die Nutzung, den Handel und die Speicherung von Energie auf der Grundlage der tatsächlichen Nutzerinfrastruktur gegeben werden. Darüber hinaus bietet Destination Renewable Energy den Betreiber*innen von Übertragungs- und Verteilungsnetzen Informationen über die effiziente Nutzung und den Transport von erneuerbaren Energien (Destination Earth, 2024b).

Tierschutz durch das Vogelerkennungssystem *IdentiFlight*

Auch für den Tierschutz bieten Anwendungen von Maschinenintelligenz innovative Möglichkeiten: Bisher ist der Tierschutz, insbesondere der Schutz von Fledermäusen und Großvögeln, ein wichtiger Aspekt in der Planung von Windparks (siehe Abschn. *Planung von Windparks*). Um Tiere zu schützen, werden Windenergieanlagen i. d. R. zu festgelegten Zeiten abgeschaltet, was jedoch aufgrund langer Abschaltzeiten nicht besonders effizient ist und darüber hinaus nicht alle Kollisionen mit fliegenden Lebewesen verhindert. Um den Tierschutz zu verbessern und gleichzeitig die Abschaltzeiten zu minimieren, verschiebt das kamerabasierte Vogelerkennungssystem *IdentiFlight* den Tierschutz von der Planungsphase direkt in den Betrieb der Windenergieanlagen, indem es eine Echtzeitüberwachung ermöglicht und gezielte Abschaltungen bei Bedarf einleitet (IdentiFlight, 2024). *IdentiFlight* nutzt ein System aus Weitwinkel- und Stereokameras, um den Luftraum um Windenergieanlagen kontinuierlich zu überwachen und die Flugbahnen von Vögeln zu analysieren. Kommt ein Vogel in den Überwachungsbereich, wird die Entfernung mithilfe einer Stereokamera bestimmt und das Tier durch Maschinenintelligenz klassifiziert. Basierend auf der Flugbahn und der Nähe zur Anlage entscheidet das System, ob die Windenergieanlage über das SCADA-System abgeschaltet werden muss, um bspw. Vögel zu schützen. Derzeit umfasst das System die Erkennung und Klassifizierung des Rotmilans, des Schwarzmilans, des Seeadlers, des Schreiadlers, des Steinadlers und des in Österreich vorkommenden Kaiseradlers. Weitere Vogelarten sollen folgen (IdentiFlight, 2024).

Maschinenintelligenz für Laufzeitverlängerungen, Repowering und Recycling

Nachdem die Potenziale in der Planungs- und Betriebsphase aufgezeigt wurden, widmet sich dieser Abschnitt den Optimierungsmöglichkeiten durch Maschinenintelligenz am Ende der Lebensdauer von Windparks. Im Fokus stehen die Themen Laufzeitverlängerung, Repowering sowie effizientes Recycling, um die Wirtschaftlichkeit zu steigern und eine nachhaltige Ressourcennutzung zu fördern.

Optimierung von Laufzeitverlängerung mit *KIWi*

Wie zuvor erwähnt, ist für Verlängerungen der Laufzeiten von Windparks eine gesonderte Genehmigung erforderlich. Dazu müssen Betreiber*innen den Ist-Zustand einer Anlage nachweisen sowie eine Prognose über die Restlebensdauer vorlegen. Solche Prognosen vergleichen die ursprünglichen Auslegungsbedingungen mit den tatsächlichen Standortbedingungen einer Windenergieanlage. Ermüdungsbelastungen werden mit numerischen Modellen und zahlreichen Simulationen abgeschätzt. Diese Modelle sind jedoch sehr allgemein und mit Unsicherheiten behaftet, z. B. durch schwer zu rekonstruierende Windverhältnisse oder vereinfachte Modellannahmen. Die Ergebnisse der Simulationen sind daher oft ungenau und die prognostizierte Lebensdauer spiegelt nicht das tatsächliche Potenzial einer Anlage wider. Um hier mögliche Verbesserungen zu erzielen, wird im Forschungsprojekt *KIWi* auf Potenziale der Maschinenintelligenz zurückgegriffen (Fraunhofer IWES, 2023). Ziel ist es, modellbasierte Restlebensdauern durch Korrekturen der Simulationsparameter mittels maschinellen Lernens zu verbessern und genauer zu gestalten. Durch sog. Simulationskorrekturen können demnach Modellfehler ausgeglichen und Annäherungen effizienter berücksichtigt werden, was wiederum eine genauere Abschätzung der möglichen Lebensdauerverlängerung von Windenergieanlagen ermöglicht (Fraunhofer IWES, 2023).

Vorteile in der Planungsphase für Repowering

Mit dem Repowering von Windparks endet deren Lebenszyklus, und die Planungsphase beginnt von neuem. Dabei kommen alle Anwendungsbereiche der Maschinenintelligenz aus der ursprünglichen Planungsphase wieder zum Einsatz. Die Designs und Layouts von Windparks können durch den Einsatz von intelligenter Algorithmen effizient optimiert werden. Die präzise Datenspeicherung und -verarbeitung moderner SCADA-Systeme schafft eine solide Datenbasis, die eine zuverlässige Energieertragsprognose für

Repowering-Projekte ermöglicht. Darüber hinaus bieten Softwarelösungen wie WindGISKI und IdentyFlight Ansätze zur Überprüfung und Anpassung restriktiver Maßnahmen. Dies kann das Repowering und die optimierte Neugestaltung von Windparks deutlich erleichtern.

Dynamische Bilderkennung und robotergestütze Demontagen für optimiertes Recycling
Da Windenergieanlagen, die nach Jahrzehnten des Betriebs ihr Laufzeitende erreicht haben, zurückgebaut werden müssen, ist im Sinne der Nachhaltigkeit ein optimales Recycling überaus wichtig. Auch hier gibt es maschinenintelligente Ansätze, um verschiedene Prozesse effizienter zu gestalten. Zum Beispiel hat ein Forschungsteam der *TU Bergakademie Freiberg* eine neue Technologie entwickelt, die mithilfe von Maschinenintelligenz wichtige Komponenten in den Motoren von Windenergieanlagen identifiziert und eine effiziente Demontage ermöglicht (TUBAF, 2023). Diese Innovation optimiert die Recyclingprozesse durch dynamische Bilderkennung und robotergestützte Demontagen, indem sie die Arbeitsbelastung der Mitarbeiter*innen reduziert und die Skalierbarkeit des Verfahrens verbessert. Insgesamt wird eine präzise Trennung von Bauteilen ermöglicht, was die Wiederverwertung verbessert und den CO_2-Fußabdruck der Elektromotoren senkt (TUBAF, 2023).

4 Anwendungen von Maschinenintelligenz – Aktuelle Hürden und Herausforderungen

Wie bereits angedeutet, bietet die Anwendung von Maschinenintelligenz für Windenergie zahlreiche Vorteile. Allerdings birgt sie auch erhebliche Herausforderungen, die sowohl technische als auch regulatorische Aspekte betreffen. Ein zentrales Thema ist die Frage nach Verantwortungen: Wenn durch Maschinenintelligenz unterstützte Systeme Entscheidungen in betriebskritischen Bereichen treffen, bleibt ggf. offen, wer im Falle von Fehlern oder Ausfällen haftet. Hier sind klare Regelungen zwischen Entwickler*innen, Betreiber*innen und Versicherungen wichtig, um die Verantwortungsfrage zu klären und rechtliche Klarheit zu schaffen.

Um darüber hinaus Windparks nachhaltig und transparent gestalten zu können, müssen maschinenintelligente Modelle nicht nur präzise, sondern auch verständlich und nachvollziehbar sein. Die Komplexität und Interpretierbarkeit der vielen Informationen stellt dabei eine große Herausforderung dar. Wie bereits im Abschn. *Grundlagen von Maschinenintelligenz* erläutert, ist es bei intelligenten Algorithmen aufgrund der Black-Box-Problematik oft nicht möglich, nachzuvollziehen, welche Prozesse bzw. Faktoren zu bestimmten Ergebnissen geführt haben und wo potenzielle Fehlerquellen liegen (Fan et al., 2023, S. 11).

Neben der technologischen Komplexität stellt auch die nahtlose Integration neuer digitaler Technologien in bestehende Systeme eine große Herausforderung dar. Viele Windparks arbeiten bereits mit etablierten IT-Infrastrukturen und Betriebsführungssystemen. Diese sind nicht immer problemlos mit neuen digitalen Werkzeugen kompatibel – insbesondere nicht mit maschinenintelligenten Analyse- und Automatisierungssystemen. Selbst wenn eine Integration innovativer Systeme (besonders in Neuanlagen) möglich ist, erfordert die Anpassung und Installation ein hohes Maß an technischem Fachwissen. Insbesondere in Zeiten des Fachkräftemangels kann es problematisch sein, entsprechendes Personal zu finden (Koneberg et al., 2022, 23–25).[6]

Der Einsatz von Maschinenintelligenz bringt darüber hinaus riesige Datenmengen mit sich, die effizient und sicher gespeichert, verarbeitet und analysiert werden müssen. Eine zentrale Herausforderung besteht darin, die großen Datenmengen nachvollziehbar zu bewältigen. Gleichzeitig muss die Cybersicherheit erhöht werden, um die Systeme vor potenziellen Bedrohungen wie Cyberangriffen oder Datenlecks zu schützen (Zimmermann & Frank 2019, S. 33–40).

Ein weiterer kritischer Faktor ist die Datenqualität und -verfügbarkeit. Dies ist wichtig, da der Erfolg von Maschinenintelligenz-Modellen stark von der Qualität der Eingangsdaten abhängt. Sind beispielsweise historische Wetter- oder Sensordaten unvollständig oder fehlerhaft, können Modellvorhersagen ungenau sein, was die Effektivität der Anwendungen erheblich einschränkt. Der Zugang zu qualitativ hochwertigen und umfassenden Daten muss daher stets sichergestellt werden (Kumar et al., 2024, 24–25).

Zudem hängt die Leistungsfähigkeit von intelligenten Modellen stark von den verwendeten Trainingsdaten ab. Wenn die Daten, mit denen die Modelle trainiert werden, nicht alle relevanten Muster abdecken, besteht die Gefahr, dass die Modelle in realen Situationen nicht effektiv funktionieren (Kumar et al., 2024, 24–25). Daher ist es wichtig, dass Trainingsdaten möglichst vielfältig, aber immer auch repräsentativ sind, um eine hohe Allgemeingültigkeit zu gewährleisten.

Ein weiterer wichtiger Aspekt sind die für den Modellbetrieb erforderlichen Rechenressourcen. Die Nutzung von Maschinenintelligenz erfordert eine erhebliche Rechenleistung, die viel Energie verbraucht und zudem nicht überall verfügbar ist (Fan et al., 2023, S. 13–14). Vor allem in abgelegenen Windparks, die möglicherweise nicht über eine notwendige Infrastruktur (z. B. stabile Internetverbindung und leistungsfähige Server) verfügen, kann dies den Einsatz und die Wartung intelligenter Systeme erschweren.

Schließlich ist die Demokratisierung der Daten von entscheidender Bedeutung, um die Vorteile der Digitalisierung voll auszuschöpfen. Dies erfordert jedoch Datenregulierungen großer Datenkonzerne bzw. die Schaffung eines transparenten, aber sicheren Datenaustauschs (Kumar et al., 2024, 24–25).

Zusammenfassend lässt sich sagen, dass die Integration von Maschinenintelligenz in Windenergiesysteme auch eine Reihe komplexer Herausforderungen mit sich bringt. Diese betreffen nicht nur technische Aspekte wie die Datenqualität und Rechenressourcen,

---

[6] Die Thematik zum Fachkräftemangel im Bauwesen wird im Beitrag von Ines Heidsieck aufgegriffen.

sondern auch regulatorische und ethische Fragen, insbesondere in Bezug auf Haftung und Verantwortung. Klare Regeln, transparente Algorithmen und eine gezielte Förderung von Fachpersonal sind daher unabdingbar, um die Potenziale von Maschinenintelligenz auszuschöpfen sowie das Vertrauen der Anwender*innen zu gewinnen.

5 Fazit und Ausblick

Wie im vorliegenden Beitrag gezeigt, bieten Ansätze der Maschinenintelligenz enorme Potenziale, um die Windenergienutzung weiter zu verbessern. Es wurden exemplarisch verschiedene Ansätze beleuchtet, um zu demonstrieren, wie intelligente Algorithmen den Lebenszyklus von Windparks effizienter gestalten können. Durch den gezielten Einsatz verschiedener Technologien steigern die vorgestellten Anwendungen die Leistungsfähigkeit, Zuverlässigkeit und Wirtschaftlichkeit von Windenergieanlagen. Zu den Anwendungsbeispielen gehören unter anderem die Unterstützung bei Standortsuche durch Geoinformationssysteme, die vorausschauende Wartung mithilfe digitaler Zwillinge, sowie die Verbesserung des Recyclings durch präzise Bauteiltrennung.

Gleichzeitig sind mit der Integration intelligenter Systeme aber auch erhebliche technische, regulatorische und ethische Herausforderungen verbunden, die sorgfältig angegangen werden müssen, um die Potenziale von Maschinenintelligenz in der Praxis optimal nutzen zu können. Besonders die Themen Datenqualität, Rechenressourcen, Haftung und Verantwortung spielen hierbei eine zentrale Rolle.

In diesem Kontext zeigt sich, dass die Erzeugung *grüner* Energie weiternhin ein komplexes Problem darstellt, das keine einfachen Lösungen zulässt. Ein offener Diskurs, der sowohl Chancen als auch Herausforderungen transparent macht und die optimale Lösung für alle Beteiligten in den Vordergrund stellt, ist entscheidend, um auf lange Sicht wirklich nachhaltige Lösungen für eine flächendeckende und generationengerechte Energieversorgung zu finden.

Literatur

Baierl, R., & Stiebitz, M. (2022). Potenziale des Digitalen Zwillings im Produktlebenszyklus. In M. Bruhn & K. Hadwich (Hrsg.), *Smart services* (Forum Dienstleistungsmanagement, S. 291–307). Springer Gabler. https://doi.org/10.1007/978-3-658-37344-3_9

BMWK. (2017). *Fragen und Antworten zum Erneuerbare-Energien-Gesetz 2017*. https://www.bmwk.de/Redaktion/DE/Downloads/E/eeg-2017-fragen-und-antworten.html. Zugegriffen am 23.08.2024.

Bundesregierung. (2023). *EEG 2023: Ausbau erneuerbarer Energien massiv beschleunigen*. https://www.bundesregierung.de/breg-de/schwerpunkte/klimaschutz/novelle-eeg-gesetz-2023-2023972. Zugegriffen am 01.09.2024.

BWE. (2022a). *Offshore*. https://www.wind-energie.de/themen/anlagentechnik/offshore/. Zugegriffen am 30.08.2024.

BWE. (2022b). *Betrieb von Windenergieanlagen.* https://www.wind-energie.de/themen/anlagentechnik/betrieb/. Zugegriffen am 23.08.2024.

BWE. (2022c). *Funktionsweise von Windenergieanlagen.* https://www.wind-energie.de/themen/anlagentechnik/funktionsweise/. Zugegriffen am 23.08.2024.

Clifton, A., Smith, A., & Fields, M. (2016). *Wind plant preconstruction energy estimates: Current practice and opportunities.* NREL. https://doi.org/10.2172/1248798

Destatis. (2025). Stromerzeugung 2024: 59,4 % aus erneuerbaren Energieträgern. https://www.destatis.de/DE/Presse/Pressemitteilungen/2025/03/PD25_091_43312.html. Zugegriffen am 16.05.2025.

Destination Earth. (2024a). Climate Change Adaptation Digital Twin: a window to the future of our planet. https://destine.ecmwf.int/news/climate-change-adaptation-digital-twin-a-window-to-the-future-of-our-planet/. Zugegriffen am 30.04.2024.

Destination Earth. (2024b). Destination Renewable Energy (DRE). https://destination-earth.eu/usecases/destination-renewable-energy-dre/. Zugegriffen am 24.08.2024.

Deutsche WindGuard. (2024). *Status des Windenergieausbaus an Land in Deutschland – Jahr 2023.* https://www.wind-energie.de/fileadmin/redaktion/dokumente/publikationen-oeffentlich/themen/06-zahlen-und-fakten/20240116_Status_des_Windenergieausbaus_an_Land_Jahr_2023.pdf. Zugegriffen am 30.08.2024.

DNV. (2024). WindGEMINI Digital Twin. https://www.dnv.com/power-renewables/services/data-analytics/windgemini/. Zugegriffen am 24.08.2024.

DNV GPM. (2024). GPM SCADA. https://www.greenpowermonitor.com/solutions/gpm-on-site-solutions/gpm-scada/. Zugegriffen am 24.08.2024.

DWD. (2024). *Profilmessungen an Masten.* https://www.dwd.de/DE/forschung/atmosphaerenbeob/lindenbergersaeule/grenzschichtprozesse/profilmasten.html. Zugegriffen am 25.08.2024.

EnBW ECO* Journal. (2021a). *Aus alt mach neu: Was bringt Repowering?* https://www.enbw.com/unternehmen/eco-journal/was-bringt-repowering.html. Zugegriffen am 30.08.2024.

EnBW ECO* Journal. (2021b). *Wie werden eigentlich Windkraftanlagen recycelt?* https://www.enbw.com/unternehmen/eco-journal/wie-werden-windkraftanlagen-recycelt.html. Zugegriffen am 23.08.2024.

EnBW ECO*Journal. (2023). *Wunderwerk Windkraftanlage: Interessante Fakten über einen der wichtigsten Bausteine der Energiewende.* https://www.enbw.com/unternehmen/eco-journal/windkraftanlagen.html. Zugegriffen am 15.08.024.

Fan, Z., Yan, Z., & Wen, S. (2023). Deep learning and artificial intelligence in sustainability: A review of SDGs, renewable energy, and environmental health. *Sustainability, 15*(18), 13493. https://doi.org/10.3390/su151813493

FGW. (2017). *Leitfaden zum Referenzertragsverfahren im Erneuerbare-Energien-Gesetz 2017.* https://ee-sh.de/de/dokumente/content/veranstaltungen-praesentationen/2017-02-14_Seminar_Ausschreibungen/FGW-Leitfaden_REV_EEG2017_Feb_2017.pdf. Zugegriffen am 30.08.2024.

FGW. (2023). Technische Richtlinien für Windenergieanlagen Teil 6: Bestimmung von Windpotenzial und Energieerträgen. Revision 12. https://wind-fgw.de/themen/richtlinienarbeit/. Zugegriffen am 24.08.2024.

Fraunhofer IWES. (2023). *KIWi: KI-Simulationskorrekturen zur Laufzeitverlängerung von Windenergieanlagen.* https://www.iwes.fraunhofer.de/de/forschungsprojekte/aktuelle-projekte/kiwi.html. Zugegriffen am 24.08.2024.

Geenen, T., Wedi, N., Milinski, S., Hadade, I., et al. (2024). Digital twins, the journey of an operational weather prediction system into the heart of Destination Earth. *Procedia Computer Science, Proceedings of the First EuroHPC user day, 240,* 99–109. https://doi.org/10.1016/j.procs.2024.07.013

Haghshenas, A., Hasan, A., Osen, O., & Mikalsen, E. (2023). Predictive digital twin for offshore wind farms. *Energy Informatics, 6*(1), 1. https://doi.org/10.1186/s42162-023-00257-4. Freie Lizenz CC BY 4.0. https://creativecommons.org/licenses/by/4.0/. Zugegriffen am 25.08.2024

Harrison-Atlas, D., Glaws, A., King, R., & Lantz, E. (2024). Artificial intelligence-aided wind plant optimization for nationwide evaluation of land use and economic benefits of wake steering. *Nature Energy, 9*(6), 735–749. https://doi.org/10.1038/s41560-024-01516-8

Hassija, V., Chamola, V., Mahapatra, A., Singal, A., et al. (2024). Interpreting black-box models: A review on explainable artificial intelligence. *Cognitive Computation, 16*(1), 45–74. https://doi.org/10.1007/s12559-023-10179-8

Heitzinger, C., & Woltran, S. (2024). A short introduction to artificial intelligence: Methods, success stories, and current limitations. In *Introduction to digital humanism* (S. 135–164). Springer Nature. https://doi.org/10.1007/978-3-031-45304-5_9

IdentiFlight. (2024). *IdentiFlight Vogelerkennungssystem der e3 IDF GmbH*. https://www.e3-identiflight.de/. Zugegriffen am 24.08.2024.

Koneberg, F., Jansen, A., & Kutz, V. (2022). Energie aus Wind und Sonne – welche Fachkräfte brauchen wir? KOFA Kompetenzzentrum Fachkräftesicherung, November. https://www.iwkoeln.de/studien/anika-jansen-energie-aus-wind-und-sonne-welche-fachkraefte-brauchen-wir.html. Zugegriffen am 30.08.2024.

Kumar, K., Prabhakar, P., Verma, A., Saroha, S., & Singh, K. (2024). Advancements in wind power forecasting: A comprehensive review of artificial intelligence-based approaches. *Multimedia Tools and Applications*. https://doi.org/10.1007/s11042-024-18916-3

Li, J., & Yu, X. (2017). LiDAR technology for wind energy potential assessment: Demonstration and validation at a site around Lake Erie. *Energy Conversion and Management, 144*, 252–261. https://doi.org/10.1016/j.enconman.2017.04.061

LUBW. (2024). *Windenergie*. https://www.lubw.baden-wuerttemberg.de/erneuerbare-energien/windenergie. Zugegriffen am 04.09.2024.

Martínez, E., Latorre-Biel, J., Jiménez, E., Sanz, F., & Blanco, J. (2018). Life cycle assessment of a wind farm repowering process. *Renewable and Sustainable Energy Reviews, 93*, 260–271. https://doi.org/10.1016/j.rser.2018.05.044

Ørsted. (2024). *Planung & Bau von Offshore-Windparks*. https://orsted.de/gruene-energie/offshore-windenergie/planung-bau. Zugegriffen am 30.08.2024.

Piel, J., Bohne, T., & Rolfes, R. (2022). Kann KI neue Flächen für Windenergieanlagen finden? Unimagazin, Forschungsmagazin der Leibniz Universität Hannover, Ausgabe Transformation der Energiesysteme, 03/04.2022: 64–65.

Sasser, C., Yu, M., & Delgado, R. (2022). Improvement of wind power prediction from meteorological characterization with machine learning models. *Renewable Energy, 183*, 491–501. https://doi.org/10.1016/j.renene.2021.10.034

Siemens Gamesa. (2019). Siemens Gamesa Now Able to Actively Dictate Wind Flow at Offshore Wind Locations. https://www.siemensgamesa.com/global/en/home/press-releases/191126-siemens-gamesa-wake-adapt-en.html. Zugegriffen am 31.08.2024.

Siemens Gamesa. (2021). RecyclableBlade. https://www.siemensgamesa.com/global/en/home/explore/journal/recyclable-blade.html. Zugegriffen am 23.08.2024.

Sun, H., Gao, X., & Yang, H. (2020). A review of full-scale wind-field measurements of the wind-turbine wake effect and a measurement of the wake-interaction effect. *Renewable and Sustainable Energy Reviews, 132*(article 110042). https://doi.org/10.1016/j.rser.2020.110042

Tennet. (2024). Funktionsweise und Einsätze. Wie funktioniert das Einspeisemanagement? https://www.tennet.eu/de/strommarkt/strommarkt-deutschland/einspeisemanagement/funktionsweise-und-einsaetze. Zugegriffen am 16.05.2025.

TUBAF. (2023). *Elektromotoren mit künstlicher Intelligenz besser recyceln.* https://tu-freiberg.de/news/elektromotoren-mit-kuenstlicher-intelligenz-besser-recyceln. Zugegriffen am 24.08.2024.

TÜV Süd. (2024). *Offshore Windparks: Bau und Betrieb.* https://www.tuvsud.com/de-de/branchen/energie/erneuerbare-energien/windenergie/offshore-windpark. Zugegriffen am 15.08.2024.

Vestas. (2023). Vestas unveils circularity solution to end landfill for turbine blades. https://www.vestas.com/en/media/company-news/2023/vestas-unveils-circularity-solution-to-end-landfill-for-c3710818. Zugegriffen am 23.08.024.

Wien Energie. (2024). *So entsteht ein Windpark.* https://www.wienenergie.at/blog/so-entsteht-ein-windpark/. Zugegriffen am 11.10.2024.

Wu, D., Sakr, S., & Zhu, L. (2017). Big data storage and data models. In *Handbook of big data technologies.* https://doi.org/10.1007/978-3-319-49340-4_1

Xia, J., & Zou, G. (2023). Operation and maintenance optimization of offshore wind farms based on digital twin: A review. *Ocean Engineering, 268*(113322). https://doi.org/10.1016/j.oceaneng.2022.113322

Zimmermann, H., & Frank, D. (2019). Künstliche Intelligenz für die Energiewende: Chancen und Risiken. Germanwatch e. V. https://www.germanwatch.org/de/17095. Zugegriffen am 01.09.2024.

Generative Design für baukonstruktive Planungsentscheidungen – Nutzung wissensbasierter Systeme für digitale und nachhaltige Entwurfsprozesse

Paula Strempel

Im Bauwesen müssen in verschiedenen Phasen weitreichende Annahmen getroffen werden, die nicht nur für Planung und Ausführung, sondern auch für die späteren Nutzungen von Bauwerken relevant sind. Aus diesem Grund ist es wichtig Entscheidungen frühzeitig auf Grundlage möglichst vieler Informationen zu treffen. Betrachtet man explizit baukonstruktive Entwürfe und die damit verbundenen Prozesse, wird schnell ersichtlich, dass ingenieurspezifische Annahmen im Kern auf langjährigen Praxiserfahrungen beruhen. Baukonstruktive Entscheidungen umfassen unter anderem die Auswahl und Festlegung von Konstruktionsmerkmalen und -methoden wie beispielsweise der Wahl von Baumaterialien oder dem Vorgeben einer Tragstruktur. Diese – meist sehr früh zu treffenden – Entscheidungen haben wiederum direkten Einfluss auf Kosten, Bauzeiten oder Energieeffizienzen, aber z. B. auch auf die Ästhetik von Gebäuden. Aufgrund der Anzahl an gestalterischen, funktionalen, konstruktiven, ökologischen und insbesondere auch ökonomischen Aspekten sowie im Kontext der vielen verschiedenen lokalen Gegebenheiten, sind die hier angedeuteten und häufig sehr vielschichtigen Prozesse stets zeitaufwendig, fehleranfällig und zudem stark von individuellen Erfahrungen von Planer:innen abhängig. Mit traditionellen Planungsmethoden sind die komplexen Anforderungen an Bauwerke hinsichtlich Effizienz, aktuellen Nachhaltigkeitsstandards und Kosten heutzutage nur schwer bzw. nur mit hohem Aufwand zu erfüllen. Bestehende Prozesse können jedoch u. a. durch den Einsatz von Maschinenintelligenz, und hier insbesondere in Form von *Generative Design* und wissensbasierten Systemen, unterstützt werden. Durch verschiedene Wissensquellen und gezielte Problemlösungsstrategien mithilfe gezielter Algorithmen sind intelligente Ansätze in existierende Planungsmethoden integrierbar. Dies

P. Strempel (✉)
Technische Universität Hamburg, Hamburg, Deutschland
E-Mail: paula.strempel@tuhh.de

wird durch die stetige Weiterentwicklung und Anwendung wissensbasierter Systeme auf Basis umfangreicher Bauwerks-Datenbanken und DIN-Normen möglich. Auch aktuelle, allgemeingültige Regelwerke sowie die interaktive Zusammenarbeit zwischen fachlichen Expert:innen und Anwender:innen können im Kontext sinnvoller Verknüpfungen mittels intelligenter Verarbeitungskomponenten helfen, Qualitäts- und Effizienzsteigerungen zu erzielen. Aufgrund der hier angedeuteten Potenziale, erläutert der vorliegende Beitrag Zusammenhänge und Einsatzmöglichkeiten von wissensbasierten Systemen und intelligenten Entwurfs- und Optimierungsansätzen in frühen Planungsphasen.

1 Grundlagen und Herausforderungen bei baukonstruktiven Planungsentscheidungen

Baukonstruktive Planungsentscheidungen umfassen in der Regel die Festlegung von projektbezogenen Merkmalen, z. B. hinsichtlich Geometrien oder Materialen, Sie berücksichtigen i. d. R. aber auch Methoden, die vor, während und nach der Fertigstellung von Bauwerken relevant sind. Diesbezüglich ist die grundlegendste konstruktive Entscheidung bei der Planung eines Bauwerks häufig die Wahl des Tragwerksystems (Hestermann & Rongen, 2015, S. 2). Anforderungen an ein Tragwerk ergeben sich in erster Linie aus Lasten und Beanspruchungen bzw. aus der für ein Bauwerk vorgesehen Nutzung. Diese setzen sich wiederum zusammen aus den Eigengewichten der Baustoffe bzw. der Bauteile, aber insbesondere auch aus Verkehrs- oder Nutzlasten sowie aus zeitlich veränderlichen Lasteinwirkungen, wie Schnee- und Windlasten oder in außergewöhnlichen Fällen auch aus dynamischen und thermischen Beanspruchungen. Sämtliche Einwirkungen auf ein Bauwerk bilden somit die Grundlage für statische Berechnungen. Diese werden wiederum entsprechend spezifischer Planungsvorhaben, aber in erster Linie auch anhand der zugrunde liegenden Bestimmungen, z. B. den geltenden DIN-Normen und den anerkannten Regeln der Technik, durchgeführt. Die allgemein anerkannten Regeln der Technik sind essenziell für Vereinheitlichungen von Anforderungen im Bauwesen. Sie sichern Technikstandards, um u. a. Materialqualität, Tragsicherheit und Betriebsabläufe gewährleisten zu können.

Da stets verschiedene Variationen von Tragwerksystemen herangezogen werden können, ist zunächst die Wahl gängiger Baumaterialien (z. B. Holz, Stahl, Stahlbeton), die Herstellungsmethode (z. B. Stabtragwerk, Massivbauweise), der Zusammenbau vorgefertigter Bauelemente (Fertigbauweise) oder die industrialisierte Bauweise (z. B. komplexe Systeme, geschlossene Systeme) entscheidend für nachfolgende statische Berechnungen.

Die auf den hier skizzierten Rahmenbedingungen basierenden Entscheidungen laufen nun – je nach Größe und Komplexität des Bauvorhabens – parallel ab. Raumaufteilungen und deren Nutzungen bedingen bspw. Gebäudeabdichtungen und Wandaufbauten oder aber auch den Aufbau von Fußbodenkonstruktionen. Zudem müssen ggf. Geschossdeckenaufbauten parallel bzw. in Abhängigkeit aller angeschlossenen Bauteile geplant werden. Technische Ausstattungen, z. B. Sanitär- und Heizungsanlagen, Fördereinrichtungen, z. B. Rolltreppen und Aufzüge, oder auch moderne Kommunikationssysteme, z. B. Empfangsgeräte oder Netzleitungen, werden – meist gebunden an vorher getroffene Entscheidungen – von Expert:innen verschiedener Fachdisziplinen weitergeplant und in das Gesamtkonzept eines Bauvorhabens mit eingebracht. Je nach Bauprojekt erlangen zudem die Bereiche der thermischen Bauphysik, der Fassadenplanung und der Raumakustik eine immer größere Bedeutung, um ein Bauwerk möglichst ökologisch und ökonomisch bzw. nachhaltig zu planen. Alle hier kurz angerissenen Einzelaspekte müssen koordiniert und in ein Planungs- und Entwurfskonzept integriert werden. (Hestermann & Rongen, 2015, S. 1)

Die Vielzahl an Quellen und Dokumenten sowie die bereits erwähnten Entscheidungsmöglichkeiten, die sich untereinander bedingenden konstruktiven Aspekte und die Suche nach dem optimalen Ergebnis, führen häufig zu einem hohen Arbeitsaufwand, der wiederum mit steigendem Fehlerpotenzial und somit vielfach auch mit zusätzlichen Kosten – sowohl auf der Planungsseite als auch auf der ausführenden Seite – verbunden ist.

Die hier angedeuteten Schwierigkeiten – die mit zunehmendem Bauwerksvolumen i. d. R. komplexer werden – können im Bauwesen durch digitale Ansätze verbessert werden. So liefert u. a. die Methode *Building Information Modeling (BIM)* Lösungen, um verschiedene Planungsstränge zu kombinieren, indem alle relevanten Informationen in einem digitalen Gebäudemodell zusammengebracht werden. Mit BIM entstand ein ganzheitlicher Ansatz zur Datenerfassung bzw. deren Verarbeitung.

Für ein umfängliches digitales Datenmanagement existieren neben umfassenden Software-Lösungen – die wiederum mehrere Bereiche vereinen –, auch diverse Programme bzw. Softwares, mit denen einzelne Teilbereiche wie bspw. die technische Gebäudeausstattung geplant und organisiert werden können. Vorteile von BIM sind unter anderem, dass alle Beteiligten – von der Planung bis zur Ausführung – Ergänzungen bzw. Modifikationen vornehmen können und die neuen Informationen somit echtzeitnah allen anderen Projektbeteiligten zur Verfügung stehen. Kombiniert man BIM darüber hinaus beispielsweise mit der Methode des *Structural Health Monitoring,* bei dem Monitoringsysteme Bauwerke in Echtzeit überwachen, ergeben sich neue Möglichkeiten des Datenaustausches bzw. der Datensammlung von Bauwerken (Rifai, 2024).

Eine digitale Datensammlung bzw. -speicherung sowie der stetige Datenaustausch ermöglichen zusammen mit dem Konzept der Maschinenintelligenz bzw. Algorithmen, wie das in diesem Beitrag thematisierte *Generative Design*, erste Möglichkeiten, die zuvor beschriebenen Entscheidungsfindungen in Planungsprozessen effizient zu ergänzen bzw. durch Automatisierung zu vereinfachen. So können mithilfe von Parameterfestlegung sowie mit generativen und intelligenten Algorithmen baukonstruktive Entwurfsmöglichkeiten nicht nur konzipiert, sondern auch automatisch evaluiert werden.

2 Generative Design für baukonstruktive Planungsentscheidungen

Um die zuvor angedeuteten Potenziale, die sich durch den Einsatz von intelligenten Algorithmen bzw. dem *Generative Design* in der baukonstruktiven Planung ergeben, zu verstehen, werden zuerst wesentliche Aspekte und Komponenten dieses Ansatzes anhand von Beispielen erläutert. So ist das *Maschinelle Lernen (ML)* bspw. eng verbunden bzw. ein elementarer Teil der Methode des *Generative Design*. So kann einfach ausgedrückt von einem intelligentem System gesprochen werden, dass anhand von Bewertungen lernt, wie treffend eine generierte Option ist, um darauf aufbauend diese selbstständig weiterzuentwickeln. ML-Algorithmen orientieren sich dabei am Informationsgehalt vorliegender Daten oder an vorgegebenen Leistungskriterien, ohne dass ein direkter bzw. unikaler Lösungsweg modelliert wird (Fraunhofer IKS, 2024).

Grundlagen des Generative Design

Beim *Generative Design* (GD) handelt es sich um einen sog. Entwurfsuntersuchungsprozess, in dem Algorithmen eine Vielzahl von Designoptionen anhand von vorgegebenen Parametern bzw. Rahmenbedingungen generieren (Krish, 2011, S. 90). Auf Prozesse im Bauwesen übertragen bedeutet dies, dass Planer:innen grundlegende Entscheidungen treffen, die passendste Kombination aus generierten Entwurfsvorschlägen wählen oder den ursprünglichen Gestaltungsentwurf durch Anpassung von Parametern modifizieren. Die diesen Vorgängen zugrunde liegenden Algorithmen testen und lernen aus jeder Iteration bzw. durch stetige manuelle Anpassung von Parametern, um sich immer weiter einem optimalen Ergebnis zu nähern (Krish, 2011, S. 90–91).

Die Anwendung von GD bietet im Zuge der zuvor angedeuteten Prozesse eine hohe Flexibilität und bisher nicht vorhandene explorative Möglichkeiten innerhalb von Designfindungsprozessen. So werden bspw. Konstruktionslösungen untersucht, die sonst nie berücksichtigt worden wären, weil sie aufgrund ihrer unkonventionellen Form oder ihrer unbekannten technischen Umsetzbarkeit nicht naheliegend für Planer:innen sind. Schlussendlich können – im Vergleich zu analogen bzw. traditionellen Prozessen, bei denen i. d. R. nur eine Richtung eingeschlagen wird – effizientere und kreativere Lösungen gefunden werden.

Um die hier grob skizzierte GD-Methode anschaulicher darzustellen, werden exemplarische Einsatzszenarien und Entwurfsexplorationen anhand einer Planung für ein Bürogebäude des Softwareunternehmens *Autodesk* in Toronto beschrieben. Das Büro wurde in einen bereits existierenden Neubau mit drei Stockwerken integriert. Zu den Rahmenbedingungen gehörte es, dass in den neuen Büros bis zu 300 Personen Platz finden. Auch sollte es Sitzungsräume und eine Vielzahl an unterschiedlich großen Besprechungs- und Arbeitsräumen geben. Anhand dieser einfachen Rahmenbedingungen entstand ein erstes architektonisches Konzept, in dem der Grundriss in Quartiere für jede Abteilung aufgeteilt und jeweils durch größere Besprechungsräume getrennt wurde. Anschließend gab es eine Befragung unter den Mitarbeitenden nach ihren individuellen Vorlieben, damit nicht nur offensichtliche, räumliche Aspekte, wie Tischabstand oder Sonnenlichteinfall berücksichtigt wurden. Auch persönliche Präferenzen wurden eingebunden. Anhand dieser Angaben wurde dann – wie nachfolgend noch genauer erläutert wird – ein generatives Design-Modell entwickelt, um darauf aufbauend weitere Entwürfe zu generieren (Nagy et al., 2017, S. 61).

Vom Algorithmus wurde als erstes ein geometrisches Modell erstellt, das eine Reihe von Quartieren innerhalb der beiden Hauptetagen des Bürogebäudes definierte und einzelne Mitarbeitende innerhalb des Gebäudes positionierte. Anschließend erarbeitete der Algorithmus weitere potenzielle Entwürfe indem er mithilfe eines geometrischen Musters für jedes Quartier einen Startpunkt ermittelte, Quartiersgrenzen auf Grundlage von Linien mit gleichem Abstand zu den Quartiersmittelpunkten zeichnete, Annehmlichkeitszonen an verschiedenen Linien positionierte, Teams zu einzelnen Quartieren zuwies und abschließend Personen, basierend auf einer Listenreihenfolge, an Schrebitische verortete. Mit insgesamt 15 Quartieren, die durch jeweils drei eindeutige Parameter gesteuert wurden, ist das Modell schlussendlich durch insgesamt 45 Vorgaben vollständig beschrieben. Damit jeder Entwurf von einem Algorithmus jedoch selbst bewertet werden konnte, musste zusätzlich eine Reihe von Zielen definiert werden, welche die Entwurfsleistung anhand von Kriterien bewertete. Dies führte dazu, dass noch weitere geeignetere Optionen im Designraum gefunden werden konnten (Nagy et al., 2017, S. 61–62).

Eine Regel zu der Anzahl an Parametern, die ein Modell enthalten sollte – um zu gewährleisten, dass eine Lösungssuche auch effektiv ist –, gibt es per se nicht. Übergeordnet ist jedoch stets sicherzustellen, dass alle relevanten bzw. bauwerksspezifischen Aspekte vorhanden sind. Notwendige Parameter sollten daher sowohl unikal als auch stetig sein, damit ein Algorithmus frei kombinieren und aus Erfahrungen lernen kann (Nagy et al., 2017, S. 62).

Ein schematischer Ablauf eines allgemeinen GD-Ansatzes ist in Abb. 1 dargestellt. Der Prozessablauf lässt sich in drei übergeordnete Stadien unterteilen: *Priormodell*, *GD-Prozess* und *Ergebnis*. Zunächst wird das *Priormodell* entwickelt, entweder klassisch basierend auf einem Architektenentwurf oder – wie nachfolgend noch erläutert – durch ML erzeugt. Darüber hinaus müssen Anforderungen und Beschränkungen definiert werden. Im eigentlichen GD-Prozess wird das *Priormodell* anhand der zuvor definierten Anforderungen und Beschränkungen modifiziert und bewertet, sodass ein oder mehrere optimale Ergebnisse entstehen (s. Abb. 1). Die Anwender:innen haben stets in allen Stadien Einfluss, sie müssen den Prozessablauf kontrollieren und ggf. Anpassungen vornehmen.

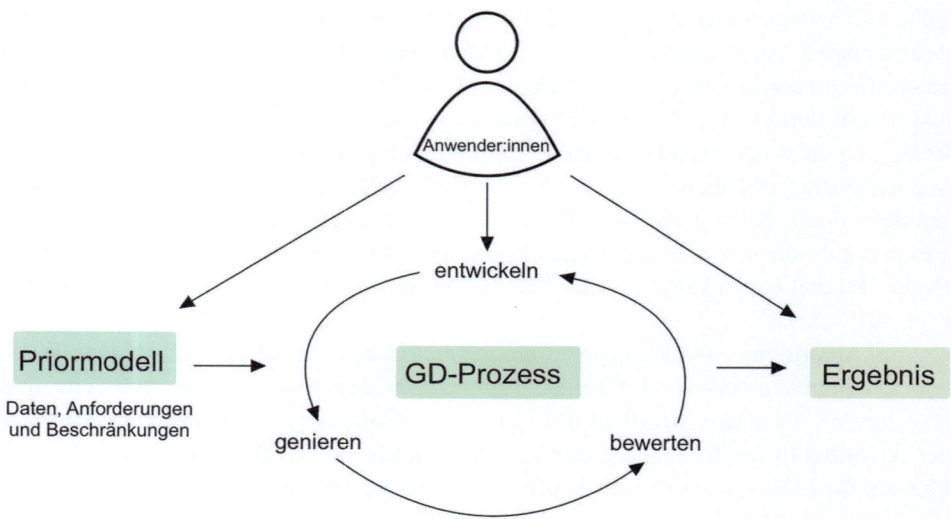

Abb. 1 Schematischer Ablauf der GD-Methode. (Eigene Darstellung)

Abgrenzung des GD zu konzeptionellen, parametrischen und algorithmischen Designs

Neben dem zuvor beschriebenen *Generative Design* gibt es weitere digitale Entwurfsansätze: das *konzeptionelle*, das *parametrische* und das *algorithmische Design* (Caetano et al., 2020, S. 295). Für eine Abgrenzung der unterschiedlichen Ansätze in Entwurfsfindungsprozessen, werden nachfolgend Zusammenhänge, Gemeinsamkeiten und Unterschiede der drei Designmethoden in Abgrenzung zum GD näher erläutert.

Beim *Konzeptionellen Design* handelt es sich um einen kreativen und abstrakten Prozess, bei dem verschiedenste Möglichkeiten in Erwägung gezogen werden, um ein grundlegendes Konzept zu finden (Krish, 2011, S. 89–90). Das Zeichnen bzw. Konstruieren ist eine der zentralsten Methoden im konzeptionellen Design. Designer:innen können ihre Vorstellungen i. d. R. völlig frei umsetzten. In dieser unstrukturierten und vagen Form des Designs wird jedoch die Leistungsgrenze von traditionellen Zeichen- bzw. Konstruktionsprogrammen überschritten, da diese nicht flexibel auf die gesuchten Anforderungen reagieren können (Krish, 2011, S. 89).

Parametrisches Design (PD) beschreibt eine Design-Art, in der ein Entwurf symbolisch auf Grundlage von Parametern beschrieben wird (Caetano et al., 2020, S. 292–293). Dieser Ansatz wird häufig in Zusammenhang mit BIM verwendet. In der direkten Anwendung bedeutet dies, dass Wände nicht mit exakten Positionen, Längen, Höhen und Dicken entworfen, sondern diese Eigenschaften durch in Abhängigkeit voneinander stehenden Parametern konstruiert werden. PD wird i. d. R. eingesetzt, wenn ein grundlegendes Entwurfskonzept feststeht und einzelne Komponenten nur noch zu abschließenden Modifikationen parametrisiert werden (Abrishami & Goulding, 2014, S. 351). PD und GD sind damit zwei verwandte Design-Ansätze, die jedoch unterschiedliche Schwerpunkte aufweisen. Während GD auf eine Automatisierung im Entwurfsprozess abzielt, bietet PD eine größere Kontrolle über das Design.

Algorithmisches Design ist laut Caetano et al. (2020) ein Entwurfsparadigma, das Algorithmen zur Generierung von Modellen einsetzt. Es wird deswegen ebenfalls als generativer Ansatz betrachtet. Anders als beim GD ist allerdings eine Rückverfolgung möglich, die es den Anwender:innen erlaubt, Teile eines Algorithmus zu identifizieren. Es besteht demnach eine transparente bzw. nachvollziehbare Korrelation zwischen Modell und Algorithmus. Nach dieser Definition ist *algorithmisches Design* ebenfalls ein Teil von GD (Caetano et al., 2020, S. 295).

Grenzen des Einsatzes von Generative Design in baukonstruktiven Planungsprozessen

Aktuell fehlt es für ganzheitliche und konstruktiv anspruchsvolle Entwurfsentscheidungen noch an ausgereiften digitalen Ansätzen, um GD nachhaltig einzusetzen. So fand BuHamdan (2020) heraus, dass die führenden Bereiche in der Anwendung von GD die Architektur, der Hochbau und die Stadtplanung sind. GD wird innerhalb der Architektur am häufigsten im Fassadendesign, der Formerstellung und in der Layouterstellung eingesetzt (BuHamdan et al., 2020, S. 8–10). An rein digitalen und intelligenten Ansätzen für konstruktive Planungen wird allerdings bereits geforscht.

Das folgende Beispiel zeigt diesbezüglich auf, wie elementar eine systematische Datensammlung und -auswertung für eine rein digitale Entwurfsexploration ist: Ein komplett digitaler Entwurfs- und Optimierungsansatz wurde im *Bridge Genome Project* der *ETH Zürich* bereits erprobt (Kraus, 2021). Für dieses Vorhaben wurde die Forschungshypothese aufgestellt, dass die Entwurfsfindung – in diesem Fall ausschließlich für sog. Netzwerkbogenbrücken, einem Konstruktionstyp aus der Kategorie der Stabbogenbrücken – durch den Einsatz von ML-Methoden in Verbindung mit Bauwerksdatenbanken und GD verbessert und erheblich unterstützt werden könnte.

Bisher werden Brücken meist von einem Team aus Bauingenieur:innen anhand lokaler Projektumgebungen – u. a. hinsichtlich Standort, Funktionalität, Design und finanziellem Volumen – geplant. Ein innovativer Ansatz im Kontext des Generative Designs kann helfen, dass nicht mehr nur Ingenieur:innen aufgrund von Erfahrungen einen Brückenentwurf entwickeln, sondern dass zuvor skizzierte ML-Methoden in Brückendatenbanken über – beispielsweise Netzwerkbogenbrücken – Muster erkennen, die einen Brückendesignkern ergeben. Auf Basis dieses Designkerns sollen Netzwerkbogenbrücken effizienter an sämtliche Projektumgebungen angepasst werden können, ohne bei jedem neuen Projekt von vorne starten zu müssen. Auf Basis umfangreicher Datenbanken über verschiedene Bauwerkstypen sieht der Ablauf des *Bridge Genome Projects* folgendermaßen aus: In einem ersten Schritt muss eine umfassende Datensammlung zu den gesuchten Bauwerkstypen erstellt werden. Im zweiten Schritt führen unüberwachte ML-Algorithmen eine

Clusteranalyse (siehe Beitrag von Elisa Bieber) mithilfe von Datenbanken durch. Aufgrund der Ergebnisse dieser Clusteranalyse werden im dritten Schritt die zuvor thematisierten Priormodelle erstellt (siehe Abb. 1). Diese Modelle lassen sich anhand der spezifischen Projektrahmenbedingungen in ihrer Funktionalität, dem Aussehen oder anhand von Kosten wiederum anpassen bzw. verändern. Anschließend werden im vierten Schritt die Priormodelle in den GD-Prozess überführt. Im *Bridge Genome Project* wurde der GD-Prozess mithilfe der Softwares *Grasshopper* und *Rhino* durchgeführt. Während des Prozesses wurden die Entwurfsalternativen anhand von Leistungsparametern – wie beispielsweise der Kombination aus Design, Kosten und Tragfähigkeit – in einem fünften Schritt optimiert. Diese Optimierung konnte im *Bridge Genome Projekt* ebenfalls mit *Grasshopper* und *Rhino* umgesetzt werden. Die Algorithmen wurden so trainiert, dass sie in weiteren Projekten spezifische Brückenparameter in einer bestimmten Reihenfolge vorhersagen. Außerdem wurden im Projekt an der ETH Zürich beispielhaft Optimierungsalgorithmen angewandt, um Materialkosten, statische Ausnutzung und ästhetische Qualität der entworfenen Brücke zu untersuchen (Kraus, 2021).

Der Ansatz des *Bridge Genome Projekt* ermöglicht nicht nur einen digitalen und generativen Entwurfs- und Optimierungsansatz von Brücken, er ist auch in Kombination mit umfangreichen gesammelten Datensätzen als allgemeine Methode auf andere bauliche Strukturen wie beispielsweise Wohngebäude übertragbar.

Neben dem rein digitalen Ansatz für die Anwendung von GD für baukonstruktive Planungen, wie sie anhand des *Bridge Genome Projektes* hier kurz vorgestellt wurden, ist eine entsprechende umfassende Datensammlung bzw. Aus- und Bewertung von Bestandsdaten notwendig.

Ein weiterer GD-Ansatz wird im vorliegenden Sammelwerk im Beitrag *Generative Design im Stahlbetonbau – Bemessung von Diskontinuitätsbereichen mit intelligenten Algorithmen* von Lennart Woock thematisiert. Es wird ein Algorithmus vorgestellt, der exemplarisch Entwürfe von Stahlbetonkonsolen generiert bzw. diese im Kontext verschiedener Rahmenbedingungen optimiert.

End verbunden mit GD sind wissensbasierte Systeme. Mithilfe dieser Systeme kann sämtliches Wissen in einem Bereich gesammelt und durch intelligente Abfrage zur Problemlösung genutzt werden. In der Medizin werden diese Systeme beispielsweise zur Diagnostik herangezogen. Auch in der baukonstruktiven Planung ist der Einsatz denkbar, da Entscheidungen oftmals mit langjähriger Praxiserfahrung getroffen werden müssen, die ein solches wissensbasiertes System abbilden kann. Im folgenden Kapitel wird ein Überblick über die Thematik gegeben, die dem GD ähnlich ist und sich auch kombinieren lässt.

3 Wissensbasierte Systeme: Überblick und Potenziale für die Baubranche

Eine der ursprünglichsten Formen des maschinellen Lernens sind wissensbasierte Systeme. Diese Art von Informationssystemen nutzen Wissen und Problemlösungsfähigkeiten so, dass sie in abgewandelten und weiterentwickelten Formen in sämtlichen Bereichen des Lebens eingesetzt werden können. Trotz Potenzial in der baukonstruktiven Planung, fehlt ein ganzheitlicher Anwendungsansatz für die Praxis. Um die vorhandenen Potenziale jedoch verständlich aufzuzeigen, sind nachfolgend Grundlagen aufgeführt, die anschließend als Basis für einen exemplarischen Aufbau eines wissensbasierten Systems herangezogen werden.

Grundlagen zu wissensbasierten Systemen

Um zu verstehen, wie wissensbasierte Systeme auch für baukonstruktive Planungsentscheidungen herangezogen werden können, wird nachfolgend erläutert, welche spezifischen Aspekte eine wesentliche Rolle spielen. Allgemein handelt es sich bei jeder Art von wissensbasiertem System um das Zusammenspiel von *Wissensbasis* und *Wissensinterferenz*. Diese beiden Kernkomponenten unterscheiden sich vor allem darin, dass die Basis Wissen eines bestimmten Bereichs enthält und die *Wissensinterferenz* bzw. -verarbeitung anwendungsbereichsunabhängig ist. Diese Basis lässt sich weiter in zwei Arten von Wissen unterteilen: *Fallbasiertes* und *regelhaftes Wissen*. Fallbasiertes Wissen beschreibt Wissen in Bezug auf ein betrachtetes Problem und die damit verbundenen Fakten, die durch Untersuchungen oder Beobachtungen zustande kommen. Regelhaftes Wissen kann wiederum in bereichsbezogenes (theoretisches Fachwissen oder Erfahrungswissen auf einem bestimmten Gebiet), Allgemeinwissen (generelle Problemlösungsheuristiken, Optimierungsregeln) oder allgemeines Wissen (über reale Beziehungen und Objekte) unterteilt werden (Beierle & Kern-Isberner, 2019, S. 11–18).

Da es während baukonstruktiver Planungen vielfach unterschiedliche Aspekte gibt, die nicht linear miteinander interagieren, bräuchte eine Wissensbasis mehrere Formen von Quellen, um universell einsetzbar zu sein. Als Quellen für die Wissensbasis solcher Systeme können die zuvor bereits erwähnten Regelwerke, das Wissen menschlicher Expert:innen oder aber auch Bauwerks-Datenbanken genutzt werden – je nach Funktionalität des Systems und vorhandenem Wissen im jeweiligen Anwendungsbereich.

Regelbasiertes und fallbasiertes Schließen in wissensbasierten Systemen

Zur Entscheidungsfindung bzw. zum Schlussfolgern in wissensbasierten Systemen wird – wie bei der Wissensbasis – grundsätzlich zwischen zwei Mechanismen unterschieden, dem *regelbasiertem* und dem *fallbasierten Schließen*. Beide Mechanismen verfolgen unterschiedliche Ansätze und finden je nach Einsatzgebiet ihre Anwendung. Beim regelbasierten Schließen beruhen Inhalte der Wissensbasis auf vordefinierten Regeln. Entsprechende Systeme setzen eines der grundlegenden Ziele zur Erstellung von wissensbasierten Systemen um: die Nachahmung des menschlichen Denkens. In der Wissensbasis von regelbasierten Systemen bilden Objekte und Regeln das abstrakte Wissen ab, das durch fachspezifisches Wissen zu ergänzen ist, wenn das System auf einen konkreten Fall angewandt wird. Jede Regel ist im Idealfall als eine Wissenseinheit im System – unabhängig von allen anderen Regeln in der jeweiligen Basis. Dadurch kann neu gewonnenes Wissen einfach zur entsprechenden Wissensbasis hinzugefügt werden, ohne dass es einen Einfluss auf das bereits vorhandene Wissen hat (Beierle & Kern-Isberner, 2019, S. 73–79).

Das regelhafte Wissen könnte in einem System für baukonstruktive Planungen beispielsweise durch DIN-Normen abgebildet werden. Aufgrund der Notwendigkeit der Anwendung von allgemeinen Regeln der Technik oder expliziten Normen und Richtlinien ist ein Anteil von regelhaftem Wissen und regelhaftem Schließen in einem wissensbasierten System für baukonstruktive Planungsentscheidungen sinnvoll.

Gegenüber dem regelbasierten Schließen steht das fallbasierte Schließen. Dieser auch als *Case Based Reasoning (CBR)* bezeichnete Prozess ist eine Problemlösungsmethode mit dem grundlegenden Ansatz, eine Datenbank vergangener Fälle aufzubauen, um diese anschließend als grundlegende Wissensbasis zu nutzen. Jeder Fall in einer Datenbank besteht dabei aus einem Problem (der Ausgangssituation), einer Lösung (der Handlungsweise, die zu einer erfolgreichen Lösung geführt hat) und einer Bewertung bzw. Beurteilung des Ergebnisses (Beierle & Kern-Isberner, 2019, S. 161). Wie bereits Mitte der 90er-Jahre von Aamodt & Plaza zusammengefasst wurde, ist CBR ganz allgemein eine Methode, die neue Probleme damit löst, bereits durchgeführte Situationen zu erinnern und relevante Informationen und notwendiges Wissen dieser Situation auf das neue Problem anzuwenden (Aamodt & Plaza, 1994, S. 2). Veranschaulichen lässt sich das beispielsweise anhand der zuvor erwähnten Brücken. Bei ähnlichen Umgebungsfaktoren und Rahmenbedingungen wie bspw. Bodenbeschaffenheiten, Spannweiten, Lagerungsbedingungen und Materialien ließe sich ein vergleichbares schon umgesetztes Bauwerk finden, anhand dessen Gelerntes auf das neue Projekt angewandt werden kann. Wie an diesem Beispiel ersichtlich wird, unterscheidet sich fallbasiertes Schließen damit von anderen Anwendungen der Maschinenintelligenz, da es sich nicht auf generelles Wissen in einem speziellen Gebiet beschränkt, sondern bereits gelöste Probleme konkreter Fälle nutzt, um neue Situationen zu bewältigen. Sind diese neuen Situationen einmal gelöst bzw. ausgewertet, werden sie in die Datenbank aufgenommen (Aamodt & Plaza, 1994, S. 2).

Im CBR ist das Lernen ein ganz elementarer und entscheidender Aspekt. Wenn ein Problem erfolgreich gelöst ist, wird die damit verbundene Information als Erfahrung gespeichert, um ähnliche Situationen in Zukunft zu lösen. Genauso verhält es sich mit dem Wissen aus Problemen, die nicht gelöst werden konnten: Diese Erfahrungen werden gespeichert, um Fehler zu ermitteln und daraus für die zukünftige Situationen zu lernen. Beim fallbasierten Schließen werden neue Fälle in Form von Anfragen an die Datenbank geleitet. Das System berechnet dann paarweise durch Vergleiche von Anfrage und Datenbankfällen Ähnlichkeiten, sodass als Ergebnis die verschiedenen Fallbeispiele anhand ihrer Ähnlichkeitsauswertung sortiert sind. Die Fälle, die auf den obersten Plätzen der Sortierung landen, sind dem Problem am ähnlichsten und bieten das höchste Potenzial, um Lösungen für den Problemfall daraus abzuleiten (Bergmann et al., 2020, S. 344).

Wissensbasierte Systeme haben Potenzial in der baukonstruktiven Planung zu unterstützen, da durch die Anwendung in komplexen und heterogenen Prozessen fundierte Entscheidungen getroffen werden. Im Gegensatz zu traditionellen Urteilen von Expert:innen bzw. bewährten Berechnungsvorgängen wäre der Einsatz von intelligenten Algorithmen bei der Bewältigung von vielfältigen Problemen mit umfangreicher Datenbasis und unter großer Ungewissheit mit großer Wahrscheinlichkeit in der Lage, genaue und überzeugende Ergebnisse zu liefern (Pan & Zhang, 2020, S. 15). Mithilfe umfangreicher Wissensbasen wäre es zudem denkbar, dass in Entscheidungsprozessen jede Komponente mit ihren aktuellsten Erfahrungswerten in Betracht gezogen würde, was durch menschliche Expert:innen bisher nicht möglich ist.

Umfangreiche Datenbanken als Basis für wissensbasierte Systeme

Für die Erstellung von Datenbanken sind aussagekräftige Unterlagen sowie einheitliche Dokumentationen notwendig, die jedoch häufig in heterogenen Formaten und inkonsistenten Strukturen vorliegen und darüber hinaus auch vielfach unvollständig, dezentral, überholt oder digital nicht lesbar sind (BMDV, 2021). Ausgehend von dieser Problematik greift der vorliegende Abschnitt auf, wie umfangreich und komplex eine Datensammlung und -verarbeitung für die Anwendung von wissensbasierten Systemen werden kann.

Digitale Daten sind essenziell für die Nutzung von Maschinenintelligenz, z. B. für GD oder wissensbasierte Systeme – nicht nur im Bauwesen. Daher sind sowohl Methoden zur Sammlung zur Vereinheitlichung und automatisierten Erstellung objektbasierter Bestandsmodelle notwendig, als auch zusätzlich Methoden zur Erfassung, Verknüpfung und Bewertung aller relevanten Daten. Unter dem Datenbestand im Bauwesen sind u. a. Pläne, Berichte, Fotos, Bestandsunterlagen, BIM-Modelle oder statische Berechnungen zu nennen. In der Regel werden solche divergenten Daten von unterschiedlichen Verfassern, in unterschiedlichen Formaten und mit unterschiedlichen Zielsetzungen erstellt. Um die den

Informationen zu Grunde liegenden Daten, für die bereits erwähnten Automatisierungsprozesse verfügbar zu machen, ist es jedoch notwendig, relevante Informationen aus den unterschiedlichen Daten zu sortieren bzw. diese anschließend zu extrahieren.

Durch den Einsatz verschiedener ML-Methoden ist es möglich, Bauwerksdaten zusammenzuführen sowie eine lebensdauerübergreifende Speicherung dieser zu gewährleisten. Nachfolgend werden verschiede Datentypen und ML-Methoden aufgeführt sowie diverse Ansätze zur Sammlung und Vereinheitlichung von Bestandsdaten vorgestellt, um die bereits erwähnten GD-Ansätze in einen praxisnahen Kontext zu setzen.

Es gibt drei Arten des Lernens: Der erste Lerntyp ist das *überwachte Lernen* (supervised learning) oder auch Lernen mit Aufsicht (Ertel, 2021, S. 202), bei dem ein Algorithmus auf gelabelte Trainingsdaten trainiert wird. Das bedeutet, dass die Daten, mit denen gelernt wird, bereits mit dem richtigen Ergebnis vorliegen. Der Algorithmus erlernt demnach einen Zusammenhang zwischen Ein- und Ausgabe zu finden. Ziel ist es, Ausgaben bzw. Ergebnisse bei unbekannten Eingaben vorherzusagen. Beim *unüberwachten Lernen* (unsupervised learning)*,* wie es als *Clustering* auch im *Bridge Genome Project* angewandt wurde, geht es anders als beim Lernen mit Lehrer:innen um das Finden von Strukturen bzw. um Häufungen von Daten (Ertel, 2021, S. 260). Der dritte Typ ist das *Lernen durch Verstärkung* (reinforcement learning) (Ertel, 2021, S. 351). Hierbei wird nicht mit gelabelten Trainingsdaten trainiert. Das Modell lernt hier anhand von Feedback, welches während des Prozesses zurückgemeldet wird.

Für die praxisnahe Einsortierung der Lernformen, folgen einige Anwendungsfälle: Beispielsweise sind die im Bauwesen am häufigsten verwendeten Datenformate PDF und JPG (Bach et al. 2024, S. 28). Diese enthalten zwar viele relevante bzw. projektspezifische Informationen, aber es handelt sich um unstrukturierte Daten. Um diese Daten auszuwerten sind Modelle des ersten Typs (überwachtes Lernen) erforderlich, die anhand von erstellten Datensätzen darauf trainiert wurden Ergebnisse vorherzusagen (Bach et al. 2024, S. 30).

Neben dem Sammeln, Extrahieren und Sortieren von unterschiedlichen Datentypen gibt es auch Möglichkeiten, ganze Bauwerksmodelle automatisch erzeugen zu lassen. Im nachfolgend beschriebenen Forschungsprojekt wurde dies anhand einer Brücke auf verschiedene Arten erprobt.

Im Projekt *SPP Hundert Plus* (Schwerpunktprogramm *2388* der *Deutschen Forschungsgemeinschaft DFG)* wird an der Zusammenführung von geometrischen Messdaten sowie an der Informationsaufbereitung und deren Datenumwandlung mit dem Ziel einer automatisierten Erstellung von digitalen Zwillingen geforscht (Marx, 2024). Das Projekt gliedert sich in drei interdisziplinäre Forschungsbereiche: *digitale Modelle*, *digitale Verknüpfung* und *Zustandsindikatoren*. Der Bereich *digitale Modelle* beschäftigt sich mit Methoden zur automatisierten Erzeugung von georeferenzierten 3D-Modellen. Die Modelle enthalten neben semantischen Daten auch eine Kombination aus heterogenen Bestandsdaten von Ingenieursbauwerken auf der Grundlage von digitalen Bauaufnahmeverfahren, wie Laserscanning, Fotogrammetrie, Drohnen, optischen Sensoren und digitalen optischen Systemen. Diese werden wiederum mit selbstlernenden Algorithmen verarbeitet.

Der Bereich *digitale Verknüpfung* beschäftigt sich damit, wie Bauwerkszustandsinformationen in Echtzeit auf- und verarbeitet, sowie mit digitalen Zwillingen verknüpft werden können. Der Bereich *Zustandsindikatoren* entwickelt Methoden, mit denen große Datenmengen automatisiert in von Menschen intuitiv erfassbare Informationen abgeleitet werden können (Marx, 2024).

Das Forschungsprojekt gibt einen Einblick, wie eine effektive Kombination verschiedener Technologien und Methoden des Maschinellen Lernens zu Automatisierung in der Erstellung von digitalen Baumwerksdatenmodellen führen kann. Die verschiedenen Modelle können als Grundlage für eine Datenbank dienen, genauso wie die zuvor beschriebenen extrahierten Daten. Im Kontext eines Bauprojektes ist es wichtig, dass es sich nicht allein um einen separierten Algorithmus handelt, sondern vor allem um die Kombination aus digitalen Daten und intelligenten Methoden, die zu genaueren, transparenteren und nachhaltigeren baukonstruktiven Planungen führen können.

Idee für ein wissensbasiertes System für baukonstruktive Entscheidungen am Beispiel einer Kelleraußenwand

Um nun die zuvor aufgeführten Aspekte in einem *wissensbasierten System* für baukonstruktive Entscheidungsfindungen zu verdeutlichen, wird in diesem Abschnitt ein schematischer Aufbau für wissensbasierte Systeme für Kelleraußenwände erläutert und dargestellt.

Kelleraußenwände sind ein sehr anschauliches baukonstruktives Element, da sie als Tragkonstruktion nicht nur horizontalen Erdlasten standhalten, sondern auch den Wärmeschutz der innen liegenden Räume gewährleisten sowie vertikale Lasten aus den darüberliegenden Aufbauten abtragen. Die Bemessung von Kelleraußenwänden als auch die Wahl von damit zusammenhängenden konstruktiven Maßnahmen, wie z. B. Abdichtungen, werden maßgeblich durch die Verhältnisse des lokalen Baugrundes beeinflusst. Durch die hier angedeuteten vielschichtigen Rahmenbedingungen bietet sich dieses praxisnahe Beispiel für die Erläuterung der zuvor genannten GD-Methoden an.

Für baukonstruktive Planungen von Kellerwandabdichtungen wird im Bauwesen auf einschlägige DIN-Normen zurückgegriffen. Diese bilden nicht nur die Grundlage für den Einsatz konstruktiver Abdichtungen, auch stellen sie die Quelle eines wissensbasierten Systems dar. Sowohl DIN-Normen für die Abdichtungsarten als auch für die Nachweise zur Tragfähigkeit sollten wie auch die allgemein anerkannten Regeln der Technik als regelhaftes Wissen in die Wissensbasis integriert werden. Neben dem regelhaften Wissen in der Wissensbasis ist auch fallbasiertes Wissen notwendig, das beispielsweise eine Datenbank aus Bauwerksdatenmodellen enthält. Es muss stets gewährleistet sein, dass die Wissensbasis jederzeit auf dem aktuellen Stand ist, damit sich bei Änderungen in den DIN-Normen oder bei neuen Erkenntnissen, die sich durch den Abgleich mit Bauwerksdatenmodellen ergeben, die Basis automatisch aktualisiert. Für den Aufbau einer Wissensbasis eigenen sich Expert:innen, die auch die Zusammenstellung relevanter Quellen verantworten. Die Qualität einer Wissensbasis ist demnach durch die permanente Kontrollen sicherzustellen. Expert:innen sind in diesem Kontext erfahrene Planer:innen, die auch mit der Einführung von DIN-Normen und den jeweiligen technischen Regeln vertraut sind.

Neben der Wissensbasis gibt es in wissensbasierten Systemen auch Arbeitsspeicher, die ähnlich wie bei Computern, *temporäres Wissen* darstellen. Diese Speicher werden mit fallspezifischem Wissen gefüllt, dass sich beim Beispiel der Kelleraußenwand unter anderem aus der lokalen Bodenbeschaffenheit, den Raumnutzungswünschen der Bauherr:innen oder auch behördlichen Vorgaben zusammensetzt. Sie stehen bestenfalls allen Planer:innen zur Verfügung. Expert:innen definieren in diesen Arbeitsspeichern die fallspezifischen Parameter, damit sichergestellt ist, dass alle relevanten Werte verarbeitet werden. Die Speicher bzw. deren Dialogkomponenten *kommunizieren* mit den Planer:innen, um spezifische Werte zu erhalten. Im Anwendungsverlauf kann es dazu kommen, dass ein Speichermedium hinsichtlich der relevanten Parameter angepasst werden muss, um konkretere Lösungen zu finden, oder dass sich im Planungsprozess neue Erkenntnisse und damit neue Parameter ergeben, die die Anwender:innen dem Arbeitsspeicher übermitteln müssen.

Wie in Abb. 2 zu erkennen ist, arbeiten intelligente Algorithmen mit Wissensbasis und Arbeitsspeicher, um erste *Priormodelle* aus der Kombination der beiden Wissenspakete hervorzubringen. Die Wissenspakete setzen sich wie bereits erläutert aus dem temporären, fachspezifischen Wissen im Arbeitsspeicher sowie dem permanenten, fall- und regelhaftem Wissen in der Wissensbasis zusammen. Auf die so entstehenden *Priormodelle* kann nun in einem weiteren Schritt ein GD-Algorithmus angewandt werden, um die Modelle hinsichtlich bestimmter Parameter noch weiter zu verbessern. Der schematische Aufbau in Abb. 2 ist somit eine Erweiterung von Abb. 1.

Der Vorteil wissensbasierter Systeme bzw. rein digitaler und intelligenter Entwurfsansätze ist, dass sie es ermöglichen, ein Optimum für ein geplantes Bauvorhaben mit

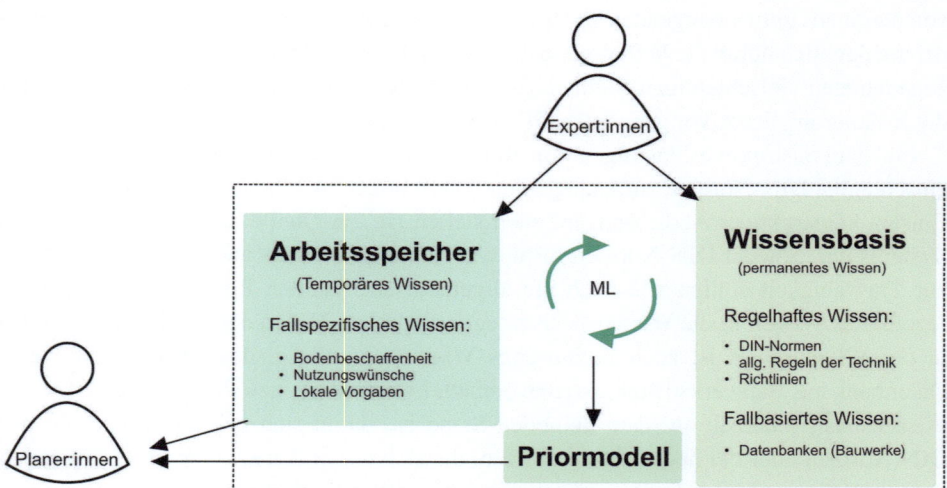

Abb. 2 Schematischer Aufbau eines wissensbasierten Systems. (Eigene Darstellung)

einem Maximum an vorhanden Erfahrungen und einem automatischen Abgleich von Ausgangsparametern mit geltenden Normen, zu entwickeln. Dieser Ansatz ist nicht nur zeitsparend und transparent – sowohl in seiner Anwendung als auch in seiner Rückverfolgung – er kann auch einen großen Umfang an Erfahrungen mit einfließen lassen, der einzelnen Planer:innen i. d. R. nicht zur Verfügung steht.

Der Einsatz von wissensbasierten Systemen in der Planung ist besonders bei deutlich komplexeren Gebäuden als bspw. Einfamilienhäusern sinnvoll, da der Datenumfang an Regelwerken und miteinzubeziehender Faktoren in Kombination mit Erkenntnissen aus anderen Projekten sehr groß ist. Schließlich ist nicht nur die Vollständigkeit und Qualität der Datenbanken von Vergleichsobjekten relevant, sondern auch die Zuverlässigkeit der verwendeten Algorithmen. Außerdem ist jeder Iterationsschritt der Algorithmen durch Fachplaner:innen zu überwachen, damit die Richtigkeit des erzeugten Entwurfs auch gewährleistet werden kann. Die Überwachung ist nicht nur für automatische Konstruktionsplanungen elementar, sondern auch für den sicheren Datenaustausch innerhalb von Projekten sowie für das Erstellen, Aktualisieren und Nutzen der – heute noch nicht in ausreichendem Maße vorhandenen – Datenbanken. Des Weiteren fehlen für praxistaugliche Anwendungen von wissensbasierten System Softwareanwendungen bzw. intelligente Modelle, die die Wissenserwerbskomponente und die Wissensverarbeitungskomponenten durch intelligente Algorithmen sowie den generativen Explorationsprozess durchführen. Die Algorithmen müssen trainiert und dann getestet werden. In diesem Zusammenhang bedarf es weiterer Forschung.

Wie erläutert, hat der dargestellte schematische Ablauf das Potenzial in baukonstruktiven Planungen – besonders aufgrund der transparenten und rückverfolgbaren Entscheidungen – Einsatz zu finden. Planer:innen haben mithilfe maschinenintelligenter Algorithmen die Möglichkeit auf tiefes bzw. umfassendes Wissen zurückzugreifen. Die erhöht nicht nur die Qualität von Planungsprozessen, es vermeidet bestenfalls auch Fehler während Entwurfsvorgängen. Durch intelligente und generative Entwurfsexplorationen können somit Zeit und Kosten in der Entwurfsentwicklung reduziert werden.

4   Fazit und Ausblick

Der vorliegende Beitrag hat gezeigt, welche Möglichkeiten wissensbasierte Systeme und intelligente Algorithmen wie das *Generative Design* für baukonstruktive Planungen bieten. Um die aufgezeigten Potenziale praxisnah zu belegen, wurde der konkrete Einsatz wissensbasierter Systemen sowie des GD anhand von Beispielen und schematischen Abbildungen dargestellt. Die Implementierung intelligenter Algorithmen in Entwurfsprozesse weist insbesondere bei der Vermeidung von Planungsfehlern ein großes Potenzial auf, da mithilfe umfangreicher Datenbanken auf abgesicherte Informationen zurückgegriffen werden kann. Entscheidungen hängen somit nicht mehr nur von einzelnen Planer:innen ab. Dies hat nicht nur ökonomische Vorteile, da es durch die Einbindung von wissensbasierten Systeme ebenfalls möglich ist, nachhaltiger zu planen, z. B. wenn Aspekte der Einhaltung von Nachhaltigkeitsstandards, wie der Materialwiederverwertung bzw. -verschwendung relevant werden.

Aktuell fehlt es allerdings noch an umfangreichen Datenbanken, die für die Umsetzung ganzheitlicher wissensbasierter Systeme notwendig sind. Darüber hinaus ist weiterhin unklar, wie genau einzelne Verarbeitungsschnittstellen zwischen wissensbasierten Systemen und Planer:innen und Expert:innen aussehen und auch wie sie funktionieren bzw. wie sie mit einer umfangreichen Wissensbasis sowie einem Arbeitsspeicher zusammenhängen (siehe Kap. 3). Darüber hinaus sollte erforscht werden, inwiefern fallbasiertes und regelhaftes Schließen innerhalb einer Wissensbasis parallel umsetzbar sind.

Die im Beitrag aufgeführten Forschungsbeispiele zeigen, wie die Anwendung von ML-Algorithmen schon jetzt im Bauwesen zu Verbesserungen in Planungsprozessen führen kann. Um weitere Vorteile der Maschinenintelligenz zu nutzen, sollte das hier angedeutete Potenzial in weiteren bauplanerischen bzw. baukonstruktiven Bereichen erforscht bzw. getestet werden. Diesbezüglich wäre es unter anderem interessant weitere Tätigkeitsfelder einzubeziehen, wie z. B. die Bemessung von Tragwerken, die – wie im Beitrag von Lennart Woock thematisiert – mit den hier vorgestellten wissensbasierten System kombinierbar sind. Über ingenieurspezifische bzw. tragwerkrelevante Prozesse hinaus ist jedoch vor allem die Einbindung von nachhaltigen Aspekten zu berücksichtigen. Hier kann an erster Stelle bspw. die lokale Suche nach ressourcenschonenden Baumaterialien herangezogen werden, die im Beitrag von Clea Kummert im Kontext des zirkulären Bauens bereits thematisiert wurde. Generell gilt: Je mehr Daten für Entwurfsprozesse vorliegen, desto strukturierter, transparenter und vor allem nachhaltiger kann geplant und gebaut werden.

Neben den Potenzialen ist jedoch auch stets zu berücksichtigen, dass die Anwendung intelligenter Algorithmen auch Risiken bergen kann, die sich insbesondere in einem hohen Kontrollaufwand oder durch undurchsichtige bzw. nicht nachvollziehbare Prozesse widerspiegeln (Black Box-Phänomen). Zu nennen sind hier vor allem die vielen komplexen Verarbeitungs-, Auswertungs- und Übermittlungsschnittstellen, die im Bauwesen häufig zu finden sind.

Innovative Ansätze sowie die Kombination verschiedener intelligenter Technologien und Methoden bieten jedoch vielfältige Möglichkeiten bestehende Defizite zu beheben bzw. diese auszugleichen – nicht nur, um digitale, effiziente und innovative Planungen und Ausführungen voranzutreiben, sondern auch um zukunftsfähige Umweltbedingungen für spätere Generationen bereitzustellen.

Literatur

Aamodt, A., & Plaza, E. (1994). Case-based reasoning: Foundational issues, methodological variations, and system approaches. *AI Communications, 7*, 39–59. https://doi.org/10.3233/AIC-1994-7104

Abrishami, S., Goulding, J. S., Pour-Rahimian, F., Ganah, A. (2014). Integration of BIM and generative design to exploit AEC conceptual design innovation. In: Journal of Information and Technology in Construction, 19, ISSN: 1874-4753,. http://clok.uclan.ac.uk/11420/. Zugegriffen am 18.09.2023.

Bach, A., Al-Wesabi, T., & Staka, I. (2024). Datenzentrierte KI als Basis für ein zukünftiges Informationsmanagement. In S. Haghsheno et al. (Hrsg.), *Künstliche Intelligenz im Bauwesen: Grundlagen und Anwendungsfälle*. Springer Vieweg. https://doi.org/10.1007/978-3-658-42796-2. ISBN: 978-3-658-42796-2.

Beierle, C., & Kern-Isberner, G. (2019). *Methoden wissensbasierter Systeme: Grundlagen, Algorithmen, Anwendungen* (6. Aufl.). Springer Vieweg. https://doi.org/10.1007/978-3-658-27084-1. ISBN: 978-3-658-27084-1.

Bergmann, R., Minor, M., Bach, K., Althoffund, K.-D., & Muñoz-Avila, H. (2020). *Handbuch der künstlichen Intelligenz*. De Gruyter. https://doi.org/10.1515/9783110659948-201. ISBN: 978-3-11-065994-8.

BMDV. (2021). *Datenfusion zur teilautomatisierten Generierung eines objektbasierten digitalen Bestandsmodells von Eisenbahninfrastrukturanlagen*. https://bmdv.bund.de/SharedDocs/DE/Artikel/DG/mfund-projekte/mdfbim.html. Zugegriffen am 12.08.2024.

BuHamdan, S., Alwisy, A., & Bouferguene, A. (2020). Generative systems in the architecture, engineering and construction industry: A systematic review and analysis. *International Journal of Architectural Computing, 19*, 226–249. https://doi.org/10.1177/1478077120934126

Caetano, I., Santos, L., & Leitão, A. (2020). Computational design in architecture: Defining parametric, generative, and algorithmic design. *Frontiers of Architectural Research, 9*, 287–300. ISSN: 2095-2635. https://doi.org/10.1016/j.foar.2019.12.008

Ertel, W. (2021). *Grundkurs Künstliche Intelligenz: Eine praxisnahe Einführung* (5. Aufl.). Springer Vieweg. https://doi.org/10.1007/978-3-658-32075-1. ISBN: 978-3-658-32075-1.

Fraunhofer-Institut für Kognitive Systeme. (2024). *Künstliche Intelligenz (KI) und maschinelles Lernen*. https://www.iks.fraunhofer.de/de/themen/kuenstliche-intelligenz.html. Zugegriffen am 01.05.2024.

Hestermann, U., & Rongen, L. (2015). *Frick/Knöll – Baukonstruktionslehre 1*. (36. Aufl.) Springer Vieweg. ISBN: 978-3-8348-2564-3.

Kraus, M. A. (2021). *Performanzbasierter generativer Entwurf von Netzwerkbogenbrücken*. https://concrete.ethz.ch/blog/performanzbasierter-generativer-entwurf-von-netzwerkbogenbruecken/. Zugegriffen am 22.12.2023.

Krish, S. (2011). A practical generative design method. *Computer-Aided Design, 43*, 88–100. ISSN: 0010-4485. https://doi.org/10.1016/j.cad.2010.09.009

Marx, S. (2024). *Schwerpunktprogramm SPP 2388 – SPP HUNTER Plus der Technischen Universität Dresden*. https://spp100plus.de. Zugegriffen am 13.08.2024.

Nagy, D., Lau, D., Locke, J., Stoddart, J., Villaggi, L., Wang, R., Zhao, D., & Benjamin, D. (2017). *Project discover: An application of generative design for architectural space planning*. https://doi.org/10.22360/simaud.2017.simaud.007

Pan, Y., & Zhang, L. (2020). Roles of artificial intelligence in construction engineering and management: A critical review and future trends. *Automation in Construction, 122*. ISSN: 0926-5805. https://doi.org/10.1016/j.autcon.2020.103517

Rifai, H. (2024). Förderung von Digitalisierungsprojekten in der Bauwirtschaft. In S. Haghsheno et al. (Hrsg.), *Künstliche Intelligenz im Bauwesen: Grundlagen und Anwendungsfälle*. Springer Vieweg. https://doi.org/10.1007/978-3-658-42796-2_2. ISBN: 978-3-658-42796-2.

Generative Design im Stahlbetonbau – Bemessung von Diskontinuitätsbereichen mit intelligenten Algorithmen

Lennart Woock

Übergeordnetes Ziel einer Tragwerksplanung ist es, die Standsicherheit eines geplanten Bauwerks mit seiner Wirtschaftlichkeit zu vereinbaren. Standsicherheit bedeutet vereinfacht ausgedrückt, dass nach Berücksichtigung von Teilsicherheitsbeiwerten der Tragwerkswiderstand größer sein muss als die vorhandenen Einwirkungen. Und mit Wirtschaftlichkeit ist in erster Linie der Materialverbrauch gemeint, denn ein möglichst geringer Einsatz von Baustoffen, wie Stahl und Beton, sorgt einerseits für niedrige Baukosten und andererseits für reduzierte CO_2-Emissionen. Je nach Projekt bzw. Problemstellung stehen Bauingenieur*innen vor der Herausforderung verschiedene Parameter, wie Bauteilabmessungen und Materialgüten, sinnvoll zu kombinieren, um die oben genannten Ziele miteinander zu verbinden. Einen optimalen bzw. für ein Projekt passgenauen Entwurf zu finden, kann je nach Anzahl der zu berücksichtigenden Parameter jedoch sehr aufwendig sein. Theoretisch muss jede mögliche Kombination einzeln ausgewertet werden. Ein entsprechendes Vorgehen entspricht nicht der gängigen Praxis, da Ingenieur*innen bereits zu Beginn bestimmte Kombinationen von Parametern einer Tragwerksplanung ausschließen, vor allem, wenn daraus keine standsicheren bzw. wirtschaftlichen Entwürfe entstehen, beispielsweise wenn Abmessungen eines Bauteils sehr groß werden. Folglich wird nur in einem bestimmten *Werteraum* nach Lösungen gesucht. Die hier angerissene Art einer Vorselektion von Parameterwerten kann mithilfe von Maschinenintelligenz auch automatisch durch Algorithmen geschehen. In diesem Beitrag wird diesbezüglich ein spezifischer Algorithmus für Diskontinuitätsbereiche vorgestellt, mit dem Stahlbetonkonsolen generiert bzw. optimiert werden können.

L. Woock (✉)
Ramboll Deutschland GmbH, Hamburg, Deutschland
E-Mail: lennart.woock@ramboll.com

© Der/die Autor(en), exklusiv lizenziert an Springer Fachmedien Wiesbaden GmbH, ein Teil von Springer Nature 2025
T. Kölzer (Hrsg.), *Nachhaltige und digitale Baukonzepte 2*,
https://doi.org/10.1007/978-3-658-47573-4_10

1   Klassische Vorgehensweise bei der Bemessung von Diskontinuitätsbereichen

Im Stahlbetonbau werden die charakteristischen Eigenschaften von Beton und Stahl miteinander kombiniert, um robuste und langlebige Bauwerke zu erschaffen. In diesem Abschnitt wird anhand von Konsolen die klassische Bemessung von Diskontinuitätsbereichen (D-Bereichen) im Stahlbetonbau erläutert. Neben Konsolen kann es sich bei D-Bereichen u. a. auch um Versprünge, Rahmenecken oder Ausklinkungen handeln. Die für die Dimensionierung von Konsolen vorgestellte Bemessungsmethode ist ein wesentlicher Teil von einem Optimierungsalgorithmus, in dem sie zum Einsatz kommt, um standsichere Entwürfe zu erzeugen. Um dies anschaulich zu verdeutlichen, wird zunächst erklärt, wodurch sich D-Bereiche in einem Stahlbetontragwerk von Kontinuitätsbereichen, unterscheiden. So bedarf die Dimensionierung eines D-Bereichs im Vergleich zu Kontinuitätsbereichen mit Zug-, Druck- und Querkraftbewehrung mehr Aufwand, da es hierfür keine festen bzw. sich stets ähnelnden Bewehrungsstrukturen gibt. In D-Bereichen müssen Bewehrungsstrukturen i. d. R. erst entwickelt oder mithilfe bekannter Fachwerkmodelle modifiziert werden. Übergeordnet ist stets darauf zu achten, dass die entworfenen Strukturen nicht nur tragsicher, sondern auch wirtschaftlich sind. Das Standard-Beispiel eines Kontinuitätsbereichs ist der Euler-Bernoulli-Balken, dessen Querschnittsebenen bei globaler Verformung stets rechtwinklig zur Stabachse bleiben und sich im Sinne dieser übergeordneten Ingenieurannahme nicht verformen (Öchsner, 2021). Statische und geometrische Diskontinuitäten sorgen hingegen für ein stark ausgeprägtes nichtlineares Dehnungsverhalten im Tragwerk. Entsprechende Querschnitte werden nicht mit herkömmlichen Bemessungsmethoden, z. B. für Einfeld- oder Durchlaufträger, berechnet. Aktuell basiert die Bemessung von D-Bereichen im Stahlbetonbau auf der Verwendung von Stabwerkmodellen, wie im Eurocode 2 beschrieben (DIN EN 1992-1-1, 2011, S. 67). Im Zuge von Tragwerksbemessungen können Ingenieur*innen entweder eigene Stabwerkmodelle entwickeln oder auf bereits vorhandene Ansätze zurückgreifen.

Stabwerkmodelle zur Bemessung von Diskontinuitätsbereichen

Ein Verfahren zur Entwicklung und Bemessung von D-Bereichen mithilfe von Stabwerkmodellen liefern Zilch & Zehetmaier (2009), das wiederum auf der Arbeit von Schlaich & Schäfer (1991) aufbaut. Dieses Verfahren, das im Folgenden kurz beschrieben wird, besteht aus 13 Schritten, wovon die ersten vier übergeordnet das gesamte Tragwerk betreffen und deshalb nur einmal durchgeführt werden müssen. Die Bemessung der einzelnen D-Bereiche geschieht dann mit den anschließenden neun Schritten.

Die ersten bzw. übergeordneten Schritte beginnen mit der Idealisierung der zu untersuchenden Tragstruktur sowie der Ermittlung aller Lasten und Auflagerbedingungen. Nachdem Auflagerreaktionen und die Schnittgrößen berechnet wurden, kann ein Tragwerk in Kontinuitäts- und Diskontinuitätsbereiche eingeteilt werden. Anschließend

Generative Design im Stahlbetonbau

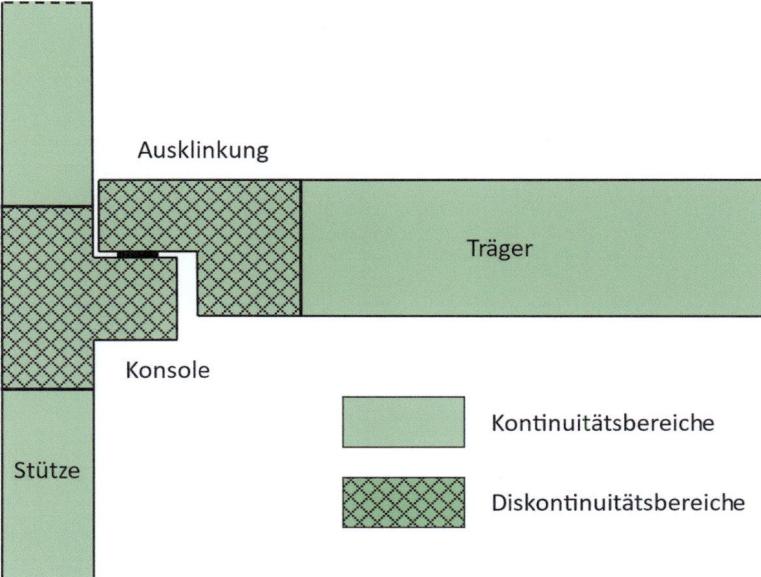

Abb. 1 Diskontinuitätsbereiche in einem ausgeklinkten Träger und einer Konsole. (Eigene Darstellung)

werden die einzelnen Abschnitte der Kontinuitätsbereiche dimensioniert. Daraus ergeben sich dann auch die Schnittgrößen, die nötig sind, um die angrenzenden D-Bereiche zu bemessen.

Exemplarisch ist in Abb. 1 ein ausgeklinkter Träger auf einer Konsole dargestellt. Im Bereich des Auflagers, sind beide Bauteile geometrisch und statisch diskontinuierlich. Um das Tragverhalten in diesen Bereichen abbilden zu können, müssen zunächst die Lasten im Träger und in der Stütze ermittelt werden.

Zu Beginn der Bemessung der D-Bereiche sind alle statischen Randbedingungen inklusive Lasten, Auflagerbedingungen und Schnittgrößen aus den angrenzenden Kontinuitätsbereichen zu bestimmen. Jeder D-Bereich muss sich dabei in einem Gleichgewichtszustand befinden. In den D-Bereichen werden Schnitte angelegt, in deren Ebenen sich wiederum zweidimensionale Fachwerkmodelle konstruieren lassen. Im dargestellten Beispiel sind die Konsole und der ausgeklinkte Träger in Längsrichtung geschnitten.

Nach dem Festlegen von Schnitten können die äußeren Kräfte aufsummiert werden. Aus den Resultierenden leiten sich sowohl die Startpunkte als auch die Richtungen der Kraftflüsse, auch Lastpfade genannt, ab. Für sie gelten folgende Regeln:

- Sie müssen polygonal sein.
- Sie dürfen sich nicht kreuzen.
- Jede Richtungsänderung erzeugt eine zusätzliche Kraft.

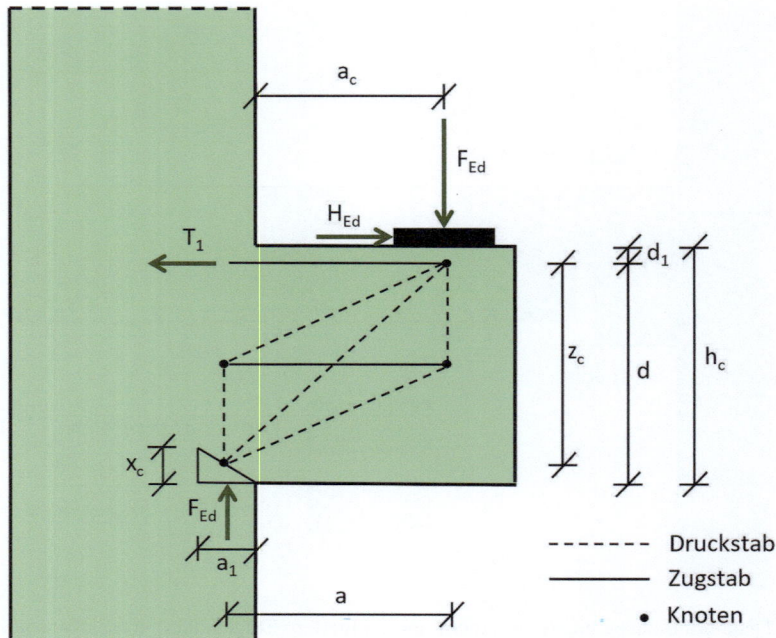

Abb. 2 Stabwerkmodell einer Stahlbetonkonsole. (Eigene Darstellung in Anlehnung an Fingerloos und Stenzel (2006))

Die Lastpfade werden aufgeteilt in Druck- und Zugstreben mit Knoten an den Kreuzungspunkten. Die Streben übertragen nur Normalkräfte und entsprechend treten in den Knoten keine Momente auf. Diese idealisierte Form der Kraftflüsse heißt Fachwerkmodell. Ein Beispiel eines solchen Fachwerkmodells ist in Abb. 2 dargestellt. In einem solchen Modell werden einzelne Stabkräfte berechnet. Dabei nimmt die Stahlbewehrung die Zugkräfte im Modell auf, während der Beton die Druckkräfte abträgt. Die idealisierten Knoten müssen ebenfalls nachgewiesen werden, um das gesamte Stabwerkmodell als tragsicher einstufen zu können.

Klassische Bemessung von Konsolen

Da in diesem Beitrag exemplarisch die Konstruktion und Dimensionierung von Konsolen untersucht wird, ist nachfolgend eine entsprechende Bemessungsmethode von Fingerloos und Stenzel (2006) beschrieben. Um den anschließenden Ausführungen mit allen zugehörigen Parametern folgen zu können, gibt Abb. 2 einen Überblick über die geometrischen Variablen bei einer Konsole.

Abb. 2 zeigt das Stabwerkmodell einer Konsole, das die äußeren Kräfte F_{Ed} und H_{Ed} zu der angeschlossenen Stütze weiterleitet. Bei der Höhe h_c, der Länge a_c, der Betondeckung d_1 und der Breite b_c, die senkrecht zur Abbildungsebene liegt, sowie bei der Betonfestigkeit f_{cd} handelt es sich um die Eingangsparameter zur Bemessung des dargestellten D-Bereichs. Die Betondeckung ist stets abhängig von den äußeren Randbedingungen. Sie wird daher zu Beginn einer Bemessung vorab festgelegt. Die geometrischen Parameter des Bauteils sowie dessen Betonfestigkeit können hingegen frei gewählt werden.

Der erste Schritt nach der Methode von *Fingerloos & Stenzel* ist die Bestimmung der Zugkraft T_1 an der Oberseite einer Konsole. Die Gleichung für die Zugkraft lautet:

$$T_1 = F_{Ed} \cdot \frac{a}{z_c} + H_{Ed}$$

Die Gleichung wandelt das resultierende Moment an der Stütze in zwei entgegengesetzte Kräfte in der Konsole um. Die Gesamtlänge a ist dabei die Summe der folgenden Teillängen:

$$a = 0{,}5 \cdot a_1 + a_c + \Delta a_c$$

Der Parameter Δa_c ist der horizontale Abstand zwischen dem Knoten rechts oben und dem Lastangriffspunkt:

$$\Delta a_c = d_1 \cdot \frac{H_{Ed}}{F_{Ed}}$$

Die Breite des Druckknotens a_1 ist abhängig von der Vertikallast F_{Ed}, der Breite der Konsole b_c und der Betondruckfestigkeit f_{cd}:

$$a_1 = \frac{F_{Ed}}{b_c \cdot 0{,}75 \cdot f_{cd}}$$

Die statische Höhe d ist definiert durch:

$$d = h_c - d_1$$

Die Höhe des Druckknotens unten links kann mit der folgenden Gleichung bestimmt werden:

$$x_c = d - \sqrt{d^2 - 2 \cdot a_1 \cdot a}$$

Schließlich kann der innere Hebelarm z_c der Konsole berechnet werden:

$$z_c = d - 0{,}5 \cdot x_c$$

Die Hauptzugkraftbewehrung wird berechnet durch Division von der Zugkraft durch die Streckgrenze von Stahl:

$$A_{s1} = \frac{T_1}{f_{yd}}$$

An dieser Stelle empfehlen *Fingerloos & Stenzel* die Unterscheidung in drei Typen von Konsolen. Die Einteilung in *gedrungene*, *schlanke* und *sehr schlanke Konsolen* findet anhand des Verhältnisses $\frac{a_c}{h_c}$ statt. Je nachdem, welche Kategorie vorliegt, wird vertikale oder horizontale Bügelbewehrung A_{sw2} und A_{sw3} benötigt. Für die mittlere Kategorie der schlanken Konsolen in den Grenzen $0{,}5 < \frac{a_c}{h_c} \leq 1{,}0$ müssen beide Bügelarten berechnet werden. Die Formeln dafür lauten:

$$A_{sw2} = \beta \cdot \frac{F_{Ed}}{f_{yd}}$$

und

$$A_{sw3} = (1-\beta) \cdot 0{,}3 \cdot A_{s1}$$

mit

$$\beta = 2 \cdot \frac{a_c}{h_c}$$

Für die gedrungenen Konsolen mit $\frac{a_c}{h_c} \prime\ 0{,}5$ wird nur horizontale Bügelbewehrung benötigt, die dann folgendermaßen berechnet wird:

$$A_{sw3} = \frac{T_1}{f_{yd}}$$

Die sehr schlanken Konsolen mit $1{,}0 < \frac{a_c}{h_c}$ benötigen nur vertikale Bügelbewehrung, die mit der folgenden Formel ermittelt werden kann:

$$A_{sw2} = \frac{F_{Ed}}{f_{yd}}$$

Die darauffolgenden Berechnungsschritte nach der Methode von *Fingerloos & Stenzel* betreffen die Auflagertiefe und die Verankerungslänge. An dieser Stelle werden keine Parameter mehr festgelegt, sondern die bereits vorhandenen verwendet, weshalb es keine

Möglichkeit der Optimierung gibt. Sie werden daher hier nicht näher behandelt, auch weil diese Angaben für die nachfolgende Erläuterung des Generative Designs nicht mehr relevant sind.

2 Nutzung von genetischen Algorithmen zur Konstruktion von Tragwerken – Status quo und Grundlagen

Im ersten Kapitel wurde erläutert, wie mithilfe verschiedener Eingangsparameter eine erforderliche Bewehrungsmenge für Stahlbetonkonsolen ermittelt werden kann. Dabei wurde allerdings nicht näher darauf eingegangen, wie die jeweiligen Eingangswerte zu Beginn einer Bemessung auszuwählen sind. Klassischerweise wird hier auf Erfahrungen zurückgegriffen, um eine wirtschaftliche Lösung zu erzielen. Dieses Vorgehen bietet jedoch im Hinblick auf den Einsatz von Maschinenintelligenz Potenziale bzw. Raum für Optimierungen. Im Kontext dieses Beitrags besteht die Optimierung darin, Ziele zu definieren und vorgeschlagene Lösungen wie beispielsweise verschiedene Geometrien anhand dieser Ziele zu bewerten. Abhängig von der Definition und Gewichtung von Optimierungszielen gibt es objektiv bessere und schlechtere Lösungen, die sich aus verschiedenen Parametern zusammensetzen. Vergleiche zwischen einzelnen Lösungen sind wiederum möglich, indem ihnen numerische Werte zugeordnet werden, z. B. die Parameter *Kosten* und *Materialverbräuche*.

Der Einsatz von Maschinenintelligenz im Kontext der Entwurfsfindung kann bspw. in Form von Generative-Design-Algorithmen geschehen. *Generative Design (GD)* ist so gesehen ein Zusammenspiel zwischen Planer*innen, die Designvorgaben und Beschränkungen definieren, und Computern, die Entwürfe generieren und diese anhand weiterführender Vorgaben anpassen (Granadeiro et al., 2013). Je größer der potenzielle Lösungsraum ist, desto weniger sinnvoll ist es dabei, alle möglichen Lösungen zu berechnen. Im Gegensatz dazu ermöglicht eine automatische Vorselektion durch *genetische Algorithmen*, von Bauteil- oder Tragwerksparametern ein gezieltes Finden von standsicheren und wirtschaftlichen Entwürfen. Durch eine geringere Anzahl an möglichen Kombinationen kann während einer Planung der zeitliche Aufwand reduziert werden, womit die Wahrscheinlichkeit steigt, eine optimale Lösung zeitnah zu finden. Per se werden nicht alle möglichen Lösungen untersucht, sondern lediglich eine bestimmte Auswahl, die im Gesamtvergleich erfolgversprechender scheint.

Wie ein solcher Ansatz für die Entwicklung von bestimmten Tragwerkslösungen aussehen kann, zeigten Coello et al. bereits Mitte der 1990er-Jahre (Coello Coello et al., 1997). Die Erkenntnisse aus ihrer Forschung helfen dabei, einen eigenen Ansatz für die Optimierung von Stahlbetonkonsolen zu entwickeln. Die Gruppe der Forscher*innen verwendete einen *Genetischen Algorithmus*, um das Design, hier den Entwurf von Stahlbetonbalken, aus wirtschaftlicher Sicht zu optimieren. Bei der angewandten Methode werden Parameterwerte in mehreren Iterationen zufällig zu einer begrenzten Anzahl an Entwürfen zusammengestellt. Mit jeder neuen Iteration kommen die Entwürfe den festgelegten

Abb. 3 Lösungsraum mit zwei Parametern. (Eigene Darstellung)

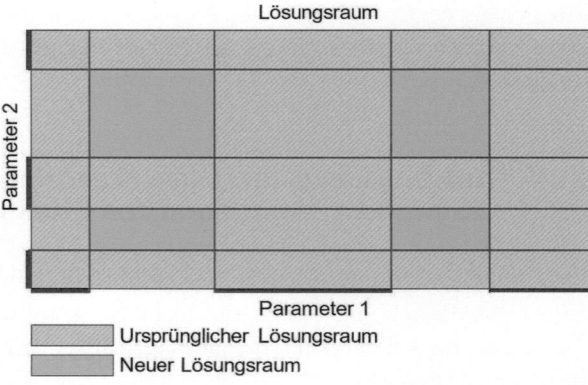

Optimierungszielen näher und ein möglicher Raum an Lösungen wird verkleinert. Abb. 3 verbildlicht einen verkleinerten Lösungsraum durch Ausschlüsse von Parameterwerten. Die Dimension des Lösungsraums ist dabei stets abhängig von der Anzahl der verwendeten Parameter. In diesem Beispiel besteht der Lösungsraum aus der Kombination von zwei beliebigen Parametern.[1] Durch Selektion erweisen sich die rot markierten Werte der beiden Parameter als ineffizient und werden aussortiert. Der verbleibende Werteraum (grauer Bereich) ist anschließend deutlich kleiner als der ursprüngliche.

Coello et al. definierten eine Kostenfunktion, für die ein Minimum gefunden werden sollte, während diverse konstruktive Beschränkungen einzuhalten waren (Coello Coello et al., 1997). Daraus lässt sich ableiten, dass bei der Definition des Algorithmus auf geometrische Beschränkungen zu achten ist, damit die ermittelten Lösungen auch praktikabel auf Baustellen umsetzbar sind. Die Variablen der Kostenfunktion sind das Beton- und Stahlvolumen in den vorhandenen Mengen, da sie direkt mit den Materialkosten korrelieren. Für den Algorithmus werden fünf Komponenten genannt, die zur Umsetzung erforderlich sind. Diese fünf Punkte werden nachfolgend zur Hilfe genommen, um einen Algorithmus für die Optimierung von Stahlbetonkonsolen vorzustellen:

1. Eine geeignete Art der Darstellung von potenziellen Lösungen
2. Eine Methode, um eine *Initialpopulation*[2] von potenziellen Lösungen zu erstellen
3. Eine *Evaluationsfunktion*, die Lösungen bewertet
4. *Genetische Operatoren*, die die Zusammenstellung von Lösungen abändern können
5. Werte für verschiedene Parameter des genetischen Algorithmus (z. B. Größe der Populationen und Wahrscheinlichkeiten für die Anwendung der genetischen Operatoren)

---

[1] Da es an dieser Stelle nur um die Verbildlichung des Prozesses geht, ist die genaue Definition der Parameter nicht nötig. Im Kontext von Bemessungen könnte es sich jedoch beispielsweise um die Höhe und Breite eines Bauteilquerschnitts handeln.

[2] Eine *Initialpopulation* ist die Ausgangsmenge von Entwürfen, die dann als Grundlage zur Optimierung benutzt wird.

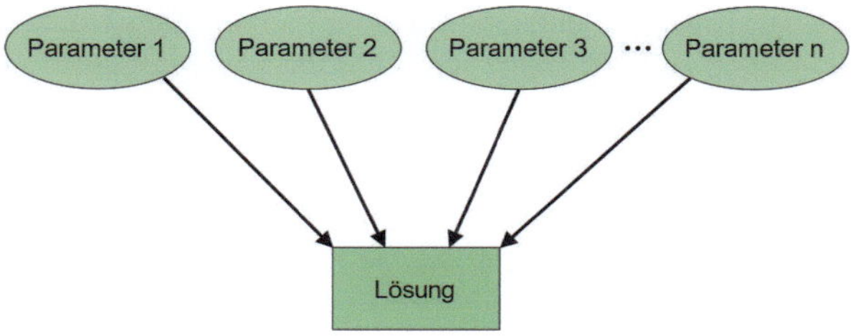

Generative Design im Stahlbetonbau

Abb. 4 Zusammensetzung einer Lösung aus mehreren Parametern. (Eigene Darstellung)

Abb. 5 Selektion von Lösungen anhand ihres Fitnesswerts. (Eigene Darstellung)

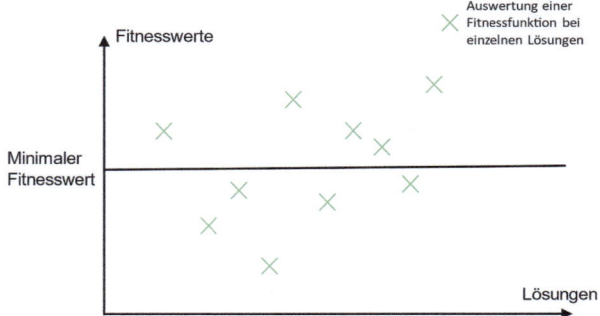

Um die Funktionsweise von *genetischen Algorithmen* zu verdeutlichen, werden nun angelehnt an den Generative-Design-Primer des Softwareherstellers *Autodesk* die fünf Phasen erläutert, die die Grundlage für diese Algorithmen bilden (Generative Design Primer, 2021). Vier der fünf Phasen sind dabei Teil einer Iteration, die immer neue *Generationen*[3] von Entwürfen erzeugen. Bei der ersten Phase des Algorithmus handelt es sich um die sog. *Initialisierung*, bei der eine erste Generation von Entwürfen erstellt wird. Dabei werden allen unabhängigen Parametern zufällige Werte aus einem definierten Wertebereich zugewiesen. Einzelne Lösungen sind, wie in Abb. 4 dargestellt, als Kombination von Parametern definiert.

Die nächste Phase ist die *Evaluierungsphase*, bei der für jede generierte Lösung entsprechend des Optimierungsziels ein numerischer Wert berechnet wird. Dieser Wert wird auch *Fitnesswert* genannt. In der anschließenden *Selektionsphase* werden die Lösungen mithilfe einer Wertgrenze entsprechend ihrer Qualität gefiltert (s. Abb. 5). Die qualitativ hochwertigen Entwürfe geben ihre Parameterwerte an die nächste Generation weiter, indem sie die Ausgangsmengen neu befüllen, mit denen neue Lösungen erzeugt werden.

In der vierten Phase, der *Kreuzung*, wird eine neue Generation erzeugt, bei der die aktualisierten Wertemengen verwendet werden, um den Parametern zufällige Zahlen zuzuordnen. Der Prozess entspricht der Initialisierungsphase, mit dem Unterschied, dass die Wertebereiche kleiner geworden sind. Die *Mutationsphase* verändert anschließend ebenfalls auf Zufallsbasis einige Werte bei manchen Lösungen, um zu verhindern, dass ein-

---

[3] *Generationen* sind im Kontext *Genetischer Algorithmen* einzelne Iterationsstufen, bei denen Entwurfslösungen erzeugt werden (Granadeiro et al., 2013).

seitige Entwürfe entstehen. Dabei können die Lösungen auch Werte erhalten, die eigentlich nicht mehr Teil des aktuellen Werteraums sind.

Nach Abschluss dieser fünf Phasen wird die bestehende Entwurfsgeneration ebenfalls evaluiert und selektiert. Es entsteht eine neue Generation durch Kreuzung, die sich wiederum durch Mutation leicht verändert. Dieser Prozess wiederholt sich, wodurch diejenigen Werte der einzelnen Parameter herausgefiltert werden, die die vordefinierten Ziele am ehesten hervorbringen.

Welchen Vorteil der Einsatz von genetischen Algorithmen bei der Optimierung von Tragwerkslösungen haben kann, wurde 2020 in einer von *Solorzano & Plevris* veröffentlichten Arbeit beschrieben, in der das Verfahren bei der Bemessung von Stahlbetonfundamenten Anwendung fand (Solorzano & Plevris, 2020). Das Ziel war ein möglichst geringer Einsatz von Material. Um dies zu erreichen, wurde jedem Entwurf abermals mittels einer Kostenfunktion ein Gesamtpreis zugeordnet, der sich aus den Mengen von benötigtem Beton und Stahl ableitet. Zusätzlich zur Kostenoptimierung wurde mit vier Nachweisen die Standsicherheit jedes Entwurfs überprüft. Die Vorteile, die sich aus diesem Verfahren ableiten, sind:

1. Hohe Berechnungseffizienz
2. Reduzierte Zeit für eine Entwurfsfindung
3. Einfache Implementierung durch benutzerfreundliche Anwendungspakete
4. Effiziente Verwendung von Material und somit positiver Einfluss auf die Nachhaltigkeit von Tragwerkslösungen

Um diese Vorteile für weitere Tragwerkselemente ausnutzen zu können, muss der Einsatz von sog. *genetischen Algorithmen (GA)* ausgeweitet und weiter erforscht werden. Ein spezieller Einsatz dieses Verfahrens ist in Kap. 3 beschrieben.

3 Generative Design als Optimierungsalgorithmus für die Bemessung von Bauteilen

In den vorherigen Kapiteln wurden neben der üblichen Herangehensweise bei der Bemessung einer Stahlbetonkonsole auch die Grundlagen von *genetischen Algorithmen* (GA) im Kontext von *Generative Design* (GD) erläutert. Aufbauend auf diesen Inhalten wird im Folgenden beides zusammengeführt und die Optimierung von Konsolenentwürfen nach den Materialkosten mithilfe von GAs beschrieben. Das Ziel, Material möglichst effizient zu verwenden, ist sowohl hinsichtlich Wirtschaftlichkeit als auch im Kontext nachhaltiger Konzepte geboten. Zunächst sollten die Parameter, die Verwendung finden, sortiert werden, um eine Stahlbetonkonsole zu definieren. In Tab. 1 werden elf Parameter aufgelistet, wovon vier durch äußere Randbedingungen vorgegeben und sieben variabel und somit optimierbar sind. Die aufgeführten Variablen entsprechen den Eingangswerten des Verfahrens nach Fingerloos und Stenzel (2006), das in Kap. 1 beschrieben wurde.

Generative Design im Stahlbetonbau

Tab. 1 Parameterliste der Stahlbetonkonsole

Feste Parameter	Variable Parameter
F_{Ed}	Erf. Zugbewehrung
H_{Ed}	Erf. vertikale Bügelbewehrung
d_1	Erf. horizontale Bügelbewehrung
f_{yd}	**f_{cd}**
	a_c
	b_c
	h_c

Die aufgelisteten variablen Parameter unterscheiden sich nach *abhängig* und *unabhängig*. Die unabhängigen Parameter sind zur besseren Unterscheidung fett gedruckt hervorgehoben. Sie entsprechen den frei wählbaren Eingangswerten für die obige Konsolenberechnung, die nun mithilfe des GD optimiert werden. Die erforderlichen Bewehrungsmengen hingegen können mithilfe der zuvor beschriebenen Formeln bestimmt werden, sobald die unabhängigen Parameter festgelegt wurden. Durch den mechanischen Zusammenhang zwischen den Einwirkungen und den daraus resultierenden Kräften im Stabwerkmodell lassen sich die benötigten Mengen an Bewehrungsstahl und somit die optimierte Anzahl an Stäben ermitteln.

Um anwendbare Entwürfe zu generieren, ist es zweckmäßig jedem Parameter einen Werteraum zuzuweisen, der alle denkbaren Werte für diesen Parameter enthält. Stahl und Beton sind bspw. nur mit bestimmten Materialkennwerten verfügbar. Außerdem sollten geometrische Parameter, die die Abmessungen des Betonkörpers betreffen, mit einer Genauigkeit gewählt sein, die sich bautechnisch auch umsetzen lässt, also bspw. auf ganze oder halbe Zentimeter gerundet.

Die vier festen Parameterwerte werden gemäß den äußeren Rahmenbedingungen ermittelt. Als Beispiel seien hier die Kräfte $F_{Ed} = 500\ kN$ und $H_{Ed} = 0{,}2 * 500\ kN = 100\ kN$ sowie eine Betondeckung $d_1 = 5cm$ gewählt. Der Bemessungswert der Streckgrenze von Betonstahl ist $f_{yd} = 43{,}5\ \frac{kN}{cm^2}$. Um nun die erste Generation an Entwürfen zu erstellen, werden die vier unabhängigen Parameter für jede Lösung zufällig ausgewählt. Jede Generation enthält 100 Entwürfe, die unterschiedliche Geometrien und Betonfestigkeiten haben. Die nötigen Bewehrungsmengen werden für jeden Entwurf nach Fingerloos und Stenzel (2006) berechnet.

Sobald alle Parameter definiert sind, lassen sich die Materialmengen berechnen und die jeweiligen Kosten abschätzen. Dafür werden mithilfe der äußeren Abmessungen die Volumina bestimmt und anschließend mit aktuellen Preisen pro Volumen multipliziert. Die fertigen Entwürfe enthalten jetzt alle Parameter, die für die Optimierung nötig sind.

Die Listen mit den möglichen Parameterwerten werden gelöscht, da die erste Generation vollständig erstellt wurde. Um nun eine nächste Generation zu erzeugen, müssen die vorhandenen Entwürfe in zwei Gruppen unterteilt werden, wobei eine dieser Gruppen die eigenen Parameterwerte an die nächste Generation weitergeben darf. Dafür werden zwei

Selektionskriterien verwendet. Das erste Kriterium entspricht dem definierten Optimierungsziel, sorgt also dafür, dass die Entwürfe kostengünstig sind. Dabei ist der numerische Wert der Grenze nicht entscheidend, da er lediglich eine Optimierungsrichtung vorgibt. Das zweite Kriterium filtert die Entwürfe heraus, die eine nicht umzusetzende Menge an Bewehrungsstahl benötigen. Wenn die Konsole einen kleinen inneren Hebelarm hat, dann wird die Bewehrungsmenge – entsprechend den oben erläuterten Formeln – groß. Dies ist wichtig, da der Querschnitt der Konsole aus *Platzgründen* nur eine gewisse Menge an Bewehrung aufnehmen kann. Die Parameter der Entwürfe, die beide Kriterien erfüllen, werden in der Folge in den Listen für die nächste Generation gespeichert. Unabhängig der Selektionskriterien wird die gesamte Generation für die spätere Auswertung in einer separaten Liste gespeichert.

Anschließend kommt die Mutationsphase, in der aus jeder der neuen Listen jeder vierte Wert zufällig durch einen der ursprünglichen Werte ersetzt wird. Dadurch geht kein Wert ganz verloren, trotzdem bleibt es bei einer ungleichmäßigen Verteilung durch die zuvor durchgeführte Selektion. Das beeinflusst direkt die Wahrscheinlichkeit, mit der sie in neuen Entwürfen auftauchen. Die neuen Listen dienen nun als Datengrundlage für die nächste Generation an Lösungen. Das Zufallsprinzip entscheidet darüber, aus welchen vier unabhängigen Parameterwerten sich die neuen Lösungen zusammensetzen, die restlichen abhängigen Variablen können daraus ermittelt werden.

Für das hier erläuterte Beispiel beträgt die Anzahl der erstellten Generationen fünf. Der beschriebene Prozess wird wiederholt und die Häufigkeiten der Werte in den Listen verändern sich mit jeder weiteren Iteration. Das grenzt die Konstruktion der Konsolenentwürfe ein und ermöglicht mit einer höheren Wahrscheinlichkeit die Entwicklung einer optimalen Lösung.

Ergebnisse des Anwendungsbeispiels

Um die Wirkungsweise des vorgestellten Algorithmus zu demonstrieren, werden an dieser Stelle die Kosten von Entwürfen im Verlauf von fünf Generationen präsentiert. Es ist zwar möglich, den Algorithmus darüber hinauslaufen zu lassen, aber zu diesem Zeitpunkt sind bereits Effekte der Optimierung erkennbar.

Die Kosten ergeben sich aus der Menge und den Eigenschaften der Materialen Stahl und Beton, z. B. hinsichtlich Festigkeiten. Genaue Baustoffpreise sind marktabhängig, aber zwischen Volumen und Preis gibt es in der Regel einen proportionalen Zusammenhang. Der Beispielalgorithmus dient nicht dazu, eine Kostenberechnung zu ersetzen, er soll in erster Linie helfen eine günstige Lösung zu finden.

Auf der y-Achse in Abb. 6 sind die Kosten der Entwürfe abgebildet. Lösungen, bei denen das zweite Selektionskriterium verfehlt wurde, die also mehr als die festgelegte Menge an Bewehrung benötigen, werden mit einem roten Punkt dargestellt. Durch die Mutationsphase kann eine Nachfolgegeneration weniger gut optimiert sein als die davor. Jedoch ist der Trend über die fünf Generationen hinweg klar zu erkennen.

Generative Design im Stahlbetonbau

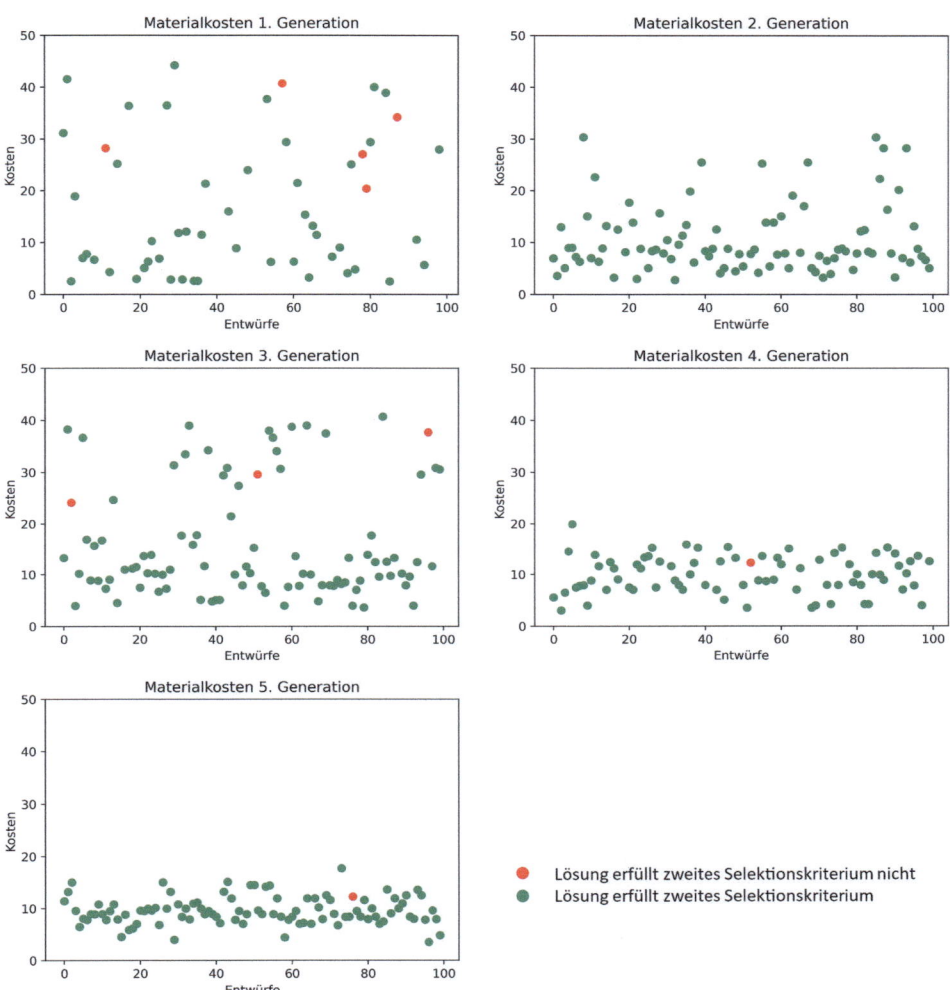

Abb. 6 Entwicklung Materialkosten von Stahlbetonkonsolen über fünf Generationen. (Screenshot aus eigens entwickeltem Python-Skript)

Die Kosten der Entwürfe sind in der ersten Generation noch sehr breit gestreut. In der letzten Generation sind sie hingegen zuverlässig niedrig und sogar deutlich unter dem vorgegebenen Selektionskriterium. Das deutet darauf hin, dass die Entwürfe sich nicht an dieses Kriterium annähern, sondern es vielmehr die Richtung vorgibt, in die sich ein Entwurfsparameter entwickeln soll. Damit spielt die Höhe des gewählten Kriteriums keine Rolle, lediglich die abgefragte Eigenschaft, in diesem Fall die Materialkosten. Die Anzahl der roten Punkte ist zufällig, aber durch das zweite Selektionskriterium, wonach diese Entwürfe aussortiert werden, gibt es im Durchschnitt von Generation zu Generation weniger davon. Es zeigt sich, wie bereits bei Solorzano und Plevris (2020), dass die hier dargestellte Methode schnell Ergebnisse liefert, und durch eine effiziente Verwendung von Material die Nachhaltigkeit von Lösungen erhöht. Die reduzierten Kosten belegen diese Entwicklung.

Abb. 7 stellt die Längen und Betonfestigkeiten der erzeugten Konsolentwürfe dar. Die Größe der Punkte entspricht der Häufigkeit, dieses Wertepaares der jeweiligen Generation. Daraus lässt sich ablesen, wie manche Parameterwerte vom Algorithmus vermehrt verwendet werden und somit zu kostengünstigeren Lösungen beitragen. Im Beispiel sind in der fünften Generation nur noch Entwürfe mit Längen von 10 bis 30 cm vorhanden, wohingegen die Betonfestigkeit nach wie vor weit gestreut ist.

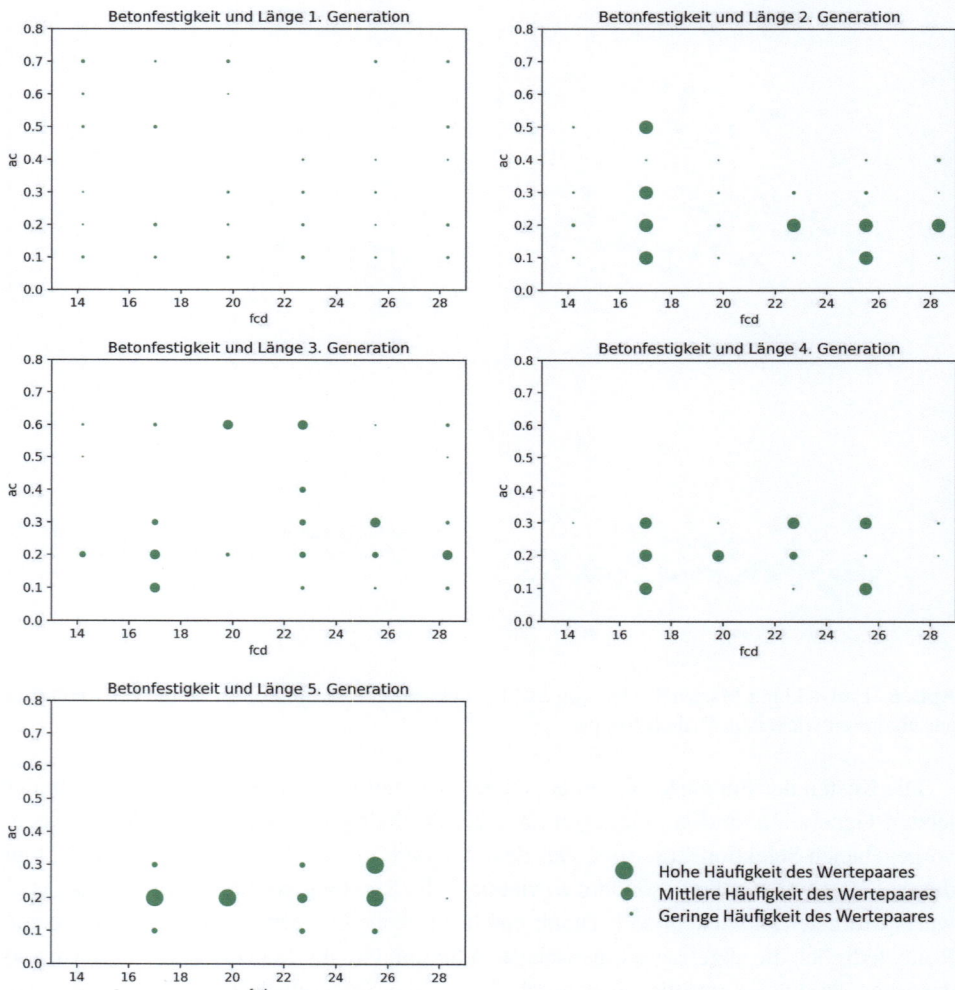

Abb. 7 Entwicklung der Betonfestigkeit und der Länge von Stahlbetonkonsolen über fünf Generationen. (Screenshot aus eigens entwickeltem Python-Skript)

Generative Design im Stahlbetonbau

Die Mutationen sorgen dafür, dass in der dritten Generation Konsolen mit einer Länge von 60 cm auftauchen, obwohl diese in der zweiten Generation schon aussortiert schienen. Zwar sind Konsolenentwürfe mit dieser Länge zu teuer, weshalb die nächste Generation wieder ohne diese Länge erzeugt wird, aber es zeigt sich, dass diese Funktion eine Berechtigung hat, denn es kann sonst passieren, dass gute Werte in einer der ersten Iterationen aussortiert werden.

Die anderen beiden unabhängigen Parameter *Höhe* und *Breite* bilden zusammen den Querschnitt der Konsolen. In Abb. 8 wird dargestellt, welche Werte sich im Vergleich zu den anderen durchgesetzt haben. Die optimale Höhe scheint in der fünften Generation

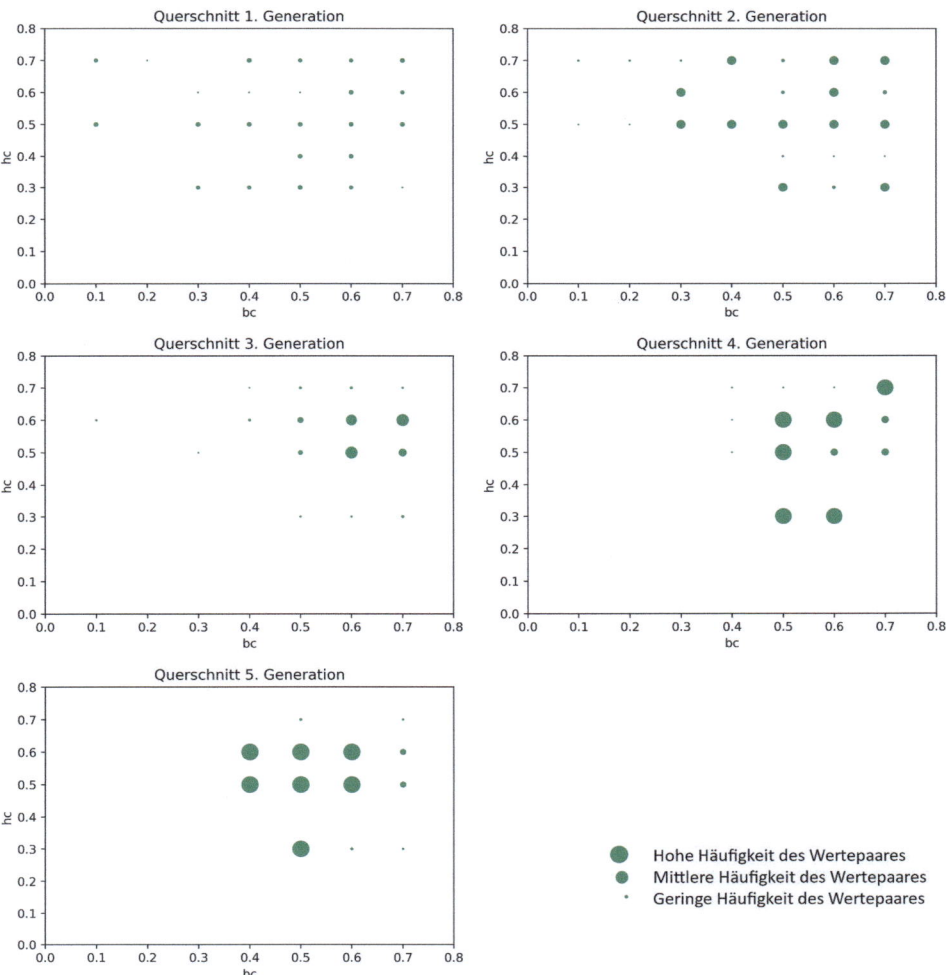

Abb. 8 Entwicklung Querschnittsabmessungen von Stahlbetonkonsolen über fünf Generationen. (Screenshot aus eigens entwickeltem Python-Skript)

zwischen 30 bis 60 cm zu liegen, wobei klar die meisten Entwürfe entweder 50 oder 60 cm hoch sind. Die Breite ist einigermaßen gleichmäßig verteilt zwischen 40 und 60 cm.

4 Potenziale und Herausforderungen bei der Verwendung generativer und kategorisierender Algorithmen

In vorliegenden Beitrag wurde dargestellt, wie sich die aufwendige Suche nach optimalen Tragwerkslösungen in D-Bereichen durch Methoden der Maschinenintelligenz durchführen lässt. Mithilfe des beschriebenen GD-Ansatzes gelingt es, wirtschaftliche Tragwerkslösungen zu entwickeln, diese zu evaluieren und sie auf vorgegebene Ziele hin zu optimieren. Dabei müssen entwickelte Tragwerkslösungen allerdings auch immer auf Standsicherheit hin überprüft werden, woraus Einschränkungen und Herausforderungen erwachsen.

Zwar sollten D-Bereiche im Stahlbetonbau grundsätzlich mithilfe von Stabwerken nachgewiesen bzw. bestenfalls von erfahrenen Bauingenieur*innen entwickelt und bemessen werden. Allerdings haben Fingerloos und Stenzel (2006) im Fall der Konsolenbemessung ein einheitliches Vorgehen entwickelt, das auf der Definition der drei oben genannten Fälle beruht. Für jede dieser drei Typisierungen gibt es ein eigenes Stabwerk und individuelle bekannte Berechnungsformeln zur Sicherstellung der Tragsicherheit. Wenn man diese Formeln in den Optimierungsprozess integriert, dann ist damit die Bandbreite der möglichen Konsolenentwürfe auf diese drei Typen festgelegt, aber gleichzeitig auch die Standsicherheit der Entwürfe garantiert. Sollten Bauteile kompliziertere und einzigartigere Geometrien aufweisen, bei denen neue Fachwerkmodelle zum Nachweis der Tragfähigkeit entwickelt werden müssen, dann lässt sich das nicht in einem einheitlichen Algorithmus abbilden. Es müssen also andere Methoden gefunden werden, um eine große Menge an Bauteilentwürfen in *standsicher* und *nicht standsicher* einzuteilen. Diese Art von Unterscheidungen in zwei oder mehrere Kategorien ist auch eine klassische Aufgabe der Maschinenintelligenz.

Bei Bauteilbemessungen besteht die Herausforderung darin, aus einer Kombination von Parametern, die vorhandene oder nicht vorhandene Standsicherheit abzuleiten. Dieses Vorgehen kann auch als binäre Klassifikation, die mit überwachtem Lernen trainiert wird, aufgefasst werden, da beide Zielkategorien bereits feststehen. Der nachfolgend vorgestellte Klassifizierungsalgorithmus basiert auf der *Support Vector Machine (SVM)*, die im Wesentlichen mithilfe von Trainingsdaten eine Klassifizierungslinie im mehrdimensionalen Raum kalibriert. Die Trainingsdaten bestehen aus Parametern und zusätzlich einer manuell vorgenommenen Klassifizierung in eine der beiden Zielkategorien.

Trainingsdaten einer Maschinenintelligenz, die Bauteile in *standsicher* und *nicht standsicher* einteilen soll, bedürfen zunächst einer Festlegung der Parameter, die das zu bemessende Bauteil definieren. Dabei handelt es sich im Allgemeinen um geometrische Abmessungen und Materialkennwerte, sowie Lage und Menge der vorhandenen Stahlbewehrung. Wenn diesen Parametern konkrete Werte zugeordnet werden, entstehen verschiedene Bauteilentwürfe. Eine Unterteilung dieser Entwürfe in die Kategorien *standsicher* und *nicht standsicher* ist jedoch manuell vorzunehmen. Eine Zuordnung kann wieder mithilfe von Stabwerkmodellen geschehen. Die Trainingsdaten mit konkreten Parameterwerten und manueller Zuordnung werden nun nacheinander im mehrdimensionalen Raum abgespeichert. In Abb. 9 ist dieses Verfahren in zwei Dimensionen, also für zwei existierende Parameter, dargestellt. Die Klassifizierungslinie trennt zwei Klassen, hier zu erkennen als Rechtecke und Dreiecke, in zwei unterschiedliche Bereiche. Die abgebildete innere Linie ist umgeben von zwei gleich weit entfernten äußeren Linien. Diese äußeren Linien bilden jeweils die Grenze der Zielkategorien, in die die Trainingsdaten eingeteilt sind. In einem Trainingsprozess wird stets der Abstand der beiden äußeren Linien zur inneren Klassifizierungslinie maximiert. Sobald ein dritter Entwurf dazu kommt, muss die Ausrichtung der Linien eventuell verändert werden. Auf diese Art und Weise passt jeder zusätzlich abgespeicherte Entwurf die Lage der Trennlinie an und kalibriert sie damit.

Nachdem diese Kalibrierung abgeschlossen ist, können einzelne Datenpakete eingelesen werden, deren Parameter den Trainingsdaten entsprechen. Sie befinden sich dann auf einer der beiden Seiten der Kalibrierungslinie (siehe Abb. 9). Eine Zuordnung in eine der beiden Kategorien ist damit ohne Weiteres direkt möglich. Die Zuordnung ist jedoch mit einer gewissen Wahrscheinlichkeit fehlerhaft. Denn so wie die Trainingsdaten zuvor die Klassifizierungslinie kalibriert haben, hätte das neue Datenpaket die Ausrichtung

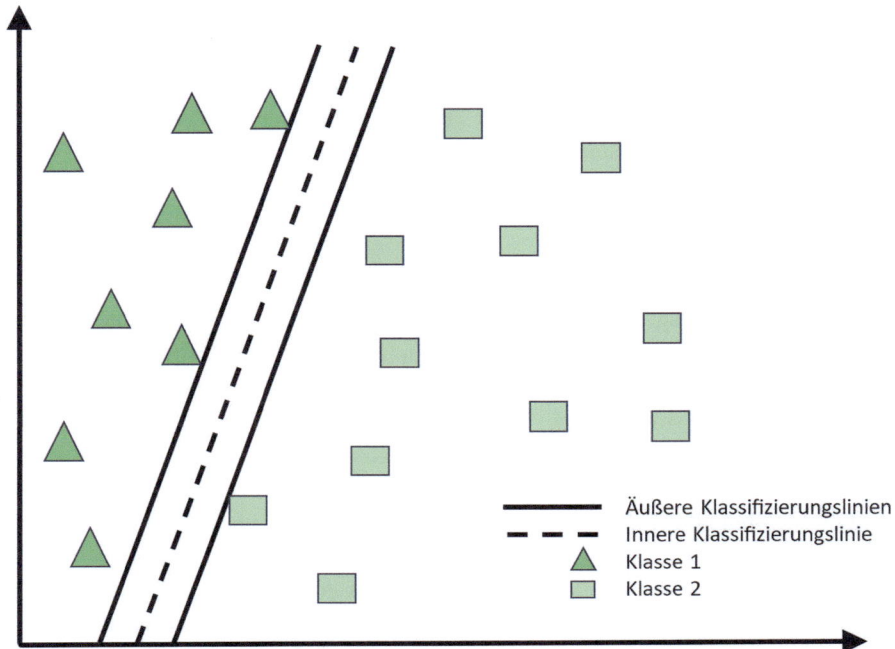

Abb. 9 Klassifizierung mithilfe einer Support Vector Machine. (Eigene Darstellung)

eventuell auch leicht verändert, liegt nun stattdessen aber auf der anderen Seite. In diesen Fällen gibt der Algorithmus eine falsche Zuordnung aus.

Um diese negativen Phänomene nun möglichst selten vorkommen zu lassen, müssen im Vorfeld möglichst viele Trainingsdaten eingelesen werden. Aber genau hier liegt das Problem mit der SVM: Eine große Menge an zuverlässigen Trainingsdaten muss entwickelt werden, was wiederum einem erheblichen zeitlichen Aufwand entspricht und somit nicht mehr wirtschaftlich gerechtfertigt werden kann. Allerdings muss der Aufwand für jede Bauteilart nur einmal betrieben werden, weil ein trainierter Algorithmus mehrfach verwendet werden kann. Alternativ sind vorhandene Statiken als Basis zu verwenden, was aber ebenfalls eine Herausforderung ist, da diese Daten gesammelt und sortiert werden müssen.

Ein Vorteil bei der Verwendung des Algorithmus ist jedoch die Tatsache, dass eine Klassifizierung, die in die zuvor beschriebene Optimierung eingebunden wird, nicht absolut zuverlässig funktionieren muss, da es beim GD in erster Linie darum geht, passende Parameterwerte herauszufiltern, die gute Ergebnisse liefern. Die Richtung, in die sich der Algorithmus bei der Optimierung bewegt, stimmt selbst dann, wenn sich unter den Entwürfen ein paar wenige befinden, die nicht standsicher sind. In anschließenden Generationen wird die Anzahl der verwendeten Parameter immer kleiner. Aus dieser deutlich reduzierten Wertemenge lassen sich Entwürfe manuell ableiten, die dann anschließend nachzuweisen sind. Es lassen sich auch die vorhandenen optimierten Entwürfe auf Standsicherheit überprüfen. Am Ende geht es darum, nur einen einzigen Entwurf aus all den erzeugten Generationen zu verwenden. Dieser sollte jedoch stets auch manuell auf Standsicherheit überprüft werden. Wenn herauskommt, dass der Entwurf nicht standsicher ist, liegt es nahe, die zweitgünstigste Lösung heranzuziehen. Solange die Zahl der nachzurechnenden Entwürfe klein bleibt, bis ein standsicheres Ergebnis gefunden wird, kann diese Methode unterstützend bei der Bemessung von D-Bereichen helfen.

5 Fazit und Ausblick

Im vorliegenden Beitrag wurde der Frage nachgegangen, ob sich Maschinenintelligenz dazu eignet, Optimierungsaufgaben in spezifischen Bereichen der Tragwerksplanung, hier für Diskontinuitätsbereiche, durchzuführen. Dabei wurde die Methode des Generative Designs auf den Entwurf von Konsolen im Stahlbetonbau angewendet. Das Optimierungsziel sollte sein, dass potenzielle Lösungen möglichst kostengünstig sind. Wie an einem Beispiel gezeigt, konnte bereits nach fünf Generationen dieses Ziel erreicht werden kann. Der Vorteil dieser Methode wächst mit steigender Anzahl von unabhängigen Parametern von Bauteilen, da der gegenseitige Einfluss, den sie aufeinander haben, sich mit menschlicher Intuition immer schlechter erfassen lässt. Dabei ist es entscheidend, dass trotz vieler unabhängiger Parameter ein einheitlicher Berechnungsalgorithmus zur Bestimmung der Standsicherheit existiert. Die Standsicherheit muss bei jeder Optimierung von Bauteilen das übergeordnete Ziel sein, da sich die Entwürfe sonst nicht für eine weitere Planung verwenden lassen. Für diverse Bauteile wie Balken, Platten und Stützen gibt es im Eurocode 2 festgelegte Nachweisverfahren (DIN EN 1992-1-1, 2011). Für manche andere Bauteile mit ausgeprägten D-Bereichen wie Ausklinkungen und Konsolen wurden beispielsweise von Fingerloos & Stenzel Algorithmen entwickelt, die sich für die Bemessung verwenden lassen (Fingerloos & Stenzel, 2006). Es gibt allerdings auch Bauteile, für die individuelle Stabwerkmodelle von Ingenieur*innen entwickelt werden müssen, die sich (noch) nicht in einen Berechnungsalgorithmus integrieren lassen. In diesen Stabwerkmodellen muss dann jeder Stab und jeder Knoten – mit oder ohne Maschinenintelligenz – einzeln nachgewiesen werden.

Solche Bauteile, für die kein einheitliches Nachweisverfahren existiert oder bekannt ist, mithilfe von Algorithmen optimieren zu lassen, setzt dennoch die Gewährleistung der Standsicherheit voraus. Eine binäre Klassifizierung, wie zum Beispiel die in diesem Beitrag herangezogene *Support Vector Machine*, kann Entwürfe in die Kategorien *standsicher* und *nicht standsicher* einteilen. Die Methode ist dabei stets auf große Mengen an Trainingsdaten angewiesen und hat immer eine gewisse Fehlerquote. Trotz einiger falsch klassifizierter Entwürfe kann der Algorithmus den potenziellen Wertebereich der Parameter verkleinern und somit eine optimale Lösung hervorbringen.

Über die hier beschriebenen lokalen Bemessungsansätze lassen sich auch größere Tragwerksstrukturen bestehend aus mehreren Bauteilen, beispielsweise ein Balken auf zwei Konsolen, optimieren. Allerdings bietet es sich in solchen Fällen stets an, nur die Bauteile in einem Algorithmus zu kombinieren, deren Parameter sich gegenseitig und nicht einseitig beeinflussen, denn sonst wäre es leichter die einzelnen Bauteile in der Reihenfolge zu optimieren, in der sie sich beeinflussen. So haben zum Beispiel die Form und das Gewicht eines aufliegenden Balkens Auswirkungen auf Konsolen, andersherum gibt es jedoch keine Beeinflussung.

Mit den Erkenntnissen aus der Forschung kann Generative Design in der ingenieurpraktischen Anwendung bereits bei der Konstruktion von Bauteilen eingesetzt werden, allerdings müssen dafür zunächst entsprechende Algorithmen entwickelt werden. Dabei können die oben beschriebenen fünf Schritte von *genetischen Algorithmen*, die *Initialisierung*, die *Evaluierung*, die *Selektion*, die *Kreuzung* und die *Mutation*, die grundlegende Struktur vorgeben. Wie die einzelnen Phasen konkret gestaltet werden, ist individuell bzw. projektspezifisch zu entscheiden. Gerade bei der *Selektion* gibt es viele Möglichkeiten zu experimentieren. Natürlich braucht es für die Entwicklung und Anwendung solcher Algorithmen grundlegende Programmierkenntnisse. Falls die entsprechenden Grundlagen nicht bekannt sein sollten, kann Maschinenintelligenz jedoch mittlerweile in Form von KI-Chatbots selbst bei der Entwicklung des entsprechenden Programmcodes unterstützen. Insofern ist die einzige Voraussetzung, um die Methode des Generative Design anwenden zu können, ein grundlegendes Verständnis über den zu entwickelnden Algorithmus zu besitzen.

Die Vorteile der Anwendung von Generative Design in der Planungsphase eines Bauwerks können in vielen Bemessungs- bzw. Berechnungsansätzen verwendet werden. GD kann Bauteile entwerfen, die weniger Material benötigen und somit den CO_2-Abdruck reduzieren. Zudem lässt sich dieser Effekt mit anderen Ansätzen, wie beispielsweise dem Einsatz von klimafreundlicheren Baustoffen, kombinieren. Durch Teilautomatisierungen werden darüber hinaus Planungsprozesse beschleunigt, was im Angesicht der bevorstehenden Aufgaben im Bauwesen durchaus als Vorteil gesehen werden muss.

Literatur

Coello Coello, C., Christiansen, A., & Hernández, F. (1997). A simple genetic algorithm for the design of reinforced concrete beams. *Engineering with Computers, 13*, 185–196. https://doi.org/10.1007/BF01200046

DIN EN 1992-1-1. (2011). *Eurocode 2, Teil 1-1*. Beuth Verlag GmbH.

Fingerloos, F., & Stenzel, G. (2006). Konstruktion und Bemessung von Details nach DIN 1045. In K. Bergmeister & J.-D. Wörner (Hrsg.), *BetonKalender 2007* (S. 325–374). Wiley-VCH Verlag GmbH. https://doi.org/10.1002/9783433600696.ch11

Generative Design Primer. (2021). https://www.generativedesign.org/. Zugegriffen am 26.08.2024.

Granadeiro, V., Pina, L., Duarte, J., Correia, J., & Leal, V. (2013). A general indirect representation for optimization of generative design systems by genetic algorithms: Application to a shape grammar-based design system. In *Automation in Construction* (35. Aufl., S. 374–382). https://doi.org/10.1016/j.autcon.2013.05.012

Öchsner, A. (2021). Euler-Bernoulli beam theory. In A. Öchsner (Hrsg.), *Classical beam theories of structural mechanics* (S. 7–66). Springer Cham. https://doi.org/10.1007/978-3-030-76035-9_2

Schlaich, J., & Schäfer, K. (1991). Design and detailing of structural concrete using strut-and-tie models. *The Structural Engineer, 69*(6), 113–125. https://doi.org/10.1002/9783433600696.ch11

Solorzano, G., & Plevris, V. (2020). Optimum design of RC footings with genetic algorithms according to ACI 318-19. *Buildings, 10*(6). https://doi.org/10.3390/buildings10060110

Zilch, K., & Zehetmaier, G. (2009). Kraftfluss in Stahlbetonbauteilen – Stabwerkmodelle. In K. Zilch & G. Zehetmaier (Hrsg.), *Bemessung im konstruktiven Betonbau* (S. 127–159). Springer. https://doi.org/10.1007/978-3-540-70638-0_4

Bausteine der Zukunft – Nachhaltige Qualifizierungskonzepte im zunehmend digitalisierten Bauwesen

Ines Heidsieck

Der Fachkräftemangel ist eine der größten Herausforderungen unserer Zeit. Mit Blick auf aktuelle Statistiken und Prognosen wird deutlich, dass der Bedarf an qualifizierten Bauarbeiter*innen, Techniker*innen sowie Ingenieur*innen in den kommenden Jahren stetig steigen wird. Besonders betroffen sind Berufe, bei denen Kombinationen aus traditionellem Handwerk und digitalen Fähigkeiten im Vordergrund stehen.

Parallel zum Fachkräftebedarf steigt der Druck von Seiten der Bauindustrie, des Marktes sowie aufgrund übergeordneter staatlicher Regulierungen, digitale Technologien in – die meist sehr komplexen – Bauprozesse zu integrieren. Innovationsdruck, Effizienzsteigerungen oder auch die globalen Nachhaltigkeitsziele erfordern zudem vielfach neue Ansätze bzw. den Einsatz digitaler Tools. Von Building Information Modeling (BIM) über Maschinenintelligenz bis hin zu automatisierten Bauverfahren – die Anforderungen an digitale Kompetenzen und den damit verbundenen Wandel von Arbeitsweisen wachsen stetig. Dies bedeutet, dass zukünftige Fachkräfte nicht nur handwerklich versiert sein müssen, sie sollten bestenfalls auch über fundierte Kenntnisse in digitalen Technologien verfügen. Dafür sind wiederum moderne Qualifizierungskonzepte erforderlich.

Um zentrale Aspekte zeitgemäßer Phänomene zu beleuchten, werden in diesem Beitrag die Schnittstellen zwischen den Themen Ausbildung, Nachhaltigkeit und Digitalisierung im Bauwesen aufgegriffen. Mit dem Fokus auf einer Steigerung der Attraktivität handwerklicher Berufsausbildungen wird aufgezeigt, wie durch innovative Ansätze und neu ausgerichtete Bildungskonzepte dem Fachkräftemangel entgegengewirkt werden kann.

I. Heidsieck (✉)
ibbw-consult gGmbH, Göttingen, Deutschland

© Der/die Autor(en), exklusiv lizenziert an Springer Fachmedien Wiesbaden GmbH, ein Teil von Springer Nature 2025
T. Kölzer (Hrsg.), *Nachhaltige und digitale Baukonzepte 2*,
https://doi.org/10.1007/978-3-658-47573-4_11

1 Bildungsrelevante Herausforderungen im Bauwesen

Bis zum Jahr 2045 will Deutschland klimaneutral sein und bereits im Jahr 2030 das Minderungsziel von 65 % erreicht haben (Bundesregierung, 2022). Der stetig wachsende Fachkräftemangel und der rasant voranschreitende technologische Fortschritt stellen die Baubranche dabei vor enorme Herausforderungen. Der Bedarf an qualifizierten Fachkräften steigt weiter, während gleichzeitig digitale Technologien und nachhaltige Baupraktiken traditionelle Arbeitsweisen stark beeinflussen. Die Entwicklungen verlangen demnach nicht nur Beachtung, sondern v. a. auch zielgerichtetes Handeln. Eine Neuausrichtung von Qualifizierungskonzepten im Bauwesen ist diesbezüglich ein wichtiger Aspekt.

Besonders die duale Berufsausbildung erfordert eine Modernisierung, um den Anforderungen der digitalen Transformation gerecht zu werden und damit attraktiv für junge Menschen zu bleiben. Die Ausbildungsrahmenpläne und Lehrinhalte sind oft veraltet und spiegeln die aktuellen Bedürfnisse der digitalisierten Berufswelt nur unzureichend wider. Hinzu kommt, dass digitale Technologien in vielen Ausbildungsbetrieben noch nicht ausreichend integriert sind, was die praxisnahe Vermittlung entsprechender Kompetenzen erschwert. Eine Modernisierung, die sich sowohl in den Ausbildungsrahmenplänen als auch in den Lehrmethoden zeigt, ist daher dringend erforderlich. Nur durch die gezielte Aktualisierung von Ausbildungsinhalten können angehende Fachkräfte auf die dynamischen Arbeitsbedingungen und Anforderungen der Bauindustrie vorbereitet werden. Zudem sind flexible Qualifizierungsmaßnahmen notwendig, um die Fachkräftesicherung langfristig gewährleisten zu können. Diesbezüglich ermöglichen es modulare Angebote, verschiedene Zielgruppen zu erreichen und Arbeitskräfte passgenau auszubilden und damit den ständig wachsenden Anforderungen der Bauindustrie gerecht zu werden.

Fachkräftemangel als zentrale Problemstellung im Bauhandwerk

Das *Kompetenzzentrum Fachkräftesicherung (KOFA)* beschreibt in einer aktuellen Studie zum Fachkräftemangel im Handwerk folgende Entwicklung: Im Jahr 2022 gab es durchschnittlich knapp 240.000 offene Stellen in überwiegend handwerklichen Berufen. Da die Arbeitslosenzahl zeitgleich sank, konnten von den offenen Stellen rein rechnerisch insgesamt 129.000 nicht besetzt werden (KOFA, 2023, S. 1). Weiter heißt es: „Am größten ist die Fachkräftelücke[1] bei Fachkräften mit abgeschlossener Berufsausbildung, also bei Gesellinnen und Gesellen. Hier fehlten im Jahr 2022 knapp 108.000 Fachkräfte." (KOFA, 2023, S. 2). Bei genauerer Betrachtung des Fachkräftemangels nach Berufsgattungen zeigt sich weiterhin, dass insbesondere das Bauhandwerk stark betroffen ist. Spitzenreiter ist der Bereich *Bauelektrik* mit einer Fachkräftelücke von 17.846 – wobei im Jahr 2022

---

[1] Die Fachkräftelücke ist die Anzahl an offenen Stellen, für die es keine passend qualifizierten Arbeitslosen gibt.

etwa acht von zehn offenen Stellen rechnerisch nicht besetzt werden konnten. Diese Berufsgattung, die auch Elektroniker*innen zweier Fachrichtungen umfasst (*Energie- und Gebäudetechnik* sowie *Gebäude- und Infrastruktursysteme*), ist besonders relevant für den Ausbau erneuerbarer Energien. Auf Platz zwei folgt die Berufsgattung *Sanitär-, Heizungs- und Klimatechnik* mit einem Mangel von 13.702 Fachkräften. Auch dieser Bereich, in dem ebenfalls acht von zehn Stellen nicht besetzt werden konnten, ist zentral für die angestrebte Energiewende (KOFA, 2023, S. 4). Die Bundesagentur für Arbeit schreibt dazu (BA, 2023, S. 12):

> „In vielen Handwerksberufen [...] oder in Bau- und baunahen Berufen (z. B. Energietechnik oder Sanitär-, Heizungs- und Klimatechnik) fällt die Zahl der gemeldeten betrieblichen Ausbildungsstellen deutlich höher aus als die Zahl der gemeldeten Bewerberinnen und Bewerber."

Zum 30. September 2023 waren von 73.400 unbesetzten Ausbildungsstellen allein 20.500 (19 %) der Handwerkskammer zugeordnet, in der überwiegend Bau- und baunahe Berufe, z. B. Maurer*innen, Maler*innen und Lackierer*innen sowie in der Sanitär-, Heizungs- und Klimatechnik ausgebildet werden (BA, 2023, S. 19). Auch die Zahl der Absolvent*innen im Handwerk ist in den letzten Jahren deutlich gesunken (Hell & Wydra-Somaggio, 2023). Während 2014 noch etwa 31.000 Jugendliche ihre Ausbildung erfolgreich abschlossen, waren es 2020 rund 2800 weniger, was einem Rückgang von 9 % entspricht. Dies hat die Versorgung mit Fachkräften aus der eigenen Ausbildung im Handwerk spürbar beeinträchtigt (Hell & Wydra-Somaggio, 2023).

Bereits an diesen Zahlen ist gut zu erkennen, dass der Fachkräftemangel ein aktuelles gesellschaftliches Problem ist. Dass es sich für potenzielle Lösungsfindungen zudem um ein sehr komplexes Unterfangen handelt, wird im Folgenden durch weitere zentrale Aspekte erörtert.

Geringe Attraktivität von Handwerksberufen

Viele Jugendliche haben unzutreffende oder überholte Vorstellungen von Berufen, was dazu führt, dass sie diese Berufe als weniger attraktiv wahrnehmen. Handwerksberufe, insbesondere im Bau- und Ausbaugewerbe, leiden häufig unter einem negativen Image. Die Berufe werden oft als körperlich sehr anspruchsvoll, wenig prestigeträchtig und finanziell nicht besonders lukrativ wahrgenommen (Heidsieck, 2023b, S. 13). Zudem haben sie teilweise veraltete Vorstellungen von den Tätigkeiten und Perspektiven in diesen Berufen, auch zu den für sie vielleicht wichtigen Themen wie Klimaschutz und Nachhaltigkeit. Besonders technische Neuerungen im Handwerk werden häufig unterschätzt, obwohl deren Einsatz bei Jungen die Attraktivität handwerklicher Ausbildungsberufe deutlich steigert (Mischler, 2017, S. 3). Auch Auffassungen über einen rauen Ton auf Baustellen sowie Staub und Schmutz am Arbeitsplatz zählen zu den negativen Aspekten. Entsprechende Wahrnehmungen führen dazu, dass junge Menschen davon abgeschreckt werden, eine Ausbildung in diesem Bereich zu wählen (Heidsieck, 2023b, S. 13).

Daher ist es wichtig, dass attraktive Arbeitsbedingungen bei der Akquise von Auszubildenden in den Fokus gerückt werden. Um junge Menschen gewinnen zu können bzw. gute Fachkräfte langfristig zu halten, spielen neben interessanten Tätigkeiten und attraktiven monetären Zusatzleistungen darüber hinaus auch die Vereinbarkeit von Beruf und Familie, flexible Arbeitszeiten und Angebote für Entwicklungsmöglichkeiten eine wichtige Rolle. Attraktive Arbeitgeber*innen können nicht nur mit einem angemessenen Gehalt, sondern auch mit optimalen Arbeitsbedingungen punkten. Herausfordernde Aufgaben, Unterstützung bei der beruflichen Entwicklung und die Möglichkeit, private Interessen und Verpflichtungen in Einklang zu bringen sind Aspekte, die bei einer Berufs- bzw. Betriebswahl entscheidend sein können. Unternehmen können sich zudem attraktiv präsentieren, indem sie sich gesellschaftlich engagieren oder auch Zertifizierungen wie z. B. die *Great Start*-Auszeichnung (Greatplacetowork, 2024), das *Ausbildungszertifikat* (HK Hamburg, 2024a) oder das *TOP Ausbildung Qualitätssiegel* (IHK Hannover, 2024) erwerben. Entsprechende Zertifizierungen zeigen, dass ein Betrieb sich aktiv für die Ausbildung von Jugendlichen engagiert und somit als attraktiver Arbeitgeber wahrgenommen wird. Auch dies können entscheidende Kriterien für einen Berufswahl sein.

Bei Fragen zur Gewinnung von Auszubildenden oder der Gestaltung der Ausbildung gibt es für Betriebe verschiedene Unterstützungsmöglichkeiten. Auf dem seit Ende 2023 zugänglichen Internetportal www.leando.de des *Bundesinstituts für Berufsbildung (BIBB)* finden sich neben gesetzlichen Grundlagen zur Berufsausbildung auch Leitfäden für Fachkräfte bzw. Ausbilder*innen sowie Tipps zur Planung und Gestaltung einer Ausbildung. Auch der Arbeitgeberservice der *Bundesagentur für Arbeit (BA)* ist eine gute Anlaufstelle für Betriebe.

Passungsprobleme auf dem Ausbildungsmarkt

Insgesamt zeigt sich auf dem Ausbildungsmarkt, dass Passungsprobleme[2] – das Zusammenführen des Ausbildungsangebots der Betriebe und die Nachfrage der Jugendlichen – zunehmen (BIBB, 2023). Im Jahr 2023 blieben nicht nur rund 73.400 Ausbildungsstellen unbesetzt, was 13,4 % aller angebotenen Plätze ausmacht, es fanden auch 63.700 junge Menschen (11,5 % der Bewerber*innen) keine passende Ausbildungsstelle (BIBB, 2023). Die Daten des IAB-Betriebspanels deuten auf ein deutlich höheres Angebot an Ausbildungsstellen hin, was auf eine weiterhin stark gestiegene Zahl unbesetzter Ausbildungsplätze schließen lässt. „Dies legt nahe, dass neben dem generellen Bewerbermangel das Profil der angebotenen Stellen und die Bewerberinteressen immer schlechter zueinander passen." (Fitzenberger et al., 2023). Unabhängig von der zugrunde liegenden Datenbasis ist eine klare Tendenz erkennbar: Das Angebot an Ausbildungsstellen übersteigt die Nachfrage, was zu einer kontinuierlichen Zunahme der unbesetzten Stellen führt. Eine zentrale Ursache könnte auch sein, dass einigen Jugendlichen der Zugang zu einer Ausbildung er-

---

[2] Unter Passungsproblemen versteht man eine mangelnde Übereinstimmung zwischen Angebot und der Nachfrage, die zu erfolglosen Teilnehmer*innen auf beiden Seiten des Marktes führt (BIBB, 2024a).

schwer ist, weil ihre schulischen Qualifikationen oder grundlegenden sozialen Kompetenzen nicht den Anforderungen der Betriebe entsprechen (Fitzenberger et al., 2023).

Um die hier skizzierten Passungsprobleme auf dem Ausbildungsstellenmarkt zu verringern, sind verstärkte Bemühungen von Arbeitsagenturen, Jobcentern und Arbeitgeber*innen erforderlich. Ziel ist es, das sogenannte *Matching*[3] zwischen Jugendlichen und Ausbildungsbetrieben effizienter zu gestalten. Angesichts der wachsenden Schwierigkeiten bei der Besetzung von Ausbildungsplätzen rückt das Rekrutierungsverhalten der Unternehmen stärker in den Fokus. Durchschnittlich setzen Betriebe fünf bis sechs verschiedene Kanäle ein, um Jugendliche auf ihre Ausbildungsangebote aufmerksam zu machen und als Bewerber*innen zu gewinnen (BIBB, 2023). Damit das *Matching* effektiv gelingt, ist es wichtig, individuelle Präferenzen der Jugendlichen ebenso zu berücksichtigen wie die spezifischen Anforderungen der Betriebe.

Um ihre Ausbildungsstellen zu besetzen, arbeiten handwerkliche Betriebe im Rahmen von Berufsorientierungsangeboten bereits häufig mit Schulen für Kooperationen zusammen, beteiligen sich an öffentlichen oder schulinternen Ausbildungsmessen und informieren u. a. mit Ausbildungsbotschafter*innen[4] über ihren Betrieb und ihre handwerklichen Berufsbilder. Darüber hinaus bieten Praktika den Jugendlichen reale Berufseinblicke. Häufig ergeben sich durch eine erste gemeinsame Zusammenarbeit sogenannte *Klebeeffekte*, sodass Jugendliche im Anschluss ggf. eine Ausbildung in dem bereits bekannten Praktikumsbetrieb beginnen.

Auch die *Bundesagentur für Arbeit (BA)* spielt beim Zusammenführen von Bewerbenden und den zu besetzenden Ausbildungsstellen, dem Matching-Prozess, eine wichtige Rolle. Viele Jugendliche nutzen die Beratungsleistungen der BA und registrieren sich als Ausbildungsplatzbewerbende. Gleicherweise melden Betriebe der BA ihre offenen Ausbildungsstellen.

Fehlende gesellschaftliche Anerkennung für handwerkliche Berufe

Die gesellschaftliche Wahrnehmung handwerklicher Berufe hat sich durch die Bildungsexpansion und die zunehmende Orientierung hin zu akademischen Abschlüssen gewandelt. Studienberechtigte Jugendliche sehen in einem Studium bessere Karrierechancen und höheres Einkommen, während berufliche Ausbildungen – besonders im Handwerk – oft mit geringerer Wertschätzung verbunden sind (Mischler, 2017, S. 31; Heidsieck, 2023b, S. 3). Auch eine Bedarfserhebung zur *Weiterentwicklung der Beruflichen Orientierung an gymnasialen Oberstufen in Hamburg* bestätigt dies. Demnach scheint für einen Großteil junger Menschen der universitäre Bildungsweg der nächste *logische* Schritt nach

---

[3] Das *Matching* bezeichnet den Prozess, bei dem Jugendliche und Unternehmen zusammenfinden, um eine passende Ausbildungsstelle zu besetzen. Es handelt sich um einen Abgleich von Anforderungen des Arbeitsplatzes mit den Fähigkeiten und Qualifikationen von Bewerber*innen (IAB-Forum, 2017).

[4] Ausbildungsbotschafter*innen sind Auszubildende in verschiedensten IHK-Ausbildungsberufen, die im Rahmen der Berufsorientierung ihre Berufe vorstellen.

dem Abitur zu sein, sodass viele junge Menschen bevorzugt akademische Bildungswege in Betracht ziehen (Heidsieck, 2023a, S. 18, 28). Dass eine entsprechende Wahl vielfach auch mit den Erwartungen von Eltern zusammenhängt, ist dabei vielfach inhärent (Heidsieck, 2023a, S. 18).

Die hier angedeutete Entwicklung wird durch die begrenzte mediale Präsenz dualer Berufe und gesellschaftliche Werteveränderungen verstärkt, nach denen höhere Bildungsabschlüsse zunehmend als erstrebenswerter gelten. Dennoch bleibt die Attraktivität dualer Ausbildungswege heterogen, wobei bestimmte Berufe und Betriebe höhere Anerkennung genießen als andere (Mischler, 2017, S. 31).

Entsprechende Aspekte tragen dazu bei, dass Handwerksberufe in der Gesellschaft nicht das Ansehen und die Aufmerksamkeit bzw. Relevanz genießen, die für eine Anerkennung jedoch überaus relevant wären.

Handwerkskammern und der *Zentralverband des Deutschen Handwerks (ZDH)* setzen bereits auf umfangreiche Imagekampagnen, um über die Tätigkeiten der verschiedenen Berufsprofile zu informieren, das Handwerk in den Fokus der Öffentlichkeit zu rücken und vor allem bei jungen Menschen ein zeitgemäßes und modernes Bild des Handwerks zu vermitteln (ZDH, 2024).

Überholte Ausbildungsverordnungen

Die Technologisierung hat die Arbeitsweisen und Prozesse in vielen Handwerksberufen grundlegend verändert. Die bestehenden Ausbildungsordnungen in der Bauwirtschaft werden oft nicht zeitgleich mit den raschen Entwicklungen aktualisiert. In der Regel können sie den neuen Anforderungen und Innovationen, die aufgrund technischer bzw. gesellschaftlicher Veränderungen auf die Baubranche einwirken – etwa durch den Einsatz von Maschinenintelligenz, 3D-Druck, Computer Vision, Metaversen, Robotik oder der Blockchain-Technologie – nicht gerecht werden. Viele der hier aufgeführten Technologien verändern die Arbeitsweisen nicht nur rasant, sondern auch grundlegend. Sie erfordern spezifische digitale und technische Fähigkeiten, die bisher oft nicht ausreichend in den Ausbildungsrahmenplänen integriert sind.

Insbesondere im Bauwesen, wo neue digitale Methoden wie Building Information Modeling oder aber auch Drohnen und Baurobotik zunehmend zum Einsatz kommen, ist es entscheidend, dass Auszubildende mit den neuesten Technologien und Arbeitsmethoden vertraut gemacht werden. Das bedeutet, dass auch die Ausbildungsinhalte regelmäßig angepasst werden müssen, um den digitalen und nachhaltigen Wandel in der Branche abzubilden. Ein grundlegendes Verständnis für diese umfassenden Technologien sollte daher in den Ausbildungsordnungen verankert werden.

Ein weiteres Element, das ebenfalls berücksichtigt werden sollte, ist die Integration nachhaltiger Praktiken in die Ausbildung. Denn neben digitalen Kompetenzen sind auch Kenntnisse in Bezug auf ressourcenschonendes und energieeffizientes Bauen zunehmend notwendig, um die Umweltauswirkungen der Bauindustrie zu reduzieren und die Ziele des

Klimaschutzes zu erreichen. Die Baubranche wird zunehmend durch gesetzliche Vorgaben und gesellschaftliche Anforderungen zur Einhaltung von Nachhaltigkeitsstandards herausgefordert, was ebenfalls die Notwendigkeit einer Anpassung der Ausbildungsinhalte mit sich bringt.

Aktuelle Modifikationen der Ausbildungsordnungen sollten daher die neuesten technologischen Entwicklungen sowie nachhaltige Praktiken umfassen, um sicherzustellen, dass Auszubildende mit den notwendigen Fähigkeiten und Kompetenzen ausgestattet sind. Durch regelmäßige Überprüfungen und Anpassungen von Ausbildungsordnungen können Ausbildungsinhalte gewährleistet werden, die nicht nur den aktuellen Anforderungen entsprechen, sondern auch eine nachhaltige und zukunftsorientierte Ausbildung sicherstellen.

Schwachstellen in der Berufsorientierung junger Menschen

Laut der zuvor bereits erwähnten Bedarfserhebung aus dem Jahr 2023 fühlen sich viele Jugendliche mit dem mannigfaltigen Angebot zum Thema Berufswahl überfordert (Heidsieck, 2023a, S. 29), nach einer Befragung der Bertelsmann Stiftung aus dem Jahr 2022 sind es etwa die Hälfte der Jugendlichen (Barlovic et al., 2022, S. 11). 25 % der Befragten finden sich gut zurecht, jedoch haben 53 % Schwierigkeiten, sich in der Vielzahl an Informationen zur Berufswahl zurechtzufinden. Dies ist nicht nur durch eine Überflutung, sondern auch durch Lücken und unklare Informationsvermittlungen bedingt.

Es gibt bereits eine breite Auswahl an Angeboten zur beruflichen Orientierung. Vielfach gestalten verschiedene Institutionen wie Schulen, Arbeitsagenturen, Betriebe, Handwerkskammern und Unternehmen aus der Praxis die Angebote auch gemeinsam. Damit jedoch die zahlreichen und häufig auch unterschiedlichen Angebote Jugendliche nicht überfordern, ist es wichtig, die Zielsetzungen und Inhalte der Angebote klar zu vermitteln. Bei den diversen Ansätzen geht es in erster Linie nicht darum, dass junge Menschen möglichst viele oder alle Elemente der beruflichen Orientierung wahrnehmen, sondern die für die Jugendlichen passenden oder geeigneten Angebote gezielt einzusetzen.

Ein weiterer wichtiger Schritt zur Stärkung der Berufsorientierung ist der Ausbau von Informationsangeboten und Beratungsdiensten in Schulen. Zum Beispiel erreichen die bereits erwähnten Ausbildungsbotschafter*innen die Zielgruppen oft besser als Fachkräfte, die schon lange in ihrem Beruf arbeiten. Durch eine enge Zusammenarbeit zwischen Schulen und Unternehmen können Schüler*innen darüber hinaus und im Idealfall auf kurzem Wege Praktika absolvieren oder an Berufserkundungstagen teilnehmen – auch in flexiblen Formaten. Solche Konzepte bieten interessierten jungen Menschen wertvolle Einblicke in die Praxis handwerklicher Berufe. Als übergeordnetes Beispiel kann hier das sog. *Hamburger Praktikumsrondell* herangezogen werden. Hier lernen Jugendliche in einem dreiwöchigen Praktikum nicht nur einen, sondern fünf Betriebe bzw. Gewerke kennen (Handelskammer Hamburg, 2024b). Diese praktischen Erfahrungen tragen dazu bei, den zuvor genannten Informationsüberfluss zu reduzieren und den Schüler*innen einen direkten Überblick über verschiedene Berufsmöglichkeiten zu verschaffen.

Schlüsselkompetenzen für handwerkliche Berufe im Bauwesen

Die Digitalisierung im Handwerk, oft auch unter dem Begriff *Handwerk 4.0* zusammengefasst, verändert das Dienstleistungsspektrum im Handwerk grundlegend (Mischler, 2017, S. 22). Sie ermöglicht nicht nur effizientere Arbeitsprozesse durch den Einsatz moderner Technologien wie 3D-Druck, digitale Fertigungssteuerung, Sensorik oder Maschinenintelligenz, sondern erweitert auch die Serviceangebote vieler Betriebe. Arbeits- und Fachkräfte müssen heutzutage – meist unabhängig von einem einschlägigem Berufsfeld – spezifische Kompetenzen erwerben und innovative Technologien beherrschen, um den neuen Anforderungen der Berufswelt gerecht zu werden. Nicht nur junge Menschen in Ausbildung oder Berufsanfänger*innen, sondern auch Arbeits- und Fachkräfte befinden sich daher stets in einem laufenden beruflichen Anpassungs- und Lernprozess. Eine zentrale Fragestellung sowohl für Unternehmen als auch für das Personal lautet dabei: Welche Kompetenzen sind erforderlich, um in der sich schnell verändernden und technologisch fortschreitenden Welt flexibel und zielgerichtet agieren zu können? Im Folgenden werden wichtige Kompetenzen zu dieser Frage erörtert, da diese bzw. ihre Grundlagen bereits in der Berufsausbildung gelegt werden.

Digitale Kompetenzen

Insbesondere die Entwicklung digitaler Kompetenzen ist für Arbeits- und Fachkräfte von zentraler Bedeutung. Eine grundlegende IT-Affinität ist wichtig, da Beschäftigte zunehmend in der Lage sein müssen, digitale Tools und Software effizient zu nutzen. Allein durch die voranschreitende Implementierung der Methode BIM sollten Fachkräfte bestenfalls in der Lage sein, digitale Modelle zu interpretieren, um nicht nur die Informationen verarbeiten zu können, sondern auch um Koordination und Effizienz von Bauprojekten mitzugestalten. Neben den immer noch relevanten traditionellen Kompetenzen werden das Verarbeiten digitaler Informationen, das Erstellen manueller, aber auch digitaler Skizzen sowie das (elektronische) Messen und Kontrollieren im Rahmen innovativer Arbeitsprozesse zu essenziellen Fähigkeiten im Baugewerbe. Darüber hinaus gewinnen KI-gestützte Anwendungen an Bedeutung, etwa zur Optimierung von Bauprozessen, zur Vorhersage von Wartungsbedarfen oder generell zur Analyse spezifischer Bauwerksdaten – was wiederum mit spezifischen Kompetenzen einhergeht. Weitere Beispiele für digitale Entwicklungen im Bauwesen sind die elektronische Arbeitszeiterfassung, der Umgang mit mobilen Endgeräten und Cloud-Zugängen oder auch der Einsatz von Baurobotik, z. B. mithilfe von Drohnen für Aufmaße vor Ort.

Eine gut durchdachte Digitalisierungsstrategie ist entscheidend, um den sich schnell verändernden Anforderungen in der Bauindustrie gerecht zu werden. Diese enthält mehrere zentrale Aspekte, die dazu beitragen, die Effizienz, Wettbewerbsfähigkeit und Nachhaltigkeit der Unternehmen zu steigern. Sie sorgt dafür, dass die Beschäftigten mit den erforderlichen IT- und Fachkenntnissen ausgestattet sind, um moderne Methoden wie BIM oder KI-basierte Anwendungen zielführend einsetzen zu können. Für kleine und mittelständische Unternehmen (KMU) kann die Umsetzung solcher Strategien jedoch eine besondere Herausforderung darstellen, da häufig begrenzte finanzielle Mittel vorhanden sind und nur geringe zeitliche oder personelle Ressourcen zur Verfügung stehen. Dennoch können KMU erheblich profitieren, wenn sie die Digitalisierung schrittweise angehen und dabei klare Prioritäten setzen. Bereits konkrete Überlegungen zu relevanten digitalen Technologien und Prozessen können dazu beitragen, gezielte Maßnahmen zu identifizieren und umzusetzen. Eine Digitalisierungsstrategie ist damit nicht nur ein Plan für den Einsatz neuer Technologien, sondern ein ganzheitlicher Ansatz, der die digitale Transformation eines gesamten Betriebes bzw. Unternehmens fördert und sicherstellt, dass alle Mitarbeitenden aktiv daran beteiligt sind.

Grüne Kompetenzen (*Green Skills*)

Neben digitalen Kompetenzen sind auch Fähigkeiten im Bereich nachhaltiger Praktiken von entscheidender Bedeutung. Eine ökologische Ausrichtung erfordert jedoch mehr als nur eine klare Nachhaltigkeitsstrategie: Sie setzt das aktive Engagement aller Mitarbeitenden, ein fundiertes Verständnis für nachhaltige Prozesse sowie neue Kompetenzen voraus. Die weiter voranschreitende Transformation der Bauwirtschaft, die u. a. durch die *UN-Nachhaltigkeitsziele*, das *Klimaschutzprogramm 2030* und das *Kreislaufwirtschaftsgesetz* der Bundesregierung sowie regionalen Vereinbarungen und Initiativen vorangetrieben wird, sind große und globale Herausforderungen, die ein umfassendes Umdenken erfordern (Gebbeken, 2022).

Die Umsetzung einer nachhaltigen Ausrichtung in Unternehmen erfordert nicht nur technische Optimierungen und strukturelle Veränderungen, sondern vor allem spezifische Kompetenzen bei den Mitarbeitenden. Besonders für KMU kann dies eine Herausforderung darstellen, da die nötigen Ressourcen für Schulungen, betriebliche Anpassungen und eine umfassende strategische Implementierung oft begrenzt sind.

Die sogenannten *Green Skills* umfassen den Dreiklang zwischen einem Verständnis und der Akzeptanz zur Notwendigkeit von einer nachhaltigen Denkweise, dem Wissen über *grüne* Technologien sowie den Transferkompetenzen in allen Handlungsfeldern (BMWK, 2023, S. 3). Diese sogenannten *Green Skills* spielen eine zentrale Rolle, da sie die notwendigen Fähigkeiten und Denkweisen vereinen, um die komplexen Anforderungen der ökologischen Transformation zu bewältigen und aktiv mitzugestalten. Sie umfassen ein Kompetenzset, das über rein fachliches Wissen hinausgeht und sowohl persönliche Werte, eine nachhaltige Denkweise, als auch Prozessverständnis einschließt (BMWK, 2023, S. 6). *Green Skills* bilden die Basis für qualifizierte Fachkräfte, die die ökologische Transformation der Wirtschaft vorantreiben (BMWK, 2023, S. 6).

Fazit zu den Schlüsselkompetenzen

Mit der Einführung neuer Technologien in der Baubranche entstehen auch neue Berufsbilder und Rollen. Bestehende Berufe müssen angepasst und um digitale sowie nachhaltige Kompetenzen erweitert werden, ohne dass ihre grundlegenden Fachkompetenzen an Bedeutung verlieren.

Die zunehmende Digitalisierung und die Anforderungen der bereits erwähnten Nachhaltigkeitsziele erfordern schlussendlich eine kontinuierliche und praxisnahe Anpassung der Ausbildungskonzepte. Ein gezielter Ausbau digitaler Kompetenzen, wie der Umgang mit BIM oder KI-gestützten Anwendungen, ist – wie gezeigt – ebenso notwendig wie die Förderung *grüner* Kompetenzen (*Green Skills*).

2 Bausteine der Zukunft: Attraktive handwerkliche Ausbildungsberufe und flexible Qualifizierungsangebote

Nach Darstellung der Herausforderungen, die es im Kontext von Digitalisierung und Nachhaltigkeit zu bewältigen gilt, beleuchtet das vorliegende Kapitel zwei Bausteine als zukunftsorientierte Lösungsansätze zur Fachkräftesicherung.

Da die duale Berufsausbildung eine wichtige Grundlage zur Ausbildung von Fachkräften ist, werden weitreichende Änderungen mit der Neuordnung der Ausbildungsberufe in der Bauwirtschaft in den Blick genommen. Als weiterer Baustein spielen *modulare Teilqualifikationen (TQ)* eine wichtige Rolle bei der Qualifizierung von Arbeitskräften. Teilqualifikationen sind abgegrenzte, standardisierte Einheiten innerhalb einer curricularen Gesamtstruktur, die sich an betrieblichen Arbeits- und Geschäftsprozessen ausrichten und inhaltlich Teilmengen eines zugrunde liegenden anerkannten Ausbildungsberufs nach BBiG bzw. HwO (Berufsbildungsgesetz und Handwerksordnung) darstellen. Mehrere Teilqualifikationen können zu einem Berufsabschluss durch eine Abschlussprüfung (Externenprüfung) führen.

Neuordnung der Berufsausbildung in der Bauwirtschaft

Nach der letzten Verordnung der Bauwirtschaftsberufe aus dem Jahr 1999 wurde seit 2019 mit etwa einhundert Sachverständigen von Arbeitnehmer- und Arbeitgeberseite sowie Beteiligten der Bundesministerien und der Länderseite intensiv mit dem *BIBB* zusammen an einer Neuordnung gearbeitet (Schreiber, 2023, S. 10). Die Verordnung legt die strukturelle Gliederung sowie die Ausbildungs- und Prüfungsinhalte für drei zweijährige und 16 dreijährige Ausbildungsberufe in den Bereichen *Ausbau*, *Hochbau* und *Tiefbau* neu fest. Im Wesentlichen beinhaltet dies u. a. Änderungen der Prüfungsordnung. Mit der Novellierung des Berufsbildungsgesetzes im Jahr 2020 wurden weitere Änderungen eingeführt, darunter die *gestreckte Gesellen-* bzw. *Abschlussprüfung*,[5] die eine schrittweise Leistungsbewertung ermöglicht und so die Prüfungsanforderungen besser verteilt. Ergänzend dazu er-

---

[5] *Gestreckte Prüfung* bedeutet, dass die Gesellen- oder Abschlussprüfung in zwei Teilen erfolgt. In den 16 dreijährigen Berufsausbildungen gibt es keine Zwischenprüfung mehr. An die Stelle der Zwischenprüfung tritt die *Teil-1-Prüfung*. Nach zwei Jahren werden Inhalte der beruflichen Handlungskompetenz abgeprüft. Weitere Kompetenzen werden dann in Teil 2 geprüft.

setzt das neue Anrechnungsverfahren das bisher gestufte Ausbildungsmodell. Es unterstützt die Gleichwertigkeit von zwei- und dreijährigen Ausbildungen (BIBB, 2024b). Beide Ausbildungswege teilen sich identische Inhalte und Prüfungen, was die Durchlässigkeit zwischen den Qualifikationen verbessert und die Flexibilität in einer dynamischen Arbeitswelt erhöht (Schreiber, 2023, S. 14). Die praktische Umsetzung wird nur geringe Anpassungen erfordern: Absolventinnen und Absolventen von zweijährigen Ausbildungsberufen können ihre bereits vorhandene Ausbildungszeit und die erbrachten Prüfungsleistungen auf eine dreijährige Ausbildung anrechnen lassen, um eine entsprechende höhere Qualifikation zu erlangen (Schreiber, 2023, S. 15).

Integration der Themen Digitalisierung und Nachhaltigkeit in die Berufsausbildung der Bauwirtschaft

Die Themen Digitalisierung, Nachhaltigkeit und Klimaschutz wurden bei der Neuordnung der 19 Berufe im Bauhandwerk stark berücksichtigt. Es wurde ein *Nachhaltigkeits-Check* eingeführt, der grundlegende ökologische Auswirkungen von Bau- und Bauhilfsstoffen berücksichtigt (BMWK, 2024). Durch die Einbindung entsprechender Inhalte in Ausbildungsprüfungen erhalten diese Themen in allen Berufen der Bauwirtschaft eine zunehmende Bedeutung. Das Thema Wärmedämmung wurde zu umfassenden Energieeffizienzmaßnahmen in und an Bauwerken und Bauteilen weiterentwickelt. Auch das Bauen im Bestand ist nun ein durchgehender Ausbildungsinhalt in allen Bauwirtschaftsberufen (BIBB, 2024b).[6] Da die Planung von Bauvorhaben, die Steuerung und Überwachung von Bauprozessen sowie der Betrieb und Rückbau von Gebäuden immer digitaler bzw. stärker miteinander vernetzt werden, bedeutet dies für Fachkräfte neue Anforderungen an das Lesen bzw. Interpretieren von Modellen, das Erstellen von Skizzen oder das Messen und Kontrollieren innerhalb von Arbeitsprozessen. Entsprechende Punkte wurden bei der Modernisierung der Berufsausbildung ebenfalls berücksichtigt (BIBB, 2024b).

Nachhaltigkeitsaspekte spielen berufsübergreifend eine zentrale Rolle – von der Planung und Organisation von Baustellen über die Auswahl von Maschinen und Baustoffen bis hin zu qualitätssichernden Maßnahmen wie umfasender Dokumentation, Qualitätsmanagementsystemen, Leitfäden und Zertifizierungen. Als übergeordnete Beispiele bzw. als Grundlagen für relevante Dokumente können der *Leitfaden Nachhaltiges Bauen* (BMWSB, 2024a), das ergänzende *Bewertungssystem Nachhaltiges Bauen* (BMWSB, 2024b), welches bei Baumaßnahmen hauptsächlich öffentlicher Bauvorhaben Einsatz findet, oder auch das *Qualitätssiegel Nachhaltiges Gebäude* (BMWSB, 2024c), vergeben durch das *Bundesministerium für Wohnen, Stadtentwicklung und Bauwesen (BMWSB)*, genannt werden.

Die neuen Verordnungen der Bauwirtschaftsberufe wurden im Juni 2024 veröffentlicht. Den Ausbildungsbetrieben, Kammern, Berufsschulen, überbetrieblichen Bildungsstätten und weiteren Beteiligten wurde Zeit für die Vorbereitung und Umsetzung eingeräumt. Nach diesem Implementierungsprozess treten die neuen Verordnungen zum 1. August 2026 in Kraft (BIBB, 2024b).

---

[6] Zur Thematik des Bauens im Bestand kann der Beitrag von Julia Thiel herangezogen werden.

Angesichts der rasanten technologischen Veränderungen und des digitalen Fortschritts, die schneller voranschreiten als die Anpassung der Ausbildungsordnungen, ist es entscheidend, grundlegende Kenntnisse zu zukünftigen Entwicklungen und grünen Schlüsselkompetenzen (s. oben) zu vermitteln. Zudem sollten Fortbildungsangebote zu relevanten Technologien gezielt ausgebaut werden.

Neuordnung der Berufsausbildung in der Bauwirtschaft als Baustein zur Fachkräftesicherung

Die Neuordnung der Bauberufe adressiert direkt den zuvor beschriebenen Fachkräftemangel, indem sie die Ausbildung an moderne Anforderungen anpasst und dadurch die Attraktivität der Berufe erhöht. Ein zentraler Aspekt dieser Reform ist daher die bereits angesprochene Integration der Themen Digitalisierung und Nachhaltigkeit in die Ausbildung. Auszubildende werden künftig nicht nur in traditionellen Baukompetenzen geschult, sondern auch im Einsatz innovativer Methoden und Technologien wie bspw. BIM oder digitaler Vermessungstechniken. Der Erwerb dieser Kompetenzen ist essenziell, um die Herausforderungen der digitalisierten Bauwirtschaft erfolgreich zu meistern.

Mit der Verordnung wird besonderer Wert auf das Bauen im Bestand und die ressourcenschonende Verwendung von Baustoffen unter Berücksichtigung der Kreislaufwirtschaft gelegt. Auszubildende werden angehalten, sich mit den ökologischen Auswirkungen ihrer Arbeit auseinanderzusetzen, einschließlich der Umweltbelastungen, die durch (inner)betriebliche Prozesse entstehen. Sie lernen, welche Ressourcen für die Herstellung von Produkten oder für Dienstleistungen benötigt werden. Die neuen Standards ermöglichen es den Fachkräften von morgen, nicht nur ihre Beschäftigungsfähigkeit in einer sich wandelnden Arbeitswelt zu sichern, sondern auch, sich aktiv an Gestaltung dieses Wandels zu beteiligen.

Darüber hinaus bietet die Neuordnung der Bauberufe den Vorteil, dass sie durch praxisnahe Impulse aus der Branche die tatsächlichen Anforderungen einer modernen und nachhaltigen Bauwirtschaft widerspiegelt. Dies schafft eine solide Grundlage für die Ausbildung qualifizierter Fachkräfte, die damit bestenfalls einem Großteil der aktuellen und zukünftigen Herausforderungen gewachsen sind. Insgesamt trägt die Neuordnung der Bauberufe aber vor allem dazu bei, den Fachkräftemangel zu lindern, indem sie eine moderne und zukunftsorientierte Ausbildung bietet, die sowohl die Digitalisierung als auch die Nachhaltigkeit fest verankert, und damit das Bauwesen moderner und interessanter macht.

Modulare Teilqualifizierungen in der Bauwirtschaft

Viele an- und ungelernte Arbeitskräfte haben bereits berufsrelevante Fähigkeiten erworben, doch für einen potenziellen (Wieder)Einstieg fehlt es ihnen oft an formalen Nachweisen über berufsbezogene Qualifikationen. Teilqualifikationen (TQ) stellen hier ein innovatives und flexibles Instrument der Nachqualifizierung dar. Sie sollen Geringqualifizierten helfen, sozialversicherungspflichtige Beschäftigung zu finden oder sich für anspruchsvollere berufliche Tätigkeiten zu qualifizieren. Teilqualifikationen richten sich auch an Personen, die bislang keine am Arbeitsmarkt verwertbare Qualifikation erworben haben oder deren bestehende Qualifikationen nicht mehr den aktuellen beruflichen Anforderungen entsprechen. Diese Form der Nachqualifizierung zielt darauf ab, den Zugang zu beruflichen Perspektiven oberhalb des Helferniveaus zu erleichtern, indem sie den Erwerb von Kompetenzen ermöglicht, die in Berufsbildern (Ausbildungsberufen) gefordert werden (Biebeler & Blum, 2024, S. 7). Dies ist besonders attraktiv für Erwachsene, denen aufgrund von Familienverpflichtungen oder beruflicher Tätigkeit keine Möglichkeit für eine umfassende Ausbildung oder Umschulung angeboten werden kann. Auch Menschen mit Migrationshintergrund oder Geflüchtete mit Bleibeperspektive können auf diese Weise qualifiziert werden. Zu einer weiteren Zielgruppe gehören auch junge Erwachsene, die eine Berufsausbildung oder ein Studium abgebrochen haben.

Teilqualifikationen sind demnach ein äußerst flexibles Instrument zur Nachqualifizierung. Sie bestehen in der Regel aus fünf bis sieben Modulen, die die Kenntnisse, Fertigkeiten und Fähigkeiten eines dualen Ausbildungsberufs vollständig abbilden. Jede Teilqualifikation umfasst thematisch zusammenhängende Inhalte, die sich an gängigen Arbeits- und Geschäftsprozessen orientieren. Dadurch decken sie mehrere betriebliche Einsatzfelder ab und ermöglichen eine modulare Herangehensweise an eine Ausbildung (Biebeler & Blum, 2024, S. 7).

Die modulare Struktur ermöglicht es den Teilnehmenden, schrittweise und flexibel Kompetenzen zu erwerben, die unmittelbar im Arbeitsmarkt verwertbar sind.

Ein besonderes Merkmal von Teilqualifikationen ist ihre niedrige Zugangsschwelle: Sie ermöglichen es, auch ohne die unmittelbare Absicht, einen vollständigen Berufsabschluss zu erlangen, in die Nachqualifizierung einzusteigen. Nach Bestehen jedes Moduls erhalten Teilnehmende ein Zertifikat, das ihre erworbenen Kompetenzen bescheinigt (Biebeler & Blum, 2024, S. 7). Dies macht den Qualifizierungsprozess transparent und motiviert bestenfalls Teilnehmenden durch kleine, aber sichtbare Fortschritte.

Trotz der Möglichkeit, die jeweiligen vorgesehenen TQ-Module zu absolvieren und damit einen vollständigen Berufsabschluss zu erlangen, besteht die Gefahr, dass Teilnehmende nach Erhalt einzelner Module aus dem Qualifizierungsprozess aussteigen. Diese Ausstiegsoption ist ein Aspekt des Konzepts der Teilqualifikationen, der die Flexibilität und Niedrigschwelligkeit zwar erhöht, aber aus bildungspolitischer Perspektive auch das Risiko mit sich bringt, dass Teilnehmer*innen den Qualifizierungsprozess vorzeitig beenden. Teilqualifikationen sollen daher vor allem an Erwachsene (Ü25) gerichtet werden, die sich zunächst keine vollständige duale Ausbildung oder Umschulung vorstellen können (Biebeler & Blum, 2024, S. 7). Für junge Menschen unter 25 Jahren, bei denen die Gefahr eines frühzeitigen Abbruchs höher sein könnte, sind Teilqualifikationen weniger geeignet. Die Einführung und Nutzung von TQ erfordert also eine sorgfältige Abwägung zwischen der Förderung beruflicher Qualifikationen und der Minimierung des Risikos vorzeitiger Abbrüche (Biebeler & Blum, 2024, S. 7).

In den letzten eineinhalb Jahrzehnten wurden zahlreiche Teilqualifikationen für verschiedene Ausbildungsberufe entwickelt. Im August 2024 beteiligen sich bundesweit bereits 76 von 79 Industrie- und Handelskammern. Sie bieten Teilqualifikationen an oder planen diese. Da die Teilnahme an den Qualifikationen durch Bildungsgutscheine der *Bundesagentur für Arbeit* gefördert wird, müssen die durchführenden Bildungsträger sowie die angebotenen Maßnahmen von einer fachkundigen Stelle akkreditiert sein (Biebeler & Blum, 2024, S. 7). Bereits anerkannte Teilqualifikationen wurden im Rahmen des *Jobstarter Connect Programms* vom *BIBB*, von der *Bundesagentur für Arbeit* durch das *Forschungsinstitut Betriebliche Bildung (f-bb)* sowie von der *Arbeitgeberinitiative Teilqualifizierung* erstellt. Auch die Industrie- und Handelskammern haben TQ entwickelt, inkl. der *TQ-Bauwirtschaft (TQBW)*, welche in diesem Beitrag nachfolgend noch genauer vorgestellt wird.

Teilqualifikationen in der Bauwirtschaft (TQBW)
Die Bildungsmaßnahme *Teilqualifikation Bauwirtschaft* (*TQBW*, IHK, 2024) umfasst fünf Module (siehe Abb. 1). Sie beginnt mit Modul TQ 1: Bauwerker*in/Bauhelfer*in, mit dem grundlegende berufliche und beschäftigungsrelevante Qualifikationen im Bauhauptgewerbe vermittelt werden. In Modul TQ 2 erfolgt eine Vertiefung der Grundqualifikationen in den Fachbereichen Ausbau, Hochbau oder Tiefbau. Darauf aufbauend konzentriert sich Modul TQ 3 auf die weitere Spezialisierung im gewählten bauberuflichen Schwerpunkt. Modul TQ 4 bietet eine noch gezieltere Qualifizierung durch die bauberufliche Spezialisierung innerhalb des jeweiligen Bereichs. Im abschließenden Modul TQ 5 erwerben die

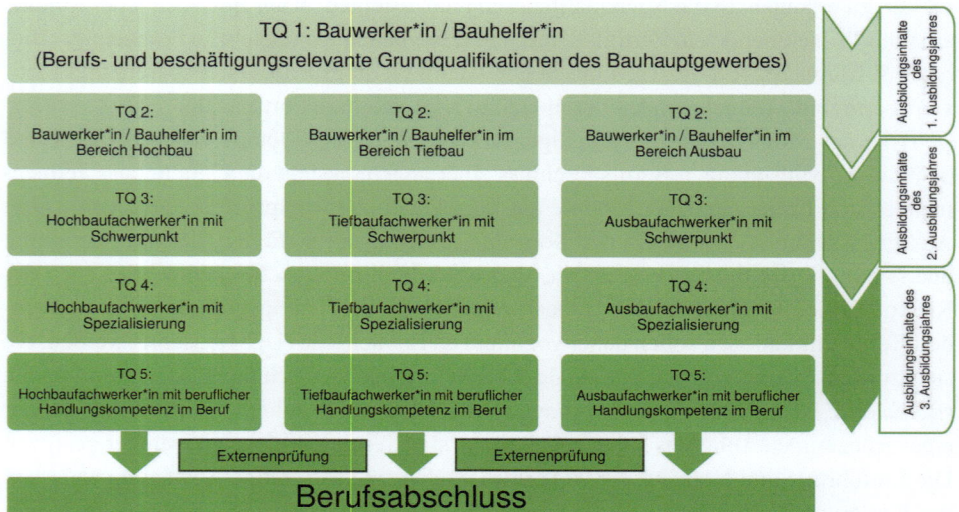

Abb. 1 Übersicht Teilqualifikationen Bauwirtschaft (TQBW) bis zum anerkannten Berufsabschluss. (Eigene Darstellung)

Teilnehmenden schließlich umfassende berufliche Handlungskompetenzen, die auf den zuvor gewählten Schwerpunkt ausgerichtet sind.

Am Ende jedes Teilqualifikationsmoduls erfolgt eine individuelle Kompetenzfeststellung, die bei erfolgreichem Abschluss mit einem bundesweit anerkannten Zertifikat bescheinigt wird. Nach erfolgreichem Abschluss von Modul TQ 3 und Modul TQ 5 kann die Zulassung zur Externenprüfung[7] bei der zuständigen Kammer beantragt werden. Diese Prüfung bestätigt die berufliche Handlungsfähigkeit und führt bei erfolgreicher Teilnahme zu einem anerkannten Berufsabschluss.

Teilqualifizierungen als Baustein zur Fachkräftesicherung

Als ein effizientes und schnelles Instrument zur Fachkräftegewinnung und -sicherung bietet der Einsatz der vorgestellten Teilqualifikationen vielfältige Chancen für verschiedene Akteur*innen: So können bspw. Unternehmen geringqualifizierte Arbeitskräfte qualifizieren und ggf. langfristige Beschäftigungsperspektiven schaffen. Die schrittweise Nachqualifizierung ist auch aus Unternehmensperspektive vorteilhaft, da sie lediglich kurze Freistellungszeiträume erfordert. Zudem eröffnet sie die Möglichkeit, von einzelnen Teilqualifikationen zu einer Umschulung, einer Ausbildung oder zur Vorbereitung auf die Externenprüfung überzugehen (Biebeler & Blum, 2024, S. 7). Gleichzeitig werden die bereits vorhandenen Potenziale der Beschäftigten im eigenen Betrieb gefördert und an das Unternehmen gebunden. Dies trägt bestenfalls zur betriebseigenen Fachkräftesicherung bei, indem Geringqualifizierte systematisch in den beruflichen Entwicklungsprozess der jeweiligen Unternehmen integriert werden. Zudem wird der Personaleinsatz effizienter gestaltet, da teilqualifizierte Mitarbeitende standardisierte oder weniger komplexe Tätigkeiten ausführen können. Dies entlastet höher qualifizierte Fachkräfte bei anspruchsvolleren Aufgaben.

Auch finden Arbeitssuchende mit geringen oder zuvor unpassenden Qualifikationen neue Einstiegs- und Entwicklungschancen. Für geringqualifizierte Beschäftigte eröffnen sich individuelle berufliche Entwicklungsmöglichkeiten, da Teilqualifikationen das Potenzial der Arbeitskräfte fördern und deren Einsatzmöglichkeiten erweitern. Migrant*innen und Flüchtlinge profitieren von einer verbesserten Integration in den Ausbildungs- und Arbeitsmarkt, die eine gezielte Verknüpfung von beruflicher Tätigkeit und Qualifizierung fördert. TQ bieten demnach sowohl für Menschen als auch für Unternehmen neue Perspektiven und Chancen, indem sie Brücken zur Vollqualifikation bauen und die Beschäftigungsfähigkeit von an- und ungelernten Mitarbeitern nachhaltig stärken. Gesamtgesellschaftlich betrachtet trägt diese Entwicklung zu einer besseren Integration Geringqualifizierter in Wirtschaft und Gesellschaft bei, was weitere zahlreiche positive Auswirkungen mit sich bringt.

---

[7] Die Externenprüfung (nach § 45 Absatz 2 BBiG) bietet erfahrenen Berufspraktiker*innen die Chance, einen anerkannten Berufsabschluss zu erhalten, ohne vorab eine vollumfängliche Ausbildung absolviert zu haben. Die Anforderungen in der Externenprüfung sind identisch mit denen, die an Auszubildende des jeweiligen Berufs gestellt werden.

3　Fazit und Ausblick

Wie zuvor thematisiert, steht die Bauwirtschaft vor erheblichen Herausforderungen. Neben dem aktuellen Fachkräftemangel resultieren die bevorstehenden Aufgaben insbesondere auch durch die zunehmenden Anforderungen der Digitalisierung bzw. des nachhaltigen Bauens. Die im vorliegenden Beitrag vorgestellte potenzielle Modernisierung der Berufsausbildung in der Bauwirtschaft kann diesbezüglich sicherstellen, dass Fachkräfte in Zukunft nicht mehr nur traditionelle handwerkliche Fähigkeiten erlernen, sondern auch über die notwendigen digitalen Kompetenzen verfügen. Eine kurzfristige Integration digitaler, aber v. a. auch nachhaltiger Themen in Ausbildungsrahmenpläne ist dabei entscheidend, um die Baubranche fit und attraktiv zu machen. Mit der Neuordnung der Berufsausbildung in der Bauwirtschaft und der Einbindung neuer Technologien ist diesbezüglich bereits ein wichtiger Schritt getan.

Darüber hinaus bieten Teilqualifikationen flexible Möglichkeiten, den Fachkräftemangel abzuschwächen, indem sie Geringqualifizierten, Migrant*innen und Quereinsteiger*innen unterschiedlicher Zielgruppen den Zugang zu qualifizierter Beschäftigung erleichtern. Modulare Bildungsangebote ermöglichen es, TQ-Teilnehmenden, schrittweise Kompetenzen zu erwerben, um sich an die Anforderungen des Arbeitsmarktes anzupassen. Auch Unternehmen profitieren durch diese Maßnahmen, da sie die Möglichkeit haben, ihre Belegschaft gezielt weiterzubilden und mögliche Qualifikationslücken zu schließen. Zudem können Kooperationen zwischen Betrieben und unterschiedlichen Gewerken (z. B. zwischen Elektrotechnik und Dachdeckerhandwerk, Trockenbau und Innenausbau) die Ausbildungsbereitschaft stärken, die Umsetzung erleichtern und Synergien zwischen verschiedenen Gewerken fördern.

Die im Beitrag vorgestellten Teilqualifikationen sollten kontinuierlich an aktuelle berufliche Anforderungen und umfangreiche Entwicklungen in relevanten Branchen angepasst werden. Darüber hinaus ist der Ausbau solcher Qualifikationsangebote auf weitere Berufsfelder von zentraler Bedeutung. Dadurch könnte eine größere Durchlässigkeit im Bildungssystem geschaffen und der Zugang zu qualifizierter Arbeit für eine breitere Zielgruppe erleichtert werden. Dies ist besonders wichtig, um dem Fachkräftemangel langfristig entgegenzuwirken, vorhandene Potenziale zu nutzen und die Bauwirtschaft zusätzlich auf einem wettbewerbsfähigen Niveau zu halten. Dazu zählt auch, dass für bereits ausgebildete Fachkräfte Möglichkeiten zur Weiterbildung geschaffen werden, um sicherzustellen, dass Beteiligte im Bauwesen über aktuelles Technologie-Know-how verfügen.

Die Berücksichtigung der im Beitrag thematisierten digitalen und nachhaltigen Kompetenzen von Fachkräften in Aus- und Weiterbildungskonzepten, z. B. mithilfe von Teilqualifikationen, stellen schlussendlich nicht nur kurzfristig, sondern v. a. auch für zukünftige Prozesse durchlässige bzw. variable Ansätze bereit. Eine frühzeitige Einbindung innovativer Themen stellt insbesondere auch aus Nachhaltigkeitsaspekten, die stets in einem gesamtgesellschaftlichen Zusammenhang zu betrachten sind, wichtige Bausteine für die Zukunft der Baubranche bereit, was wiederum für eine ökologische bzw. gesunde Umwelt unabdingbar ist.

Literatur

BA. (2023). Bundesagentur für Arbeit. *Arbeitsmarkt kompakt – Situation am Ausbildungsmarkt.* https://statistik.arbeitsagentur.de/DE/Statischer-Content/Statistiken/Fachstatistiken/Ausbildungsmarkt/Generische-Publikationen/AM-kompakt-Situation-Ausbildungsmarkt22-23.pdf?__blob=publicationFile&v=7. Zugegriffen am 01.09.2024.

Barlovic, I., Burkard, C., Hollenbach-Biele, N., Lepper, C., & Ullrich, D. (2022). *Berufliche Orientierung im dritten Corona-Jahr* (Eine repräsentative Befragung von Jugendlichen2022). Bertelsmann Stiftung (Hrsg.). Gütersloh. https://doi.org/10.11586/2022070. https://www.chance-ausbildung.de/jugendbefragung/berufsorientierung2022. Zugegriffen am 14.08.2024.

BIBB. (2023). Bundesinstitut für Berufsbildung. *Lichtblicke auf dem Ausbildungsmarkt.* https://www.bibb.de/de/pressemitteilung_183868.php?from_stage=ID_96240&title=Lichtblicke-auf-dem-Ausbildungsmarkt&pk_campaign=Newsletter&pk_kwd=BIBBaktuell_2023%2F12-Intro&from_stage=ID_96240&title=Lichtblicke-auf-dem-Ausbildungsmarkt. Zugegriffen am 16.11.2024.

BIBB. (2024a). Bundesinstitut für Berufsbildung. *Passungsproblem.* https://www.bibb.de/de/33214.php. Zugegriffen am 16.11.2024.

BIBB. (2024b). Bundesinstitut für Berufsbildung. *Ausbildung in der Bauwirtschaft neu geordnet.* https://www.bibb.de/de/182919.php. Zugegriffen am 27.07.2024.

Biebeler, H., & Blum, T. (2024). *Voraussetzungen und Nutzung des Angebots von Teilqualifikationen.* Bundesinstitut für Berufsbildung. ISBN:978-3-8474-2856-5.

BMWK. (2023). Bundesministerium für Wirtschaft und Klimaschutz. *Impulspapier Green Skills.* https://www.bmwk.de/Redaktion/DE/Publikationen/Klimaschutz/green-skills.pdf?__blob=publicationFile&v=6. Zugegriffen am 14.08.2024.

BMWK. (2024). Bundesministerium für Wirtschaft und Klimaschutz. *Pressemitteilung: Bauberufe werden zukunftsfest gemacht.* https://www.bmwk.de/Redaktion/DE/Pressemitteilungen/2024/06/20240606-bauberufe-werden-zukunftsfest-gemacht.html. Zugegriffen am 19.08.2024.

BMWSB. (2024a). Bundesministerium für Wohnen, Stadtentwicklung und Bauwesen. *Leitfaden Nachhaltiges Bauen.* https://www.bnb-nachhaltigesbauen.de/aktuelles/detail/?tx_news_pi1%5Bnews%5D=110&cHash=23600e525c81da1acf1ed2446e611a83. Zugegriffen am 16.11.2024.

BMWSB. (2024b). Bundesministerium für Wohnen, Stadtentwicklung und Bauwesen. *Bewertungssystem Nachhaltiges Bauen (BNB).* https://www.bnb-nachhaltigesbauen.de/bewertungssystem/. Zugegriffen am 10.10.2024.

BMWSB. (2024c). Bundesministerium für Wohnen, Stadtentwicklung und Bauwesen. *Qualitätssiegel Nachhaltiges Gebäude (QNB).* https://www.bmwsb.bund.de/Webs/BMWSB/DE/themen/bauen/bauwesen/qng/qng-node.html. Zugegriffen am 10.10.2024.

Bundesregierung. (2022). *Generationenvertrag für das Klima.* https://www.bundesregierung.de/breg-de/schwerpunkte/klimaschutz/klimaschutzgesetz-2021-1913672. Zugegriffen am 28.08.2024.

DIHK Service GmbH. (2024). *IHK-Teilqualifikationen (inkl. TQ-Bauwirtschaft).* https://teilqualifikation.dihk.de/de/teilqualifikationen/welche-teilqualifikationen-gibt-es-/ihk-teilqualifikationen-inkl-tq-bauwirtschaft-. Zugegriffen am 16.11.2024.

Fitzenberger, B., Heusler, A., & Wicht, L. (2023). *Die Vermessung der Probleme am Ausbildungsmarkt: Ein differenzierter Blick auf die Datenlage tut not.* https://www.iab-forum.de/die-vermessung-der-probleme-am-ausbildungsmarkt-ein-differenzierter-blick-auf-die-datenlage-tut-not/. Zugegriffen am 16.11.2024.

Gebbeken, N. (2022). *Digitale und ökologische Transformation in der Bauwirtschaft*. https://www.nbau.org/2022/12/19/digitale-und-oekologische-transformation-der-bauwirtschaft/. Zugegriffen am 01.09.2024.

Great place to work. (2024). *Great Start-Auszeichnung*. https://www.greatplacetowork.de/zertifizierung/great-start. Zugegriffen am 14.08.2024.

Handelskammer Hamburg. (2024a). *Ausbildungszertifikat*. https://www.ihk.de/hamburg/produktmarken/ausbildung-weiterbildung/ausbilder/ausbildungszertifikat-1164114. Zugegriffen am 14.08.2024.

Handelskammer Hamburg. (2024b). *Bergedorfer Praktikums-Rondell im Handwerk*. https://www.hwk-hamburg.de/artikel/handwerk-in-den-bezirken-93,0,154.html. Zugegriffen am 15.08.2024.

Heidsieck, I. (2023a). *ibbw-consult GmbH: Bedarfserhebung zur Weiterentwicklung der Beruflichen Orientierung an den gymnasialen Oberstufen in Hamburg*. Auf Anfrage verfügbar.

Heidsieck, I. (2023b). *ibbw-consult GmbH: Abschlussbericht zum Runden Tisch Fachkräftesicherung in den Bau- und Ausbaugewerken*. Auf Anfrage verfügbar.

Hell, S., & Wydra-Somaggio, G. (2023). Duale Ausbildung im Handwerk: Der Anteil der jungen Menschen, die nach der Ausbildung im Ausbildungsbetrieb bleiben, steigt. In *IAB-Forum 14. September 2023*. https://doi.org/10.48720/IAB,FOO.20230914.01. https://www.iab-forum.de/duale-ausbildung-im-handwerk-der-anteil-der-jungen-menschen-die-nach-der-ausbildung-im-ausbildungsbetrieb-bleiben-steigt/. Zugegriffen am 01.09.2024.

IAB-Forum. (2017). *Matching*. https://www.iab-forum.de/glossar/matching. Zugegriffen am 16.11.2024.

Industrie- und Handelskammer Hannover. (2024). *TOP Ausbildung*. https://www.ihk.de/hannover/hauptnavigation/ausbildung-und-weiterbildung/ausbildung/ausbildung-a-z/top-ausbildung-das-ihk-qualitaetssiegel-fuer-ausbildungsbetriebe-5370596. Zugegriffen am 14.08.2024.

Malin, L., & Köppen, R. (2023). *KOFA Kompakt 5/2023 – Fachkräftemangel und Ausbildung im Handwerk*. https://www.kofa.de/daten-und-fakten/studien/fachkraeftemangel-und-ausbildung-im-handwerk-2023/. Zugegriffen am 19.08.2024.

Mischler, T. (2017). *Die Attraktivität von Ausbildungsberufen im Handwerk*. Bundesinstitut für berufliche Bildung. ISBN:978-3-7639-1189-9.

Schreiber, D. (2023). Die Neuordnung der Bauberufe. In *BAG-Report 2023*. issn:1869-7410.

Zentralverband des deutschen Handwerks. (2024). *Imagekampagne Handwerk*. https://www.zdh.de/ueber-uns/imagekampagne-handwerk/. Zugegriffen am 01.08.2024.

Stichwortverzeichnis

A

Abfallvermeidung 17, 44, 45
Abrisswahn 6
Abschlussprüfung 248
Absorption 124, 134
Abwassermonitoring 140
AdBlue 134
ADF (Augmented Dickey-Fuller) 147
Adorno, Theodor W. 28
Agent 103
Alge 22
Algorithmus
    genetischer 225
    koevolutionärer 103
Anker 15
Antibiotikaresistenz 139, 140
Arendt, Hannah 6, 34
Aronowitz, Stanley 35
As-built 84
Asthma bronchiale 124
Aufmaß 84
Ausbildungsinhalt 244, 245
Ausbildungsverordnung 244

B

Bambus 22
Bauen im Bestand 6
Baurobotik 14, 32, 244, 246
Baustelle 2045 16
Berufsausbildung 240, 242, 246, 248–251, 254
Berufsbildungsgesetz 248
Bestandsaufnahme 78, 84
Big Data 16, 136, 181

Bilderkennung 186, 194
BIM (Building Information Modeling) 11, 20, 86, 152, 169, 203, 239, 244, 246
BImSchG (Bundesimissionsschutzgesetz) 128
Blockchain 11, 20, 31, 244
BLUME 118
Bronchitis 124
BVOC (Biogenic Volatile Organic Compounds) 122

C

CAFE 127
Chatbots 7, 11, 186, 237
Chomsky, Noam 35
Chronic Obstructive Pulmonary Disease (COPD) 124
Client-Server-Software 144
Cluster 121
Computer Vision 11, 32, 244
Cradle to Cradle 18, 21, 47
Creating Freedom 28, 35

D

Dashboard 150, 151, 166
Datenmanagement 160, 164, 203
Datensicherheit 14
Datenvisualisierung 141
3D-Druck 26, 32, 244, 246
Deep Ecology 35
Deposition 126, 127
Descartes, René 34

Design, algorithmisches 207
DestinE 118, 131, 132
Diffusionsvorgang 130
Diodenlaser 130
Diskontinuität 30
Dispersion 126
Downcycling 7
Drawdown 35
Drohne 32, 81, 212, 244, 246
Durchlässigkeit 249, 254

E
ECMSWF (European Centre for Medium-Range Weather Forecasts) 131
Einspeisemanagement 183
Elastizität 99
Emergence Network 35
Emissionseffizienz 63
Energiebedarf 1, 10, 73, 80, 176, 188
Energieertragsprognose 180, 184, 193
Entscheidungsmodell 103, 108, 111, 113
Entwurfsfindung 207, 225, 228
Environmental Product Declaration (EPD) 18
EUMETSAT (European Organisation for the Exploitation of Meteorological Satellites) 131
Europäische Kommission 1, 31, 35, 131, 189
Externenprüfung 248, 253

F
Fachkräftebedarf 239
Fachkräftegewinnung 253
Fachkräftemangel 11, 23, 24, 35, 195, 239–241, 250, 254
Feedback 159, 161, 163–166, 186, 212
Feinstaub 21, 117, 118, 123, 127, 129, 135
Ferntransport 125, 135
Fertigung, additive 32
Fitness 227
Flüssigwassergehalt 124
Form Follows Availability 46
Fridays for Future 35

G
Gaia-Hypothese 35
Gamification 27
Gebäuderessourcenpass 16

Geoinformationssystem 187
Globalisierung 5
Goethe, Johann Wolfgang von 9
Green Deal 131
Greenwashing 17

H
Hanf 21
Haselnuss 23
Hochleistungsflüssigkeitchromatografie mit Massenspektrometrie (HPLC-MS) 128
Humboldt, Wilhelm von 33
Husserl, Edmund 28

I
Immissionsgrenzwert 127–129
Informationsmanagement 13
Informatisierung 2, 10, 13, 26, 29, 79
Innenraumklima 160
Instandhaltung 74, 78, 183, 184
Instandsetzung 74
Intergovernmental Panel on Climate Change (IPCC) 3, 5, 96
Internet of Things (IoT) 156

K
Kant, Immanuel 34
Katalysator 134
Kläranlage 139, 142, 149, 151
Klassierung 119, 120, 123, 124, 129, 132
Klassifikation, binäre 234
Klimaanpassungsgesetz 15
Klimaschutzgesetz (KSG) 15
Klimaschutzvertrag 15
Koagulationsreaktion 121
Kostenfunktion 101, 112, 226, 228
Kreislauffähigkeit 16, 23, 43, 46
Kreislaufwirtschaftsgesetz (KrWG) 17, 44, 247

L
Lancet 3
Laserscanning 79–81, 83, 84, 212

Laufzeitverlängerung 184, 193
Lehm 16, 22
Lernen
    maschinelles 148
    überwachtes 186
    unüberwachtes 186
Lösungsraum 225, 226
Luftfeuchtigkeit, relative 164, 166
Luftgeschwindigkeit 163, 164, 166, 167
Lufttemperatur 163, 164, 166

M

Madaster 18, 20, 22
Marquard, Odo 10
Marx, Karl 6
Matplotlib 148, 150
Mensch-Maschine-Interaktion 7, 10, 26, 32
Metaverse 11, 244
Mikroklima 132, 133
Mikromobilität 105, 106, 111
Mobilitätsverhalten 102, 112, 125–127
Modal Split 99, 101, 102, 111
Modell, digitales 113, 212, 246
Model-View-Controller (MVC) 143, 151
Modernisierung 75, 76, 78, 240, 249, 254
Monoterpene 122
Monte-Carlo-Simulation 149
MSD 146, 147, 150, 151
Mücke 4
Mutation 103, 228, 237

N

Nachnutzung 75, 85–87, 89
Nachqualifizierung 250, 251, 253
Normalisierung 147
    logarithmische 147, 150
Nukleation 121
Nutzeroptimum 95, 98, 105
Nutzungsänderung 78
Nutzungsdauer 70, 76–78, 84, 85
Nutzungsphase 70, 72, 77

O

Objektbegehung 78
OECD-Bericht 16
Offshore 177, 179, 182, 183, 188, 191
Onshore 177–179, 182, 184, 187
Orientierungswissen 25, 26
Orwell, George 34
Oxidationsmittel 121

P

Parametrisches Design (PD) 206
Partikel
    primäre 127, 132
    primärer 120
    sekundäre 122
    sekundärer 133
Partikelfracht 126
Partikelfraktion 129
Partikelpopulation 119, 122, 129
Passivsammler 130
Phasenübergang 121
Photogrammetrie 70, 79, 81, 83, 84
Photovoltaik 32
PMV (Predicted Mean Vote) 167
Population, künstliche 103
Post-Use 45, 46, 48, 65
Pre-Use 45–49, 51, 52, 55, 57, 58, 60, 63, 64
Priming 15
Priormodell 205, 208, 214
Probenahme 128, 130, 145
Prüfungsordnung 248
Punktwolke 81–83

Q

Qualifizierungskonzept 239

R

Rauchgasentschwefelungsanlage 134
Reduktionsmittel 134
Regenwassermanagement 132
Regression 148
Reinforcement Learning 186
Renovierung 74, 83, 86, 89

Repowering 177, 184, 185, 193
Ressourceneffizienz 11, 27, 70
Ressourcenschonung 17, 45, 46, 65
Ressourcenverbrauch 8, 44, 63, 95
Re-Use 18, 45
RMSE 148, 150
Rohstofflager 17, 46
Routenwahl 101, 109, 113
RUBIS (Ruß- und Benzol-Immissionssammler) 130
Rückbau 6, 19, 47, 49, 54, 56, 57, 59, 63, 74, 78
Russell, Bertrand 35

S
Saisonalität 147
Sanierung 72–75, 78, 86, 87, 89, 90
Sättigungsdampfdruck 121
Savio, Mario 9
Scanvorgang 80, 81
Schilf 22
Schließen
    fallbasiertes 210
    regelbasiertes 210
Schwammstadt 118, 132
Scobel, Gerd 34
SCR (Selective Calatytic Reduction) 134
seaspray 119
Sedimentation 123
Sekundär gebildete organische Partikel (SOA) 121
Selektion 103, 226, 230, 231, 237
Sensorknoten 161, 162, 166
Shifting Baselines 15, 32, 33
Skynet 9
Smart Campus 161, 170
Smart Cities 2, 19, 20, 30, 113, 155, 158, 159
Smart Environments 30
Smart Grids 20
Softwarearchitektur 144
Softwaredesign 139, 142, 143, 151
Solaranlage 32
Solidarität 34

Stabwerkmodell 220, 222, 229, 235, 237
Stadtbegrünung 133
Stadtschürfung 18
Standortgüte 178
Staubabscheidung 134
Stoff, anorganischer 122
Stoffwechselrate 165
Strahlung, solare 124
Strahlungshaushalt 117–119, 121, 122, 124, 131
Strahlungstemperatur, mittlere 166
Strahlungstemperatur, mittlere" 164
Streamlit 149, 150
Streulichtmessung 130
Stroh 21, 22
Supervised Learning 186, 212
Support Vector Machine (SVM) 234, 237
Sustainers 27
System, wissensbasiertes 30, 208, 209, 211, 213

T
Technifizierung 3, 10, 25, 28, 29, 35
Teilqualifikation 248, 250, 252, 253
Terminator 9
Thoreau, Henry David 34
Tragwerksplanung 47, 59, 64, 219
Treibhauseffekt 124
Troposphäre 121

U
UBA (Umweltbundesamt) 16
Ultrafeinstaub 118, 125, 128, 129
Umweltproduktdeklaration 18
Unsicherheitsanalyse 181, 182
Unsupervised Learning 186, 212

V
Vegetation 21, 122, 132, 133
Verfrachtung 125
Verkehr, induzierter 98
Verkehrsangebot 96

Verkehrsmittelwahl 99, 105, 108–110, 112
Verkehrsnachfrage 98, 100, 102, 108, 111
Verkehrsverlagerung 106, 110
Vier-Stufen-Modell 101–103
Virtual Reality (VR) 80, 90
Vita activa 6
VOC (Volatile Organic Compound) 121
Vogelerkennungssystem 192
Vorläufersubstanz 122, 134

W

Wärmestrahlung 124
Wasserstrategie 16
Weiternutzung 85, 89
Westdeutsche Bauindustrie 25
Windpark-Layout 188
Windpotenzialanalyse 180, 187, 188

Wissen
    fallbasiertes 209
    regelhaftes 209, 213
Wissensinterferenz 209
Wohnraumbedarf 75
Wolkenkondensationskeim 123, 124

X

XGB 148

Z

Zauberlehrling 9
Zirkularität 17, 18
Zustandsindikator 212
Zwilling, digitaler 79, 84, 118, 155, 189
Zwischenprüfung 248

MIX
Papier aus verantwortungsvollen Quellen
Paper from responsible sources
FSC® C105338

If you have any concerns about our products,
you can contact us on
ProductSafety@springernature.com

In case Publisher is established outside the EU,
the EU authorized representative is:
**Springer Nature Customer Service Center GmbH
Europaplatz 3, 69115 Heidelberg, Germany**

Printed by Libri Plureos GmbH
in Hamburg, Germany